科学发现

纵横谈

（第5版）

王梓坤◎著

北京师范大学出版集团
BEIJING NORMAL UNIVERSITY PUBLISHING GROUP
北京师范大学出版社

U0173683

图书在版编目（CIP）数据

科学发现纵横谈/王梓坤著. —5版. —北京：北京师
范大学出版社，2023.6（2024.9 重印）
　ISBN 978-7-303-28590-7

　Ⅰ.①科… Ⅱ.①王… Ⅲ.①科学发现－青少年读物
Ⅳ.①N19-49

中国国家版本馆 CIP 数据核字（2023）第 001168 号

图书意见反馈　gaozhifk@bnupg.com　010-58805079

Kexue Faxian Zongheng Tan
出版发行：北京师范大学出版社 www.bnup.com
　　　　　北京市西城区新街口外大街 12-3 号
邮政编码：100088
印　　刷：北京盛通印刷股份有限公司
经　　销：全国新华书店
开　　本：890 mm ×1 240 mm　1/32
印　　张：16
插　　页：4
字　　数：400 千字
版　　次：2023 年 6 月第 5 版
印　　次：2024 年 9 月第 18 次印刷
定　　价：45.00 元

策划编辑：岳昌庆　　　　　责任编辑：岳昌庆
美术编辑：李向昕　　　　　装帧设计：李向昕
责任校对：陈　民　　　　　责任印制：马　洁

王梓坤
Wangzikun

◆ 1948年，王梓坤在长沙庐陵小学与刘志刚（右）合影。

◆ 1957年，王梓坤在莫斯科大学门前与胡国定（中）、江泽培（左）合影。

◆ 1986年，邓颖超同志来北京师范大学祝贺教师节时，王梓坤向她献花。

◆ 1987年五一节前，王梓坤赴莫斯科列宁师范学院讲学并签订北京师范大学与
列宁师范学院合作协议，摄于莫斯科街头。

◆ 1988年4月，王梓坤访问东京期间在孔子铜像前留影。

◆ 1988年5月5日，澳大利亚麦克里大学名誉校长 Michael Kirby 授予王梓坤
荣誉科学博士学位。

◆ 1988 年 10 月，苏联著名数学家 Р.Л.Добрушин（王梓坤在莫斯科大学读研究生时的导师）来北京师范大学访问时与王梓坤夫妇合影。

◆ 2008 年 5 月 10 日，在南开大学举行"庆祝王梓坤先生八十华诞学术交流研讨会"，全体与会者合影。

第 1 排左起（下同）：吴明华、王珊珊、柏立华、罗首军、陈典发、葛余博、杨向群、
　　　　王梓坤、谭得伶、吴荣、李志阐、施仁杰、张春生、贺艳焱、唐月、陈玮；

第 2 排：张蕾、毕俊娜、郭军义、洪文明、张梅、任艳霞、唐加山、王永进、闫国军、
　　　　张连增、李增沪、张新生、李应求、刘守生、向开南、江一鸣、王龙敏；

第 3 排：董从造、李育强、杨学伟、卫廷廷、白利杰、何弦、栾娜娜、王利、房莹、
　　　　鲍策、王颖、唐丹、赵楠、牛丽群、张琳、马岩、吕晋杰、季兰朋、徐建锋；

第 4 排：王喜军、薄立军、傅宗飞、程丹、付建平、周育珍、王冠英、刘永强、李波、
　　　　史可华、张鑫、杨松、王华明、何敬民、倪忠浩、孙曙光、王学强、崔巍、宋敏。

◆ 2008 年 5 月 10 日，在南开大学省身楼举行"庆祝王梓坤先生八十华诞学术交流研讨会"，部分与会者合影。

前排：陈典发、葛余博、杨向群、吴荣、王梓坤、谭得伶、李志阐、施仁杰、张春生、罗首军；

后排：洪文明、张梅、任艳霞、李应求、郭军义、唐加山、王永进、阎国军、李增沪、张新生、张连增、刘守生、向开南。

◆ 2009 年 10 月，王梓坤与夫人谭得伶摄于北京红螺寺。

序

　　《科学发现纵横谈》是一本漫谈科学发现的书，篇幅虽然不算大，但作者王梓坤同志纵览古今，横观中外，从自然科学发展的历史长河中，挑选出不少有意义的发现和事实，努力用辩证唯物主义和历史唯物主义的观点，加以分析总结，阐明有关科学发现的一些基本规律，并探求作为一名自然科学工作者，应该力求具备一些怎样的品质。这些内容，作者是在"四人帮"形而上学猖獗、唯心主义横行的情况下写成的，尤其难能可贵。今天，党中央率领我们进行新的长征，努力赶超世界科学先进水平，加速建设社会主义现代化强国的步伐。在这样重大的历史时刻，本书的出版对正在向科学技术现代化进军的广大科技工作者，将会有一定的启发，起到应有的促进作用；特别对正在为革命而努力学习自然科学知识、准备将来献身于科学事业的广大青年读者，更将产生有益的作用和影响。

　　对广大的青年读者来说，书中的有些内容由于涉及自然科学的一些专门知识，可能一时看不大懂，但这也无关大局。因为全书文字清新，笔调流畅，观点也比较明确，要理解作者的基本意思是完全做得到的。希望广大的青年读者能够通过阅读本书，更快更好地成长。作者在书中提出了"德、识、才、学"的要求，对广大青年读者来说，关键还在于"学"。这个"学"，就是学习马列主义、毛泽东思想，学习各项自然科学知识，学习劳动人民在实践中的发明创造，学习群众的集体智慧。只有好好学习，才能天天向上，真正做到德、智、体全面发展，当好革命事业接班人。

作者是一位数学家，能在研讨数学的同时，写成这样的作品，同样是难能可贵的。希望并相信今后会有更多的自然科学工作者关心这方面的问题，写出这方面的作品，并就不同的观点开展有益的讨论，给广大的青年读者以更多的教益。

苏步青

1978 年 3 月

前　言

我性嗜书，又喜笔录，每遇奇思妙想，丽词佳句，急抄之唯恐走失。如此多年，累积数册。但因数学教学与科研忙碌，无暇整理。后又读邓拓《燕山夜话》，惊其渊博，也许与他勤阅《太平御览》有关。同时也想到，似乎自己也可写点什么。直到20世纪70年代，由于众所周知的原因，各校停课，靠边无事，正是完愿的好时机。于是不顾天昏室暗，不顾毛巾结冰，被头凝霜，虽手指冻烂而三易其稿，终于写成本书上篇《科学发现纵横谈》（以下简称《纵横谈》）。承邻居历史学家刘泽华赏识，劝我向《南开大学学报》投稿。1977年连载三期，不意引起较大反响，读者纷纷赐教者千余函，以资鼓励，甚至有寄来红枣、人参者。刚出第1期时，上海人民出版社曹香农先生便来长途电话约稿，希望看到全文，并愿出书，她的职业敏感使我大吃一惊。交稿后她又主动请数学大师苏步青院士写序，先生不以为陋，慨然允诺，顿使小书生辉。1978年出书后连印六次。1981年幸获"全国新长征优秀科普作品奖"。1981年被评为首届全国中学生"我所喜欢的十本书"之一。1993年，北京师范大学出版社推出《科学发现纵横谈（新编）》，其中增加了许多新文章，是为本书初版。1995年至1996年间，发生了与本书有关的三件事。中共中央宣传部、国家教育委员会、文化部、新闻出版署、共青团中央联合推荐百种爱国主义教育图书，《纵横谈》幸附骥尾。"希望工程"向一万所农村学校各赠书五百种，《纵横谈》跻身其间。又承《科技日报》厚爱，自 1996 年 4 月 4 日至 5 月 21 日，将《纵横谈》连载，18 年前的作品全文重新发表，实不多见。《科技日报》编辑在连载前言中说："这是一组十分精彩、优美的文章，今天许许多多活跃在科研岗位上的朋友，都受过它们的启发，以至于他们中的一些人就是由于受到这些文章中阐发的思想指引，决定将自己的一生贡献给伟大的科学探索。"言重过誉，使我汗颜；果真如此，不虚此生矣。随后，1997 年，《纵横谈》在历史悠久的中华书局再版；1999 年，湖南教育出版社出版《中国科普佳作精选》若干种，此书也有幸入选。2005 年，中国少年儿童出版社再出此书，作为献给青少年的礼物，令我深感荣幸。此外，《纵横谈》中一些文章，曾先后转载于多种语文教材或文化读本中。平心而论，这本小册子所以谬承厚爱，与其说是由于书本身，不如说是赶上了时机。"文化大革命"时期，文化衰萎，思想闭塞，报刊文章狂吹批斗、勒令、禁锢、八股的恶风，各地书店，除几部"经典"外，别无他书。人们如关闭在不透风的污浊腐霉的黑屋中，达十年之久。《纵横谈》恰是（也许是）冲出重围的第一本书，给人们带来了清新和快感。无怪乎读者会寄来那么多的信。读者鼓励我，我更感谢读者。我所以絮絮不休地讲了这许多，因为这不仅涉及一本书，而是关系到一个时代，关系到十年历史，一段从思想禁锢到思想解放的历史，它反映了人们在解锢后的兴奋、新奇和喜悦。

《纵横谈》问世后，我收到了许多编辑们的约稿函，他们误认为我是学文学的，又说是学历史的，以为对我来说，写稿只是举手之劳。其实我很害怕写文章。推来推去，实在推不掉时，只好硬着头皮写，日积月累，居然也写了若干篇，这就构成了本书的下篇。由于我长期从事教育和科研，人才培养和科研方法便自然地成了下卷的主旋律，计分六编：

四、成才初议。培育人才，要从优生优育做起；理想、勤奋、
　　毅力、方法和机遇，是成才的五大要素。

五、方法浅识。比较系统地讲述自然科学研究的一般方法，其
　　中一些基本观点也适用于社会科学、人文科学与技术创新。

六、教育光辉。"喜看新鹰出春林，百年树人亦英雄"，这是我
　　发自肺腑的对教育和教师的颂扬和赞歌。

七、文化润泽。其中谈到我国的一百个第一；讨论什么是聪明、
　　什么是幸福等人人关心的问题。还为一些好书写了序言或
　　读后感。

八、数学普及。讲述了一些学习数学的方法，以及我对随机性
　　的认识。

九、编外余音。一部分文章是调侃性的，如《佘太君三战食
　　堂》，读者可窥见当年的困难。其余是自述历史，如《求学
　　四记》，立此以存念。

本书在第 1 版的基础上，作了较大的修改，增加了一些新文，
同时也删去了由于科技迅速发展而滞后的文章。

谨以此书呈献给我的母亲——郭香娥。中华人民共和国成立前
我家清贫，饥寒交迫，母亲终日奔波于田间地头，靠劳动与借债以
维持我的学业，她是一位平凡而又真正伟大的母亲。我也非常感谢
老伴谭得伶教授。终生的合作和关怀，是我能稍有所成的巨大支持
和鼓励。

衷心感谢北京师范大学出版社杨江城、刘平、岳昌庆等编辑和
方鸿辉先生，他们为本书和我的其他著作付出了辛勤的劳动。

王梓坤

2006 年 2 月 8 日

目　录

上篇　科学发现纵横谈

下篇　散文选

附　录

上 篇

科学发现纵横谈

一、 引子——天高可问

这浩茫的宇宙有没有一个开头？

那时混混沌沌， 天地未分， 可凭什么来研究？

穹隆的天盖高达九层， 多么雄伟壮丽！

太阳和月亮高悬不坠， 何以能照耀千秋？

大地为什么倾陷东南？

共工（神名）为什么怒触不周（山名）？

江河滚滚东去，

大海却老喝不够？

哪里能冬暖夏凉？

何处长灵芝长寿？

是非颠倒， 龙蛇混杂， 谁主张君权神授？

呵！我日夜追求真理的阳光，

渔夫却笑我何不随波逐流！

这许多问题是我国伟大诗人屈原在他的名作《天问》中提出来的。相传屈原在流放期间，看到神庙的壁画龙飞凤舞，心有所感，便在墙壁上写下了《天问》这篇奇伟瑰丽、才华横溢的作品。王逸在《天问·序》中说："《天问》者，屈原之所作也。何不言问天？天尊不可问，故曰天问也。""天尊不可问"，这话是错误的。王逸大概是个"尊天派"，把天看成统治者的化身，神圣不可侵犯，连向它"请示"都不敢。屈原则不然，认为天虽高，却没有什么了不起，是可问的。因而他思如潮涌，一口气提出了 172 个问题。天文地理、博物神话，无不涉及，高远神妙，发人奇思。当然，我们不能把《天问》看成一个人的创作，它其实是古代劳动人民集体智慧的产物。人民群众在实践中提出了许多问题，迫切需要解答，而屈原又是个有心人，接近群众，便把这些问题概括起来，构成了这篇不朽的名作。由此可见，《天问》有着深厚的群众基础，它反映了劳动人民追求真理的强烈愿望。

的确，在那天宇高洁、微云欲散的月明之夜，每当我们冷静思考各种宇宙现象时，便不能不惊叹自然界结构的雄伟壮丽、严整精密。大至银河系总星系，小至原子核基本粒子，复杂微妙如生物界，都遵循各自的发展规律不断地运动着。这些规律不仅可问，而且可知，它们是认识自然的钥匙，是改造自然的武器。

尤其动人心弦的是，前人是怎样发现这些规律的？他们怎样从群星争耀、高不可攀的天空，找出天体运行的轨道？怎样从看不见、摸不着的微观世界中发现原子的结构、基本粒子的转化？怎样从万象纷纭的生物界找出进化的规律？地球和电子的质量是怎样计算出来的，难道可以拿在手里称一下吗？

历史是人民创造的，在征服自然的长期斗争中，劳动人民是主力军。他们在这场伟大的斗争中，积累了十分丰富的经验。科学家吸取前人的经验，又经过自己的实践不断前进。前事不忘，后事之师，难道我们不应该从中学习些什么吗？

史料当作纵横读。纵线看来，人类改造自然是一场永无休止的战斗，在这场战斗中，有高潮，有低潮，有重大突破，也有短暂的停滞，我们应该探讨突破与停滞的原因。无数的事实证明，辩证法和唯物主义的精神贯穿在自然科学的研究中，许多重大的科学发现，都是遵循"实践——理论——实践"的规律而发展的。认识来源于实践，经过飞跃而上升为理论，又反过来接受实践的检验，为实践服务，并在实践中进一步发展。

在这里，我们所要着重讨论的是，作为一名自然科学工作者，是怎样从实践到理论，又从理论到实践进行"飞跃"的？为什么在有些问题的研究中这种飞跃完成得快，而在另一些中则很慢？还有，有时两个人研究同一问题，为什么甲很快就抓住了本质，而乙则长时间停留在表面？研究过引力问题的人很多，为什么不是别人，恰好是牛顿（I. Newton，1643—1727），做出的贡献最大？或者，更一般地，我们可以问：作为一名科学工作人员，他应该力求具备一些什么品质？这样，我们就必须从横的方面来读历史，即必须对历史上一些有贡献的科学研究人员，进行个别的考察和研究。结果发现，他们当中的许多人，在德、识、才、学上是比较卓越的。

通常我们衡量一个人，提出德才兼备的标准。德，主要指政治立场、态度和高尚的人品。识、才、学受德的制约。才，就是指才干。不过，仔细分析，才还可以分为识、才、学三个方面。识，一般指思想路线和科学预见的能力，它对一名科研人员正确选择主攻方向，决定这场仗该不该打，这件事该不该做，这个问题值不值得研究，以及怎样做最为有利，具有重要的意义。人们通常所说的"远见卓识"就是这个意思。任务、方针和路线确定以后，如何去完成，则主要是才的问题。这里的才，主要指才能。在科学研究中，有些人善于观察、实验和操作，另一些人则长于归纳、分析和推理，两者兼备，实为重要。学，即学问、知识。学之重要，人人皆知。荀子《劝学篇》说："学不可以已。……博学而日参省乎己，则知明而行无过矣。"诸葛亮说："夫学须静也，才须学也，非学无以广才，非志无以成学。"《文心雕龙·神思篇》指出："积学以储宝，酌理以富才。"古代许多人如贾谊、颜之推等都写过类似"劝学"的文章，大概是荀子带的头吧！他那一篇也确实写得好，后人读了，既受启发，又觉技痒，便接二连三地写了许多。

兼备德、识、才、学，对一名科技工作人员来说，至关重要。我们的叙述，便从这里开始。

一些年来，阅读了一点有关科学发现的零星材料。在学习过程中，深深感到，许多重大的科学发现确实有益于人民，便情不自禁地写下一点笔记，以表达我对前人功绩的景仰，自己也分享一份胜利的喜悦。这样日积月累，时断时续，虽有十年愚勤，仍难免穷巷多怪，贻笑大方。

如今，人类社会已步入高科技时代，我国科学技术事业已进入一个新的阶段。如果本书所谈及的前人的一些思想、见解、经验、教训，能对我们有所启发，起到几分借鉴作用，特别是对科技战线上的青年同志，能有所增益，那会使我们感到非常高兴。本书写作的目的也正在于此。

二、 谈德、识、才、学

不是"神"灯
——德、识、才、学的实践性

才如战斗队，学如后勤部，识是指挥员；才如斧刃，学如斧背，识是执斧柄的手。

谈论自然科学研究中的德、识、才、学问题的，似乎还不多见，但在史学与文学中，才、学、识的说法却由来已久。唐朝刘知几，是著名的历史学者。他说："史有三长：才、学、识，世罕兼之，故史才少。夫有学无才，犹愚贾操金，不能殖货；有才无学，犹巧匠无梗楠斧斤，弗能成室。"

兼备才、学、识，固然不容易，但这种人也非极少。问题是在封建社会里，存在着压迫和剥削，统治阶级荒淫暴虐，做尽人间坏事，写历史的，能否据事直书呢？写，就有掉脑袋，灭九族的危险，司马迁就是一个受害者。吃得开的，只有那些御用文人，其特长是颠倒黑白，吹牛拍马，全看主子的眼色行事。其实拍马是为了骑马，最后还是为自己青云直上。鲁迅（1881—1936）的见解很深刻，他说："某朝的年代长一点，其中必定好人多；某朝的年代短一点，其中差不多没有好人。为什么呢？因为年代长了，作史的是本朝人，当然恭维本朝的人物，年代短了，作史的是别朝人，便很自由地贬斥其异朝的人物，所以在秦朝，差不多在史的记载上半个好人也没有。"① 由此可知，旧社会统治者的摧残，才是史才少的主要原因。

刘知几明确地提出才、学、识问题，而且试图阐明三者的关系。他虽然是指史学与文学而言，但对自然科学也是有参考价值的。

关于才、学、识三者的关系，刘知几的"愚贾操金"的比喻很直观。其后清朝的章学诚说："夫才须学也，学贵识也，才而不学，是为小慧；小慧无识，是为不才。"诗人袁枚很重视"识"的作用，他在《续诗品·尚识》中说得很形象："学如弓弩，才如箭镞。识以领之，方能中鹄。善学邯郸，莫失故步；善求仙方，不为药误。我有神灯，独照独知，不取亦取，虽师勿师。"

他们的议论虽然有一定的启发意义，但也有共同的缺点。一是脱离实践而侈谈才、学、识，就使后者成为不可捉摸的、神秘的天生怪物，成为天上掉下来的"神"灯。人们的德、识、才、学主要是在长期的实践中，通过实践和学习逐步培养锻炼出来的，天才只起部分的作用。因此，实践和学习是德、识、才、学的基础。二是由于时代的限制，他们没有也不可能指出才、学、识的服务对象，而实际上那时基本上是为统治阶级服务的。我们需要的是为广大劳动人民谋利益的才、学、识，因而，全面的提法应是德、识、才、学，德居其首。

---

① 鲁迅. 魏晋风度及文章与药及酒之关系. 见：鲁迅. 鲁迅全集：第3卷之《而已集》. 北京：人民文学出版社，1981：501.

贾谊、天王星、开普勒及其他

——谈德、识、才、学兼备

有些人学问渊博，但少才识，往往只能成为供人查阅的活字典。唐朝李善，学淹今古，精通典故，为《昭明文选》作注，旁征博引，后人叹服。他的工作对后人是有益的。但也有人说他的怪话，批评他才、识不高，既少创作，又缺见解，终生碌碌，为人作注，没有起到更大的作用。

苏轼作《贾谊论》，说贾谊才、学虽高，但不善于分析和利用当前的形势，急于求成，终不为当世所用，郁郁而死，没有发挥自己的才能。苏轼叹息说："呜呼！贾生志大而量小，才有余而识不足也。"苏轼的意见，未必正确，因为导致这场悲剧主要是统治者的错误；但贾谊未尽所能，却是历史事实。在这点上他不如司马迁。司马迁为了完成《史记》的写作，使之能"藏之名山，传之其人"，忍受了人间最大的侮辱，最后才达到目的。

由此可见，一个人有学问未必有才能；进一步，即使才学有余也可能见识不高。这就需要有自知之明，在实践中针对自己的缺点有意识地进行锻炼，方能弥补不足。

1781年，赫歇尔认定天王星是行星。其实，在这以前，已有好几位天文学者观察过它了。当时流行着一种陈腐的观念，认为太阳系的范围只到土星为止，土星以外，再没有行星了。要打破这种观念，需要革命的卓识和勇气。持这种观念的天文学者因循守旧，他们既不敢也从未想到应该扩大太阳系的领域，因而总是把天王星当作恒星而不加注意。勒莫尼耶（Le Monnier）甚至自1750年至1769年间观察它达12次之多，最后还是让它逃之夭夭。见识不高，可为发一浩叹！"自谓已穷千里①目，谁知才上一层楼。"谁又能断定，我们今天所理解的太阳系已经到了尽头呢？

为了说明德、识、才、学兼备的重要，不妨再举两个例子。

万有引力是自然科学中最大发现之一，几个世纪以来，人们都归功于牛顿。其实，这是许多人共同努力的成果。例如罗伯特·胡克等人早已有了引力的观念。胡克是卓越的实验物理学者，具有出色的实验才能，他的研究范围很广泛，在物理、化学、生物等方面都有贡献，包括众所周知的弹性力学中的胡克定律。然而，由于他缺乏牛顿那样横绝一世的数学才能，虽然走到了万有引力的跟前，却仍然无力抓住它。就像一个不会爬树又无工具的人，尽管看到橘子高悬枝头，但却无法摘到它一样。胡克的故事向我们提出了一个问题：有多少原可发现的东西由于才能不足而溜掉了？

丹麦天文学家第谷（B. Tycho, 1546—1601），用了 30 年的工夫，精密地观察行星的位置。他工作辛勤，观察才能又非常出色，不幸却短于理论分析。从长期观察的资料中，他得到的是错误的结论，他既不同意托勒密的地心说，也不赞成哥白尼的日心地动说，而提出了一个折中方案：行星绕太阳转，太阳又绕地球转。1600年，第谷请了德国人开普勒（Kepler, 1571—1630）做助手。开普勒与第谷相反，对观察不太感兴趣，而且技术也远不如第谷，但他的理论研究却很有才华。通过对第谷资料的分析，他起初假设太阳绕地球转，误差总是很大，与观察不符。于是改用日心说，假设火星绕太阳做圆周运动，计算结果仍不理想。最后他大胆创新，提出了"火星的运动轨道是椭圆，太阳位在椭圆的一个焦点上"的假设，结果与观察资料相符合。就这样，第谷的精确观察与开普勒的深入研究相结合，引导到行星运动三定律的发现。这是一个理论与实际

---

① 旧制，1 里＝500 m。

相结合的范例，如果没有开普勒，第谷的辛勤积累也许会成为一堆废纸；反过来，没有第谷，也根本不会有开普勒的卓越成就。

优秀的科学工作人员应该兼备德、识、才、学。郭沫若在《读随园诗话札记》中说："实则才、学、识三者，非仅作史、作诗缺一不可，即作任何艺术活动、任何建设事业，均缺一不可。"这话是很有道理的。

欧拉和公共浴池

——根扎在哪里？

科学研究必须深深扎根于社会生产实践的需要，扎根于群众的社会实践中。恩格斯说得好：

"社会一旦有技术上的需要，则这种需要就会比 10 所大学更能把科学推向前进。整个流体静力学（托里拆利，等）是由于 16 世纪和 17 世纪调节意大利山洪的需要而产生的。关于电，只是在发现它能应用于技术上以后，我们才知道一些合理的东西。在德国，可惜人们写科学史时已惯于把科学看作是从天上掉下来的。"①

这一段话是科学工作者的座右铭，必须时时记住，否则就可能迷失前进的方向。

科学研究人员如果脱离生产斗争的需要，脱离科学自身发展的需要，脱离人民群众的社会实践，则将一事无成。即使他辛辛苦苦，用尽毕生精力，写成厚厚的论文册，也必然会随着时光的流逝而变为一堆废纸，成为昙花一现的短命篇。从古至今，科学著作浩如烟海，但能流传下来的，只是极少的一部分。相传在亚历山大城图书馆中，许多书都被用来烧公共浴池，此事值得深思。可见，脱离社会生产实践的所谓科学著作，生命力是不强的，只有那些在社会实践中得到广泛应用的理论和知识，才能常葆灿烂的青春。

有价值的科学成果是不会湮没的。哥白尼的日心地动说受到教会的摧残，结果却得到更广泛的传播。奥地利博物学者孟德尔

---

① 马克思，恩格斯. 马克思恩格斯选集：第 4 卷. 北京：人民出版社，1972：505.

（G. J. Mendel，1822—1884），对植物遗传作了 8 年实验，发现了生物的遗传定律。他的成果发表在 1865 年《博物学》杂志上，但未引起人们的注意。直到他死后 16 年，即 1900 年春天，在几个星期内，接连出现了德佛里斯、科林斯和丘歇马克三人的论文，他们都根据实验重新发现了孟德尔所发现的定律。这样，孟德尔的工作便又活跃在人们的心中。19 世纪初，一些数学家认为连续函数至少在某些点上可以微分。然而，1860 年德国的魏尔施特拉斯（K. Weierstrass，1815—1897）做出了一个处处不可微分的连续函数，这在数学中是一个著名的例子。其实早在 1830 年，捷克的波尔查诺（B. Bolzano，1781—1848）就已做出了类似的例子，但他的原稿在 1920 年才找到，1930 年发表，从写出到发表经历了一个世纪。

恰当地选择研究题目，正确地决定主攻方向和路线，是带有战略性的重大措施。选题不当，就可能浪费毕生精力，一事无成。

科学中有一些重大进展，几乎同时地为几个人所独立完成，例如：

微积分学：牛顿、莱布尼茨；

进化论：达尔文、华莱士；

非欧几何：罗巴切夫斯基、高斯、鲍耶、史威卡特、塔乌里努斯；

发现海王星：勒威耶、亚当斯；

热功当量：罗伯·迈尔、焦耳、亥姆霍兹；

相对论：爱因斯坦、庞加莱。

怎样解释这些现象呢？

在科学发展的大道上，每一个时期都有一套挑战性的题目，它们的出现不是偶然的，而是人类在社会实践中，在生产斗争和科学本身发展到一定阶段中必然产生的。这些问题大都经过许多人长时期的努力钻研。然而，问题的彻底解决需要一定的条件。等到条件成熟时，一个问题同时被几个人突破，也就不足为奇了。

在选择研究主题时，主要应根据社会实践的需要，以及本学科发展过程中提出的重大问题，此外，还要适当注意是否有可能解决的主、客观条件。理论联系实际是进行科学研究必须遵守的原则。我国的科学工作具有这方面的优秀传统，指南针、造纸、印刷术、火药四大发明以及张衡的地动仪、李时珍的《本草纲目》等，都是和社会实践的需要紧密结合的。

巴斯德（L. Pasteur, 1822—1895）由于实际需要而研究啤酒变酸和蚕生病的原因，发现这主要是细菌活动的结果，由此建立了细菌致病的学说。这也是理论联系实际的一个很好的例子。

越是抽象的学科，就越要努力从实际中吸取营养和力量。瑞士的欧拉（L. Euler, 1707—1783）是 18 世纪卓越的数学、力学工作者，也是最多产的作家，他的科学著作多达 886 本书籍和论文。理论联系实际的原则像一条红线贯穿在他的全部工作中。为了制造海船，需要力学根据，他就研究力学，成为分析力学创始人之一；为了用天文方法决定船只在海洋中的位置，他就研究月球运动，1753年他出版了《月球运动理论》。为了观察星球的运动，他又研究光学和天体望远镜、显微镜。他从实际需要中选择研究对象，并以实际为师。正因为如此，他的立足点高，活动面广，路也越走越宽。这样，他就能走在科学发展的大道上，而不把精力浪费在无意义的琐碎问题里，从而使他的创造才能得以充分发挥，他的研究成果能得到实际的承认，具有较长时期的生命力，而不是转瞬即逝的过眼烟云。

大葫芦和一百匹马

——向劳动人民学习

　　紧密联系群众，虚心向劳动人民学习，是我国科学工作人员的优良传统之一。

　　1 400多年前，《齐民要术》一书的作者贾思勰养了许多羊，饲料不缺，却饿死不少。他莫名其妙，便向一位老牧人请教。老牧人问他是怎么喂料的，他回答说，把饲料全铺在羊圈里，让羊随便吃。老牧人说，这就坏了，羊爱干净，你把饲料铺在圈里，羊在上面踩来踩去，屎尿都拉在上面，羊怎么肯吃呢？

　　氾胜之，是汉朝的农学家，他很虚心地向农民学习。有一位善于种大葫芦的老农向他传授经验，老农说，要种出特别粗大的葫芦，第一步，要挖一个直径和深度各三尺①的大圆坑，坑内上足粪；把粪和土搅匀，再上足水；等水渗下去后，种下十颗从大葫芦里选出的种子。第二步，等十条葫芦蔓长到两尺多长，用布把它们扎在一起，外封泥土；过几天后，把九条葫芦蔓的上端摘掉，留下一条最粗的，这样，十条根吸上来的养料和水分都供给这一条了。第三步，结出来的前三个小葫芦全部掐掉，因为这时根茎叶还没长好；第三个以后的留下，由于根茎叶全长壮了，供给的养料也充足了，这些小葫芦便都长得又肥又大。氾胜之把向群众学到的生产经验写了下来，汇成了一部著名的农书《氾胜之书》。这种书当然不会受到封建统治阶级的重视，所以早已失传了。幸亏它为广大人民所热爱，许多人在其他的书里引用了它，这部书的部分内容才得以保存下来。

----

　　①　旧制，1 m＝3尺．西汉1尺＝23.2 cm．

　　类似的故事还发生在明朝末年，那时宋应星写了一部《天工开物》，记述了我国古代农业和手工业方面的科技成就。这部书也是作者长期深入生产实际、向劳动人民学习的产物。然而，它也几乎失传。直到1926年才从日本传回翻刻本。中华人民共和国成立后，北京图书馆从宁波李氏墨海楼捐献的藏书中得到了1637年（明崇祯十年）的初刻本。在群众的支持下，此书现已出版，广为流传。作者宋应星是个有志气的人，他在序言中说，请那些热衷于科举大事业的人，把这本书扔到一边去吧！它和猎取功名、追求高官厚禄是毫不相干的。这充分表达了他对统治阶级及科举制度的蔑视和鄙视。

　　1970年9月，《人民日报》登过《一匹马和一百匹马》的报道，发人深思。某运输连的一匹大黄马突然倒毙，大家都愕然，不知是怎么回事。剖开肚子一看，马肠里堆了28斤①沙子，显然，这是致命的原因。接着他们又发现许多马也患有同样的病。怎么办呢？便向老牧民请教。老牧民说：不用打针，也不用吃药，只要给马灌上一些猪油就行了。果然，灌油后，病马便纷纷拉下沙子来，少的五六斤，多的20多斤，马拉下了沙子后病都好了。可是，沙子是怎么跑进马肚子的呢？老牧民说：因为水土关系，这里的马要多吃盐。沙中有盐分，所以马就吞沙。要预防这种病，只需在饲料中多加些盐就行了。按照老牧民的指点，将原先每匹马每天只喂4钱②5分③盐，增加到1两④盐以后，马果真都不吞沙了。死了一匹马，却挽救了一百匹。群众的智慧，的确无穷无尽。

---

　　①　旧制，1斤＝500 g.
　　②～④　旧制，1两＝50 g，1钱＝5 g，1分＝0.5 g.

骡驹与盐碱地

——群策群力，大搞科研

我们再举两件事，说明人民群众如何通过周密的观察和试验，导致科学发现，终于解决了生产中的实际问题。

母马下小驹，小驹刚生下来时体格健壮，又蹦又跳。可是次日下午就无精打采，低头耷耳，卧地不起，还出现贫血、黄疸、血尿等症状，最后终于死去。原来小驹患了新生骡驹溶血病。以前认为这是绝症，死亡率达百分之百。这是怎么回事呢？按照旧说，发病原因是"胎血热""钩端螺旋体病"，或者说是"败血病"，但都没有解决问题。广州部队后勤部的一些人员决心搞清这个难题，便从观察入手。他们仔细观察新生的骡驹，晚上蹲在马厩里察看它的生活情况，通过对上百匹小骡驹的研究，终于摸清了发病原因。有的小骡驹未吃奶前，活蹦乱跳，吃奶后就萎靡不振，可见发病与吃母马的初奶有关。于是他们反复化验母马的初奶和骡驹的血液，在初奶中找到了一种致病的特异抗体，抗体进入骡驹体内后，便破坏血中的红细胞，使骡驹得病。他们还发现，这种抗体只破坏骡驹血球，而对马驹血球没有破坏作用。于是他们便让骡驹与马驹交换母马哺乳，收到了较好的预防效果；或者干脆把母马的初乳挤掉，暂时实行人工喂养；后来他们又找到了一种草药，也取得了一定的成效。

另一件事是改造盐碱荒地为良田。有些地区含盐量高，寸草不生。盐碱含量与地下水有关，因后者中含有盐分，当地下水位升高时，水会沿着土壤毛细管上升到地表面，太阳晒后，水分蒸发，把盐留在地面。反之，下大雨后，盐被雨水溶解，或随水下渗，或被水冲走，于是盐分减少。这就是"盐随水来，盐随水去"的规律。

但怎样利用这一规律呢？人们起初并不自觉，后来观察到：离排水沟越近的地方，不论种棉花、绿肥，总是出苗齐，长得快，而盐斑大都留在离沟远的田中间。这一发现引起了大家的注意。原来地里有了排水沟，大雨过后，盐随水顺沟排走，地面上减少了盐分；同时土壤中的水也能排走许多，因而地下水位降低。这样，天晴时地下水就不容易上升到地面，从而减少了地下水中的盐分上升，这就是排水沟的作用。至于离沟远的地方，盐分就不能这样顺利排走，因此盐斑就多。大家明白了这个道理，就决心大修水利，建成一套完整的排水淋盐系统；连种三年绿肥，变盐碱荒地为良田；再加上植树造林，防风防盐，盐碱地便可能得到根本的改造。

《本草纲目》的写作
——搜罗百氏，访采四方

我国明朝的李时珍（1518—1593），是世界上伟大的药学家。他的名著《本草纲目》，记载药物1 892种，附方11 096则，先后被译成英、法、俄、德、日、拉丁等十余种文字，成为国际一致推崇和引用的主要药典。这部巨著不仅对医药，而且对生物、矿物和化学也做出了重要贡献，李时珍的学术见解是高超的，他的分类方法很符合现代的科学原则。

李时珍所以能取得如此巨大的成就，固然由于他批判地总结了前人的成果，"搜罗百氏"，旁征博引，参考八百余家；更主要的，还在于他忠心为群众服务的精神。他认识到这项工作对群众有利，因而用了近30年的时间，三次改写，才最后成书。"字字看来皆是血，十年辛苦不寻常"，此书与《红楼梦》，一属科学，一属文学，交互辉映，相携永垂。在写作过程中，他不辞辛苦，深入实际，"访采四方"，先后到河南、江西、江苏、安徽等地，收集各种标本与药材。他治学态度严谨，一丝不苟。例如，为了证实前人所说"穿山甲诱蚁而食"，便亲自动手，解剖穿山甲，结论是："腹内脏腑俱全，而胃独大，常吐舌，诱蚁食之，曾剖其胃，约蚁升许也。"

李时珍写《蕲蛇传》，也是一个有益的故事。他父亲李言闻，研究了蕲州的特产艾叶，写成了《蕲艾传》。他读后很受启发，便决心写一本《蕲蛇传》。开始他只是从蛇贩子那里观察白花蛇，有人告诉他，这不是真正的蕲州蛇，真蕲蛇"其走如飞，牙利而毒"，人被咬后会迅速致死，是当时皇帝指定进贡的制药珍品。不入虎穴，焉得虎子。李时珍不顾危险，几次爬上龙峰山去观察蕲蛇，目睹了它吃石南藤及被捕情形，了解了它形体与习性上的特点，终于写出了很有特色的《蕲蛇传》。李时珍很重视这种研究方法，认为这样可以"一一采视，颇得其真"。

"言而无文，行之不远。"许多科学名著，都注意作品的文学性与通俗性，以求广泛流传，易为群众所接受。牛顿写他的巨著《自然哲学的数学原理》，坚持用初等数学，避而不用他新发明的微积分。拉格朗日（1736—1814）推崇这部书是自然科学中人类心灵的最大产品。地理，如果写得不好，很容易枯燥无味；然而郦道元的《水经注》，却文思清丽，情景交融，读来使人飘然意远。《本草纲目》也如此，许多药物的描述，类似优美的散文。李时珍的文学造诣很高，他创作了许多诗歌，可惜大都散佚了。现在幸存的有两首，一是《吴明卿自河南大参归里》：

> 青锁名藩三十年， 虫沙猿鹤总堪怜。
> 久孤兰杜山中待， 谁遣文章海内传？
> 白雪诗歌千古调， 清敬日醉五湖船。
> 鲈鱼味美秋风起， 好约同游访洞天。

用以安慰他的好友吴明卿罢官回家，吴是反对过坏人严嵩的正直人。另一首是

> 雪湖点缀自神通， 题品吟坛动巨公。
> 欲写花笺寄姚浙， 画梅诗句冠江东。①

---

① 刘雪湖。《梅谱》卷下。明代。

功夫在诗外

——从陆游的经验谈起

宋朝爱国诗人陆游（1125—1210），在他逝世的前一年（即1209年），曾给他的第七个儿子写了一首诗，传授他写诗的经验。大意说：他初学作诗时，专门在辞藻雕琢、绘声绘色上下功夫，只注意追求形式的美，到中年才领悟到这种做法不对，诗应该注重内容，应该反映人民的要求和喜怒哀乐。从此他的诗起了本质性的变化，道路越走越宽广。最后他说："汝果欲学诗，功夫在诗外。"

"功夫在诗外"，这是陆游一生创作的重要经验，而且是在他中年或晚年才总结出来的，值得用金字写下。初听起来也许奇怪，学诗当然应在诗上下功夫，怎能跑到诗外去学呢？这句话该怎样理解呢？

陆游在评肖彦毓的诗时说："君诗妙处吾能识，正在山程水驿中。"另一处又说："纸上得来终觉浅，绝知此事要躬行。"这就很清楚，所谓"功夫在诗外"，就是强调要"躬行"。无数事实证明，如果只关在屋子里冥思苦想，搜索枯肠，面壁九年，也绝写不出好作品来的。要做出成绩，就得深入实际，亲身实践，到火热的斗争中去体验生活，收集资料，本着对人民的深厚感情，进行艺术加工。文情汹涌而后发，这样写出来的东西才是有血、有肉、有哭、有笑的上等文章。

文学创作如此，研究自然科学也如此。从文献到文献，把现成的理论修修补补，作点逻辑推理，那就是"纸上得来"，必然轻飘飘很少分量。只有深深扎根于客观实际，才能材料丰富，根据充足，"厚积而薄发"，最后结出丰硕的果实。

　　道理很简单，在旧的公理、假设或学说中转圈子，固然也可以做出一些成绩，可以把原有理论加以延伸、深化或推广，但无论如何，总不能超越旧的"理论场"，不能得出与原有公理截然不同的结论，因而得不出本质上崭新的、带有革命性的成果。要取得全新的成果，需要从另一条根开始，而这条根，又必须生长在实践的肥沃土壤上。俗话说：种瓜得瓜，种豆得豆。要想得豆，怎能只种瓜呢？

　　不过，对"功夫在诗外"这句话，也不能片面的理解。如果对一个想学数学、却还不会加减乘除的人说"功夫在数学之外"，那么未免为时过早。陆游的诗已经作得很好了，技巧很高，缺少的是以现实生活为背景的题材和思想感情，所以他才敢自信地说"功夫在诗外"。比较全面的学习方法是，一定要重视努力学好专业的基础理论、知识和技能，打下坚实的基础，又要注意深入实际中去，边干边学，在实践中锻炼和提高。

冷对千夫意如何，展翅高飞壮志多
——热爱人民，热爱真理

真理的力量无穷，捍卫真理的勇士不可战胜。残暴凶狠的黑暗势力可以杀害一个人，却永远不能阻挡真理的车轮滚滚向前。

残暴只能破坏，创造和建设则需要勤劳与智慧。

4世纪，埃及亚历山大城的女天文学者伊巴蒂，为了研究天体运行，被基督教僧侣指控为妖术，终于惨遭撕死。疯狂的迫害延续了千多年，新教徒和罗马教徒在搜罗"妖人"上互相竞赛。某人被告发后，如果他自认有罪，就会立即处死，除非他捕风捉影地出卖别人，也许可以减轻刑罚。如果不认罪，他就必须忍受各种酷刑，直到牺牲为止。总之，死是很难幸免的。那时，真是人人自危，不知哪一天会大祸临头。据估计，欧洲在15～16世纪的两百年间，被指为妖人而遭残害的，为数达7.5万人以上。

1600年，又发生了震动世界的布鲁诺惨案。意大利的布鲁诺（G. Bruno，1548—1600），具有先进的宇宙观，他积极宣传哥白尼的日心地动学说，并且比哥白尼还前进了一大步。他认为宇宙是无限的，太阳不过是无数恒星之一，宇宙中可以居住的星球也是无限多的。在他的著作《论无限性、宇宙和诸世界》中，有一首诗表明了他的观点：

> 展翅高飞信心满，　晶空对我非遮拦，
> 戳破晶空入无限，　穿过一天又一天，
> 以太万里真无边，　银河茫茫遗人间。

他的学说触犯了《圣经》上的教条，耶稣教会把他视为眼中钉、肉中刺，必欲置之死地而后快。他被迫流亡国外多年，1592年回到意大利，不久被一个绅士出卖给宗教裁判所。1600年3月17日，教会以极其野蛮的手段，火焚布鲁诺于罗马的百花广场，罪名是他不仅是一个"异端分子"，而且是"异端分子的老师"。真是欲加之罪，何患无辞。在漫长的 7 年监狱生涯里，布鲁诺英勇顽强，毫不妥协，表现了视死如归的大无畏精神。他断然拒绝要他放弃自己的观点就可得到宽大的诱降劝告，并且公开揭发了教会的黑暗、卑鄙和无耻。1599 年 10 月 21 日的档案记录中说：

"布鲁诺宣布，他不打算招供，他没有做过任何可以反悔的事情，因之也没有理由去这样做……"

其后，政治迫害愈演愈烈。恩格斯说："新教徒在迫害自然科学的自由研究上超过了天主教徒。塞尔维特正要发现血液循环过程的时候，加尔文便烧死了他，而且还活活地把他烤了两个钟头；而宗教裁判所只是把乔尔丹诺·布鲁诺简单地烧死便心满意足了。"①

宗教裁判所残酷迫害科学家，他们以为用残酷手段，就能阻止真理的传播，阻止科学文化的发展，真是大错而特错。事实证明，凡是这类暴行，无不以失败而告终，这可算是一条历史规律。越镇压，真理就传播得越迅速、越广泛。霍尔巴赫在《袖珍神学》一书中有一段批判他们的绝妙文字：

"不信教的人……用他们凡人的眼光只看见我们神圣的教会里无非是一些愚人蠢事，别的什么也看不见。他们在其中发现一个愚蠢地让人钉在十字架上的愚蠢上帝、一批愚蠢的使徒、一些愚蠢的奥秘、愚蠢的见解、愚蠢的争论以及一些由蠢人们来举行使远非愚蠢的僧侣得以生活的愚蠢仪式。"

热爱真理，忠于人民，不畏残暴，不怕困难，是科学工作人员应具有的优秀品质。布鲁诺和一切献身于真理、献身于人民、献身于革命事业的英勇战士，是人类的鲜花，他们的精神浩然长存。滔滔江水，巍巍青松，真理之光，不可灭焉！

---

① 恩格斯. 自然辩证法. 见：马克思，恩格斯. 马克思恩格斯选集：第 3 卷. 北京：人民出版社，1972：446.

真理的海洋
——谈勤奋

追求真理，其乐无穷。多少科学工作人员在困难的环境里度过艰苦的一生，却始终守志不移，为真理而献身。进化论的先行者拉马克（J. Lamarck，1744—1829），家贫，一辈子刻苦勤学，与天奋斗。他在《动物学哲学》一书中热情地说：

"观察自然，研究它所生的万物；追求万物，推究其普遍或特殊的关系；再想法抓住自然界中的秩序，抓住它行进的方向，抓住它发展的法则，抓住那些变化无穷的构成自然界的秩序所用的方法。这些工作，在我看来，乃是追求真实知识唯一的法门。这等工作还能予我们以真正的益处；同时，还能给我们找出许多最温暖、最纯洁的乐趣，以补偿生命场中种种不能避免的苦恼。"

永不满足的对自然现象的好奇心，火一般地追求真理的愿望，炽热地对待新事物的态度，锲而不舍的钻研精神，是科学工作者不可少的重要品质。科学巨匠牛顿说：

"我不知道，在别人看来，我是什么样的人；但在我自己看来，我不过就像是一个在海滨玩耍的小孩，为不时发现比寻常更为光滑的一块卵石或比寻常更为美丽的一片贝壳而沾沾自喜，而对于展现在我面前的浩瀚的真理的海洋，却全然没有发现。"

在力学三定律的确立中，在万有引力的发现中，在光的微粒说以及微积分的创建中，他的贡献是关键性的。但他毫不满足，面对真理的海洋，对后人寄予殷切的希望。他伫立在当时科学的最高峰，眼界辽阔，站得越高，发现的问题也越多，与未知世界的接触面就越广，因而追求真理的心情也就越迫切。

牛顿的成就，主要是靠辛勤劳动取得的，而不全是倚靠天才。这可举他的助手 H. 牛顿的话为证："他很少在两三点钟以前睡觉，有时到五六点……特别是春天或落叶的时候，他常常六个星期，一直在实验室里。不分昼夜，灯火是不熄的，他通夜不眠地守过第一夜，我继续守第二夜，直到他完成他的化学实验。"

牛顿如此，其他在科学上做出贡献的人也往往如此。达尔文曾说过，他自己"所完成的任何科学工作，都是通过长期的考虑、忍耐和勤奋得来的。"

爱迪生说过："发明是 1％ 的灵感加上 99％ 的血汗。"这句话是值得我们认真考虑的。

原因的原因

——一谈识：世界观的作用

　　说也不信，像牛顿这样卓越的科学工作者，却同时又是一个上帝的最虔诚的信徒，特别是在他的后半生，竟用了 25 年的时间来研究神学，企图证明上帝的存在，白白浪费了宝贵的生命。他对上帝的颂词，读来令人作呕。例如，他曾写过："至高无上的上帝是一个永恒、无限、绝对完善的主宰者……他是无所不能和无所不知的；就是说，他由永恒到永恒而存在，从无限到无限而显现。""他浑身是眼，浑身是耳，浑身是脑，浑身是臂……上帝能见，能言，能笑，能爱，能恨，能有所欲，能授予，能接受，能喜，能怒，能战斗，能设计，能工作，能建造。""我们因为他至善至美而钦佩他，因为他统治万物，我们是他的仆人而敬畏他、崇拜他。"

　　美与丑如此尖锐地集中在一个人身上，真是一幕悲剧。思想如此深刻的人却又如此浅薄，以致缺乏最起码的常识，这是为什么呢？初想起来确实令人迷惑难解。

　　人类对自然的认识是逐步深化的，永远没有尽头。一种现象必有它的原因（第一层），这个原因又有原因（第二层），这第二层原因又有第三层原因，如此下去，以致无穷。比如说，为什么抛出去的石块会落地？这是因为地球有吸引力（第一层）；为什么地球会有吸引力？因为任何物体都有引力，即万有引力（第二层）；为什么万物皆有引力？限于目前的科学水平，我们暂时还不知道这第三层原因是什么。由此可见，对于一个具体的人来说，他的认识只能达到某一层。这样，人们自然会想到：是否有一个最初的原因？

　　有没有最初的原因？主要有两种本质上不同的答案。

　　辩证唯物主义认为事物是不可穷尽的，人类的认识能力也是无穷尽的，没有最初的原因。事物的原因只能从事物本身中去找，不需要也不存在超客观的因素。如果说有最初的原因，那么引起这个"最初的原因"的原因又是什么呢？辩证唯物主义的答案是积极的，它引导人们奋发图强，把原因一层层地深入追下去，每进一层就深入一步，整个人类的认识也就提高一步，如此下去以至于无穷。

　　唯心主义者所持的是另一观点，他认为这一非常复杂的过程可以由于引进一个"美妙的"假设而极其简单化，这就是假设上帝的存在；上帝是一切事物的创造者，是万能的主宰，是一切原因的原因。你问他引力从何而来，他说那简单得很，是上帝赋予的；再问他星球为什么会运动，他说那是由于上帝"最初的一击"；关于时间有没有开头问题，他说时间和世界一同被上帝创造出来，在上帝创造世界之前，没有时间，上帝是不生活在时间之中的。

　　这个假设虽然"美妙"，却封闭了真理的大门，有了它，那还需要什么科学呢？这个上帝，除了给人们以愚昧、欺骗和麻木外，还能给些什么呢？

　　然而牛顿却死心塌地地相信真有上帝，甚至不惜拿出半生光阴来做赌注，原因何在呢？牛顿出身于一个宗教气氛非常浓厚的家庭，其主要成员不是牧师就是教徒。牛顿从小就受着信奉上帝的教育。当他研究自然科学时，在客观事物面前，他不能不承认事物之间的相互联系与相互制约性，因而具有自发的唯物主义思想倾向，这帮助他取得了很大的科学成就。然而，当上帝在他头脑中抬头时，特别是当他成了企业主，成了资产阶级政治活动家时，他就迅速地陷入了唯心主义的泥淖，而且越陷越深，竟成了宗教的狂热分子，从而也就葬送了他的后半生的科学创造。世界观对人的影响如此之大，值得深以为戒。

倚天万里须长剑

——二谈识：科学研究中的革命

科学工作人员应该具有披荆斩棘的革命胆识，对于那些阻碍科学发展的陈腐"理论"，必须坚决推翻，在批判错误理论的基础上建立新的学说。"掀翻天地重扶起"，真理与谬论不能并存，非大破无以大立，事物发展的辩证法就是如此。

化学中的燃素说，生物学中的物种不变论，天文学中的地心说等，都是陈腐的"理论"。

早自笛卡儿（R. Descartes, 1596—1650）起，物理界流行着"以太假说"，认为以太是一种构造微妙的介质，它充塞于整个宇宙之中。电磁波（包括光）依靠以太传播，正如声波依靠空气传播一样。两个世纪以后，迈克耳孙和莫雷于 1887 年在克利夫兰做了一次著名的实验，目的是想判断以太是否真的存在，结果却得到了否定的答案。他们的想法如下：如果地球真的是在以太海中航行，那么从地球上向以太海中发出的光线必定会受因地球的运行而发生的以太流所影响，正如从轮船上抛出的木片会受因轮船的运行而发生的海流所影响一样。地球绕太阳的运行速度是 32.18 km/s，光速约为 299 792.5 km/s，所以，当一束光沿地球运行方向射出，也就是逆着以太流射出时，它的速度约为 299 699 km/s，而当逆地球运行方向射出时，应为 299 763 km/s，顺逆两种速度应相差约 64 km/s。可是，试验的结果表明，怎样也观察不出这一差额；换句话说，不管光线的方向如何，光的速度总是一样。这一结果使人们左右为难，或者必须放弃以太理论，或者必须推翻哥白尼的日心地动说。物理界为此意见纷纭，许多新的假说匆匆贸然而来，又匆匆悄然逝去。

只有爱因斯坦（A. Einstein，1879—1955）敢于采取革命行动，毅然否定以太说，牢牢地抓住实验中所观察到的事实，并把它提高为一条基本假设：光速不因光源的运动而变。乍看起来，这条假设是与人们的生活常识相违背的。然而，正是从它与相对原理出发，爱因斯坦终于建立了轰动一时的相对论。

非欧几何诞生的故事更为动人。我们知道，欧几里得几何学是建立在公理的基础上的，它雄视科学界两千年，没有人能动摇它的权威。通常，科学著作容易被新著作所淘汰，很少几本能流传两三百年。唯独欧几里得写的《几何原本》与众不同，居然芳泽绵长，传诵至今。由此可见，欧几里得几何是如何深入人心了。

不过后来人们也发现了一个问题，原来在那些作为基石的公理中，第五公理显得很特别。这条公理现在是这样说的："通过不在直线上的一个点，不能引多于一条的直线，平行于原来的直线。"可是，怎样才能断定两条直线平行呢？要做到这一点，必须把它们向两端无限延长，并且处处不相交。这当然无法做到。因此第五公理是否符合实际就值得怀疑。有什么根据不能引多于一条的平行线呢？欧几里得本人似乎也察觉到了这一点，他总是尽量避免引用它。在他的书中，第五公理出现得很晚。这样一来，便更增加了人们的怀疑。能不能把它从公理中删掉？能不能从其余的公理中，把它证明出来，因而改变它的地位，使它由公理变为定理呢？早自 5 世纪以来就有人从事这一研究，而且历代不绝，其中包括一些造诣很深的数学工作者如瓦里斯（1616—1703）、兰贝尔特（1728—1777）、勒让德（1752—1833）、拉格朗日等，然而他们都没有成功。

伏尔夫刚·波里埃终身从事于第五公理的证明而毫无成就，他的痛苦心情，流露在他给儿子的信中："希望你不要再做克服平行线公理的尝试。你花了时间在这上面，但一辈子也证不出这个命题。……我经过了这个夜的无希望的黑暗，我在这里面埋没了人生的一切亮光，一切快乐。……它会剥夺你的生活的一切时间、健康、休息和幸福。"

正当这个问题像无底洞一般吞噬着人们的智慧而不给予任何报酬时，只有罗巴切夫斯基、鲍耶、高斯等人敢于抽出革命的剑，把它斩为两段，他们真不愧为数学革新中的佼佼者。

罗巴切夫斯基于 1815 年开始研究平行线问题，起初也想走证明第五公理的老路，可是 1823 年他认识到以前所有的证明都是错误的。1826 年，他公开声明第五公理不可证明，并且采用了相反的公理：通过不在直线上的一点，至少可以引两条直线平行于已知直线。从这个新公理和其余的公理出发，他终于建立了一种崭新的非欧几何学。由于这种新几何学的结论违反人们的常识（例如，它断定：三角形三内角的和小于 $180°$），常常使人瞠目结舌，不知所云。这种几何学及其他的非欧几何学在天文学、宇宙论等中找到了应用。

罗巴切夫斯基毫不动摇地坚持自己的信念，不怕犯错误，不怕社会舆论的批评，敢于向权威挑战，公开声明第五公理不可证明，他这种大无畏的精神，很值得我们学习。高斯也得到了同样正确的结果，甚至比罗巴切夫斯基更早些。但他谨慎地隐藏了自己的发现，没有公之于世。非欧几何的出现解放了人们的思想，扩大了人们的空间概念，可说是人类对空间的认识史上的一次革命。

疾病是怎么回事？

——三谈识：主题及基本观点

自觉地学习和运用辩证法，树立辩证唯物主义世界观，对科研人员极为重要，对提高人们的德、识、才、学，有着莫大的帮助。事实证明：凡是科学中的重大发现，都是自觉或不自觉地运用辩证唯物主义的结果。自觉性越高，科学洞察力就越强，对事物本质的认识也就越深。相反，如果走向形而上学、唯心主义，那就必定会把科学引向失败或毁灭。即使像牛顿那样卓越的科学家，一旦把天体运动的原因归之于上帝"最初的一击"，真理的大门立即对他关闭了。

识的作用，表现在科研主题的选择上，表现在对问题的基本观点上。

爱因斯坦曾经说过："提出一个问题往往比解决一个问题更重要，因为解决问题也许仅是一个数学上或实验上的技能而已。而提出新的问题、新的可能性，从新的角度去看旧的问题，却需要有创造性的想象力，而且标志着科学的真正进步。"

1755年，康德（I. Kant，1724—1804）发表了他的巨著《自然通史和天体论》。他在序言中说，该书的目的是要"揭发造物的伟大要素所结合成的一种广袤无际的结构，并且要用力学的法则从自然界的太初状态中推测出天体的形成及其运动的起源"。由此可见，康德正确地提出了两个问题：一是揭露恒星宇宙的构造；二是解释天体及其体系的起源。康德本人虽不可能完成这个使命，而且他把天体的形成归结为力学问题也是不全面的，但他所提的两个问题，却对天文学的发展起了推动作用，特别是第二个问题，成为后来天体演化学的开端。

　　人类的疾病是怎么回事？怎样才算是疾病？它的本质是什么？这些问题并不简单。德国魏尔肖（R. Virchow，1821—1902）提出细胞病理学说，他认为疾病是由于致病因素直接作用于局部的细胞，破坏了它们的营养、机能和生长繁殖的结果。这一见解虽然起了一定的进步作用，但他把疾病看成局部细胞的变形，忽视了疾病过程中机体的整体作用，带有严重的片面性。巴甫洛夫（И. П. Павлов，1849—1936）从辩证唯物主义出发，批评这种片面性。他根据机体和环境的矛盾统一的观点，认为应该把疾病理解为机体和环境之间以及机体内部正常关系被致病因素破坏的结果，没有严格局部定位的疾病。致病因素一方面引起疾病；另一方面还可以作为刺激物，通过神经系统的反射作用，引起机体对致病因素的斗争。这种斗争一直持续到病愈或死亡为止。这一见解比较深刻，已被较多的人所接受。

　　当然，在今天，我们对科研主题的选择，首先应该根据我国社会主义建设的需要，也就是要根据实现现代化的需要，以求在自然科学方面有重大突破——也就是在理论上有重大创造，技术上有重大发明，使我们伟大的社会主义祖国在科学技术上跃入世界先进的行列。

天狼伴星

——一谈才：实验与思维

科学研究需要多种才能：制造仪器之才，观察实验之才，抽象思维之才，推理计算之才，等等；但基本上是两种：一是实验，二是思维。既能动手，又能动脑。

科学史上有些人由于这两种才能而成对出现，他们共同协作，导致重要发现。例如前面提到过的第谷与开普勒，又如伽利略与牛顿，法拉第与麦克斯韦。"每一对中的第一位都直觉地抓住了事物的联系，而第二位则严格地用公式把这些联系表述了出来，并且定量地应用了它们。"①

法拉第（M. Faraday，1791—1867），出身于英国的一个贫苦家庭，父亲是铁匠。他只上过短期小学，13岁去书店当学徒，学识全靠刻苦自学得来。他用微薄的工资，尽量购买科学仪器，以从事化学与电学的实验。后来，他听了英国化学家戴维的演讲，印象很深，便写信给戴维，请求介绍到皇家学会去工作。在工作中他表现了杰出的实验才能，对实用电学的三大分支（电磁感应、电化学与电磁波）做出了贡献。他还得到了能量守恒的正确概念。但在科学理论上的成就则较少受人注重，例如关于电磁学说，虽然他已提出了电场与磁场等基本思想，但表达不明确，没有找出数量上的规律。直到麦克斯韦（C. Maxwell，1831—1879）用精确的数学方法作了透彻的说明，才为世人所普遍接受。

然而不要以为这两种才能不能兼备，切勿把才能神秘化。俗话

---

① 爱因斯坦. 爱因斯坦文集：第1卷. 北京：商务印书馆，1976：15.

说得好，"熟能生巧"，苦干是巧干的母亲。许多人如李时珍、达尔文（C. Darwin，1809—1882）等就一身兼有这两种才能：既善于从自然界索取第一手资料，又能独具慧眼，从中找出规律来。

　　著名的天狼伴星的发现在天文学史上传为佳话，同时也显示了人类的才智。1834 年，贝塞尔（F. W. Bessel，1784—1846）观察天狼星运行时，发现它并不沿着直线（直线指大圆的弧）运动，而描绘出波浪形的曲线。他怀疑这是由于天狼星被另一颗紧挨着它的星所摄动而产生的。1844 年，经过详细的计算后，贝塞尔从理论上断定这颗星（后来叫天狼伴星）是存在的。1862 年，也就是他去世后 16 年，美国的克拉克把新制成的 18 英寸①的天文望远镜对准天狼星时，果然发现了这颗伴星，贝塞尔的预言被证实了。

　　天狼伴星是人类最先发现的白矮星，它的质量大得惊人，密度为水的 17 万多倍。贝塞尔的发现，也证明他是一个兼备试验与思维能力的人。

　　贝塞尔对数学也很有研究，所谓贝塞尔函数得到了广泛的应用。

---

　　①　旧制．1 英寸≈0.025 4 m.

心有灵犀一点通

——二谈才：洞察力等

好比下棋，生手自以为想了好几步，熟手看来却很平常；生手挖空心思，熟手则灵活自如。下棋如此，科学研究也如此。要问原因，无他，熟手的才干处于较高的水平。

同一道数学题，甲做来单刀直入，十分简洁；乙虽然也做对了，却繁杂冗长，这反映了两人的思想方法和水平。甲把解题的线索想好后，下了一番整理的功夫，抓住主要的论据，逐步深入，不走弯路。这说明他力有余裕，从容不迫。乙的思路不很明确，带有盲目性和偶然性，一会儿想到东，一会儿又想到西，生怕漏掉，匆匆忙忙记下来，最后侥幸凑成答案。乙没有经过顺序的思考，他的解答中，有不少话多余、绕圈子或文不对题。由此看出，甲举重若轻，乙则喘息不已。

有时，乙花了很大力气，完成了一项研究，自以为很深刻。然而在甲看来，却觉得平常，他甚至稍稍思索后就能猜中乙的解答，尽管他还不能严格地证明它。这说明甲的想象力和洞察力比较强。

"身无彩凤双飞翼，心有灵犀一点通"，有时的确如此。有些人的科学见解，远远超出同时代人之上，对一些问题的看法，洞若观火。由于历史条件的限制，虽然他缺乏"双飞翼"，不能精确地证实他的预见，但他的心灵，由于辛勤劳动和长期思考，已和自然界的客观规律"一点通"，可以敏锐地感觉到它和领悟到它了。

这方面的例子不是个别的，德国的朗伯（Lambert, 1728—1777）关于宇宙体系的见解就是其中之一。朗伯认为宇宙的结构是无限的，是由无穷个等级不同的体系构成的，太阳系是第一级体系，包含太阳的星团是第二级，银河系为第三级，许许多多的银河系共同组成第四级，再上去还可能有第五级、第六级等。他的卓越见解除一些细节外已为后来两百多年的天文观察所证实，超出当时的水平两百年。

科学的洞察力，就是俗话所说的"一眼看穿"的能力，它表现在能迅速地透过现象抓住本质，表现在对一些表面上似乎不同的事物，能迅速地找出它们共同的原因或彼此间的联系。克劳塞维茨在《战争论》中说："这里对较高的智力所要求的是综合力和判断力，两者发展成为惊人的洞察力。具有这种能力的人能迅速抓住和澄清千百个模糊不清的概念，而智力一般的人要费很大力气，甚至要耗尽心血才能弄清这些概念。"

我国宋朝时的沈括（1031—1095），是一位多才的科学家。1074年，他考察雁荡山，发现一些奇怪的现象："予观雁荡诸峰，皆峭拔险怪，上耸千尺，穹崖巨谷，不类他山，皆包在诸谷中，自岭外望之，都无所见，至谷中则森然干霄。"他以惊人的洞察力，判断其原因是"谷中大水冲击，沙土尽去，唯巨石岿然挺立耳。"这就是说，他明确认识到这是流水侵蚀作用造成的。同时，他又联想到成皋、陕西大涧中，"立土动及百尺，迥然耸立"，也是同样的原因，差别只在"此土彼石耳"。在西欧，直到18世纪末，英国人郝登才阐述了流水侵蚀作用，比沈括晚约700年。沈括还在数学、天文、物理、医药等许多方面做出了卓越的贡献。无怪乎日本数学家三上义夫说："中国的数学家，像沈括那样的多艺多能，实不多见，不用说在日本，就是在全世界数学史上也没有发现像他那样的人物。"[①]

善于观察，不仅对科学，而且对文学、艺术以及处理日常事务等方面都是非常重要的。洞察力也不是天生的，而是在长期实践中

---

① 三上义夫，著. 林科棠，译. 中国算学之特色. 北京：商务印书馆，1924.

培养锻炼的产物。法国短篇小说家莫泊桑曾向福楼拜请教写作的方法，福楼拜说："请你给我描绘一下这位坐在商店门口的人，他的姿态，他整个的身体外貌；要用画家那样的手腕传达他全部的精神实质，使我不至于把他和别的人混同起来。""还请你只用一句话就让我知道马车站有一匹马和它前前后后50来匹是不一样的。"关于这点福楼拜进一步说："对你所要表现的东西，要长时间很注意地去观察它，以便发现别人没有发现过和没有写过的特点。任何事物里，都有未被发现的东西，因为人们观看事物时，只习惯于回忆前人对它的想法。最细微的事物里也会有一星半点未被认识过的东西，让我们去发掘它。"

挑灯闲看《牡丹亭》
——三谈才：善于猜想

　　人的禀赋不同，才能各异。或深于理解，或长于记忆；或富于直观形象，或精于逻辑推理；有些人抽象能力强，能从纷纭万象中抓住本质，另一些人则能攻坚破阵，具体问题具体解决。以上种种，都是人所共知的。然而在科学发现中，还需要一种才能，却不太为人所注意，这就是"猜"。

　　大自然往往把一些深刻的东西隐藏起来，只让人们见到表面或局部的现象，有时甚至只给一点暗示。总之，人们只能得到部分的、远非完全的消息。善于猜测的人，仅凭借于这一部分的消息，加上他的经验、学识和想象，居然可以找出问题的正确，或近于正确的答案，使人不能不承认，这是一种才华的表现。

　　于是我们联想起猜谜来。这是人民群众喜爱的一种智力游戏。我国远在3 000多年前的夏朝，就有了这种活动。有些谜语很文雅，例如有一个谜说："南面而坐，北面而朝，像喜亦喜，像忧亦忧。"谜底是镜子。这个谜不仅符合镜子的实际，而且很有文采，富于形象。

　　猜谜的本领，随人不同；即使同一个人，他可能猜某一类谜很内行，但猜另一类却无能为力。这种本领主要来源于广泛的知识和丰富的想象，一个从未照过镜子的人，怎能猜出上面那个谜呢？

　　猜谜不简单，出谜也不容易。那制谜的人，大都先有了谜底，然后从中抽出某些特点，或者打一些比喻，必要时再转一点弯，便制成一个谜。例如姚雪垠的小说《李自成》中，有一个谜是"挑灯闲看《牡丹亭》"，打一名句。谜底是王勃《滕王阁序》中的一句：

"光照临川之笔。"这大概是读这句话时，联想起《牡丹亭》的作者汤显祖（1550—1616）是江西临川人，才制出这样文雅的谜来。由此可见，制谜和猜谜的思维程序，恰好是相反的。

公安人员侦破案件，在很大程度上也类似于猜谜，不过这谜是犯人出的。民警把犯人留下的蛛丝马迹连贯起来，提出一条线索，从而制订破案计划。

大自然更是一部巨大的谜书，人类为了读它，已经花了 5 000 年以上的时间。结果发现，这些谜是永远猜不完的。猜出得越多，涌现的新谜也越多。科学家的任务，第一是要发现自然之谜（相当于制谜）；第二是要猜出自然之谜。

至少从古希腊的德谟克利特（Democritus，前 460—前 370）起，人类就在猜想一切物质是否都由原子组成，等到这个问题有了眉目，又出现了新谜：原子是怎样构造的？猜出这个谜的是卢瑟福（E. Rutherford，1871—1937）。1910 年他和同事们提出了原子结构的行星系模型。接着，人们又猜想原子中蕴藏着巨大能量，从而提出了如何释放原子能问题。

爱因斯坦在《物理学的进化》一书中，开头就说："我们是不是可以把一代继着一代，不断地在自然界的书里发现秘密的科学家们，比作读这样一本侦探小说的人呢？这个比喻是不确切的……但是它多少有些比得恰当的地方，它应当加以扩充和修改，使它更适合于识破宇宙秘密的科学企图。"

和猜谜类似，研究自然科学需要广博的专业基础知识，需要观察和实验，需要丰富的想象力和正确的方法。这四者的有机结合，大大有助于识破自然之谜。

康有为与梁启超

——四谈才：方法的选择

做任何事情都要讲究方法，方法对头，才能使问题迎刃而解，收到事半功倍的效果。这方法，不仅要针对问题的实际，使之有效；而且需切合自己之所长，扬长避短，使之可行。因此，善于迅速地找到有效的方法，也是一种重要的才能。

门捷列夫（Д. И. Менделе́ев，1834—1907）通过分类和比较，发现周期律；爱因斯坦运用数学方法和理想实验，创立相对论；德布罗意（de Broglie，1892—1987）根据对称和类比的思想，发现物质波。他们的成就都是与方法分不开的。

采用什么方法，不只是一个孤立问题，而是与世界观紧密相关的。热爱人民，热爱真理，热爱劳动，是掌握科学方法的重要前提。许多科学大师在进行工作时，总是对自己提出最高的要求，态度十分严谨认真。在对问题的解答尚未完全满意以前，在自认为尚未遍览全部有关资料以前，他们决不轻易公布自己的结论。

优秀的科学家如笛卡儿、爱因斯坦等人都非常重视方法，甚至把方法论当作专题来研究。拉普拉斯（P. S. Laplace，1749—1827）说："认识一位天才的研究方法，对于科学的进步……并不比发现本身更少用处。科学研究的方法经常是极富兴趣的部分。"[1]

我国古代在学术研究中，非常重视方法论。晋朝陆机的《文赋》，梁朝刘勰的《文心雕龙》，对文章的创作方法作了系统的精辟论述；司空图的《诗品》、王国维的《人间词话》以及许多其他著

---

[1]　拉普拉斯，著. 李珩，译. 宇宙体系论. 上海：上海译文出版社，2001.

作，对诗词的评价和创作都有所阐发。

清末的梁启超，在他所著的《清代学术概论》第 26 节中，曾比较他和他的老师康有为的治学方法，颇有意思。他说："启超与康有为有最相反之一点，有为太有成见，启超太无成见。其应事也有然，其治学也亦有然。有为常言：'吾学三十岁已成，此后不复有进，亦不必求进。'启超不然，常自觉其学未成，且忧其不成，数十年日在彷徨求索中。故有为之学，在今日可以论定；启超之学，则未能论定。然启超以太无成见之故，往往徇物而夺其所守，其创造力不逮有为，殆可断言矣。启超'学问欲'极炽，其所嗜之种类亦繁杂。每治一业，则沉溺焉，集中精力，尽抛其他；历若干时日，移于他业，则又抛其前所治者。以集中精力故，故常有所得；以移时而抛故，故入焉而不深。"看来，康过于"有我"，因而保守自封，以己之一见而排斥新思想；而梁则过于"从众"，故常变主张而不能自造一新学说。但前者在独树一帜而后者在宣传普及新思想上，却各有所得。这就是由于治学方法不同而导致治学成果各异的一个明证。

林黛玉的学习方法
——一谈学：从精于一开始

我国著名古典小说《红楼梦》第48回讲了一个故事：香菱向黛玉请教如何作诗，黛玉说："我这里有《王摩诘全集》，你且把他的五言律一百首细心揣摩透熟了，然后再读120首老杜的七言律，次之再李青莲的七言绝句读一二百首；肚子里先有了这三个人做了底子，然后再把陶、应、刘、谢、阮、庚、鲍等人的一看，你又是这样一个极聪明伶俐的人，不用一年工夫，不愁不是诗翁了。"

诗来源于生活，作家应该深入实际中去，才能找到诗的不竭的源泉。林黛玉的这种学诗方法虽然不够全面，但如果是为了继承古代诗歌的优秀传统，并从前人的创作中吸取经验，她的意见却有可取之处。

林黛玉的学习方法，对初学自然科学的人也有参考价值。现代科学，面广枝繁，不是一辈子学得了的。唯一的办法是集中精力，先打破一缺口，建立一块或几块根据地，然后乘胜追击，逐步扩大研究领域。此法单刀直入，易见成效。宋朝的黄山谷也发表过类似的见解，他说："大率学者喜博而常病不精，泛滥百书，不若精于一也。有余力，然后及诸书。则涉猎诸篇，亦得其精。"费尔巴哈说："托马斯·霍布斯（1588—1679）只阅读非常杰出的著作，因此他读的书为数不多，他甚至经常说，如果他像其他学者那样阅读那么多的书籍，他就会与他们一样无知了。"

要建立研究据点，必须认真学好最基本的专业知识。在一个或几个邻近的科学领域内，下苦功夫精读几本最基本的、比较能照顾全面的专业书。这些书应该慎重挑选，最好是公认的名著或经典著作。有些好书，读时虽很费力，读懂了却终身受益。达尔文非常爱读赖尔的名著《地质学原理》，并以此书作为考查工作的理论指导，从中得到不少启发。书不能太少，太少则行而不远；也不能贪多，贪多则消化不良，容易沦为别人的思想奴隶。精读应循序渐进，扶摇直上，有如登塔，层层上升，迅速接近顶端。切忌贪多图快，囫囵吞枣，否则势必根基不稳，患上先天贫血症。另一方面，也不要老读同一类书，以免长久停留在一个水平上，作平面徘徊，虚掷时光，劳而少功。最好请有经验的人，帮助订一个学习计划，确定学习科目、书名、顺序和进度。

如何攻读经典名著？初读时要慢、细、深，一步一个脚印，以便深入掌握这门学科的基本知识，体会其技巧、思路和观点。强迫自己读慢、读细、读深的一个好方法是做笔记、做习题或做实验。我们的思想常常急于求成，用这种方法可以控制自己。细读第一遍后，留下许多问题，读第二遍时会解决一些，同时又可能发现一批新问题。如此细读几遍，到后来便越读越快，书也越读越觉得薄了。这时可顺读，可反读，也可就一些专题读。顺读以致远，反读以溯源，专题读则重点深入以攻坚。三种读法，不可或缺。如是反复，最后才能提要钩玄，得其精粹。到了这时，绝大多数问题已经解决，留下少数几个，往往比较深刻，不妨锲而不舍，慢慢琢磨。这时我们面临着攻坚战，这几个难题成了攻坚对象。不要指望一两天就能成功，我们需要的是坚持、顽强和拼命精神。白天攻，晚上钻，梦中还惦着它们。"此情无计可消除，才下眉头，却上心头""忆君心似西江水，日夜东流无歇时"，反正不攻下来就没个完。这样搞它几个月，不信一点也搞不动。到最后可能还剩下极少数顽固分子，那就转入持久战，时时留心，处处注意，一旦得到启发，就可一通百通，有的甚至可以成为新的起点，导致新的发现。因此，深刻的问题，怕无而不怕有，嫌少而不嫌多。学问、学问，学与问本来就是同一事情的两个方面，是矛盾的两个组成部分，相辅相成，对立而又统一。在最后的攻坚战中，勤学多问，向一切有经验的人学习，坚信"科学有险阻，苦战能过关"，这对解决难题是十分重要的。

当然，只有那些十分重要、高水平而又艰深的著作，才值得如此努力；至于一般的书，那就只需一般读之。

有了一定的专业基础，就应抓紧时机，转入专题研究。只有从事研究，才能消化和运用已学到的东西。并且，"书到用时方恨少"，那时又会逼着自己去寻找新知识、新方法。唐代名医孙思邈曾说："读书三年，便谓天下无病可治；及治病三年，便谓天下无方可用。"确是切身经验之谈。要经常阅读科学杂志、评论及文摘，了解最新的发展。读大部头书，只能学到比较古典的知识，一般地，正式写进书里的东西至少是几年前的发现，不能反映最新成果。多读有关杂志，才能掌握本学科国内外的新动向、新思想、新成就。

一个公式

——二谈学：精读与博览

长时期只读同一专业的书，就会三句话不离本行，思想大受限制。许多有成绩的科研人员，都有广泛的兴趣。我国古代著名的数学家祖冲之，在天文、历法、文学、哲学和音乐等方面都有很深的造诣；李时珍除在医药上做出了突出贡献外，还精通博物、文学与史学。

17世纪以前，科学积累的知识不如现在丰富，一个人有可能从事多方面的研究。17世纪以后情况便大大改变了，科学在加速发展，专业分工越来越细，没有人能充分掌握当代的全部知识。于是不少人终身在自己的专业圈子里挣扎着，简直没有工夫抬起头来向周围望望。勇敢的人认识到这种局限性后，就自觉地冲杀出去，不断扩大研究领域，其中一些人终于成为科研的多面手。

别的学科的新思想有时会对专业工作带来很大的启发和帮助。"晴空一鹤排云上，便引诗情到碧霄"，科学研究也常有这种境界。19世纪初，病人经手术后，伤口化脓十分严重，这对生命是很大的威胁。英国外科医生里斯特日夜思索化脓的原因，久久不得其解。后来幸亏读到法国细菌学家巴斯德的著作，从中了解到"细菌是腐败的真正原因"，深受启发，终于发明了用苯酚杀菌的消毒方法。1874年，他给巴斯德写了一封热情洋溢的感谢信："请你允许我趁这机会恭恭敬敬地向你致谢，感激你指出细菌的存在是腐败的真正原因，只是根据这唯一可靠的原理，才使我找出了防腐的方法……"

数学工作者维纳（N. Wiener，1894—1964）具有多方面的才能，他批评一些人只注意本行，稍有逾越便认为多事，忘记了科学的无人区正是大有可为的地方。他说："在科学发展上可以得到最大收获的领域是各种已建立起来的部门之间的被忽视的无人区。……到科学地图上这些空白地区去作适当的查勘工作，只能由这样一群科学家来担任，他们每人都是自己领域中的专家，但是每人对他邻近的领域都有十分正确的和熟练的知识。"维纳和他的同事们正是在数学、生理学、神经病理学等的边沿交叉地区奠定了控制论的理论基础。

阅读多种书刊，还可以使大脑得到积极的休息，使思想方法受到多方面的训练。英国的弗朗西斯·培根（Francis Bacon, 1561—1626）说："阅读使人充实，会谈使人敏捷，写作与笔记使人精确。……史鉴使人明智，诗歌使人巧慧，数学使人精细，博物使人深沉，伦理之学使人庄重，逻辑与修辞使人善辩。"这番话虽然缺乏实践的观点，但也有一定的参考价值。

鲁迅很主张嗜好性的读书，他在《读书杂谈》中说："爱看书的青年，大可以看看本分以外的书，即课外的书，不要只将课内的书抱住。"晋朝的大诗人陶渊明也说："好读书，不求甚解，每有会意，便欣然忘食。"这里说的是博览群书。

从精于一开始；经过博而达到多学科的精；集多学科的精，达到某一大方面或几大方面的更高水平的精。这可以看成为一个公式：

$$\sum（少而精）=\left(\sum 少\right)而精 = 多而精。$$

蓬生麻中，不扶而直

——三谈学：灵活运用

一种读书方法是把书本当作教条，死背强记，生搬硬套；另一种是以书本为武器，迅敏机动，灵活运用。采用前法必被书所奴役，为书所淹没；用后法的人统率群书，供我驱使。这两种读法，哪种好呢？当然是后者。

读书要有目的，希望它解决什么问题？我想从中找到些什么？同时还要有我的独立见解。把书中的精华与自己的见解加以比较、融化，就可加深对问题的认识。

读书应有的放矢，爱因斯坦曾说："在所阅读的书本中找出可以把自己引到深处的东西，把其他一切统统抛掉，就是抛掉使头脑负担过重和会把自己诱离要点的一切。"有舍才能有得，轻装才能高速前进。行军如此，读书亦如此。

南北朝时的贾思勰，很会读书。当他读到荀子《劝学篇》中"蓬生麻中，不扶而直"两句话时，他想：纤细茎弱的蓬长在粗壮的麻中，就会长得很直，那么，把细弱的槐树苗种在麻田里，也会这样吗？于是他做实验。槐树苗由于周围的阳光被麻遮住，便拼命向上长。三年过后，槐树果然长得又高又直。

1907 年，德国的埃尔利希（P. Ehrlich, 1854—1915）想用染料来灭锥虫，累遭失败。一天他在化学杂志上读到一篇文章，其中说：在非洲流行着一种可怕的昏睡病，当锥虫进入人的血液大量繁殖后，人就会长时间昏睡而死。用化学药品"阿托什尔"可以杀死锥虫，救活病人，但后果仍很悲惨，病人会双目失明。这篇文章给埃尔利希很大启发，但他没有停留在文章的结论上。他想：阿托什尔是一种含砷的毒药，能不能稍许改变它的化学结构，使它只杀死锥虫而不伤害人的视神经呢？在这种思想的指导下，他和同事们找到了多种多样改变化学结构的方法，一次又一次地做实验。他们的毅力的确惊人，在失败了无数次之后，终于成功地制成药品六〇六（砷凡纳明），挽救了无数昏睡病人和梅毒病人的生命。①

这些例子充分说明读者的见解与书本的精华相结合是何等的重要。"阿托什尔能杀死锥虫，但也伤害人的视神经"，这是文章的结论；"可以改变它的化学结构，使它有利而无害。"这是埃尔利希的见解。这两方面的结合促成六〇六的发明。书本的精华，只有经过一番凝缩、分析、比较、抽象的功夫后才能抓住。有的放矢，带着问题学习的人，容易提出自己的见解，因为他对这个问题思索已久，脑海里储存了许多有关的信息，大有盘马弯弓、一触即发之势。如果埃尔利希没有长时间思考消灭锥虫的问题，那么，这篇文章即使写得再好，也绝不能激起他智慧的浪花，只会悄然无声地消逝在茫茫无际的文献海洋之中，直到另一些人发现它的价值为止。

---

① 也有人认为六〇六是这种药物的编号.

涓涓不息，将成江河

——四谈学：资料积累

我们读一些科学名著，常常为它们的旨意高远、体大思精、立论谨严、搜罗丰富而感叹，同时也不禁要问：作者从哪里找到这么多的思想和资料呢？其实，这绝非朝夕之功，而是日积月累，辛勤劳动的结晶。

据不完全统计，马克思为了写《资本论》，曾钻研过 1 500 种书，而且都做了提要。这种工作毅力令人惊服。列宁也是一样，善于从各方面，包括托尔斯泰、屠格涅夫等人的文学作品在内，汲取他所需要的材料。

读书应做有心人。要善于在平时逐渐收集对日后有用的资料，把它们写成笔记。有各种各样的笔记：有些是简单的摘录；有些加进了自己的见解，成了创作的半成品；而另一些则是相当完善的精制短篇。零件既备，大器何难！一旦需要时，就可以把它们组织起来，使之成为有价值的著作。

唐朝著名诗人李贺，《新唐书》说他："每旦日出……背古锦囊。遇所得，书投囊中……及暮归，足成之……日率如此。"可见他随时随地都在收集资料，然后"足成之"以制佳篇。相传王勃的《滕王阁序》，是对客挥毫一气呵成的，这说法未必全面。我认为王勃有坚实的基础，平日积累了许多丽辞佳句，才能当场吐玉泻珠，写出这篇文采飞扬的骈体文压卷名作来。

鲁迅也很重视资料积累。为了研究中国小说史，他从上千卷书中寻找所需要的资料，《古小说钩沉》《唐宋传奇集》等书就是他辛勤辑录的成果。正如他自己所说："废寝辍食，锐意穷搜。"鲁迅积累资料的勤奋态度和认真精神，值得我们学习。

俄国作家果戈理说："一个作家，应该像画家一样，身上经常带着铅笔和纸张。一位画家如果虚度了一天，没有画成一张画稿，那很不好。一个作家如果虚度了一天，没有记下一条思想，一个特点，也很不好……"果戈理总是每天一大早就开始工作。他又说："必须每天写作。如果有一天没有写，怎么办呢？……没关系，拿起笔来，写：'今天不知为什么我没写''今天不知为什么我没写'。把这句话一遍一遍地重复下去，等到写得厌烦了，你就要写作了。"

达尔文是善于直接向大自然索取第一手资料的能手。从 1831 年踏上军舰航行考察时开始，他就孜孜不倦地收集各种珍贵动植物和地质标本，挖掘古生物化石，研究生物遗骸，观察荒岛上许多生物的习性。经过 27 年长期的资料积累和分析、写作，终于发表了轰动一时的《物种起源》，恩格斯称赞它是一部划时代的著作。

没有渐变，不会有质变；没有数量，就谈不上质量。只有平日多学习，多积累，才有可能产生高水平的创作。荀子说："不积跬步，无以至千里；不积小流，无以成江海。"这话对我们是有启发的。

剑跃西风意不平

——五谈学：推陈出新

读书当作两面观：取其精华，去其糟粕。两者结合，再加创造，就叫"推陈出新"。

清代的袁枚在《随园诗话》中说："欧公（欧阳修）学韩（韩愈）文，而所作文全不似韩，此八家中所以独树一帜也。公学韩诗，而所作诗颇似韩，此宋诗中所以不能独成一家也。"他对欧阳修的评论虽未必全面，却形象地说明了"推陈出新"的重要。在另两处，他又说："不取亦取，虽师勿师""平居有古人，而学力方深；落笔无古人，而精神始出"，也是这个意思。

要破除迷信，敢于向科学权威的错误挑战。真理的长河永无穷尽，任何人，不管他如何正确，他总是生活在一定条件之下，因此，他的见解，总带有历史局限性。桃李不须夸鲜艳，风雨纵横好题诗。前贤虽云好，新人胜旧人。这是历史发展的必然规律。

唐朝有一部书叫《唐本草》，书中说：如果把北方的芜菁移植到南方，就会变成白菜，意思是说，移植是不会成功的。700年过去了，明朝的徐光启偏偏不信，他要试一试，便在南方种下芜菁，几年后却并未变成白菜。此后，他又把山芋从福建移植到上海，把水稻从南方移植到北方，都得到了成功。

20世纪初，有人断言：向地球上的远方发射电磁波完全不可能，因为电磁波穿过空气层就会一去不返。然而马可尼（G. Marconi）却不相信，他不用导线把信号送过大西洋，对岸居然收到信号。这是由于空中的电离层像镜子一样把电磁波反射下来。马可尼与俄国波波夫的发现是无线电事业的开端。

要说大权威，可以举出希腊的亚里士多德（Aristotle，前384—前322），然而他也有许多错误。例如，他说："推一个物体的力不再去推它时，原来运动的物体便归于静止。"这个似是而非的论断，欺骗了世人1 000多年，直到引起伽利略的怀疑为止。伽利略这样想：有人推一辆小车在路上走，如果他突然停止推车，小车并不立即停止，还会再走一段路，如果路面平滑，这段路就会更长些。伽利略过人之处，就在于他的思想并未于此中断；相反，它却再向前走了一大步，居然完成了认识上的飞跃——一个真正够得上飞跃称号的飞跃。他设想，如果毫无摩擦，小车便会永远运动下去。这确是一个大胆的革新思想，谁见过永远前进的车子呢？当然，这个实验不可能实现，因为无法把摩擦全部消除，它只是一个"理想的实验"。伽利略的想法后来由牛顿写成力学第一定律："任何物体，只要没有外力作用，便会永远保持静止或匀速直线运动的状态。"能从万象纷纭的无数学说之中，挑出伽利略的这一思想，并把它提到这样的高度，说明牛顿的科学鉴赏力是何等高超，可谓巨眼识真金矣！后来，爱因斯坦也高度评价了这一工作，他说："伽利略的发现以及他所应用的科学推理方法，是人类思想史上最伟大的成就之一，而且标志着物理学的真正开端。"顺便提出，爱因斯坦本人也是善于从事"理想实验"的。

荒谬的东西，没有巧妙的伪装，便一刻也不能生存。"剑跃西风意不平。"不要被学术权威所吓倒，对陈腐观念，要敢于怀疑，敢于斗争。同时还必须尊重客观实际，脚踏实地，努力工作。"为求一字稳，耐得半宵寒。"只有把大无畏的革命精神与实事求是的科学态度结合起来，才能做出较大的贡献。

钱塘江潮与伍子胥

——六谈学：关于学术批判

汉朝王充，是一位批判大师，他读书很多，但绝不盲从，认为"俗儒守文，多失其真"。他写了一本书叫《论衡》，就是专门批驳前人的错误或他不同意的论点。这部书的写作，前后历时30多年。王充的批判，根据充实，说理透彻，言词精简，有破有立。绝不是从个人或帮派小集团的利益出发，以古为弹，以今为靶，专门颠倒黑白，伤人害人。所以他的文章，读来令人心服。譬如，在《书虚篇》中谈到钱塘江的潮水问题，据说是伍子胥被吴王夫差杀害后，忠魂不散，驱水为潮，以表愤慨。王充指出这是欺人之谈，他举出12点理由，反复说明潮水绝非伍子胥的魂所激起的；接着又列出6点根据，正面解说潮水是一种自然现象，并正确地指出"涛之起也，随月盛衰，大小满损不齐同。"他在当时能认识到潮与月的关系，确是卓见，非同凡响。英人李约瑟很重视这段批判，把这段原文和译文完整地引用在他写的《中国科学技术史》第4卷中。王充的思想的确很深刻，真能探微索隐，入木三分。他有许多见解，远远超过当时的水平。又如关于两小孩辩日，问太阳在早晚近还是在中午近。这在那时确实是一大难题，因为人们对日地的运动及地球的形状还认识不清。而王充却能慧心独运，举出三点理由，证明中午的太阳近。这不能不令人惊服。

学术批判，必须讲道理，明是非，不能强词夺理，以势压人。批判，是批判错误，批判消极因素，是为了促进学术繁荣，扶植百花齐放，绝不是否定一切、打倒一切。批判的最后成果，应是立新；无新，则批判不能彻底。有些理论，并非全错，只是适用范围有限。

批判它的局限性，也是有积极意义的。例如牛顿力学对低速运动是很准确的，但对高速运动，则误差很大，应以相对论力学来代替。

17 世纪以前，医学界流行着一种错误的见解，认为人的血液产生于肝脏，存在于静脉中，进入右心室后渗过室壁流入左心室，经过动脉，遍布全身后就在体周完全消耗毕尽。这是 2 世纪罗马医学家格林等人的说法，保持了千多年的权威，"糟粕所传非粹美，丹青难写是精神"，直到英国哈维（W. Harvey，1578—1657）对它进行批判，并发现血液循环为止。

哈维认为血液是循环的，而不是产生后不久就消耗尽。他的根据是：半小时内通过心脏的血液，已经是人体血液的全部，人绝不能在这么短的时间里制造这么多的血，只有假设血液沿着一条封闭线路循环流动，才能解释这种现象。哈维说："心脏传输的血量到底有多大？流过的时间到底有多短？这些问题长期在我头脑中盘旋。结果我发现，血液只能从动脉倒流入静脉，从而流回心脏右方，消化所吸取的营养精华。否则，无论如何也不可能供给这么多的血液，这样静脉也会被抽空，动脉将因供血太多而胀破。当我总结这些证据的时候，我就开始推想是不是可能有一个循环的运动。"

接着，哈维用结扎人体四肢的实验，证明由动脉流来的血液，不是在体周消失，而是流入静脉了。此外，他还用了胚胎学和比较解剖学的材料，来论证血液的循环。哈维的发现，为动物生理学建立了基础，贡献很大，但他谦虚谨慎。哈维很喜欢这首诗：

> 谁也没有达到完善的地步，
>
> 他以为是知道的， 实际上有许多地方还不知道。
>
> 时间、 空间和经验增加了他的知识，
>
> 或改正他的错误， 或训诲他，
>
> 或引导他放弃那些他过去曾经深信不疑的东西。

斗酒纵观廿一史

——读点科学史

明朝末年，史可法写过一副对联："斗酒纵观廿一史，炉香静对十三经。"唐太宗李世民也曾说过："以铜为镜，可以正衣冠；以古为镜，可以知兴替；以人为镜，可以明得失。"宋朝的司马光等人遵照皇帝的命令，花了19年的时间，修成编年史《资治通鉴》。司马光说自己："学术荒疏，凡百事为皆出人下，独于前史粗尝尽力，自幼至老嗜之不厌。"可见封建统治阶级是非常重视读史的，其目的是想从历史中吸取欺骗和镇压人民的经验教训，掌握所谓牧民之术。封建统治阶级既然如此，我们难道不也应该读点历史，来识破和揭露他们那一套反动的手段，并且古为今用，从中吸取对我们有益的经验吗？

人们感谢司马迁的《史记》，冷对青霜剑，敢铸千古词。没有大无畏精神，是绝写不出这部众口争传的不朽名著来的。

读社会发展史，可以提高对社会发展的理解和认识；同样，读科学发展史，吸取前人的经验，对提高科学工作者的德、识、才、学，也有很大的帮助。

科学上一些重大的发现，或者重要学说的建立，往往需要几十年、几百年甚至上千年的集体努力。例如，对天体运动的研究，从遥远的史前时代就已开始，我国古代早就有地动的思想。汉朝的著作《春秋纬·元命苞》中说："天左旋，地右动。"《尚书纬·考灵曜》中说得更清楚："地恒动不止，而人不觉，譬如人在大舟中，闭窗而坐，舟行而不觉也。"后来经过波兰的哥白尼（N. Copernicus，1473—1543）推翻地心说建立日心地动说的革命，经过万有引力的伟大综合，直到广义相对论的出现，才为宇宙论打下初步的理论基础。即使从哥白尼算起，也有近 500 年的历史，何况现代宇宙论正方兴未艾，有待后人的继续努力呢！

宇宙论如此，其他如电磁学说、原子论、生命起源、生物进化等，也无不经历很长的历史发展时期，其中有资料积累的渐变岁月，也有大破、大立、大跃进的关键时刻。人们应该了解今天在这个发展长河中处于什么位置，应该抓住现阶段的发展主流和生长点，以便正确安排我们的工作，为此，就应该读点科学史。

纵观科学史，不仅可以了解科学发展的趋势，而且还会因前人的成就而受到启发和鼓舞。开普勒因发现行星的轨道是椭圆而喜不自禁地写道："以我一生最好的时光和第谷在一起所追求的那个目标，终于要公之于世了。再没有什么能制止我了。大势已定！书已经写成了，是现在被人读还是后代才被人读，于我都无所谓了。也许这本书要等上 100 年，要知道大自然也等了观察者 6 000 年呢。"当我们读到这些词句时，不也似乎分享到一分欢乐，为科学的重大发现而兴高采烈？

彗星的故事
——简谈我国古代的发现、发明

我国人民，勤劳勇敢，聪明能干，富于创造精神，古代四大发明：火药、指南针、造纸、印刷术，早已誉满全球。其实我国的发明创造，车载斗量，不可胜数。在炼铁、建筑、缫丝、手推车、风车、水车、风箱、多轮磨、染料、耕作、酿酒、制糖、制酱、医药等方面，都曾在世界上遥遥领先。

132年，张衡发明世界上第一个记录地震的仪器——候风地动仪。

我国最早制造瓷器，比西方早1 000多年。

166年左右，东汉崔寔在《四民月令》中记载植物的性别与繁育关系，比欧洲早1 500多年。

304年，西晋嵇含的《南方草木状》中关于生物防治的记载，比西方早1 500多年。

公元前581年已有针灸疗法的记录，此法于550年传入日本，17世纪传入欧洲。

2世纪，东汉华佗成功地运用全身麻醉药物，比西方早1 400多年。

5世纪，南朝祖冲之，计算出圆周率 π 的值在3.141 592 6和3.141 592 7之间，比西方早1 000多年。

《汉书·五行志》中有关于公元前28年的太阳黑子记录、《伏候古今注》中有关于公元前30年的极光记录，这些都是世界上有关方面的最早记录。史书《春秋》中记载了公元前722年至公元前481年的36次日食，经推算，其中32次是可靠的，这是上古最完整的日食记录。

周朝已使用凹面镜聚焦阳光取火，最早利用太阳能；《论衡》中有磁性指示方向的司南勺及静电现象的记录；北宋沈括研究了指南针的四种装置方法，并在世界上最早发现地磁偏角；他关于地壳运动也有很多创造性的见解，写在《梦溪笔谈》中。

以上只是我国古代科学发现和发明中极少的一部分。劳动人民的想象力是惊人的，他们有许多很有价值的思想。一些人在此基础上再加以提炼、概括、观察，创立新说。例如古代的浑天说，主张"天之形状似鸟卵，天包地外，犹卵之裹黄"，其中便蕴含地是球形的思想。又如关于宇宙构造问题，《老子》即《道德经》中有一段话很有意思："天地之间，其犹橐龠乎？虚而不屈，动而愈出。"这段话的意思是说：宇宙好像大皮囊，富有弹性，虽然空虚，但不屈折，一经压迫，气便外泄。老子也许是受了当时冶铁工艺的启发。因为炼铁必须高温，高温必须鼓风，大皮囊便是用来鼓风的。20世纪初，瑞典物理化学工作者阿尔亨尼斯（1859—1927）等提出"脉动的宇宙"，认为宇宙有时既以星系"逃逸"的形式膨胀，有时又发生收缩，恰如心脏时伸时缩一样。这种把整个宇宙看成有限的观点尚在讨论中，但如只考虑宇宙的一部分，例如我们的银河系所在的总星系，那么，根据广义相对论，总星系有可能是脉动的。膨胀反映为红移，收缩表现为各星系的相互接近。这恰好和老子在两千多年前的思想相暗合。

许多天文记录，也以我国为最完备。英国哈雷（Edmund Halley, 1656—1742），发现1682年出现的彗星，与1607年及1531年出现的彗星有相似的轨道，因而推论这是同一颗彗星（后命名为哈雷彗星），约每隔76年6个月出现一次。于是他便查这颗星出现的时间，但用欧洲的记载只能上溯到989年，即北宋太宗雍熙三年。除我国外，世界最早的记录也只能到66年——法国天文杂志载：66

年在耶路撒冷看到彗星。而我国的记录却可追溯到公元前 611 年，即春秋鲁文公十四年秋七月，"有星孛入于北斗"；自秦始皇七年，即公元前 240 年起，记载更为完整。至 1910 年止，我国共有记录 29 次，加上以前的两次共 31 次，都符合于理论计算，这说明记录是准确的。上下两千年，绵延近百代，居然无一次记错，可谓难能可贵矣！后人还根据这些资料，算出哈雷彗星在汉朝时轨道与地球轨道平面的交角，与现在比较已相差达 8°之多。

人们曾研究金牛座的蟹状星云，发现星云以每秒 1 300 多千米的速度在膨胀，如果这个速度历来未变，那么可以算出大约在 900 年前，星云的全部物质集中在很小的中心地区。于是不难想象那时曾发生一次超新星的大爆发，然后物质才四向扩散而成为今天的星云。果然，我国《宋史》卷五十六有这样的记载："至和元年五月己丑（即 1054 年 7 月 4 日），客星出天关东南可数寸，岁余稍没。"天关就是金牛座星，现在天文界已普遍承认，这就是那次超新星大爆发的历史证明。由此可见我国天文工作者的认真负责精神。

回顾我国古代科学发现、发明，可以看到，我国伟大的各族人民，是非常聪明，非常勤劳，非常勇敢的。他们中涌现出了许多杰出的科学家，创造了灿烂的古代科学文化，对人类做出过巨大贡献。

中华人民共和国成立以后，全国人民和广大科技人员，建立和发展了一系列新兴科学技术，例如自力更生地制成原子弹、氢弹、导弹，准确发射和回收人造地球卫星，创建地质力学，推翻了中国贫油论，成功地预报了一些大地震，在世界上第一次人工合成结晶牛胰岛素。此外，在数学、医学等方面的研究上也都取得了重要成果。如今形势更为喜人，国家为科学技术的疾飞猛进进一步开拓了广阔的道路，我们应该乘东风，破万里浪，继承和发扬祖国科学技术的优秀传统，充分发挥聪明才智，为攀登世界科学技术高峰，建设强大的社会主义国家而做出更多、更大的贡献。

万有引力的发现

——长江后浪超前浪

科学上的许多重要发现，例如万有引力、电磁场、相对论、量子论、生物进化论、元素周期表、原子能等，真是人间珍品、科学精英，"何须浅碧深红色，自是花中第一流"，使人心旷神怡，一读三叹。

是什么促使科学家获得这样丰硕的成果和达到这样高的创造境界呢？泰山虽高，还需岩石支持；江河虽大，无源必致枯竭。一个伟大学说的建立，需要广大人民群众的集体努力。群众的生产实践，是一切发现、发明的基础。等到初具规模，欲出未出时，专业人员卓越的洞察事物本质的见识和概括综合的才能往往起决定性的作用。概括综合，绝不是像加法一样简单求和，而是要从表面似乎不相关联而实际上却是同类的许多事实中抽取共同的规律。

考察一下万有引力发现的经过，对我们了解识、才、学在其中的作用，无疑是很有益的。

自从开普勒等人发现行星运动的三定律后，自然就产生了一个迷人的问题：是什么驱使行星不知疲倦地绕太阳做椭圆运动呢？

也许有某种力作用于行星吧？以研究磁铁著称的吉伯就曾设想这种力是磁力。1666年波勒利又想到行星运动必然产生离心力，为了使它们不离日而去，必须有一种"向心力"来平衡离心力，就像人用绳子系着石块作圆周运动时，手必须用力牵着绳子一样。1673年惠更斯在研究钟摆的著作中进一步指出，离心力和半径 r 成正比，和周期 T 的平方成反比，这也就是与 $\dfrac{r}{T^2}$ 成正比。然而根据开普勒第三定律，T^2 与 r^3 成正比，因此，向心力应与 $\dfrac{r}{r^3}=\dfrac{1}{r^2}$ 成正比。这一结论已为胡克、哈雷等于 1679 年左右得出。

另一方面，当时还流行着笛卡儿的涡动学说。笛卡儿认为宇宙是由太初的混沌演化而来的，混沌中充满了物质的微粒，微粒的初始运动没有什么规律，后来逐渐获得了离心的涡动性质，就像水绕某些点做漩涡运动一样。涡动的结果之一便产生了太阳系，太阳是一个涡动中心。

由此可见，前人已在引力方面做了许多工作；那么，牛顿又做了些什么呢？

第一，对引力本质的认识。牛顿起初也是相信笛卡儿学说的，但后来抛弃了它。笛卡儿学派还有一个更一般的观点，他们否定彼此间有距离的物体间有相互作用力，要有的话，也必须通过中间介质（以太）来传递。牛顿对此提出异议，他认为：物体之间有吸引力，这种力不需要什么介质的帮助；吸引作用是物质本身固有的属性，就像磁力是磁铁的属性一样。牛顿也与惠更斯不同，后者认为引力不是物体本身所固有的，而是物体机械运动的结果。从牛顿的观点出发，立即得出一个重要的推论：既然引力是物体本身的性质，那么宇宙间一切物体都应该有引力，这就是引力的万有性。

第二，关于万有引力的数学形式。以上只是初步的猜测，如果不找出引力的定量表示，而且验之于实践，那么这些想法是不能使人信服的。由于引力与质量都是物体所固有的，因而容易想到，两者之间应有某种关系，而且是正比关系。把这一思想和胡克等人的结果联系起来，便得到万有引力 F 的表达式为

$$F=k\frac{m_1 m_2}{r^2},$$

其中 k 是比例常数，m_1 与 m_2 代表两物体的质量，r 是它们之间的距离。

　　第三，要考验此公式是否正确，唯一的办法是通过实践。牛顿对月球的运动做了大量研究，结果证实：月亮运动的向心加速度，以及地球表面物体（如苹果）落地加速度的数值，都和上述公式吻合。此外，他又用数学演绎法证明：开普勒根据经验求得的行星运动三定律可以由上面的引力公式重新推算出来，由此可知，驱使行星运动的正是引力。这样，便有相当根据断定：无论是月球绕地，物体落地或行星绕日，都是同一种力，即引力作用的结果，这些引力的数值可以按同一公式计算出来。

　　牛顿以后，哈雷对彗星的研究，海王星的发现，天体力学以及其他方面的无数事实，都验证了万有引力定律是普遍（至少是高度近似地）正确的。后人利用上面的公式，近似地求出了地球的质量约为 6×10^{24} kg。

　　从上面的故事中可以得到什么启发呢？

　　"引力是物体的固有属性"，这是牛顿对引力的"识"，也是他进行研究的指导思想。正因为他有了正确的指导思想，才可能把物体落地、月亮绕地、行星绕日等表面上毫不相干的现象联系起来考虑。学习和批判笛卡儿等先行者的研究成果，这对他的"识"的形成，起了重大的作用。除有正确的"识"以外，牛顿的概括综合、分析推理的才能也是惊人的，他与莱布尼茨等人所发明的微积分学，是他进行研究的强有力的数学武器。发现万有引力定律时，牛顿才 25 岁，够得上"桐花万里丹山路，雏凤清于老凤声"了。

　　当然，牛顿的工作也有局限性。从他的观点看来，引力是瞬时建立的，传播的速度是无限大。然而相对论却证明了：引力的相互作用也是以一个有限速度传播的。牛顿还拒绝研究引力是怎样产生的，他说："引力事实上是存在的，这就足够了。"其实，万有引力的本质确是一个重大问题，至今还远未解决。目前关于引力子与引力波的研究，正是这方面的一些尝试。

三、 实践—理论—实践

从普朗克谈起
——科学发现的一般方法和逐步逼近

德国人普朗克（M. Planck，1858—1947）是物理学中量子论的创始人，关于科学发现问题，他有一段话讲得很清楚：

"物理学各种定律是怎样发现的？它们的性质又是怎样的呢？……物理定律的性质和内容，都不可能单纯依靠思维来获得，唯一可能的途径是致力于对自然的观察，尽可能收集最大量的各种经验事实，并把这些事实加以比较，然后以最简单、最全面的命题总结出来。换句话说，我们必须采用归纳法。一个经验事实所根据的量度越是准确，其内容也就越丰富。所以，物理知识的进步显然和物理仪器的准确度，以及使用量度的技术有密切的关系。……要找出不同量度所遵守的共同定律都非常困难……唯一有效的方法就是采用假说……我们遇到了一个难题，即如何找到最适当的假说的问题，在这方面并无普遍的规则。单有逻辑思维是不够的，甚至有特别大量和多方面的经验事实来帮助逻辑思维也还是不够的。唯一可能的办法是直接掌握问题或抓住某种适当的概念。这种智力上的跃进，唯有创造力极强的人生气勃勃地独立思考，并在有关事实的正确知识指导下走上正轨，才能实现。……如果假说被证明是有用的，那么我们就必须继续前进。我们必须接触假说的实质，并通过适当的公式表达出来——除去一切非本质的东西，说明它的真正内容。……前面所说的那种智力跃进可以构成一座桥，让我们通向新知识。……我们还须用一个更经久的建筑物来代替它，要能经得起批评力量的重炮轰击。每一种假说都是想象力发挥作用的产物，而想象力又是通过直觉发挥作用的。……但直觉常常变成一个很不可靠的同盟者，不管它在构成假说时是如何不可缺少。……还要认识到，新理论的创造者，不知是由于惰性还是其他感情作用，对于引导他们得出新发现的那一群观念往往不愿多作更动，他们往往运用自己全部现有的权威来维护原来的观点，因此，我们很容易理解阻碍理论健康发展的困难是什么。"①

在这里，普朗克谈了许多问题，其中特别指出：物理定律不可能单纯依靠思维来获得，而必须致力于观察和实验；同时，他也讲到提出假说时"智力上的跃进"的重要。但他最后还是没有很好地回答到底怎样才能找到正确的假说这一难题，只是说"唯一可能的办法是直接掌握问题或抓住某种适当的概念。"而"直接掌握问题或抓住某种适当的概念"又怎样才能做到呢？他没有回答。

其实，绝大多数正确的假设，都不是一次就找到的，必须通过逐步逼近的途径。每提出一次假设，经过实践的考验，不管成功或失败，我们都会前进一步。吃一堑，长一智。不断试探，不断前进，一次又一次地修改前面的假设，才可能实现最后的成功。我们管这种方法叫逐步逼近法。一般地说，正确的假设往往是在修改许多错误的或片面的假设以后才获得的。明确了这一思想，我们就有胜利的信心。至于如何减少逼近的次数，则依赖于研究人员的科学想象力与洞察力，依赖于他们的德、识、才、学。

---

①　普朗克，著. 何青，译. 从近代物理学来看宇宙. 北京：商务印书馆，1959.

在数学中，为了求出某个方程的数值解，常常采用逐步逼近法。其实，这种方法不仅适用于数学，它对任何科学研究都是卓有成效的。

前面已经说过，开普勒就是运用逐步逼近法发现了行星运动三定律的。他对第谷的观察资料进行分析以后，初次假设太阳绕地球转，第二次假设火星绕太阳做圆周运动，都与观察不符，最后才假设火星绕太阳做椭圆运动，终于得到了正确的结论。

一般说来，为了研究某个问题，应该从观察或实验着手，尽量收集有关资料，对资料进行仔细的分析，经过对比、类比、推理、计算等考虑以后，思想便会发生一个飞跃，得出初步的结论。但因这个结论还是粗糙的，只能算是尚未证实的假设，这是对问题解答的第一步逼近。为了考验初次假设的正确性，需要继续观察或实验，如果新资料与它符合，那么它就得到了新的支持而变得更可靠；如果不符合，就应研究为什么，找出原因，从而修改初次假设以提出第二次假设。如此继续下去，一次比一次更接近正确的解答。

这里发生一个问题：怎样判断假设的正确性？正确假设必须具备两个条件：一是能圆满解释已有的全部资料；二是根据它能做出正确的预言，以便指导实践。经得起实践考验的正确假设就是自然的客观法则或定律。

除了一些偶然发现外，许多重大发现、发明都是走这条路的。我们只看到最后的、成功的结果，那些逐步抛弃的中间假设则从不公布，这是很可惜的，因为其中蕴藏着许多经验教训和千百个不眠之夜。另一方面，这也容易造成人们对科学家的迷信，把他们看成超人，非常人所能望其项背。哪有这么一回事？其实这是因为只见其巧，不见其拙，没有看到他们的全部底稿中90％由于不够完善而没有发表的缘故。

大自然的无穷性

——认识为什么是逐步逼近的

大自然讨厌孤独，喜欢联系，它总是把许多事物直接或间接地联系起来，使每件事物都有来龙去脉、左邻右舍。绝对孤立的东西是从来没有的。可是，正因为如此，也就使它容易暴露自己。人们正是通过事物间的相互联系来认识世界的。

在资本主义社会里，犯罪案件很多。事实表明：集体作案往往比单人作案易于破获。因为人多则必相互联系，连环套中总有弱点可寻，只要突破一点，就可能由此及彼，环环相扣，拉出一长串儿来。大自然把各种事物联在一起，正如多人作案一样，容易被人破获。这是世界可知性的重要原因之一。

从突破一点，到问题的彻底解决，正是逐步逼近的过程。人们总是通过台前表演人，逐步找到幕后指挥者。由此可见，逐步逼近法所以普遍适用，绝不是偶然的，而是因为它契合了自然界本身结构的规律，有它深刻的哲学根据的。

大自然的另一性格是绝不满足现状，它总是在不断地运动和发展，并且在这个过程中努力改造和调整自身。自然界井井有条，近代物理学和天文学都证实了宇宙结构的层次性。人类日常接触的范围叫宏观世界，往下是分子、原子的微观世界，再往下是基本粒子。基本粒子也不是最后的，它们也应该有自身的结构，尽管现阶段的科学对此还知道得不多。近年来我国一些科学工作者提出的"层子模型"是这方面研究的开端。往上是太阳系、银河系，再往上是总星系，等等。生物界也是如此，从普通生物到微生物以至病毒。自然界的无穷性极其丰富，一首民歌说得好：

大跳蚤背着小跳蚤， 小的就把大的咬；

小的身上还有更小， 一直下去没完没了。

自然界一方面显示着层次性，另一方面，在同一层中，又展开了面上的无穷性。就宏观世界而言，有无机界、有机界之分，有生命、无生命之分，以及动物、植物之分，等等。

自然界的运动、发展和结构的层次性决定了人们的认识必然是逐步逼近的，这是逐步逼近法的另一哲学基础。一条定律或一种学说只适用于一定的范围，只在一定的条件下正确。如果条件变了，或者范围扩大了，那么必须修改甚至推倒重来。经典力学是很好的例子，它在低速的宏观世界里非常准确，但对接近于光速的运动则无能为力，必须代之以相对论力学。至于深入原子领域，那就基本上不能用，那里是量子力学和量子场论的天下。无数种各自适用于一定范围和条件的定律、法则组成真理的滚滚长河，"江山代有才人出，各领风骚数百年。"人们就是这样不断地认识自然界的。

赵县石桥，等等

——科研开始于观察

　　河北省赵县有一座桥，是隋代石工李春设计修建的，历时1 300多年，至今仍巍然屹立于洨水之上。这是世界上保存完好的最古老的石拱桥，是建筑史上的奇迹，它充分体现了我国劳动人民卓越的才智。

　　洪水泛滥，冲击桥身，桥必须很坚固，才能承受巨大的冲力；但另一方面，如过分考虑它的牢靠性，就会投资过多，造成浪费。要解决这个矛盾，只能从观察入手，收集多年来河流的最大洪水量，从洪水以及其他有关资料出发，才能切合实际地制定出建桥方案，使它既经济，又耐用。

　　其实，在主题确定以后，任何联系实际的科学研究都开始于观察，连抽象的数学也不例外。数学中的许多公理不是来源于对实际的观察吗？人们通过观察以积累资料，从而增加感性知识。马克思说："研究必须充分地占有材料，分析它的各种发展形式，探寻这些形式的内在联系。只有这项工作完成以后，现实的运动才能适当地叙述出来。"[①] 狄德罗说："我们有三种主要的方法：对自然的观察、思考和实验。观察收集事实；思考把它们组合起来；实验则来证实组合的结果。"观察有直接、间接两种。直接的观察，由研究人员亲自动手，以取得第一手资料，如李时珍观察蕲州蛇，第谷观察行星运动。间接的观察，即利用前人观察所得的充实、可靠的资料，如

---

　　① 马克思.《资本论》第2版跋. 见：马克思. 资本论：第1卷. 北京：人民出版社，1975：23.

开普勒之于第谷。

1977 年 3 月，人们通过直接观察，发现天王星有环（以前误认为行星中只有土星有环），国际天文界称它是自 1930 年汤博发现冥王星以来 50 年间太阳系天文学的重大发现。事情的经过是这样的：1973 年，英国格林尼治天文台预报，1977 年 3 月 10 日天秤座内的恒星 SAO158687 将被天王星本体所掩住。根据这一预报，我国及美国等天文界按时进行了观察。出人意料的是：在天王星本体掩之前 35 min，就出现了掩事件，光度计记录了光度读数下降 7 s 后回升，在以后的 9 min 内，光度计又下降了 4 次，每次 1 s；在本体掩以后又发生了对称的 5 次掩事件。这说明天王星至少有 5 个环，主环宽 100 km，其他环各宽 10 km。

有些现象，可以从自然界直接观察到，如日食、月食、地震。有些则不然，或因自然界无此种现象，如生物品种杂交；或因自然界虽有，但难于观察，如放射性现象。此时人们便安排实验，创造便于观察的环境，以收集所需的资料，例如通过加速器以研究基本粒子，又如斐索安排实验以测定光速。由此可见，实验也是为了观察和检验。

观察必须明确目的，应该把全部注意力集中于研究对象，其他的暂时置之不理，做到“目无全牛”，专心致志。观察还必须有正确的指导思想，这无论在观察的过程中，或在资料的整理中，都极为重要。否则就可能失之交臂，即使得到了正确的结果也仍然不认识它。

牛顿在发现万有引力之后，曾经从事天体运行的研究，关于彗星他曾说过：“如果说，有两颗彗星，经过一定的时间间隔后出现，描画出相同的曲线，那么就可以下结论说，这先后两次出现的实质上是同一颗彗星。这时候我们就从公转周期本身决定轨道特性，并求出椭圆的轨道。”

哈雷挑起了这副担子，他收集了从 1337 年至 1698 年间各种书刊上有关彗星的记录，在牛顿思想的启发下，终于认出了他所关注的彗星（后人称之为哈雷彗星）。读一下哈雷自己的工作记录，无疑会留下深刻的印象。他说："收集了从各处得来的彗星观察记录后，我编成一张表，这是广泛的、辛勤劳动的果实，对于研究天空的天文学家，这是不大的果实……天文学的读者必须注意到，我所提出的数字是从最精确的观察得到的，并经过多年忠诚的、尽我力所能及的研究以后才发表的。"

"相当多的事情使我想到，1531 年阿比安所观察的彗星，跟 1607 年开普勒和朗格蒙丹所描述的是同一颗，也就是 1682 年我自己观察的那一颗。全部轨道根数都是完全一致的，只有周期不等，其中第一个周期是 76 年 2 个月，第二个周期却是 74 年 10 个半月，大概这里面有问题，但是它们的差是这样小……因而我坚决预言，这颗彗星在 1758 年还要回来的……"

果然，没有辜负哈雷的期望，它于 1758 年 12 月回来了。随后又于 1835 年、1910 年、1986 年出现，下一次出现约在 2061 年。

此曲何必天上有

——巧妙的实验设计

做实验时，操作的熟练程度固然重要，但更重要的是实验的设计，即如何正确地安排实验的问题。

历史上一些著名的实验，例如测定光速的实验、测定电子电荷的密立根实验、迈克耳孙—莫雷否定以太存在的实验、列别捷夫（1866—1912）证明光具有压力的实验等，为科学发展建立了功勋。它们巧妙的设计思想，闪耀着智慧的光辉，使人赞叹不已。"鸳鸯绣出从君看，金针还须度与人。"仔细探讨它们的设计思想，会使人深受启发。

清早，当我们看见太阳从地平线升起，总以为它一出来，我们就立即看到了它。谁会想到，它出来的时刻，其实比我们最初看到它时要早，虽然早得很少。历史上，伽利略以惊人的洞察力，最先认识到光速不是无限大（即不是瞬时的），而是有限的。这样，他就正确地提出了计算光速的问题。其后44年，也就是1676年，丹麦天文学家罗默（Olaus Römer，1644—1710）由观察发现：当地球与木星的距离最小时，木卫星食的时刻比预计的早些；相反，当距离较大时就晚些。这证明木星的光到达地球的时间在前后两种情况下是不同的，可见光速的确有限，从而证实了伽利略的想法。罗默还利用这一发现，第一次测得光速约为200 000 km/s，误差虽然很大，却把问题的解决大大向前推进了一步。

1847年法国的斐索（H. L. Fizeau，1819—1896）首次用非天文方法测得光速为313 000 km/s。我们不能在这里叙述他的巧妙实验，只想提出一点：要测出光速，必须设法判断走过一段距离后到达的光就是原来出发的光。我们能认出老朋友是因为有面貌为标志，有什么办法也能给光安上标志，使人能识别这就是原来的那一束光呢？这就是斐索设计中的精华。他用一个迅速旋转的齿轮把光束"劈开"而解决了问题。"此曲何必天上有，人间亦得几度闻。"斐索偏偏不服气，居然不在天上，而是在地球上测出了比较精确的光速，不能不说是很大的创造。

缺口一经突破，以后便容易多了。接着就有很多人或者改进斐索的方法，或者另创新法，继续测定光速，次数在 25 次以上，前后持续 300 年，赫赫然可谓盛矣！目前测得光速的最佳值为299 792.5 km/s，误差不超过1 km/s。

不管实验的设计如何巧妙，总是以比较简明的基本思想为依据的。罗默利用木卫星食，斐索则"劈开光束"，抓住了这点，其他就好理解了。

原始地球的闪电

——各种各样的实验

有各种各样的实验，按其目的分类，有：

（一）**定性实验** 判定某因素是否存在，某些因素间是否有联系，某对象的结构如何等。例如，迈克耳孙—莫雷否定以太存在的实验，列别捷夫证明光具有压力的实验，都属于这一类。另一著名的否定性实验是吴健雄等人完成的。1956 年，李政道、杨振宁提出了弱相互作用中宇称不守恒的假设，为了证实这一假设，吴健雄用钴^{60}来做实验，但在常温下，钴^{60}本身的热运动会干扰实验的结果，因此，需要把钴^{60}冷却到 0.01 K，使钴核的热运动停止下来以除去干扰，结果证实了这一假设。

（二）**定量实验** 目的是要测出某对象的数值，或求出对象与因素间的数量经验公式等。著名的例子如斐索测定光速的实验、汤姆森（I. J. Thomson，1856—1940）求出电子荷质比的实验等。在封入稀薄气体的玻璃管两端加上高电压，这时，从阴极发出了一种射线。根据它在电场和磁场同时作用下的弯曲程度，可以测定阴极射线粒子的速度以及它的质量 m 和它的电荷 e 的比值 $\dfrac{m}{e}$。原来这种粒子的质量约为最轻的氢原子的 $\dfrac{1}{2\,000}$，这就是电子的发现。

（三）**模型实验** 人们根据部分的观察，设想研究对象的大致轮廓，从而提出一个模型，它在某些方面反映了对象的特征。然而，这个模型是否真的近乎实际，还有待于更多的实验来检验，这一类实验就是模型实验。1910 年，卢瑟福等人以 α 粒子束照射金属时发现，有些粒子的轨道发生了大角度的散射，因而领悟到原子核的存在，于是提出了原子结构的行星系模型。然后，"用数学方法我算出了散射所应遵循的定律并发现沿着一定角度散射的粒子数目应同散射箔的厚度、同原子核电荷的平方成正比，并同速度的四次方成反比。这些结论在后来为盖勒与马斯登的一系列的漂亮实验所证实。"[①]

（四）**析因实验**　这是寻找主要原因或因素的实验。例如，1864年法国巴斯德证明食物腐败主要原因是由于微生物的作用，这一实验还肯定了几世纪悬而未决的疑难：生命不能在很短时间内从无生命物质中突然产生出来。

（五）**模拟实验**　在实验中创造条件以模拟自然条件或自然的演变过程。例如1952年，米勒用甲烷、氨、氢和水汽混合成一种与原始地球大气基本相似的气体，把它放进真空的玻璃仪器中，并连续施行火花放电，以模拟原始地球大气层的闪电。只用了一星期的时间，居然在这种混合气体中得到了五种构成蛋白质的重要氨基酸；而在自然界中，完成这种转化需要几百万年。这为研究生命起源开辟了一条新途径。

（六）**理想实验**　根据日常的经验，人们认识到为了研究某个事物，有些因素是次要的，可以暂时放弃不计，只需抓住本质的东西，就可得到基本上正确的结论。例如，在研究地球绕太阳公转时，由于地球半径只约有 6 371 km，比起日地的平均距离约 1.496×10^8 km 来，小得几乎可以忽略不计，因此，这时可以把地球当作一个"质点"来处理。于是，为了使事情大大简化，人们可以设想一种所谓理想实验，其中次要因素已被排除。这样就出现了数学中无

---

① 卢瑟福. 原子结构理论的发展. 见：麦克米伦. 现代科学的背景. 纽约，1940.

部分的"点"，无宽度的"线"；物理中无形变的"刚体"、无黏滞性的不可压缩的"理想流体"，以及略去了分子体积和分子间相互作用的"理想气体"等。历史上一个著名而又简单的理想实验是由伽利略所设想的，由此他发现了惯性定律。爱因斯坦在建立相对论时，也曾采用理想实验以帮助思维。

还有其他类型的实验，不能一一列举。实验需要理论的指导，理论需要实验的启示和证实，两者相辅相成，互相促进。

奇妙的"2"与"3"
——谈仪器、操作与资料整理

制造新仪器，改进操作技术，对科学实验具有重大意义，它可以帮助我们看到前人从未见过的现象，从而导致新的发现。没有显微镜，列文虎克就不能发现细菌，巴斯德也不可能建立细菌致病的学说；没有望远镜，伽利略就不能发现木星的卫星。列文虎克的显微镜和伽利略的望远镜，都是亲手制造的，这样才使得他们在此两项发现上领先。

"工欲善其事，必先利其器。"随着仪器的不断改进，研究也逐步深入。在金属物理中，人们起初只是用显微镜来观察金属的结构。1912 年，X 射线的应用打开了金属内部结构的大门，从此对金属的研究由宏观转入微观，由表面进入内部。1930 年以后，由于电子衍射技术及电子显微镜的发明，研究金属表面构造的工作又大大向前推进了一步。

在光谱分析发明之前 3 年，即 1856 年，实证主义的创始人孔特（Conte，1798—1857）还断言天体的化学成分永不可知，但运用此项发明于太阳与恒星后，就立即推翻了孔特的唯心主义不可知论的断言。

为了研究环境对生物的影响，人们建成了"生物电子室"：一间房里炎热干燥犹如沙漠，隔壁却寒风刺骨好似北极。每间房内的温度、湿度、压力、风向和阳光都可单独调整，用以模拟地球上任何一个地区的气候条件，从而为研究环境对动物、植物的影响提供了方便。

熟练掌握操作技能是做好实验的基本功。要善于使用现代仪器，以扩大感官功能；还要灵活地控制高温、高压、高速、真空等实验条件，以模拟环境。在实验过程中，必须省设备、赶时间，眼疾手快，头脑清醒，既不放过有用线索，又能迅速地取得准确的数据。对于观察结果，要及时记录、整理和分析，以免像野鹤孤云，随风飘去，杳不可寻。

分析资料时首先碰到的问题是：它们是否完全？是否可靠？前者易懂，后者却有些费解，来自实际的东西，怎么会不可靠呢？其实，原因也很简单。譬如说，人造卫星发出的信号，可能由于太阳及电离层的活动，由于接收机中分子的热运动，或多或少被歪曲了，因而人们收到的是受过噪声干扰后的信号，其中有了不同程度的失真。干扰越厉害，可靠性就越低。目前，人们已经创造出一些抗干扰、恢复信号本来面目的方法。

如何发现隐藏在资料背后的自然规律？这确是一门高超的艺术，它依赖于研究人员的德、识、才、学。近年来数学中有一些数据处理的方法，可以帮一些忙。门捷列夫发现元素周期表是成功分析资料的光辉先例。这里还可举另一个重要而又简单有趣的例子——行星运动三定律的发现。为了说明问题，我们不妨把它复述一遍。

把地球作为比较的标准，地球与太阳的距离算成一个单位，它绕太阳公转一周的时间（即周期）是1年。任一其他行星与太阳的距离记为 D，绕太阳公转周期设为 T 年，那么，第三定律说：$T^2 = D^3$。这意味着：行星公转周期的平方等于它与太阳距离的立方。

开普勒是怎样发现这个定律的呢？他所得到的直接观察资料只是表1中的头两横行，上面记着：对水星而言，距离是 0.387 个单位，公转周期为 0.24 年；对其他行星可类似读表。现在让我们设身处地为开普勒想一下，假设要某人从下述两横行的数字中找出规律来，他接过这一任务后，立刻就会发现这些数字很凌乱，简直没有头绪；如果他缺乏耐心，两天过后，就很可能把它们扔到一边，洗手不干了。然而开普勒却不然，有一个信念在支持着他，即他坚信自然界必有规律可循；何况他又迷恋着数学，所以他认为一定可以从中找出规律来。于是在很少有人理解和支持的困难条件下，他顽强地战斗下去，中间也不知道经过多少次失败，最后终于发现了第三定律：

$$T^2 = D^3 。$$

表 1

	水星	金星	地球	火星	木星	土星	天王星	海王星	冥王星
D	0.387	0.723	1.000	1.52	5.20	9.54	19.2	30.1	39.5
T	0.24	0.615	1.000	1.88	11.9	29.5	84	165	248
D^3	0.058	0.378	1.000	3.512	140.6	868.3	7 078	27 271	61 630
T^2	0.058	0.378	1.000	3.534	141.6	870.3	7 056	27 225	61 504
lg D	−0.41	−0.14	0	0.18	0.72	0.98	1.28	1.48	1.60
lg T	−0.62	−0.21	0	0.27	1.07	1.47	1.92	2.22	2.39

我们从表 1 中第三、第四行可以看到，那里上下两个数是多么接近啊！这个哑谜，道破了极其简单。但在未揭露谜底以前，确实令人想断肝肠，怎么会想到 T^2 与 D^3 呢？这个 2 与 3 是怎么想出来的呢？"独上高楼，望尽天涯路。"开普勒一定做了许多次尝试，搞了多次逐步逼近，才最后找到它们。今天，我们如果利用对数，事情就明朗得多，请看表 1，第五、第六行的比例近似于 2∶3，即

$$2∶3 = (−0.41)∶(−0.62) = (−0.14)∶(−0.21) = \cdots$$

但当时对数刚发明，开普勒很可能不知道它是什么。

走到了真理的面前，却错过了它

——谈对实验结果的理解

实验的结果未必正确，即使正确，也可能理解错误。这有两种情况，一是由于做实验的人学识不足，经验不够；二是解说人早有成见，戴着有色眼镜，把实验结果硬拉来为某种目的服务。后面这种偏见更为顽固，不容易纠正。

18 世纪，化学界流行着一种错误的理论——燃素说。它认为：某物体之所以能燃烧，是因为它含有一种特殊的物质，名叫燃素。燃烧就是燃素从物体中分离的过程。可是燃素是什么样子呢？谁也没有见过。于是许多人投入了寻找燃素的工作。

1766 年，英国的卡文迪许做了一个新奇的实验，他把锌片和铁片扔进稀盐酸或稀硫酸里，金属片突然大冒气泡，放出来的气，一遇到火星就立刻燃烧以致爆炸。燃素说的信徒们听到这个消息后顿时高兴得沸腾起来，高喊燃素找到了。他们解释说：金属片和酸作用时，金属被分解为燃素和灰烬，因此，放出来的气体就是燃素。然而，他们大错特错了，这种气体其实是氢气。

解释还在一错再错。1774 年，英国的普利斯特列，在将氧化汞加热后得到一种新气体，它会使蜡烛烧得更旺。今天，我们知道，燃烧是燃烧物质和空气中的氧化合的过程。普利斯特列找到的正是氧气。如果他能客观地分析问题，是有可能正确地揭开燃烧之谜的。不幸之至，我们又遇到了一个顽固的燃素论者。他从燃素论的观点出发，完全错误地解释了自己的实验，说什么新气体是不含燃素的，一旦碰到蜡烛，便贪婪地从蜡烛中吸取燃素，既然燃素大量释放，所以燃烧便非常旺盛。就这样，普利斯特列走到了真理的面前，却当面错过了它。后来直到拉瓦锡（A. L. Lavoisier，1743—1794），才建立了正确的燃烧学说。

关于燃烧，还有一个故事，它说明指导思想的重要性。1673年，英国的波义耳（R. Boyle，1627—1691）把铜片放在玻璃瓶里，猛烈燃烧后，铜片竟变重了。许多人重做了他的实验，结论都一样。但俄国的罗蒙诺索夫（M. B. Ломоносов，1711—1765）偏偏不信，他也重复了一遍，不过他与波义耳不同，在整个实验过程中都把瓶口密封，而波义耳在加热完后就把瓶口打开。这次的结果与以前不同，玻璃瓶并未加重。这是怎么回事呢？原来在波义耳的实验里，空气进入瓶内，与金属化合，所以质量增加了。

人们不禁要问：为什么想到"密封"呢？

这不是偶然的，而是与"识"有关。罗蒙诺索夫对自然的认识比较深刻，在实践中他已认识到物质不灭定律，他写道："在自然界中发生的一切变化都是这样：一种东西增加多少，另一种东西就减少多少。"正是根据这一指导思想，罗蒙诺索夫终于揭露了波义耳的错误。

历史上有不少重要的发现与发明，人们需要经历很长的时间，才能充分理解它们的意义。时间是一面精细的筛子，它以人类实践织成的网格进行筛选，尽量不让有价值的成果夭折，也不容忍废物长存。因此，对待新的科学发现，最好是报以热情，并让实践去考验它，犯不着匆匆忙忙乱批乱砍，须知它是不会马上造成奇灾大难的。相传富兰克林曾请某位太太参观他的科学新发现，那位太太问："可是，它有什么用呢？"富兰克林回答道："夫人，新生的婴儿又有什么用呢？"

1782年，英格兰的古德利克（John Goodricke，1764—1786），对恒星大陵五进行了研究，他发现这颗星的亮度总是有规律地增强和减弱。他经过仔细的思考，获得了正确的理解：大陵五有一颗绕自己旋转的暗伴星，当这颗伴星周期性地走过大陵五的面前时，便掩食了它的光。100 年以后，这一出色的解释得到了来自多普勒效应方面的有力支持。古德利克是一个听障人士，去世时才 22 岁。我们不能不为他在巨大困难中所取得的成功而敬佩，同时也从中得到鼓励：只要努力和坚持，勤于观察，善于思考，我们就有可能为祖国的科学事业做出贡献。像李四光那样，他和我国地质工作者所创建的地质力学，在矿藏勘探、工程地质、地震地质等方面都获得了许多的应用。精诚所至，石烂海枯，非虚言也！

恒星自行、地磁异常及生物电等
——再谈正确的理解

比如打仗，侦察员收集各种情报，或正确，或虚假，或片面，甚至有相互矛盾的。司令员的指挥艺术，就在于通过深思熟虑，把这些情报连贯起来，给它们一个合情合理的、能够说明一切现象的解释，并根据这种理解，下定决心，作出判断，制订战斗计划。由此可见，对情况的正确理解是何等重要。

科学研究也是战斗，不过它的对手是自然界。科学研究的观察相当于战斗中的侦察。而且对方（如基本粒子世界、癌症等）往往是完全陌生的，难于认识。

通常，观察只提供不完全的消息，由这部分消息可以得出多种理解，但其中只有一种是正确的。要找到这种正确的理解，必须去伪存真，由表及里，下一番苦功，这就需要卓越的才识。爱因斯坦说："知识不能单从经验中得出，而只能从理智的发明同观察到的事实两者的比较中得出。"如果把这种"理智的发明"理解为对观察资料的正确解释，以及从而做出的科学假设，那么他的话是很有道理的。

1718 年以前，人们错误地认为恒星是不动的。哈雷把弗兰斯提德（1646—1719）、第谷及喜帕恰斯（前 190—前 125）所编的三张星表中所载恒星的位置加以比较，发现天狼星、大角星和毕宿五在这三张表前后所经历的 19 个世纪中，相对于其他恒星有了明显的移动，它们与黄道的距离有变化。面对这种情况，可以有三种解释：一是观察记录有误差；二是黄道位置有变动；三是恒星本身在运动。哈雷正确地坚持后一观点，终于发现了恒星的自行。

1761 年，罗蒙诺索夫在彼得格勒观察金星凌日，发现金星进入太阳圆面和后来离开时，围绕金星出现了一个明亮的环形带。他正确地解释了这一现象，认为这是由于太阳光在金星大气中折射而产生的。于是他最先发现了金星上有大气，并且认为金星大气不稀于地球大气。这一发现早于在天文学中应用光谱分析和摄影术 100 年。近来的星际航行测定：金星确有灼热的大气，密度约为地球的60 倍。

我们知道，地球上存在着磁场——地磁场。1874 年斯米尔诺夫发现库尔次克地区的地磁场有强烈的异常现象。1919 年，在列宁的指示下，对该区进行了地球物理勘探。1923 年，第一个钻孔在163 m深处找到了巨大的铁矿。这件事对地球物理勘探方法的迅速发展起了重要的推动作用。

我们常由结果推究原因，但事物往往是一果多因的，这就要求排除片面性。下面的两个例子说明这一点。

在酿酒制酱过程中，我们会看到发酵现象。但发酵的原因何在呢？巴斯德对细菌作过深入研究，他深信发酵一定是某种活的有机体活动的结果，而不是什么惰性的化学反应。另一方面，封·利比喜却认为发酵的起因是某种化学酵素的作用。两种见解相持不下。直到 1896 年，布希纳（E. Buchner，1860—1917）从磨碎的酵母中分离出一种酵素，因而开创了对酶的研究，这才证明了他们两人都是正确的，不过都有片面性：发酵由酵素引起，但这种酵素只能由活的生物经营而成。

另一次学术辩论发生在 18 世纪，问题是生物的肌肉和神经会不会产生电流。意大利的伽尔瓦尼（A. Luigi. Galvani，1737—1798）在解剖青蛙时，发现蛙腿会由于接触金属而颤抖，他认为这只能用生物能产生生物电流来解释。但是瓦尔达持异议，他说这是因为两种不同的金属相接触而引起的金属电。后来人们认识到这两种电

（生物电与金属电）都存在，人、电鳗、含羞草、向日葵等都有生物电。

最后一个例子说明，对待观察数据，必须采取客观和认真的态度。1672 年，法国科学院派李希去开云观察火星冲日，他到那里后，察觉带去的相当准确的钟莫名其妙地每昼夜总要慢两分半，他只得缩短摆长来做校正。10 个月后，李希返回巴黎，发现那钟又快了起来。由此他领悟到开云地方的重力加速度比巴黎的小，从而发现地面各处重力不相等。牛顿从中也得到启发，他想：由于地球自转产生的离心力，地球物质应有向赤道方向移动的趋势。因此牛顿断定：地球的形状是个扁椭球，夸大些说像个平放的鸡蛋。但当时法国有许多人不承认，他们从漩涡论出发，认为地球是个长椭球，有如直立的鸡蛋。主张此说的有巴黎天文台台长卡西尼等。卡西尼还进行了一次实际测量，似乎证实了自己的主张。这争论继续了几十年，直到牛顿去世后数年，法国科学院派了两支测量队分别去赤道附近的秘鲁和北方的拉普兰德作实地测量，才最后证明牛顿是正确的。长椭球论者所以失败，除理论错误以外，还因为他们的测量中含有很多误差，并且态度主观，只选用那些对自己的主张有利的数据。

思接千载，视通万里

——谈想象

在分析观察资料时，从实际出发的创造性的想象起着重要的作用。客观实际是空气，想象力是翅膀，只有两方面紧密结合，才能飞得高，飞得快，飞得远。

想象以客观的资料为依据，但又不拘泥于实际而有极高的抽象性，它是直觉的深化与外延，人们凭着想象来猜测研究对象的性质及其未来。列宁高度评价想象在科学创造中的重要作用，他说："幻想是极其可贵的品质。""有人认为，只有诗人才需要幻想，这是没有理由的，这是愚蠢的偏见！甚至在数学上也是需要幻想的，甚至没有它就不可能发明微积分。"[①] 爱因斯坦也非常重视想象力，他说："想象力比知识更重要，因为知识是有限的，而想象力概括着世界上的一切，推动着进步，并且是知识进化的源泉。严格地说，想象力是科学研究中的实在因素。"[②] 他这一段话有些夸大，因为推动着历史进步的是人民的实践，而不是想象力；但却表明了他对想象力的重视。

有些人对所研究的问题有着丰富的想象，仿佛身临其境，亲眼看见一样。18 世纪初，当人们对电的种种现象还没有理出一个头绪时，富兰克林根据自己的实践构成了对电的鲜明直觉，他把电想象为一种电流体，这种流体充塞于一切物体中；当它处于稳定状态时，

---

① 列宁. 俄共（布）第十一次代表大会. 见：列宁. 列宁全集：第 33 卷. 北京：人民出版社，1957：282.

② 爱因斯坦. 爱因斯坦文集：第 1 卷. 北京：商务印书馆，1976：284.

物体不带电，流体过多时就带正电，过少就带负电；流体有趋于稳定的趋势，这种趋势表现为吸引力，引力太强就发生火花或电震。富兰克林的想象对电学发展有深刻的影响，如果把他所设想的电流体看成电荷，那么他的想象与现代的电学原理是暗合的。

想象是怎样产生的呢？

和一个人接触多了，闭上眼睛，就会出现他的形象，或者说，对那个人有了直觉。我们脑中的形象，并不包含那个人的一切细节，只是他的带有特征性的、区别于其他人的大概的轮廓。同样，和所研究的对象打交道久了，也会产生直觉，直觉就是它的一幅写生画。这幅画已经把对象初步抽象化了，就是说，已经初步扬弃了一些表面的次要的东西，抓住了一些重要的特征，并把这些特征组成为一个整体。电在富兰克林心目中的写生画就是电流体。

通过想象，人们可以把时间缩短、空间缩小；或者反之，把它们放长、放大。晋朝陆机在《文赋》中说："观古今于须臾，抚四海于一瞬""笼天地于形内，挫万物于笔端。"刘勰《文心雕龙·神思篇》中说："寂然凝虑，思接千载；悄焉动容，视通万里。"说的都是这个意思。

想象往往带有浪漫主义的色彩，如屈原在《橘颂》中写的"苏世独立，横而不流兮。闭心自慎，终不失过兮。"李白写的"飞流直下三千尺，疑是银河落九天"，这些是文学中的想象。这些诗句之所以动人，不仅因为它有丰富的想象，而且因为这想象是有现实基础的，可信的。同样，科学发现中的想象，也必须从实际出发，否则就可能坠入唯心主义的空想，对工作毫无好处。

想象是星星之火，有的熄灭了，有的却会引起席卷山林的熊熊烈焰；想象是滔滔大海中的滚滚波涛，没有它，海洋就会变成一潭死水。

对称、类比、联想、移植与计算等

——谈分析方法

问题来了，解决问题从哪里下手呢？收集了观察资料，怎样分析呢？怎样提高我们的想象力呢？

人们常常把一个大而难的问题分成若干个比较小而易的题目，从容易突破的地方开始；也可以先找一些带有典型性的特例，从实际例子下手。一般说来，具体的、特殊的情况比较容易研究，把它们搞清楚了，就可能得到启发。《老子》中说："图难于其易，为大于其细"，也有这个意思。

1856 年，巴斯德发现乳酸杆菌是使啤酒变酸的罪魁。后来，他又研究蚕生病的原因，事实证明，细菌仍然是祸首。根据这两次经验，他终于领悟到细菌致病的一般原理，为医学做出了贡献。

除了"从具体到抽象、从个别到一般"的方法外，还可采用对称、类比、联想、移植、计算等方法。开普勒运用计算方法成功地发现了行星运动三定律。

大家知道，自然界到处有对称性：阴电、阳电，正面、反面，生物躯体的左右对称，天体运动对时间的对称（表现为周期性），等等。

1924 年，法国人德布罗意正是根据对称的思想，发现了实物的波动性。他的想法如下：

（一）自然界在许多方面是显著地对称的；

（二）现今可观察到的宇宙是由光与实物组成的；

（三）既然光有粒子性和波动性，那么，与光对称的实物也应具备这两种性质。

实物具有粒子性，人人皆知；至于说它还有波动性，可就觉得新鲜了，谁见过实物的波呢？

德布罗意甚至还前进了一步，他又用类比法预言了实物波的波长。众所周知，对光来说，波长 λ 和动量 p 之间有关系式 $\lambda = \dfrac{h}{p}$，h 是普朗克常数。德布罗意宣称：这个公式也适用于实物。他的这些思想，后来都被证实了。

由于某事物的启发，联想到其他事物，有时也能导致新发现。1932 年发现中子后，苏联物理学家朗道联想到宇宙中可能存在一种密度极高的星体——中子星。两年以后，美国的巴德（Baade，1893—1960）及兹维基（Zwicky，1898—1974）也有同样看法，并发表文章，说："所谓中子星，就是星的最终阶段，它完全由挤得很紧的中子构成。"1968 年，人们果然从蟹状星云的中心找到了这种星。

所谓移植法是将一个学科中已发现的法则或行之有效的方法移用到其他领域中去。例如运用细菌致病学说于医学中而产生抗菌消毒法；免疫疗法来源于种牛痘；电子仪器的可靠性理论可为研究大脑的功能和构造打开思路。

一般来说，人们对所研究的对象越陌生，就越想拿熟悉的东西来和它对比。例如，麦克斯韦把电磁现象与不可压缩的液体对比，因为两者在数量规则上相似。广而言之，许多在质上虽不同的现象，只要它们服从相似的数量规律，就往往可以运用类比方法来研究。例如振动理论可用于机械的、电磁的、声的、热的、光的、地质的、天体物理的、生理的等振动现象中，甚至量子力学中的薛定谔（Schrödinger，1887—1961）方程也是古典波动方程的类似。

再看一个运用类比法的有趣的例子。17 世纪，数学界对无穷级数还研究得很少，著名数学家伯努利（J. Bernoulli，1654—1705）

不会计算级数

$$\sum_{n=1}^{+\infty} \frac{1}{n^2} = 1 + \frac{1}{4} + \frac{1}{9} + \frac{1}{16} + \cdots$$

的值，于是他请求支援。消息传到欧拉那里，引起了他的兴趣，最后欧拉用类比法求出了它的值为 $\frac{\pi^2}{6} \approx 1.645$。他的思想是拿三角函数方程与代数方程作类比（参看附录）。从现代数学的观点来看，这个解法是不严格的，但却得到了正确的结果。类比、对称以及移植等方法，有时（但不是一切时候）可以得到正确的结论，因此，它们不失为启发性的思想方法。启示的初步结论有待进一步严格的证明。在科学研究中，不仅要学会严格，而且要善于"不严格"。过于严格只能循规蹈矩地前进，而善于"不严格"却往往会取得出奇制胜的成功。"不依古法但横行，自有风雷绕膝生。"如果是不受旧规的束缚而又合乎客观规律的"横行"，这话自有几分道理。

　　附录　欧拉用下述的类比法，求得

$$\sum_{n=1}^{+\infty} \frac{1}{n^2} = \frac{\pi^2}{6}。$$

（一）设 $2n$ 次代数方程

$$b_0 - b_1 x^2 + b_2 x^4 - \cdots + (-1)^n b_n x^{2n} = 0 \qquad (1)$$

有 $2n$ 个不同的根为 β_1，$-\beta_1$，β_2，$-\beta_2$，$\cdots$，β_n，$-\beta_n$。两个代数方程，如果有相同的根，而且常数项相等，那么，其他项的系数也分别相等，故

$$b_0 - b_1 x^2 + b_2 x^4 - \cdots + (-1)^n b_n x^{2n}$$
$$= b_0 \left(1 - \frac{x^2}{\beta_1^2}\right)\left(1 - \frac{x^2}{\beta_2^2}\right)\cdots\left(1 - \frac{x^2}{\beta_n^2}\right)。$$

比较两边 x^2 的系数，即得

$$b_1 = b_0 \left(\frac{1}{\beta_1^2} + \frac{1}{\beta_2^2} + \cdots + \frac{1}{\beta_n^2}\right)。 \qquad (2)$$

（二）考虑三角函数方程

$$\sin x = 0,$$

它有无穷多个根 0，π，$-\pi$，2π，-2π，3π，-3π，$\cdots$，将 $\sin x$ 展开为级数，除以 x 后，这方程化为

$$1 - \frac{x^2}{3!} + \frac{x^4}{5!} - \frac{x^6}{7!} + \cdots = 0, \tag{3}$$

其中 $n! = 1 \cdot 2 \cdot 3 \cdots \cdot n$。显然，方程（3）的根是

$$\pi，\ -\pi，\ 2\pi，\ -2\pi，\ 3\pi，\ -3\pi，\ \cdots$$

方程（3）与（1）不同，因为（3）式左方有无穷多项，（3）不是代数方程。但欧拉却不管这些，硬拿（3）比作（1），并对（3）运用（2），得

$$\frac{1}{3!} = \frac{1}{\pi^2} + \frac{1}{4\pi^2} + \frac{1}{9\pi^2} + \cdots$$

由此即得

$$\frac{\pi^2}{6} = \sum_{n=1}^{+\infty} \frac{1}{n^2}。$$

针刺麻醉的启示

——谈概念

人们利用自己在长期实践中积累起来的德、识、才、学，对观察资料进行分析研究，这两方面的初步结合便构成想象。想象还是比较直观的东西。要使认识从感性上升到理性，来一个飞跃，需要抓住事物的本质、事物的内部联系以及经常起主要作用的因素。人们常常把这种在实践中多次重复出现的、本质的内部联系或主要因素抽象为"概念"，用概念来概括它们。

毛泽东同志曾经说过：社会实践的继续，使人们在实践中引起感觉和印象的东西反复了多次，于是在人们的脑子里生起了一个认识过程中的突变（即飞跃），产生了概念。概念这种东西已经不是事物的现象，不是事物的各个片面，不是它们的外部联系，而是抓着了事物的本质、事物的全体、事物的内部联系了。

如果把想象比作研究对象的写生画，那么概念便是这幅画的画龙点睛部分；眼神流盼，全画皆活，画中人物，也就呼之欲出了。

举个例子来说，我国医务人员发明了针刺麻醉方法，只需用几根银针，扎在人身的有关穴位上，对病人就能起到麻醉镇痛作用。针刺能治头痛、牙痛，这早在 2 000 多年前我国古医书《内经》里就有记载。人们想到，既然针刺可以止痛，那么它是否也能预先防痛呢？通过摘除扁桃腺等手术的实验后，发现果然有效，不过也有失败的记录。有一次，确定了 20 多个穴位，扎针后捻转几下，就让针留在穴里，随即开始做手术，可是这次失败了。为什么呢？人们想起《内经》里的一句话"刺之要，气至而有效"，这就是说，针刺入后，一定要使病人产生酸、胀、重、麻等感觉，同时医生手下则有一种好似针被轻轻吸住的感觉，这样才能生效。这就是所谓"气至"，或叫"得气"。

医务人员有了"得气"的概念后，随即发生第二个问题，怎样才能"得气"呢？后来发现，只有在手术过程中，持续捻针，而不只是开始时捻几下就停止，才能"得气"。于是产生了第二个概念，为了"得气"，必须要有足够的"刺激量"，即不仅要捻，而且要捻得足够。

到此，还只说明针刺可以镇痛，可是为什么能镇痛呢？人们追本溯源，又前进了一步：第一，得气感与疼痛感在病人大脑中并存斗争，得气感压下了疼痛感；第二，针刺调节了病人各种器官的功能，克服了由于手术引起的功能混乱。由此可见，没有足够的刺激量是不行的。

针刺麻醉是我国的创造，它正在继续向前发展。这个例子生动地说明了：在科学研究中必须形成正确的概念，才能抓住事物的本质。概念是由感性认识过渡到理性认识的桥梁，是认识过程中的里程碑和加油站，是思维借以飞跃的翅膀。

正确的概念指引我们前进，错误的概念却会把人引入歧途。"生命力"这一概念就是如此。18世纪中叶，有些人认为无机物与有机物之间有一道不可逾越的鸿沟，只有生物体中所特有的一种叫作"生命力"的神秘东西，才能把无机物变为有机物。这种思想是错误的。1828年，尽管德国人维勒用人工方法由无机物制成了有机物尿素，可是"生命力"论者还是不服输，说什么尿素是动物体内排泄出来的废物，所以才能制得，至于生物体本身的物质，没有"生命力"是不可能制成的。直到1848年，德国柯尔伯合成了醋酸，1854年法国柏脱勒合成了脂肪，1861年俄国布特列洛夫合成了糖类，特别是1965年我国用人工方法合成了结晶牛胰岛素——一种具有生命活力的蛋白质，这些人才哑口无言。

　　可是，怎样才能形成正确的概念呢？这既依赖于周密细致、反复多次的实验和观察，也仰仗于研究人员的德、识、才、学。错误概念之所以产生，或因试验次数太少而带片面性，或因过分强调某个次要因素而忽视主要因素，或因不能正确分析主要因素间之关系，或因科研人员囿于偏见而丧失客观态度，诸如此类，不胜枚举。只有经过充分的观察实验，并客观地进行深入的思考，才能得到正确的概念。

"我用不着那个假设"
——各种各样的假设

从观察资料出发，经过整理和分析，便产生想象和概念。至此，思维就会超越已有的经验而向前推进，对所研究的问题可以提出初步的推断。由于这种推断尚未经过实践的考验，我们只能把它作为假设（或假说）提出来。如果以后的实践证明它是正确的，那么它就由假设上升为定律、法则或理论；否则就需要采用逐步逼近法，提出第二次、第三次……假设，直到完全解决问题为止。

众所周知，物质是由原子构成的，但原子又是什么样子呢？谁也没有见过。1903 年，汤姆森提出"面包夹葡萄干"的原子模型。他认为正电荷散布在整个原子中，就像葡萄干散布在整个面包中一样。可是这个假说经不起考验。英国人卢瑟福等人用 α 粒子照射原子，发现有些 α 粒子不是沿直线前进而是偏转很大，有的甚至倒弹回来。在汤姆森的模型里，原子中没有这么大的障碍物足以使粒子发生如此显著的偏转。于是他不得不放弃汤姆森假说，他想，一定是粒子碰到一团相当结实的物质而给弹回来了。这团物质后来就叫原子核。1912 年，卢瑟福终于提出了一个类似太阳系结构的原子模型：原子中央是一个重的带正电荷的原子核，电子绕核旋转，有如行星绕太阳转。这个假说已得到大家的承认。

另一种情况是，假说一个接着一个，但仍未解决问题，例如关于太阳系的起源问题。18 世纪康德—拉普拉斯提出的星云假说，1919 年左右琼斯（Jeans）的碰撞假说，利特尔顿（Lyttleton）的双星假说，都因与后来的观察不合而失败，目前施米特（Щмидт О. Ю. ，1891—1956）的俘获假说虽能解释更多的现象，但也有一些困难而未被普遍接受。

还有一些假说，长时间不知道它是对的还是错的，使人们陷于迷惘的窘境。例如，关于其他星球上有高级生物的假说。又如数学中的所谓"费马猜想"。费马（P. Fermat, 1601—1665）曾肯定说：当整数 $n>2$ 时，方程式

$$x^n+y^n=z^n$$

没有正整数解，就是说，没有一组正整数 x, y, z，能满足上面的方程式。费马在一本书的页边上写下这个"定理"，并且自豪地说："我得到了这个断语的惊人的证明，但这页边太窄，不容我把证明写出来。"他有过多的智慧，却缺少写下来的勤劳，结果便害得 300 多年来许多人为它绞尽了脑汁，包括像欧拉这样的大数学家，到头来还是既不能肯定，又不能否定。[①]

假说应该有一定的事实根据，否则便是无知或胡说的代名词，对科学极为有害。为什么木头能烧呢？因为它有"燃素"；为什么有些东西很冷呢？因为它有"冷素"；为什么橡皮能伸长呢？因为它有"弹性素"。这种"某某素"的假说，实是欺人之谈。历史上最大的骗局是假设"上帝存在"。相传法国的拉普拉斯把他的伟著《世界体系》一书送给拿破仑，事前有人告诉拿破仑说这本书里根本没有提到上帝，于是拿破仑便对拉普拉斯说："你写了这样一部大著作，却从不提到世界体系的创造者。"拉普拉斯当即豪迈地回答道："我用不着那个假设。"

---

① 1995 年由英国数学家 A. Wiles（1953— ）彻底解决. 1996 年 3 月，怀尔斯因为他的这一杰出数学成就荣获沃尔夫奖，并于 1998 年 8 月荣获菲尔兹特别奖. 费马大定理的证明则被称为"世纪性的成就"，并被列入 1993 年的世界科技十大成就之一.

元素周期律的发现

——假设的检验

假设的正确性，只能在实践中去考验，它应能正确地解释已有的全部观测资料（内符），而且，更重要的，又能正确地预见和指导将来，指导今后的实践（外推）。

列宁说："人的和人类的实践是认识的客观性的验证、准绳。"[1]

恩格斯高度评价了元素周期律和海王星的发现，它们都是成功地分析和整理资料的典范，同时也是说明如何检验假设的很好的例子。海王星的发现，主要用的是演绎法，关于这个问题我们将在后面谈到。

1869年以前，人们对化学元素如氢、氧、钾、镁等的性质，已经有一定的认识，但这种认识是孤立的，只看到各元素的个性，至于诸元素之间的联系，则缺乏研究，更谈不到对未知元素的预测了。那时，每出现一种新元素，就像突然来了一个不速之客一样，完全出人意料。

俄国的门捷列夫等人发现周期律后，从根本上改变了这种情况。他把元素按照原子量的大小排成次序，随即发现每经过一定的间隔就有化学性质相似的元素出现，或者说，相同的性质随着元素原子量增大的次序周期性地出现。

这种排列是否真有客观的科学意义呢？元素性质的周期性是否真有价值呢？关于这点，门捷列夫曾说过："确定一个定律的正确性，只有借助于由它推导所得的结论（当还没有这定律时，这些结

---

[1] 列宁. 哲学笔记. 北京：人民出版社，1974：227.

论是不可能有的和不可设想的），以及这些结论在实际考验中的证实。"他说到做到，根据周期性，他勇敢地预言一些当时尚未发现的元素的存在，并预言了它们的性质。这些预言后来都以惊人的准确度光辉地被证实了。例如，1871 年他预告有一种新的金属元素存在，它的原子量接近 72，比重约 5.5；果然，1886 年人们发现了金属元素锗，原子量为 72.6，比重为 5.35。"千里好山云乍敛，一楼明月雨初晴。"人们对元素间的关系，从此有了较深刻的认识。

是什么引导着门捷列夫，使他做出了如此重大的发现呢？

关键是他的"识"。他深信在一切化学元素之间，一定存在着内部联系，就像开普勒坚信行星运动一定有规律一样。没有这种信念，是不可能坚持到底的。可是，应该根据什么线索才能找到这种联系呢？经过深思熟虑之后，他认为这应该是原子量。门捷列夫说："人们不止一次问我，根据什么、由什么思想出发而发现并肯定了周期律？让我尽力来答复一下吧！……当我在考虑物质的时候……总不能避开两个问题：多少物质和什么样的物质？就是说两种观念：物质的质量和化学性质。而化学这门研究物质的科学的历史，一定会引导人们——不管人们愿不愿意——不但要承认物质质量的永恒性，而且也要承认元素化学性质的永恒性。因此，自然而然就产生出这样的思想：在元素的质量和化学性质之间，一定存在着某种的联系，物质的质量既然最后成为原子的形态，因此就应该找出元素特性和它的原子量之间的关系。而要寻找某种东西——不论是野蕈也好，或是某种关系也好，除了看和试之外，再没有旁的方法了。于是我就开始来收集，将元素的名字写在纸片上，记下它们的原子量和基本特性，把相似的元素和相近的原子量排列在一起……"他又说："因此，一方面寻求元素的性质和其原子量之间的关系；而在另一方面寻求其相似点与原子量之间的关系，要算是最简捷和极自然的想法了。"

　　光有正确的思想还不够，还需要正确的方法。门捷列夫的方法不同于前人，前人只追求把性质相似的元素归并在一起。这种分类法是静止的，只能对已知元素起整理归类作用，不能外推，不能预见新元素。而门捷列夫则把化学性质不同、但原子量相近的元素排在比邻，从而使互不相似的元素能彼此联系起来。

　　勤奋是门捷列夫成功的必不可少的主要条件之一。当别人称誉他是天才时，他笑笑说："唔！天才就是这样，终身努力，便成天才。"他接连几夜不眠地工作，只休息很少的时间。他写《有机化学》一书时，两个月内几乎没有离开书桌。"宝剑锋从磨砺出，梅花香自苦寒来"，诚至言也！

海王星的发现

——谈演绎法

正确的假设组成公理、定律、法则、理论或学说。从它们出发，运用逻辑推理（包括数学计算），得出一批结论；然后又根据这些结论及原来的公理或新的公理，再运用逻辑推理，又得出一批结论；如此穷追下去，层层推理，往往可以得到许多比较深刻的结果。这种方法广泛地应用于天文、物理、数学及其他科学中，通常称之为演绎法。

许多人都为欧几里得几何学这座科学宫殿所感动，它是多么庄严、宏伟并且富于内部旋律呵！它的推理，明确而又严密；它的论断，深远而又清晰。然而，不管这座宫殿多么富丽堂皇，其结构却很单纯：全部结论都是从少数公理经过演绎而来的。

海王星的发现，是人类集体智慧的胜利，它显示了数学演绎法的强大威力。1781 年发现天王星后，人们注意到它的位置总是和根据万有引力定律计算出来的不符。于是有人怀疑引力定律的正确性；但也有人认为，这可能是受另一颗尚未发现的行星所吸引的结果。当时虽有不少人相信后一种假设，但都缺乏去寻找这颗未知行星的勇气，因为这是一件非常困难的工作。初生牛犊不畏虎。一位年方 23 岁的英国剑桥大学的学生——亚当斯（J. C. Adams, 1819—1892）勇敢地承担了这项任务。他利用引力定律和对天王星的观察资料，反过来推算这颗未知行星的轨道。经过两年的努力，他终于在 1843 年 10 月 21 日把计算结果寄给格林尼治天文台台长艾利。但艾利的保守思想非常严重，他不相信"小人物"的工作，把它扔到一边，置之不理。两年以后，幸亏法国也有一位青年勒威耶（Le

Verrier U.，1811—1877）从事这一工作，1846 年 9 月 18 日，他把结果告诉了柏林天文台助理员卡勒。23 日晚，卡勒果然在勒威耶预言的位置上发现了海王星。"天公斗巧乃如此，令人一步千徘徊。"这一伟大胜利使那些最顽固的保守派也不得不相信日心说和万有引力定律。

演绎法的胜利不胜枚举，高斯（C. F. Gauss，1777—1855）算出谷神星的轨道，麦克斯韦预言电磁波以及狄喇克（P. A. M. Dirac，1902—1984）预言正电子的存在等，都在人们的记忆中留下了深刻的印象。

然而，不管推理如何严密，如果它的依据——公理——有问题，那么结论也不可靠。还是那位勒威耶，后来又发现水星的轨道与计算的也不一致。水星是已知的最靠近太阳的行星。勒威耶根据上次的经验，自然又假定还有一颗更接近太阳的行星，然而这次他却完全失败了，这颗"行星"纯属子虚乌有，连影子都找不到。事情的确使人茫然不解，天文学界为此苦恼了 50 多年，直到相对论发表后才搞清楚。原来万有引力定律只是近似正确的，越靠近太阳，准确性就越低。在计算水星轨道时，应作一些修正才能与观察符合。

物体下落、素数与哥德巴赫问题
——再谈演绎法

从上节可见：严密、准确、透彻的演绎思维往往可以导致惊人的结果。下面我们再举两个例子。

关于物体从高空下落的运动，亚里士多德曾断言："快慢与其质量成正比。"这就是说，重的要比轻的落得快些。这个错误的论断延续了 1 800 多年，直到伽利略才得到纠正。伽利略认为：在真空中，轻重物体应同时落地。他除了用实验来证明以外，还指出一个十分简单的推理证法，使反对者不得不尊重事实。设物体 A 比 B 重得多，按照亚里士多德的说法，A 应比 B 先落地。现在把 A 与 B 捆在一起成为物体$A+B$。一方面，因 $A+B$ 比 A 重，它应比 A 先落地；另一方面，由于 A 比 B 落得快，B 应减慢 A 的下落速度，所以 $A+B$ 又应比 A 后落地。这样便得到了自相矛盾的结论：$A+B$ 既应比 A 先落地，又应比 A 后落地。既然这个矛盾来源于亚里士多德的论断，因此，这个论断是错误的。

请看，一千多年的错误竟被如此简单的推理所揭露，我们不能不佩服伽利略的思想是何等尖锐明确。

下一个例子同样闪耀着智慧的光辉，它是数学中一种证题方法的典范。

任何一个正整数，除了可以被 1 与它自己除尽外，如果不能被其他整数除尽，即不能分解因子，就称为素数。例如：2，3，5，7，11，13 等都是素数，而 4，6，8 等则不是（因为它们至少都可被 2 除尽）。

问题 一共有多少个素数？

欧几里得回答说：有无穷多个。他的证明很简单：如果说只有有限多个，那么，就可把它们统统写出来，记为 p_1，p_2，…，p_n，此外，再没有更大的素数了。然而 $p_1 \times p_2 \times \cdots \times p_n + 1$ 或者是一个素数，它显然比一切 p_1，p_2，…，p_n 都大；或者它包含比它们都大的素数因子。不论哪种情况，总有更大的素数存在。这样便发生了矛盾。因此，只有有限多个素数的假设是错误的。这个证明再简单不过了，在数学中叫作构造性证明。欧几里得的证法真是出奇制胜，一针见血，闪耀着智慧的光辉。你不是说素数全都在此，再也没有了吗？他却立即给你找出一个，使你张口结舌，无言以对。

关于素数还有不少有趣的难题，它们大都易懂而难证，其一就是哥德巴赫问题。容易想象，在一切整数中，素数该是最基本的了，因为其他整数可以分解为素数的乘积，例如：$6=2\times3$，$8=2\times2\times2$，$9=3\times3$ 等。于是，1742 年德国人哥德巴赫在信中问欧拉："一切偶数能分解为两个素数的和吗？"（拿化学打比方，就相当于问：一切化合物能分解为两种元素的和吗？）此问题的数学提法是："对任一偶数 $2n$（n 为大于 1 的正整数），是否存在两个素数 p_1，p_2，使 $2n=p_1+p_2$？"对于常见的偶数，答案是肯定的，例如 $6=3+3$，$8=3+5$……困难在于"一切"两字。这问题久悬未决已 230 多年。后来我国数学家陈景润做出了成绩，把它的解决向前推进了一步。他证明了：大偶数都可表示为一个素数加上不超过两个素数的乘积，简称为 $1+2$。这与最终的目标 $1+1$（即 1 个素数加 1 个素数）虽仍有距离，但已是目前国际上关于此问题的最好结果了。

正确的思维可以导出深远的结果，但这并不等于说智慧是万能的。我们不能同意拉普拉斯的一段话，虽然他是当时最杰出的学者之一。1814 年，他在《概率论的哲学试验》一书中说："智慧，如果能在某一瞬间知道鼓动着自然的一切力量，知道大自然所有组成部分的相对位置；再者，如果它是非常浩瀚，足以分析这些材料，并能把上至庞大的天体，下至微小的原子的所有运动都囊括于一个公式之中，那么，对于它就没有什么东西是不可靠的了，无论是过去或将来，在它面前都会昭然若揭。"这种超现实的万能的"智慧"，否定了物质的无限性，否定了物质运动的偶然性，不能是别的，只能是一种主观的幻想。

"在一切天才身上，重要的是……"
——爱因斯坦谈科学研究方法

爱因斯坦是历史上罕见的伟大的科学家，学习他的科研方法对后人无疑是很有益的。

屠格涅夫说："在一切天才身上，重要的是我敢称之为自己的声音的一种东西……重要的是生动的、特殊的自己个人所有的音调，这些音调在其他人的喉咙里是发不出来的……一个有生命力的富有独创精神的才能卓越之士，他所具有的重要的、显著的特征也就在这里。"那么，爱因斯坦所有的"自己的声音"是什么呢？依我看来，这就是他多次反复谈到的需要建立新的思想体系。爱因斯坦的方法基本上是演绎法，而演绎法的依据是思想体系。他不太重视经验定律和归纳法，认为这样只能停留在经验科学的水平上。他说："适用于科学幼年时代以归纳为主的方法，正让位于探索性的演绎法。"[①] "没有一种归纳法能够导致物理学的基本概念。对这个事实的不了解，铸成了19世纪多少研究者在哲学上的根本错误。"

他认为：经验科学的发展过程就是不断归纳的过程：人们根据小范围内的观察，提出经验定律或经验公式，以为这样就能探究出普遍规律，其实这是不够的，这不能使理论获得重大的进展。那么应该怎样做呢？应该"由经验材料作为引导""提出一种思想体系，它一般是在逻辑上从少数几个所谓公理的基本假定建立起来的。"对这个体系的要求，应该是能把观察到的事实联结在一起，同时它还

---

① 爱因斯坦. 爱因斯坦文集：第1卷. 北京：商务印书馆，1976. 以下引文皆出自此书.

具有最大可能的简单性。所谓简单性是指"这体系所包含的彼此独立的假设或公理最少"。大家知道，相对论的公理只有两条，相对性原理（任何自然定律对于一切匀速直线运动的观测系统都有相同的形式）和光速不变原理（对于所有惯性系，光在真空里总以确定的速度传播）。

至于思想体系的内容，它应该由"概念、被认为对这些概念是有效的基本定律，以及用逻辑推理得到的结论这三者所构造的。"基本定律有时就指公理。

如何建立思想体系？爱因斯坦认为科学家的工作可分为两步，第一步是发现公理，第二步是从公理推出结论。哪一步更难些呢？他认为，如果科研人员在学生时代已经得到很好的基本理论、推理和数学的训练，那么他在第二步时，只要有"相当勤奋和聪明，就一定能够成功。"至于第一步，即要找出作为演绎出发点的公理，则具有完全不同的性质，这里没有一般的方法，"科学家必须在庞杂的经验事实中间抓住某些可用精密公式来表示的普遍特性，由此探求自然界的普遍原理。"其实，善于抓住公理，除了研究人员的远见卓识、革新精神和非凡的科学洞察力外，他还必须站在历史的转折点上。"时势造英雄"，让历史为他提供条件和选择，时机未成熟，是不可能的，正如牛顿不可能揭示光速不变原理一样。如果公理选择得当，推理就会一个接一个，其中一些是事先难以预料的。牛顿力学、相对论、普朗克的量子论都是光辉的榜样。

爱因斯坦富于革新精神，这表现在他对一些人们认为不证自明的概念如"同时性""质量"等的重新考虑上。在他看来，许多所谓常识的东西其实不过是幼年时代被前人灌输在心中的一堆成见，这堆成见是需要重新审核的。它们很可能是由于我们只处于宇宙一个局部领域而见到的特殊现象，并不是宇宙的一般规律。例如，物体运动时长度似乎不变只是低速世界的特殊现象，长度随着速度而变化才是宇宙的一般规律。

爱因斯坦多次强调客观规律的存在及其可知性，所以他基本上是一位自然科学的唯物论者。他说："要是不相信我们的理论构造能掌握实在，要是不相信我们世界的内在和谐，那就不可能有科学。""相信世界上在本质上是有秩序的和可认识的这一信念，是一切科学工作的基础。"

通过爱因斯坦对一些科学家的评价，可见他很重视下述几种才能：

（一）想象力。爱因斯坦的方法既然主要是演绎的，所以他特别强调思维的作用，尤其是想象力的作用。他认为科学家在探讨自然的秘密时，"多少有一点像一个人在猜一个设计得很巧妙的字谜时的那种自由"，他需要极大的想象力。不过"他固然可以猜想以无论什么字作为谜底，但是只有一个字才真正完全解决这个谜。"同样，自然界的问题也只有一个答案，所以最后还是应该受实践的检验。在谈到想象的重要性时，他说："想象力比知识更重要，因为知识是有限的，而想象力概括着世界上的一切，推动着进步，并且是知识进化的源泉。严格地说，想象力是科学研究中的实在因素。"想象力之对于科学，其重要性不下于它之对于文学。文章如无想象，就会成为一潭死水式的帮八股。同样，科学如无想象，就很可能停留在一些皮表的，抓不住本质的经验公式上。不过两者之间也有不同，科学中的想象最后要受到实践的毫不留情的检验，而文学创作中的想象虽然也应反映客观实际，但却比较灵活。例如，小说中某角色的结局未必是唯一的。

（二）直觉的理解力。他赞扬玻尔说："很少有谁对隐秘的事物具有这样一种直觉的理解力，同时又兼有这样强有力的批判能力。"评论埃伦菲斯特时说："他具有充分发展了的非凡的能力，去掌握理论观念的本质，剥掉理论的数学外衣，直到清楚地显露出简单的基本观念。这种能力使他成为无与伦比的教师。"

（三）数学才能。这是演绎法所必不可少的。他在谈到牛顿时说："他（牛顿）不仅作为某些关键性方法的发明者来说是杰出的，而且在善于运用他那时的经验材料上也是独特的，同时他对于数学和物理学的详细证明方法有惊人的创造才能。"爱因斯坦本人的数学已经是很好的了，但他说："我总是为同样的数学困难所阻。"由于研究的需要，他专门请了一个很强的年轻的数学助手。

以上的几种才能是关于思维方面的，而关于科学实验方面都没有提及，这不必惊异，因为爱因斯坦本人主要注意演绎法。由于时代的限制，他的方法论并不是完全无可非议，例如对归纳法的轻视，强调"自由创造"等。但每个人都不可能十全十美，不能要求他成为完人。

电缆、青年与老年人的创造
——定性与定量

太阳绕地球转还是地球绕太阳转？光传播要不要时间？这一类问题涉及定性；求出地球绕太阳运行的轨道，测得光的速度，这些是定量问题。一般地，研究性质的属于定性，求出数量关系的属于定量。定性是定量的基础，定量是定性的精化。定性决定一个塑像的身段轮廓，而定量则规定身段各部分的尺寸。因此，两者是相互补充的。定性可以影响人们对问题的认识和观点，但要对实践起到具体的指导作用，则有待于作定量的研究。

在设计如何安装第一条大西洋电报电缆时，青年工程师汤姆森（William Thomson，1824—1907）曾进行定量研究，做了许多精确的电学测量，并在此基础上提出了很好的建议。然而他的建议被抹杀了，因为当时的权威不能理解他所提建议的基本原理。直到原计划屡遭失败，人们才认真考虑他的见解。采纳了他的建议后，安装工程于 1858 年终于胜利完成。"莫悲先哲骑鹤去，天降人才意不休。"汤姆森可算得是后起之秀了。

顺便谈谈，年轻人的发明创造易被名流学者所否定，而且创造性越大，否定的可能性也越大。本书《海王星的发现》一文中有此一例。又如法国 17 岁的数学家伽罗瓦（E. Galois，1811—1832），由于研究高次代数方程的代数解法而在群论方面做出了开创性的工作，他把结果写成论文送交法兰西科学院审查，审稿人是泊松（Poisson，1781—1840）与柯西（Cauchy，1789—1857）两位大师。由于不够重视，原稿被柯西丢失。1829 年，伽罗瓦重写了一次，不幸又遗失了。1831 年，伽罗瓦第三次要求审查，4 个月后，泊松的审查意见是："完全不能理解。"直到伽罗瓦去世后 14 年，他的创造才逐渐为人们所认识。另一个故事同样发人深省：门捷列夫发现元素周期律的前 3 年，即 1866 年，在英国化学学会上，青年化学家纽兰兹将元素按原子量增加的次序排列，并指出每隔八个元素就有相同的物理、化学性质重复出现时，引起了哄堂大笑。有人讽刺地说："你怎么不按元素的字母排列呢？那时也许会得到相同的结果。"就这样，他的研究成果被粗暴地否定了。这些事例告诉我们，对待年轻人的发现、发明和创造，必须慎重对待，不要因为自己暂时不能理解就轻易否定。"落红不是无情物，化作春泥更护花。"应该持这种爱护的态度。

历史上许多人天才早熟，如：唐朝著名诗人李贺 7 岁能文，他在短短一生中（只活了 27 年），写出了相当多的富有艺术特色的诗歌；明末的夏完淳，12 岁时已"博览群书，为文千言立就，如风发泉涌"。他为国牺牲、慷慨就义时才 17 岁。又如莫扎特 4 岁开始作曲，10 岁写歌剧《简单的伪装》；雨果 15 岁写悲剧《厄拉曼》；巴斯卡 16 岁发表有关圆锥曲线的论文；牛顿 21 岁发现二项式定理，23 岁发明微积分，25 岁发现万有引力定律；爱因斯坦 26 岁时建立狭义相对论。

刚才讲的是青年人的故事；老一辈科学家也可以做出很好的工作，特别是他们治学的认真态度和渊博学识，值得尊重和学习。进化论奠基人达尔文 60 岁以后，写了《人和动物的感情表现》(1872)、《论食虫植物》(1875) 等许多重要著作，其中《植物运动能力》(1880)、《蚯蚓作用下腐殖土的形成》(1881) 是在 70 岁以后完成的。德国的洪堡（A. Humboldt, 1769—1859）是卓越的自然科学家，在植物地理学、地球物理学、水文学方面都有贡献。约在 75 岁，他正式动笔写作《宇宙》，这是他最重要的著作。此外，法国的让·佩兰 56 岁确定阿伏伽德罗常数；德国伦琴 50 岁发现 X 射线；英国布雷格 53 岁提出布雷格定律；荷兰奥勒斯 55 岁发现低温超导体，这 4 人都因此而分别获得诺贝尔奖。

著名黑人作家杜波依斯（1868—1963），为黑人的解放运动做出了贡献。他的作品很多，直到 1955 年，他已达 87 岁的高龄了，还开始写另一部长篇小说《黑色的火焰》三部曲，并且于 1961 年他93 岁时全部完成。曹操说："老骥伏枥，志在千里；烈士暮年，壮心不已。"这真是：莫道彩笔随老去，佳作偏映夕阳红。

回到正题上来。关于定量问题，汤姆森说："我常讲，当你能把所研究的东西测量出来并用数学来表示时，那么你对这个东西已有所认识。但是，如果不能用数学来表示，那么你的认识是不够的，不能令人满意的，可能只是初步的认识，在你的思想上，还没有上升到科学的阶段，不论你讲的是什么。"这一段话表明了他对定量研究的重视。

自然界有一些物理量，目前还不能很好地理解：为什么光速约为 299 792.5 km/s？为什么普朗克常数 $h = 6.626\ 176 \times 10^{-27}$ 尔格·秒？为什么不能更多或更少？

门捷列夫耗费了大量的精力和时间来计算实验数据，他所列举的每个数字，都经过多次检查，直到坚信它确实可靠才肯发表。他从数学老师奥斯特罗格拉茨基（Острградский，1801—1862）那里学到的数学知识，对他的化学计算帮助很大。

许多第一流的科学工作者都有很高的数学素养。数学成了他们强大的武器，使他们终身受益。在近代的自然科学中，数学是必不可少的。当人们把实际问题化为数学问题后，数学就会引导他们走得很远，并且往往可以帮助他们找到答案。

数学是我国人民擅长的科学，在数学的发展中，我国的贡献很多，这里不能列举，只介绍一种有趣的图形——河图洛书纵横图。神话中传说，夏禹治水时，洛水里出现了一只大乌龟，它背上有一张图，用数字表示，就是图 1。把 1 至 9 的整数如图填在方格里，使每一行、每一列、每一对角线上 3 个数字的和都等于 15。人们也许以为，这只是一种巧妙的数学游戏，不料电子计算机出现后，它却获得了新的应用。目前，它在程序设计、组合分析、实验设计、人工智能、图论、博弈论等方面都受到重视。

4	9	2
3	5	7
8	1	6

图 1

华山游记与镭的发现
——坚持、再坚持

在科研的过程中，特别是在酝酿如何提出假设或想证明假设时，往往会遇到很大困难，不容易深入下去。这时，我们必须牢牢记住马克思的话：坚持！坚持！再坚持！

马克思在《资本论》中说："在科学上没有平坦的大道，只有不畏劳苦沿着陡峭山路攀登的人，才有希望达到光辉的顶点。"

宋朝王安石写了一篇华山游记，讲到华山有一个洞，很深，又黑又冷，"入之愈深，其进愈难，而其见愈奇。"他们终于怕有进无出而不敢游到底。王安石很后悔，说："世之奇伟瑰怪非常之观，常在于险远，而人之所罕至焉，故非有志者不能至也。"进而不难则常见，常见则无奇，因此，要奇，就必须克服巨大的困难。

据说有这样一个故事：佛朗克（Philipp Frank）曾对爱因斯坦说：有一位物理学家因坚持研究一些非常困难的问题而成绩不大，但却发现了许多新问题。爱因斯坦感叹地说："我尊敬这种人。我不能容忍这样的科学家：他拿出一块木板来，寻找最薄的地方，然后在容易钻透的地方钻许多孔。"

爱因斯坦不能容忍的这种科学家确实存在，他们或短于见识，或急于名利，或迫于应付，匆匆忙忙地"钻了许多孔"，数量可观，但质量不高，既无实用价值，又未解决重大理论问题。忙忙碌碌，他们的论文，仍逃不出被抛进废纸堆的命运。

科研人员必须有与人斗、与天斗的大无畏精神。既要像布鲁诺那样与黑暗势力斗，又要与种种困难斗。

"锲而舍之，朽木不折；锲而不舍，金石可镂。"不打持久的艰苦战，绝不可能获得重大的成就。大发现、大发明，都是长期艰苦劳动的产物，是汗水的结晶。《老子》说："合抱之木，生于毫末。九层之台，起于累土。千里之行，始于足下。"这些譬喻，都生动地说明了持久战的重要意义。

镭的发现，也是一个富有教育意义的故事。1903年，鲁迅在《说钋》一文中曾谈到此事。钋就是镭。他说："自X射线之研究，而得钋线；由钋线之研究，而生电子说。由是而关于物质之观念，倏一震动，生大变象。最人涅伏，吐故纳新，败果既落，新葩欲吐，虽曰古篱夫人之伟功，而终当脱冠以谢19世纪末之X射线发现者林达根氏。"[①] 古篱夫人即居里夫人，林达根，今译为伦琴，德国人。

为了研究放射性元素，居里（P. Curie, 1859—1906）及其夫人（M. S. Curie, 1867—1934）数年如一日，百折不挠，坚持不懈地进行着繁重的工作，"衣带渐宽终不悔，为伊消得人憔悴。"他们一千克一千克地炼制铀沥青矿的残渣，从数吨[②]铀矿残余物中提炼出只有几厘克的纯镭的氯化物。他们工作的条件非常艰苦，奥斯特瓦尔德（W. Ostwald, 1853—1932）参观了他们的实验室后说："看那景象，竟是一所既类似马厩又宛若马铃薯窖的屋子，十分简陋。"他们在困难条件下艰苦奋斗，终于成绩卓著，不能不令人肃然起敬。

攀登有心唯久锲，攻关无前在熟谋。有志者事竟成，确是如此！

① 鲁迅. 鲁迅全集：第7卷. 北京：人民文学出版社，1973：392.

② 1吨＝1 000 kg.

胸中灵气欲成云

——智力的超限

　　我们常常在文艺作品中看到这样的"体力的超限"的描写：某人平日跳不过 1.5 m 的高度，然而，有一天，由于某种高尚思想所激励，奇迹出现了，他竟然跳过了 1.6 m，实现了超限。事情过后，他自己也很吃惊，简直不敢相信这是自己的成绩，他再也不能跳这么高了！这里说的是"体力的超限"，可惜的是，很少看到关于"智力的超限"的描写。其实，在科学研究中，也常有这样的奇迹。并非夸张地说，不经过这样的超限，是很难取得重大突破的。数学家高斯说，有一条定理的证明折磨了他两年，忽然在一刹那像闪电般想出来了。这是怎么回事呢？某人长时期攻研某一问题，不舍昼夜，苦心地琢磨着，挥之不去，驱之不散，才下眉头，却上心头，他的思想白热化了，处于高度的受激状态。忽然在某一刹那，或由于某一思线的接通，或由于外界的启发，他的思维，就像电子由低能态跃迁到高能态一样，也由常态飞跃到高级的受激态。这时的他已非平日的他，他超越了自己，超越了他平均的智力水平，完成了"智力的超限"。他的新思想如泉涌，如水注，头脑非常敏锐，想象力十分活跃，"思风发于胸臆，言泉流于唇齿"，从而问题迎刃而解了。等过一段时间再回头看时，他简直为当时自己所曾登上的高度而震惊，他说不出为什么那时能想出这么巧妙的东西来，他甚至不敢相信这是自己的创作了。要想再达到那时的高度，竟是非常困难的事，因为他已恢复常态，不是那时候的他了。在这个问题的智力上，现在的他，要比那时的他矮小得多，除非他再经过很长时间的努力，再来一个超限。可惜的是，这种境界，在人的短暂一生中，难得出现几次。能不能让它多出现一些呢？除了坚持不懈长时间地努力外，恐怕没有其他方法。"欲穷大地三千界，须上高峰八百盘。"此话甚对。

苯与金圣叹的观点
——谈启发与灵感

　　某个问题，研究它已经很久了，但还是一团迷雾，没有找到主要线索。我们成天苦思冥想，运思如转轴，格格闻其声，然而，"上穷碧落下黄泉，两处茫茫皆不见。"有一天，忽然由于旁人一句话，一篇文章，或者由于触景生情，终于受到启发，灵机一动，顿时大彻大悟，一通百通，问题便迎刃而解了。真正是："忽如一夜春风来，千树万树梨花开。"这种情况的确不少见，相传阿基米德在澡盆里悟出判定王冠中黄金成分的办法，虽然未必是信史，但的确是可以理解的。

　　100 多年前，人们已认识到碳原子是四价的，但碳原子相互间如何结合，还不清楚。德国化学家凯库勒（F. A. Kekule，1829—1896）正在苦苦思考这个问题。"一夜腊寒随漏尽，十分春色破朝来"，一天晚上他乘车回家，忽然思如潮涌，顿时猜出了碳链结合的秘密。1865 年，他又在马车上领悟到众人百思莫解的有机化合物苯分子 C_6H_6 的环状结构，如图 1 所示。

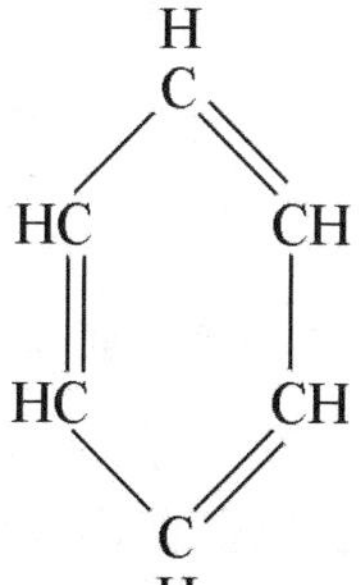

图 1

　　怎样解释这种"灵机一动，计上心来"呢？长时间思考一个问题，大脑中便会建立起许多暂时的联系，架起许多临时"电线"，把所有有关的信息保存着，联系着。同时，大脑还把过去有关的全部知识紧急动员起来，使思维处于一触即发的关头。一旦得到启发，就像打开电键一样，全部线路突然贯通，立即大放光明，问题马上解决了。因此，所谓灵感，并不是什么神秘的东西，而是经过长时间的实践与思考之后，思想处于高度集中化与紧张化，对所考虑的问题已基本成熟而又未最后成熟，一旦受到某种启发而融会贯通时所产生的新思想。

许多事例证明：灵感大多是在思维长期紧张而暂时松弛时得到的，或在临睡前，或在起床后，或在散步、交谈、乘车时。门捷列夫说过，他接连几天考虑如何把元素排列好，最后是在梦中完成的。这是因为：紧张的思考使思维高度集中在一点上，对单点深入很有效，但对全面贯通则少功效；而暂时的松弛则有利于消化、利用和沟通已得到的全部资料，有利于冷静回味以往的得失和忽略掉的线索，有利于消除大脑的疲劳，并使它再次高度兴奋起来重新投入战斗。

"文武之道，一张一弛。"以张为主，辅之以弛。只有在长期劳动和思维之后，才能接受启发，产生灵感。这里没有半点的侥幸，需要的是老实、勤劳的态度。袁枚有一首谈灵感的诗：

> 但肯寻诗便有诗， 灵犀一点是吾师。
> 夕阳芳草寻常物， 解用都为绝妙词。

他是主张作诗需要灵感的。但那灵感不是天上飞来，而是长期寻诗的结果，因此，重点在"肯寻"两字。音乐家柴可夫斯基说："灵感全然不是漂亮地挥着手，而是如犍牛般竭尽全力工作时的心理状态。"

一旦有了新思想，就要立时紧紧抓住，否则便有丢失的危险。苏轼说：

> "作诗火急追亡逋， 情景一失永难摹。"

郑板桥也说："偶然得句，未及写出，旋又失去，虽百思之不能续也。"这些都是切身经验之谈。

然而，我们反对把灵感看成是与实践无关的、飘忽无定的神奇怪物。清朝文学批评家金圣叹在评论《西厢记》时所发表的对灵感的解释，是一段绝妙的文字。他说："文章最妙是此一刻被灵眼觑见，便于此一刻放灵手捉住，盖于略前一刻亦不见，略后一刻便亦不见，恰恰不知何故，却于此一刻忽然觑见，若不捉住，便更寻不出。今《西厢记》若干文字，皆是作者于不知何一刻中，灵眼忽然觑见，便疾捉住，因而直传到如今。细思万千年以来，知他有何限妙文，已被觑见，却不曾捉得住，遂总付之泥牛入海，永无消息。"这双"灵眼"，不是神乎其神的稀奇宝贝，而是长期实践、刻苦锻炼的产物。

灵感的反面是思想的惰性。过久地、毫无进展地思考同一问题，往往会不自觉地老走同一条路，原地徘徊，跳不出老圈子，辛辛苦苦地浪费精力和时间而不能自拔。长久下去，会引起思路闭塞和智力枯竭。扭转的办法是把问题暂时放一放，或者换一个题目，或者阅读一些新书报，或者深入实际去收集新资料，或者调换环境，休息一下大脑，或者和朋友交换意见。然后再把问题的全过程和有关线索细细回想几遍，并努力把它们串联起来。这样做有利于新思想的出现。

征服骡马绝症及其他

——循序渐进与出奇制胜

不少伟大的、划时代的科学发现，往往都不是按旧的思想体系，以一般的逻辑推理方法所获得的，需要的是出奇制胜的高招。特别是当我们工作已久，各种方法都一一试过而仍无希望时，更需打破常规，另创新格。"出奇制胜"，不是思想连续性的产物，它需要间断，需要飞跃，需要思维的质变。

"出奇制胜"，在战争中尤其重要。《孙子兵法·势篇》中说："凡战者，以正合（以正兵当敌），以奇胜（以奇兵取胜）。故善出奇者，无穷如天地，不竭如江河。"

物理学家福克（В. А. Фок）说："伟大的以及不仅是伟大的发现，都不是按逻辑的法则发现的，而都是由猜测得来；换句话说，大都是凭创造性的直觉得来的。""不是按逻辑"，如果理解为"不是按旧的思想体系的逻辑"，那么是有道理的；但"是由猜测"则说得不全面。有主观的随意的猜测，有建立在一定事实根据上的客观假设，因此，笼统地说猜测是不确切的。

有一些出奇制胜的新观念，甚至连作者本人当时都不能很好地理解它的意义。例如麦克斯韦的电磁场论，它实际上并非以力学为基础，但他自己却坚持力学观念。后来，只有洛伦兹（H. A. Lorentz, 1853—1928）才清楚地阐明了麦克斯韦方程的物理意义，即电磁场本身就是物质的，可以在空间存在，不需要特殊的负荷者。此外，又如普朗克起初也不能很好理解他自己所首创的量子论的重要意义。

这种情况无须嗔怪。比如走路，如果走的是康庄大道，见到的自然是司空见惯的东西，毫不意外；但如果攀登珠穆朗玛峰，那就是另一回事了，许多新奇的事物铺天盖地而来，愈见愈奇，这些从未见闻的东西，怎能一下子就理解呢？

可是，为什么有些人又特别强调，学习要"循序渐进"呢？"循序渐进"与"出奇制胜"有没有矛盾？

是需要循序渐进，尤其对新手，更应如此。不然，就不能练就基本功，就不能受到严格的训练。可是，学习是一回事，真上战场是另一回事。上战场时，就得临机应变，不能拘于一格。譬如演戏，有的演员有深切体会：演戏之前，自然要先认真排练，为自己表演设计好一个理想的范本，不能依靠天马行空的即兴；但是到了红氍毹上，却又不能全然受范本的拘束，才能潇洒豁达，感情流露。没有平日的循序渐进（渐变），就不会有临阵的出奇制胜（突变）；不出奇制胜，就很可能没有重大的贡献。

以上是从学习的角度看问题；再来考察一下学科的发展情况。正如唯物辩证法所指出的，事物的发展由渐变与突变组成，学科发展当然也不例外。人们在原有的理论框架中，运用逻辑推理，循序渐进地获得一些新结果，这种进展大都是缓慢的，步子不会很大。但到一定时候，资料积累得充分丰富时，就可能发生出奇制胜的突变或飞跃。这种突变的完成，需要克服种种旧的成见，建立新的理论框架，需要提出全新的概念，需要极大的创造性。这就是出奇制胜。

量子力学创始人之一狄喇克于 1972 年在《物理学家自然概念的发展》一文中说："在回顾物理学的发展时，我们看到，物理学的发展可以描绘为一个由许多小的进展所组成的相当稳定的发展过程，再叠加上几个巨大的飞跃。当然，正是这些大飞跃构成了物理学发展中最有意义的特征。作为背景的稳定发展大都是逻辑性的；这时人们得出的一些思想都是按照标准的方法从以往的结果推导出来的。但是一旦有一个大飞跃时，这就意味着必须引入某种全新的观念。"

然后他指出：相对论、量子论等学说的出现，正是克服了一些旧的成见如"同时性""绝对时间""超距作用"等以后才完成的。

　　再讲一个为生产服务的出奇制胜的科研故事。结症是马骡的常见病，马骡得此病后，往往继发其他疾病，引起全身症状而死亡。解放军某部的兽医查阅了很多资料，访问了很多人，虽然提高了认识，但未很好解决问题，后来却从一件表面上看来毫不相干的事情上得到启发。我们紧握一个鸡蛋，使了很大劲，鸡蛋仍旧安然无恙；但如果突然击它一下，它就会马上破裂。治疗结症的关键，在于又快又干净地排除肠管中的结粪。兽医李留栓等人由鸡蛋而想到出奇制胜的"捶结术"：一只手伸入肠管按住结粪，固定在马的腹腔壁内，另一只手在腹腔外用力捶击，将结粪击碎。为了使手通过马骡离肛门一尺二寸①处的一段较细的、向下的直肠，而不伤害牲口，他们让病马始终站立，根据马的排粪反射和患马的病理变化情况，采取了手摆肠管，胳膊按压肛门边缘，刺激病马引起排粪反应，使肠管自动套到手上，让手主动通过那段细直肠。几年中他们用这个方法治疗 2 000 多匹病马，没有 1 匹死亡。

　　直接向自然界学习，有时对新思想的形成很有帮助。大自然是我们最好和最有才干的老师。车轮，这是一项伟大的发明，很可能是由于人们看到树干、果实或圆形卵石的滚动而想到的。威耳森（C. T. R. Wilson, 1869—1959）看到太阳照耀在山顶云层上所产生的光环，受到启发后制成了云雾室——一种研究放射性物质的仪器。1932 年，美国的安德森（C. D. Anderson, 1905—1991），利用这种仪器发现了正电子。近年来发展迅速的仿生学，就是专门研究生物机能及其应用的。

　　科学、文学、艺术的发明创造中，有许多共同的思想方法，向

———————————

　　① 旧制．1 m＝3 尺＝30 寸．

大自然学习就是其中之一。孟德斯鸠在《波斯人信札》中说："勇于求知的人决不至于空闲无事……我以观察为主，白天所见、所闻、所注意的一切，晚上一一记录下来，什么都引起我的兴趣，什么都使我惊讶。"宋朝张择端画的《清明上河图》，就是向大自然、向社会学习的杰作。北宋李公麟，擅长画马，"每欲画，必观群马，以尽其志。"清朝画家石涛题《黄山图》一开头就说："黄山是我师，我是黄山友。"他的印章上刻着"搜尽奇峰打草稿"。近代著名画家徐悲鸿很推崇"外师造化，中得心源"的创作方法。这就是说，要以大自然为师，从而得到感受和启发。"用笔不灵看燕舞，行文无序赏花开"，从向大自然学习的观点看来，还是有几分道理的。但这必须建立在实践的基础上，对问题已有相当时间的钻研，才能由观察自然而有所悟。

能创造比人更聪明的机器吗？

——逻辑思维与科学幻想

经过实践证实的假设就成为理论、公理或定律。人们从公理出发，利用逻辑推理，就可得出第一批新的结论，然后又根据这些结论及原来的公理或新的公理，又可推出第二批结论。如是层层推理，这就是人们的逻辑思维过程。逻辑思维与文学中的形象思维有所不同，后者主要依靠典型的艺术形象，而前者则主要依靠公理、概念、定理来思维。一个极其光辉的逻辑思维的例子是欧几里得几何学，爱因斯坦说："世界第一次目睹了一个逻辑体系的奇迹，这个逻辑体系如此精密地一步一步推进，以致它的每一个命题都是绝对不容置疑的——我这里说的是欧几里得几何。推理的这种可赞叹的胜利，使人类理智获得了为取得以后的成就所必需的信心。如果欧几里得未能激起你少年时代的热情，那么你就不是一个天生的科学思想家。"列夫·托尔斯泰在他的名著《战争与和平》中也讲到学几何的故事：老亲王鲍尔康斯基热心于教女儿玛利亚学几何学，每次都吓得她心惊胆战。他走到女儿身旁坐下说："小姐，数学是一门庄严的功课，它会把你脑子里的无聊念头赶出去。"这位老亲王不懂得教学方法是无疑的了，但他却能欣赏数学的"庄严"，这庄严，就是几何学中逻辑思维的严密性。

虽然如此，逻辑思维还只是全部思维的一方面；另一方面，有时甚至是更重要的一方面，是科学幻想。千里眼、顺风耳、腾云驾雾早已成为现实。罗巴切夫斯基几何起初被称为幻想几何，后来却被证实为很重要的一种非欧几何。科学幻想虽然大大超越了它的时代，超越了现实的条件，略去了许多中间的推理步骤，却提出了最终的奋斗目标，因而往往能推动科学的跃进。对科学如此，对文学也如此。高尔基说："如果没有虚构，艺术性是不可能有的，不存在的。"车尔尼雪夫斯基也说："诗情中的主要东西，是所谓创作幻想。"

科学幻想常被戴上唯心主义的帽子，或者被各种所谓的"极限论"所扼杀。但历史证明，错误的正是极限论者自己。孔特就是一个例子（参看本书《奇妙的"2"与"3"》）。又如1964年，巴黎大学教授俄歇（Pierre Auger）提出了四个极限：一为观察的极限，即观察的范围不能超过100亿或150亿光年；二为旅行的极限，人类不能访问其他的行星系；三为能量的极限，不能达到极强的宇宙线的天然能量（10^{18}电子伏）；四为人类的思维能力是有限的。其中第一个极限已快超过了，第四个是不可知论的翻版，第二、第三个混淆了人类"今日做不到"和"永远做不到"的界限，它们迟早会被事实所推翻。

"人能创造比人更聪明的机器吗？"这是一个引起了广泛争论的问题，看来还将争论下去。我们认为没有必要为人类的创造能力划一界限。理由是：第一，人不是超自然的，他也是生物进化长河中一定阶段的产物，而不是进化的终点。将来，即使在无人干预的情况下，也一定会出现更高级更聪明的人。历史也证明了这一点，猿人比类人猿聪明，现代人又比猿人更聪明，为什么将来的人不会比今天的人更聪明呢？第二，当人类自觉地引用生物的方法参与到人的进化中来，就可能大大缩短进化的过程。因此，出现比今天的人更高级的"人"，乃是必然的趋势。当然，所谓"机器"当作广义的理解，如果只限于用钢铁等无机物做成的机器，那当然是无望的。生命是高级的运动形式，不能用低级运动形式来代替。

放射性、青霉素及其他
——谈偶然发现

在长期的科学实践中，有时会得到一些偶然的发现。说是偶然，其实并不神秘，当人们对所研究的对象还认识不清而又不断和它打交道时，就可能发现一些出乎意料的新东西。

对待偶然发现，一是不要轻易放过；二是要弄清它的原因。

有些偶然发现，正因为它不在预料之中，正因为不属于旧的思想体系，正因为独树一帜，所以往往可以成为研究的新起点，为科学宝库增光添彩。

1820 年哥本哈根的奥斯特偶然发现：通有电流的导线周围的磁针，会受到力的作用而偏转。这一发现说明电流会产生磁场；电学和磁学从此结合起来了。

为了研究胰的消化功能，明可夫斯基给狗作了胰切除术。这只狗的尿引来了许多苍蝇，对尿进行分析后，发现尿中有糖，于是领悟到胰和糖尿病有密切关系。

20 世纪初，美国墨西哥湾的海面上忽然出现了一种稀奇的现象：海水上漂浮着一层油花，在太阳光下闪闪发光。原来在海底下储藏着丰富的石油。美国人不久就在墨西哥湾建立起世界第一口海上油井，成了海底采油的先行者。

天然放射性的发现带有更大的传奇性。1895 年，伦琴（C. V. Röntgen, 1845—1923）偶然在阴极射线放电管附近放了一包密封在黑纸里的、未曾显影的照相底片，当他把底片显影时，发觉它已走光了。对于一个漫不经心的人，那就会说："这次走光了，下次放远一些就得啦！"可是伦琴却采取了认真的态度，没有放过这一线索。他认为，这一定有某种射线在起作用，并给它取了一个名字叫 X 射线。这个怪名称表示他对这种射线还很不了解。不过他指出：X 射线是从管中有黄绿色磷光的一端产生出来的。根据这点，庞加莱（H. Poincaré, 1854—1912）猜想：所有发强烈磷光的物体都能发射 X 射线。1896 年，法国贝克勒尔（A. H. Becquerel, 1852—1908）想起了庞加莱的假设，便拿来一种能在太阳光下发磷光的物质硫酸钾铀，把它和底片一起放在暗箱里。几天以后，他发觉完全不见光的硫酸钾铀也会作用于底片。然而，这种物质在暗箱里是不会发磷光的，可见庞加莱的假设是错误的，X 射线与磷光毫无关系。后来又经过多次试验，才得到正确结论，X 射线原来是硫酸钾铀中的一种元素铀放射出来的。其后，居里夫妇又从含铀的沥青矿残余物中提炼出放射性很强的镭。这一段历史的确离奇：没有庞加莱的错误猜想，贝克勒尔就不会想到发磷光的物质；发磷光的物质很多，如果不是碰巧选中含磷铀的硫酸钾铀，那么原子能的发现也许还要推后好些年。

1942 年，英德空战激烈，为了观察入侵的敌机，英国普遍建立了雷达观察站。但雷达信号常被一些莫名其妙的电噪声所干扰，特别是早晨更加厉害。此外，美国工程师卡尔·詹斯基在检查越过大西洋电话通信的静电干扰时，也注意到有一种特殊的弱噪声。这些发现引导人们去研究它们的起源，结果得知干扰雷达信号的电噪声来自太阳，并且还发现，不仅太阳能够发射宽频带的电磁波，而且星云间也能发射，例如产生上述弱噪声的，就是距离地球26 000光年的银河系中心。这方面的进一步研究奠定了今天的射电天文学的基础。这个故事说明了追究偶然发现的起因可能导致重要发现。

大约1780 年，意大利人伽尔瓦尼偶然发现蛙腿在发电机放电的作用下会收缩。6 年后，他又发现：如果把青蛙腰部的神经挂在黄铜钩子上，钩的另一端挂在铁栏上，那么当铁筷每次跟蛙脚和铁栏接触时，蛙腿也会收缩。他把这种效应归结为动物电，正确解释了他的发现是发电的结果；但他却错误地以为蛙腿会由于某种生理过程而产生电荷。伽尔瓦尼事实上已发现了电流，但不认识它，需要同一个国家的人伏特（A. Volta，1745—1827）的思想，才能说明他究竟做了些什么。1795 年，伏特指出：不用动物也能发电，只要把两块不同的金属放在一起，中间隔一种液体或湿布就行。据此伏特发明了电池，开创了化学电源的方向。

青霉素的发现也是一个有益的故事。1928 年，英国人弗莱明（A. Fleming，1881—1955）正埋头于研究对付葡萄球菌的方法，他曾用了几年时间，仍然无计可施。一天，他忽然发现碟子里的葡萄球菌几乎全死亡了，同时附近又长出了一团团青绿色的霉花。他想，也许是这些霉菌杀死了葡萄球菌吧！"众里寻他千百度，蓦然回首，那人却在，灯火阑珊处。"这一偶然事件，导致药物青霉素以及一系列其他抗生素的发明，后者是现代医药学中最大成就之一。

"踏破铁鞋无觅处，得来全不费功夫。"其实功夫是花了的，而且花得很大，全花在"觅"字上，那证据就是"踏破铁鞋"。如果弗莱明不是存心在"觅"，那么再伟大的奇迹也会视而不见的。科学工作者不仅要善于发现，而且要善于自知已经做出了发现。只有那些辛勤劳动，对问题有过长期的苦心钻研，下过大功夫的人，才会有高度的科学敏感性。

香榧增产记

——对归纳法的两点新的认识

通过对观察资料的分析和整理，提出有一定事实根据的假设，如果实践证明假设是正确的，就会导致新的发现。这种"观察—假设—实践检验"的科学研究方法，通常称为归纳法。它并不是什么新发明。如果说我对此有什么新的认识，那么就是下列两点：

（一）正确的认识是观察资料与研究人员的德、识、才、学有机地相结合的产物。观察资料非常重要，但光靠它是不够的，正如光有子弹是不够的，还需要枪身。子弹入膛，才能致远。

（二）正确的假设，只有采取逐步逼近的方法才能找到。因此，常常需要付出巨大的劳动，不断地实验下去，并且不断地吸取以前各次实验的经验教训。至于如何尽量减少逼近的次数，迅速找出正确的假设，则仰仗于研究人员的科学洞察力与想象力，亦即依赖于他们在长期实践中所积累的德、识、才、学。

在归纳法的发展史中，弗朗西斯·培根起过很大的作用。他既重视资料的收集，也注意资料的整理。他说，我们不应该像蚂蚁，单只收集，也不可像蜘蛛，只从自己肚中抽丝；而应该像蜜蜂，既采集，又整理，这样才能酿出香甜的蜂蜜来。培根也有缺点，一是对假设不够重视。其实，如何找到正确的假设，正是科学研究中最难的一步，它涉及如何由感性认识向理性认识飞跃的重大问题。除了上述逐步逼近法而外，并无一定的工作程序可以保证我们只要沿着它前进就可找出正确的假设。培根的另一缺点是瞧不起演绎法。科学发展史表明：归纳法必须与演绎法相结合。人们依仗归纳，从观察中找到公理，再对公理进行演绎推理，才能导致深刻的结果。

牛顿力学、几何学以及相对论等都雄辩地证实了这一真理。

科学研究最终目的是改造自然，使之为人民服务。我们认识了自然的规律后，就应把它们运用到实践中去。下面讲的是一个科研为生产服务的故事，它体现了科研的全过程；它还生动地说明了科研并不神秘，劳动人民是科学实验的主力军。

我国浙江会稽山区，出产名贵干果——香榧。但产量不高，1963 年不到 5 000 斤，由于搞科学实验，1964 年跃进到 78 000 多斤，这是怎么回事呢？

起初，有些香榧树几年或几十年不结实；有些虽结实，但年产量波动很大；还有些结实一两年后，接连好几年又不结实。原因何在呢？以上是初步观察。

有的说是受到村里炊烟熏的缘故；有的说是由于上年春天多雨或刮黄沙；有的又说是长在阳坡的结实多，长在阴坡的不易结实，等等。这是一些不正确的假设。

经过老农蔡志静及青年教师汤仲垍等观察研究，终于找出主要原因：香榧树分开花和结实的两种，前者开黄豆状的花，不结实；后者似乎不开花，一开始就结出小榧子。他们想：开花榧也许是雄榧，结实榧可能是雌榧吧？这是想象。可是谁也没有见过雌榧的花。1959 年，谷雨节前后，他们选了三株榧树，开始观察。一株开花榧，一株是开花榧旁的结实榧，一株是远离开花榧、长期不结实的香榧树。前一株的雄花花粉随风飘散；后两株在嫩叶腋间长出了比小米还小的粒状胚珠，胚珠成对排列，这就是雌花；因为它不像花样子，所以一向误以为是小榧子。胚珠顶端有一粒晶亮的黏液。近旁有雄榧的雄花，四五天后胚珠黏液逐渐消失，胚珠由黄变青，开始长大，说明已经授粉。那株长期不结实的香榧树上的雌花，胚珠黏液要 10 天左右才消失，胚珠越来越黄，15 天后脱落，这说明没有授粉。以上是进一步观察。

于是他们想到：授粉是主要因素，如果没有雄榧，或虽有而没有授粉，雌榧都不能结实。其他如地形、土壤等因素虽也影响产量，但都是次要的。这是逼近正确的假设。

为了证实这一假设，他们做了大量调查：测定同雄榧不同距离的香榧树的结实率，统计雌、雄榧不同比例情况下的年产量，等等。最后，他们做了一个决定性的实验：在长期不结实的榧树林里，选了 500 个雌花枝条，逐个用蘸了花粉的毛笔，进行人工授粉；另外选 500 个自然授粉；最后，在向来结实很好的榧树上选 10 个雌花枝条，用玻璃纸套起来，不予授粉。后来发现：人工授粉的有 1 063 个胚珠发育，自然授粉的只有 52 个，而隔离不授粉的颗粒全无。假设得到了证实。

在找出了不结实的主要原因后，他们采用各种方法加强授粉，从而大大提高了香榧的产量，达到了把科学发现用于生产实践的目的。

这个例子比较全面地说明了科学发现的过程。

朝霞国里，万舸争流
——没有结束的结束语

横看须临德识镜，纵游还仗实践舟。本书的基本思想，简单说来，就是如此。我们的探讨暂告结束。然而，人类征服自然的战斗则永无休止，目前正如火如荼，方兴未艾。斗争锻炼才智，人类新的发现、发明，正以惊人的速度上升。进化论创始人之一华莱士曾统计，19 世纪的重要发明创造，比以往各世纪的总和还要多，而 20 世纪又远远超过 19 世纪，特别是近 30 年来的尖端技术，例如电子计算机、原子弹、氢弹、宇宙飞船、人造卫星、遗传工程、人工智能等，都远非前人所能想象。在基础科学方面，物理学已深入到基本粒子的更深层次，生物学进入了分子、亚分子的研究，天文学则把人类的视野扩展到 80 亿光年以外的遥远星系。人类的认识与创造能力，的确无穷无尽。100 年以后又如何呢？恐怕是我们所难设想的。

大自然把人的身长一般限制在两米以内，使我们仰观天宇则太小，俯视原子又太大，我们位于宇宙中的某一层，对其他层次不能直接接触。虽然如此，我们还是很有办法，通过光电磁热等效应，仍然获得了宇观、宏观和微观世界的许多知识，这不能不说是理智的伟大胜利。然而，知识越多，能提出的问题也越多，因而暂时未知的世界也越宽广。今天，我们正面临着许多重大问题的挑战。

起源与演化问题，包括天体、太阳系、细胞、生命、人类等的起源问题，以及它们在漫长的岁月中是如何演化（或进化）的？前途又如何？对这些，人们已进行了长期的研究，但都未能得到彻底解决。例如，关于太阳系起源的一些难题：为什么太阳的质量占了全系的 99.85％，但角动量却只占 1‰？为什么金星的自转方向是自东向西，而其余的行星除天王星外都是自西向东？至今还很难圆满解释。

构造与转化问题，我们还不能区别这颗电子与那颗电子，它们看来似乎全都一样，这是因为还不了解电子的内部结构。对其他的基本粒子也如此，它们的相互关系和转化规律也还未搞得很清楚。甚至关于抚育我们的地球，有许多事情仍然不知道，特别是它的内部结构基本上还是一个谜。此外，生物大分子等的构造、功能与相互作用等问题，也亟待研究。

生命的秘密，目前尚不能控制遗传，关于大脑与神经系统也知道得不够多。尽管生命在众多星球上存在的观点已为多数科学工作者所接受，但至今还没有在其他天体上找到生命，更谈不上地球以外的文明。

此外，如何寻找新的能源（包括利用太阳能）、开发资源（特别是海洋资源）、预报地震、暴雨等自然灾害，以及保护环境、土地改良、攻克疑难病症（癌、心脏病）等重大问题，都有待我们去探索、去解决。我们对每个问题都有极大的兴趣。这些问题的重要性和奥妙，像磁铁一样把人们吸引在自己的周围。"芳草有情皆碍马，好去无处不遮楼"，为了探索这些问题的奥秘，我们不能不下马细细观摩，徘徊流连而不忍离去。

这样，就自然而然地使人又想起屈原的《天问》来，我们简直可以写一篇《新天问》了，可惜缺乏那种横空出世的才华。屈原的作品，后人模仿的何止千万，唯独《天问》却很少有人问津，大概是太难懂了吧！只有唐朝的柳宗元，写了一篇《天对》，试图回答那里的问题。又过了 300 多年，宋朝的辛弃疾，仿照《天问》的体裁，填了一首词，主题是《送月》。此词文笔超脱，构思奇特，熔文学想象与科学思维于一炉，有《天问》之遗风，堪称佳作矣。因它不常见，故引于此，以供同好：

《木兰花慢》·中秋饮酒将旦， 客谓前人诗词有赋待月， 无送月者， 因用《天问》体赋：

可怜今夕月， 向何处、 去悠悠？是别有人间， 那边才见， 光影东头？是天外， 空汗漫， 但长风浩浩送中秋？飞镜无根谁系， 姮娥不嫁谁留？

谓经海底问无由， 恍惚使人愁。 怕万里长鲸， 纵横触破， 玉殿琼楼。 蛤蟆故堪浴水， 问云何玉兔解沉浮？若道都齐无恙， 云何渐渐如钩？

王国维在《人间词话》中评论说："词人想象，直悟月轮绕地之理，与科学家密合，可谓神悟。"

伟大的中国人民，非常聪明，非常勤劳，非常勇敢。我们的前辈，在中华人民共和国成立前，尚且在自然科学上做出了巨大的成绩；今天，我们生活在幸福的社会主义制度下，条件无比优越，理应更上一层楼。朝霞国里，万舸争流。让我们团结一致，奋发图强，为早日实现我国的农业、工业、国防和科学技术现代化而奋斗。我们一定能发扬祖国科技的优秀传统，赶超世界先进水平，为人类做出更大的贡献。科学发现无他，需要的是对人民的忠诚，坚定的信心，火一般的热情，加上长时间的、不知疲倦的苦干和巧干。不谋私事谋国事，甘当孺子老黄牛。这样，就能无坚不摧、无敌不克，正是

十年磨一剑， 不敢试锋芒；

再磨十年后， 泰山不敢当。

下 篇

散 文 选

四、 成才初议

略谈独立思考[①]
——贵在一个"新"字

"青年人相信许多假东西，
老年人怀疑许多真东西。"

这是德国谚语，不是普遍真理，然而它指出了值得注意的倾向。历史上有些重大错误，就是这两种倾向相结合的产物。青年人满怀希望，向往将来，进取心强，求知心切。正如梁启超在《少年中国说》中讲的：少年人如朝阳，如乳虎，如铁路，如白兰地酒，如春前之草，如长江之初发源。这些优点是极其宝贵的。不过，由于经验不足，思虑不周，受骗上当者，也大有人在。因此，自觉地培养独立思考能力，实是一件大事。

进一步说，许多实践活动的共同要求是"创新"。或者发现新事物，或者发明新器皿，或者建立新理论，或者写出新作品。总之，贵在一个"新"字。而"新"，自然是前所未有的。因此，要创新，就必须善于独立思考。

说"独立思考"，好像与"向群众学习"相矛盾，隔群众越远越

---

① 中国青年，1979，(9)：22-23.

好；说"独立思考"，好像必须想入非非，越稀奇古怪越好。其实都不对。善于思考的人，既能集中群众的智慧，又能超越前人的思想，在充分调查研究的基础上，通过分析综合，提出切合实际的真知灼见。相反，不向群众学习，不从实际出发，一味坚持错误的主观成见，绝不会产生正确的思想。

历史上许多有贡献的人物，都很会独立思考，他们这种能力是怎样锻炼出来的呢？

（一）他的疑问是无处不在的

笛卡儿是法国卓越的数学家、物理学家、生理学家和哲学家，是解析几何的首创人。他可以算是历史上最喜欢独立思考的人之一了。恩格斯曾高度评价他的成就，说："数学本身由于研究变数而进入辩证法的领域，而且很明显，正是辩证法哲学家笛卡儿使数学有了这种进步。"[①] 还在少年时代，笛卡儿就有强烈的、永不满足的求知欲。他的学习热情很高，成绩优秀，数学尤其出类拔萃。除了学校中的功课外，他还阅读了许多课外书籍。可是，在总结学习成绩时，他毫不自满，甚至犹豫了，以致怀疑自己学得的东西是否可靠。他说："当我完成了一般的学习过程之后，就发现自己被许多疑难和错误困住了。从这些疑难和错误里，除开日甚一日地看清自己的无知以外，似乎并没有得到其他任何收获。"例如，"在哲学领域里，没有一条真理是能够不引起争论和怀疑的；而其他的科学又都从哲学里取得原理。"[②] 因此，在笛卡儿看来，疑问是无处不在的。这说明在他的脑海里，独立思考的火焰正在炽热地燃烧。在一度彷徨之后，他忽然大彻大悟了。他说他所得到的最好教训是"决不可过分地相信自己单单从例证和传统说法中所学得的东西"。那么，怎么办

① 恩格斯. 反杜林论. 见：马克思，恩格斯. 马克思恩格斯全集：第20卷. 北京：人民出版社，1971：134.

② 笛卡儿. 方法论. 见：北京大学哲学系外国哲学史教研室编译. 十六至十八世纪西欧各国哲学. 北京：商务印书馆，1975.

呢？他提出了四条思维的法则：

第一，任何东西在未认清确实是真的以前决不能认为是真的。也就是说，必须小心，避免轻率和偏见。我所接受的，应当是我认为十分明显而又清楚，绝对无可怀疑的东西。

第二，我要探讨的疑难问题，应当尽量加以划分，而且是怎样能得到更好的解决方法，便怎样划分。

第三，有秩序地进行思维，首先从最简单的问题开始，按部就班地往前进，以达到最复杂的问题。甚至在实际上没有先后关系的事物中也要假设出一个顺序来。

第四，不论在任何地方，搜罗必须齐全，观察必须广泛，直到自己相信没有遗漏时为止。

以上是笛卡儿的思想方法，同时也体现了他对独立思考的重视，值得我们借鉴。他的缺点是独尊理性，否定感觉和经验的作用，怀疑得过了头，以致怀疑一切，甚至连他自己是否存在也认为大可怀疑。幸亏他发现，"我正在思考"这件事是千真万确的，不必再怀疑了，由此才推论出自己的存在，于是写下了他的名句："我思故我在。"今天我们对此未免觉得好笑，但它却作为笛卡儿哲学的代表作而流传下来，而且看来还会流传下去，因为它只有 5 个字，传起来特别容易。如果有 500 万字，就困难多了，所以我们的思想必须明确精练。

（二）倘有余暇，何妨多读

从历史上看，善于独立思考的人，大都有三个特点：博学；善问；富于钻研精神，重视思想方法。笛卡儿如此，其他许多思想家也无不如此。本文以下三节，便分别谈这三件事。

汉朝王充，是我国古代著名的批判家。他写的《论衡》，专门批判古书和传说中的错误，立论有据，言之成理，表现了很高的独立思考的才华。他所以有成就，原因之一，就是他博览群书，贯通百家。王充家贫，买不起书，只能常到书店看书。那时的书店比现在某些书店开明，可以让顾客阅读，结果造就了王充这样的人才。

爱因斯坦应该算是科学界最善于独立思考的巨人了。然而不要忘记，青年时代的爱因斯坦在物理、数学等方面已打下了坚实的基础，而且对一般的自然科学和哲学，也有浓厚的兴趣和丰富的知识。

有知识，才有比较；有比较，才能发现问题。动物病理学教授贝弗里奇说："有重要的独创性贡献的科学家，常常是兴趣广泛的人……独创性常常在于发现两个或两个以上研究对象或设想之间的联系或相似之点，而原来以为这些对象或设想彼此没有关系。"[1]

知识渊博的人见解比较深刻，思考比较周密，而且对事物的发展前途常有远见，预测也比较正确。这样便大大减少了受骗上当的机会，使人生少走许多弯路。"双眼自将秋水洗，一生不受古人欺。"这秋水，就是知识之水，就是独立思考的波涛和浪花。

鲁迅说："应做的功课已完而有余暇，大可以看看各样的书，即使和本业毫不相干的，也要泛览。譬如学理科的，偏看看文学书，学文学的，偏看看科学书，看看别个在那里研究的，究竟是怎么一回事。这样子，对于别人、别事，可以有更深的了解。"[2]

可是，这不会影响专业学习吗？的确，我们的精力，主要应放在攻读专业上，从精于一开始，逐步扩大根据地而走向博。然而这不是说，学专业时其他的书一律不能看。那"应做的功课已完"的余暇虽少，但积少可以成多。看课外书刊，时间长了，接触面宽，了解的问题便多，于是就越看越有趣，越有趣就越想看，成了良性循环。这样，知识之球，便越滚越大。反之，不博览，知识面便窄，懂的东西就少；懂得少，对许多事物便不感兴趣，从而也就越不想多看专业以外的书，于是便容易陷入恶性循环。不仅读书如此，世界上许多事物，发展下去，都有这两种循环的可能。我们应力争前

① 贝弗里奇，著. 陈捷，译. 科学研究的艺术. 北京：科学出版社，1979：58.
② 鲁迅. 读书杂谈. 见：鲁迅. 鲁迅全集：第3卷. 北京：人民文学出版社，1973：426.

者，千万不要卷入恶性循环的涡流中去。

（三）"为什么""怎么办"及其他

遇到任何事情，都要考虑两个问题："为什么"？"怎么办"？前者追究原因，后者提供对策。只有搞清原因，才能想出办法。办法通常是多样的，必须从中选出一个最好的来。美国前国务卿基辛格写了一本书，名叫《选择的必要》，可见他非常重视最佳方案的选择。

此外，"可能吗"？这个问题有时也很重要。中华人民共和国成立前曾流传有人长年不吃东西；近年又宣传各种天外来客，诸如此类，惑人耳目。真是"当时黯黮犹承误，末俗纷纭更乱真"（王安石语）。更有甚者，一些政治骗子出于小集团的利益，把某些人和事吹得神乎其神，愚弄天下，尤其可恶。碰到这类事，就得采取科学态度，运用自然科学和社会科学的知识，多问几次"可能吗？""合乎自然规律吗？""合乎情理吗？"明代哲学家和教育家陈献章说得好："前辈谓学贵知疑，小疑则小进，大疑则大进。疑者，觉悟之机也。一番觉悟，一番长进。"

读书时必须深思多问。只读而不想，就可能人云亦云，沦为书本的奴隶；或者走马看花，所获甚微。孔子说："学而不思则罔，思而不学则殆。"清朝的郑板桥，诗词书画，都很擅长，而且喜谈学习方法。他说："学问二字，须要拆开看，学是学，问是问。今人有学而无问，虽读书万卷，只是一条钝汉尔……读书好问，一问不得，不妨再三问，问一人不得，不妨问数十人，要使疑窦释然，精理进露。故其落笔晶明洞彻，如观火观水也。善读书者曰攻、曰扫。攻则直透重围，扫则了无一物。"他这段话，除最后一句外，都可赞同。对于自然科学，言攻则可，言扫则不可，除非是伪科学，才有扫的问题。否则，只能批判继承，推陈出新，一般不会"了无一物"。

书，无非是作者一次系统的、有充分准备的长篇发言。其中讲的，对的居多，错误也有。读书时反复思考，可以起到消化、吸收、运用和发现问题、跟踪追迹的作用。下列事项，可供读者读书时参考。

1. 区分客观真理和主观成见，哪些是经过长期实践检验的事实、定理、定律或理论，哪些只是未经证实的传说、成见、信仰或迷信。对前者主要是虚心学习弄清道理，不要花很大精力去对着干。例如科学已证明不可能发明永动机，那就不必硬去造了。后者则不然，它们往往是前人硬塞在我们头脑里的一堆成见或捏造，例如"地球中心说""物种不变论"等。许多科学大师都非常注意这种区分，牢牢抓住一些基本而又模糊不清的概念加以分析批判，终于取得重大的进展。例如爱因斯坦抓住"同时性""质量"等概念，哥白尼批判"地球中心说"，都取得了辉煌的成就。在社会科学里，情况更为复杂，一些偏见和迷信，常被贴上真理的标签，用以欺骗人民，我们应当提高警惕。

2. 研究正确的结论是怎样获得的？有哪些事实或理论根据？在证明中有哪些方法和技巧值得学习，能把它用到别的问题上去吗？我能不能再给出新的证明？

3. 对某个结论我有些怀疑，我觉得它的证据不充分，甚至有漏洞、有问题，于是我试图举出反例或用实验来推翻它。

4. 如果时间、地点、条件变了，某个结论还正确吗？需要做哪些修改？

5. 某些概念、结论、定理、规律之间，有没有本质联系？它们与其他学科的内容有无类似之处？

6. 现在有一个亟须解决的问题，能从这本书中找到答案、方法或启示吗？

以上问题主要供读理科书时参考，至于其他学科，情况当然不完全一样。例如宋朝吕祖谦曾介绍他读历史书的方法，说："观史如身在其中，见事之利害，时之祸患，必掩卷自思，使我遇此等事，当作何处之？如此观史，学问亦可以进，知识亦可以高，方为有益。"[①]

----

① 周永年. 先正读书诀. 刻本. 1881（清光绪七年）.

各学科有各自的特点，自然不可一般而论，就是理科中各学科，深钻下去，也要分别对待，有所区别。

（四）"大用之则大成"

在游泳中才能学会游泳，同样，在思考中才能学会思考。斗争锻炼才智，脑子越用越灵。唐甄在《潜书》中说："心，灵物也；不用则常存，小用之则小成，大用之则大成，变用之则至神。"要使思维深入，一是坚持刻苦钻研；二是注意思考方法。

人们追踪一种新事物，往往起源于好奇心。好奇心越强，钻研劲头越大，甚至遇到巨大困难也置之度外，一心一意要搞个水落石出。因此，好奇心是科学研究的重要条件之一，许多著名的科学家如爱因斯坦等都很重视它。的确，很难设想，一个对什么事情都觉得无所谓的人会有强烈的探索热情。

有些重大问题，需要长时间的苦战攻关。埃尔利希失败了605次，才制成药物六〇六；居里夫妇从数吨铀矿残余物中提炼出只有几厘克的纯镭的氯化物。可以想象，他们付出了多么大的劳动。"用志不分，乃凝于神"[1] "锲而不舍，金石可镂"[2]，前人刻苦钻研的精神，时刻激励着我们前进。

长时间的刻苦钻研是成功之母，也是培养独立思考能力的基本条件。而且，如果辅以正确的思想方法，收效就会显著得多。

当我们的思维难以深入时，可以向群众学习，向书刊学习，但有时不如直接向大自然或社会请教更为有益，这就需要通过观察和试验。大自然常会教给我们一些完全出人意料的新事物。1928 年，英国人弗莱明正埋头于研究对付葡萄球菌的方法，他曾用了几年时间，仍然无计可施。一天，他忽然发现碟子里的葡萄球菌几乎全死亡了，同时附近又长出了一团团青绿色的霉花。他想，也许是这些

---

[1] 庄子《达生篇》。

[2] 荀子《劝学篇》。

霉菌杀死了葡萄球菌吧！正是他这一重要观察和设想导致了青霉素的发现。或者说，大自然告诉了人们灭菌的方法。可以毫不夸张地说，绝大多数的自然科学知识都是大自然教给我们的。自然科学如此，社会科学、文学艺术也如此。梁启超曾经介绍法国著名小说家莫泊桑学习写作的方法，他说："莫泊桑的先生教他，同时观察十个车夫的动作，做十篇文章把他们写出，每篇限一百字，这是从最难求出个性处刻意去求，这种个性发现得出，别的自然容易了。莫泊桑经过一番训练之后，文思大进，后来常常举以教人。"① 我想，老舍也一定仔细观察和研究了许多车夫，才能写出他的著名小说《骆驼祥子》来。

科学研究中，常用的方法主要有两种，一是从特殊到一般，一是从一般到特殊。

人生有限而宇宙无穷，我们所能观察到的，只是特殊的、少数的、局部的现象。从局部的观察结果出发，通过想象，提出有关无限整体的一般假说，然后证实这些假说，使之上升为理论。这就是由特殊到一般的方法，或称为归纳法。例如，万有引力定律是宇宙间的一般规律，但它的发现只是从几件事（物体下落、月球绕地球旋转等）开始的。大自然不善于保密，总要在一些事情上露出马脚，一些人熟视无睹，另一些有心人则顺藤摸瓜，从中探讨出一般的规律。这种情况，就像优秀的侦察员破案一样，他只要依据少数线索，通过联想，便能抓到主犯。

从实际中抽象出一些基本而又有普遍性的概念和显然正确的公理，从公理出发，通过逻辑推理（包括数学演算）得出一批定理；再根据这些公理、定理或新的公理进行推理，又得出另一批新的定理。如是层层推理，往往可以走得很远，得出许多原先意想不到的结果。这种从一般到特殊的方法，也叫作演绎法。欧几里得几何学便是应用这种方法而取得巨大成功的例子。

---

① 梁启超. 饮冰室合集. 北京：商务印书馆. 1916.

神童的故事①

——千载名扬与泯然众人

1909 年至 1910 年间，美国哈佛大学招收了 5 名神童，年龄在 11 岁至 15 岁。15 岁的诺伯特·维纳（1894—1964），当时已不只是大学生，而是一年级的研究生了。后来，他成为控制论的奠基人，进入了 20 世纪最卓越的数学家的行列，赢得了世界声誉。

其余 4 人又如何呢？

11 岁的西迪斯，身上又脏又乱，一副淘气相，挥舞着皮书包沿街奔跑，却能在哈佛数学俱乐部里，当着著名教授的面，做关于四维空间几何正方形的学术报告。看来，他的发展前途难以估量。然而，十分遗憾，结果却极其不妙。离开大学后他来到一所学院，在工作中他缺乏应有的熟练和技巧，不久又受到意外的挫折，从此他一蹶不振。原先的优越感转变为对一切的愤恨，加上家庭教育又很不好，于是他对家庭不满，对科学厌烦，对重要工作不愿负责，逐渐地变成为一个只图糊口过日子的人。最后终于在孤独和潦倒中郁郁而死。他的名字，不时在报刊上出现，作为失败的例子而备受嘲笑和奚落。

还有 3 位，其一不幸早死，一人成了音乐家，另一人步入政界，都没有重大建树。

神童确实是有的，有些人否定天赋，这不符合事实。世界上没有完全相同的事物，同一批产品的质量也有高下之分，为什么最高级的物质——人的大脑，却偏偏会是一样的呢？因此，有些人早熟，

---

① 科学与生活，1983，（3）：4-5.

有些人晚熟，从大范围看，乃是必然的现象，对此不必大惊小怪。

智力的过早发展，正如躯体的过早发育一样，在一定意义上说，是一种"畸形"的表现。它很可能是好事，也可能变成坏事。身长不能无限增高，一个人的智力也与此相仿。智力早熟，相当于把成长期向前平移，他所能达到的高度，比一般人未必能高出多少。对待神童，关键在于家庭与社会如何正确培养。维纳后来深有感触地说："塑造一个刚露锋芒的有才智的人的形象，是既能使之生，又能使之死的。"人们不会忘记王安石笔下的神童方仲永，由于父亲的贪财而终于"泯然众人矣"，千载而下，至今还为他惋惜不已。今天大概不会再有这样的家长了，但采用不正确的培养方法却是完全可能的。过分加重孩子学习上的负担，想方设法让他多次跳班，匆匆忙忙结束他的学生时代，这样的做法对吗？每个人都需要幸福的童年，对于儿童来说，整个世界都是新奇的、金光闪闪的发现泉源。在这段时间里，人们所获得的关于自然和社会的感性知识是终生难忘的。再好的种子也需要足够的时间来吸取阳光、水分和营养。把孩子过早地送入成年人社会，等于剥夺他大部分的童年，使他不得不过早地承受成年人才能承受的智力和体力负荷。准备的不足，增加了他将来的困难。

失败的神童固然不少，但成功的例子更多些。莫扎特10岁写歌剧《简单的伪装》，贝多芬13岁作曲，雨果15岁写悲剧《厄拉曼》，数学巨人伽罗瓦只活了21岁，我国的王勃、李贺、夏完淳，更是千载名扬的神童。

耐心说服孩子学好功课，打下扎实的基础；逐步培养他们的兴趣，启发他们对大自然的好奇心；把他们的天赋引导到某一方面；为他们提供足够的书刊和实验器材；在适当指导下让他们的智慧自由驰骋；不要填鸭式教育，不要拔苗助长，不要过多的"三级跳远"。这样，也许有助于神童的成长。

　　神童很可能成为优秀人才，但优秀人才未必都来自神童。相反，下面三位堪称盖世奇才的大科学家，幼年时学习成绩都不理想。微积分发明人之一的莱布尼茨，是神童；但另一位发明人，大名鼎鼎的牛顿，出生时却是一个先天不足、面色苍白的小不点儿，接生妇说："我简直可以把他塞到杯子里去。"爱因斯坦 3 岁还不会说话；达尔文在父亲眼中，是一个十足的顽童，校长也认为他无可救药。此外，拿破仑小的时候愚蠢，在巴黎军事学校毕业时名次落到 42；战败他的威灵顿也是个笨孩子；法国文豪司可特小学成绩是倒数第一。但这一切都没有妨碍他们成为巨人，原因何在呢？

　　每个人的天赋都不是全面的，舞蹈家未必擅长物理；语言大师可以不懂数学；在甲方面表现笨拙，在乙方面却可以是天才。智力好像埋在地里的种子，需要一段潜伏期。时间的长短因人而异。对神童短些，对另一些人可能特别长些。在潜伏期间，智力迟钝，这不意味他终生愚笨。一旦酝酿成熟，"种子"破土而出，在辛勤劳动灌溉下，就可能迅速地健康成长。因此，成熟较晚的人也可以达到比神童更高的高度。这就是中国古语说的"大器不患晚成"。牛顿从笨拙中"惊醒"以后，既爱动脑，又爱动手。他喜欢独自思考一些数学和其他方面的问题，也喜欢收集一些斧子、锯子、锤子之类的工具，做成各种各样的小玩意儿，有些还很有创造性。爱因斯坦很不满意当时学校那一套教学方法，他说："不管你喜欢不喜欢，为了考试，你就得把材料往脑子里塞。这种强迫性的考试对我的影响极坏，使得我在考试后整整一年里，对任何科学问题都感到讨厌。"达尔文在回忆录中说："我既没有极其敏捷的理解力，也没有机智……要我遵循一条冗长的抽象思想路线——这种本领，对我是有限度的；因此，我在形而上学和数学方面从来没有获得什么成就。我的记忆力，范围广博，但是模糊不清……另一方面，我以为对我有利的一种情况，就在于我具有比一般水平的人更高的本领，能够看出那些容易被人忽略的事物，并且对它们作细致的观察。我在观察和收集事实方面，勤奋努力，真是无以复加的了，尤其重要的是，我热爱自然科学，始终坚定不移，旺盛不衰。"

扬我所长，避我所短；由好奇而发现问题，由发现而迷恋，由迷恋而攻坚；锲而不舍，不克不散，从他们的论述中至少可以得到这些启示。所以我觉得，不仅青年人要读几本科学家的传记，家长和老师也应该读一点，这对培养下一代确有好处；何况那里有许多关于神童和顽童的故事是颇为精彩的呢！

陶渊明的悲剧①

——嗜酒之深，醉酒之频

陶渊明的诗文，超尘绝俗，清淡而有神韵，读之使人悠然意远。其实陶渊明并非不食人间烟火，在他的文集中，可以看到一些务实的诗，如"责子"诗便是：

白发被两鬓，　肌肤不复实。　虽有五男儿，　总不好纸笔。

阿舒已二八，　懒惰故无匹。　阿宣行志学，　而不爱文术。

雍端年十三，　不识六与七。　通子垂九龄，　但觅梨与栗。

天运苟如此，　且进杯中物。

诗中表达了他对5个儿子舒俨、宣俟、雍份、端佚和通佟成才无望的忧虑。他把这种不幸归之于天命，流露出无可奈何的情绪。时至今天，我们读后，也不能不深深地同情他。同时，也不禁会问：像陶渊明这样优秀的诗人，天赋应该是很高的，为什么5个儿子都相当平庸呢？15岁的阿宣不爱文术，还没有什么（"刘、项原来不读书"）②，但雍份和端佚，13岁了，连六、七都不识，未免太低能了。

有人议论此事时说，问题不在于什么天运，而出自陶渊明自身，"且进杯中物"，便是要害所在。陶渊明一生嗜酒，做彭泽令时曾说："令吾常醉于酒足矣。"当官时尚且如此，平日可想而知。有人统计，现存他的诗文142篇中，谈到饮酒的计56篇，占全部作品的39%。可见他嗜酒之深、醉酒之频。酒精对人的生殖细胞、胚胎细胞及中

---

① 科学与生活，1990，(1)：42-43.

② 章竭. 焚书坑（七绝）.

枢神经细胞都有害，酒后同房，乃是生育之大忌。因此，五子平庸实非偶然。看来，陶渊明应写"责己"诗或"谢子"诗才是。

陶渊明生活在 1 600 年前，不懂优生的道理，可以理解；但在科学昌明的今天，如果毫无优生知识，仍然胡来，那就说不过去了。

在农村，在街道，我们不时会遇到智力低下的人，其中一些是白痴。人们深深地叹息着，这不仅是个人和家庭的大不幸，也是国家和民族的大问题。据报道，我国婴儿生下来就是白痴者共达 360 万名，非白痴但患有各种先天缺陷症者更不知凡几。嗟乎！生者已矣，来者其有术乎？

术，是有一些，尽管不绝对成功，那就是要认真学习，宣传和实行优生。国家的富强，归根结底，在于人民的高素质，后者又紧密联系于优生、优育和优教，而优生则首当其冲。优生是人口自然输入的海关，必须严守，尽量少让不合格的婴儿入境。

优生的思想，由来已久。我国春秋战国时代有"男女同姓，其生不蕃"的说法；一些中医书中，也有不少关于择偶和孕后护理的叙说。在国外，古希腊的柏拉图（前 427—前 347 年）曾提倡调节婚姻以优生；斯巴达人更是严厉对待新生儿，他们的方法过于野蛮，不能提倡，但要求婴儿身心健康的想法则是可取的。正式提出优生学这一名词并认真开展研究的是英国的高尔顿（1822—1911），他是大生物学家达尔文的兄弟。高尔顿认为许多疾病可遗传给后代，而合理择偶有助于减少遗传病和培育英才。不幸的是，20 世纪初种族偏见流行，特别是纳粹德国奉行种族优生学，宣扬北欧人是优秀人种，大量杀害犹太人和其他非日耳曼人，这就给优生学蒙上一层阴影。然而，正如婴儿不能和脏水一同倒掉一样，优生学的科学内容必须继续发展。

尽量减少疾病遗传是优生学的一半，另一半也许更广泛些，那就是如何普遍地提高每个婴儿的体力和智力。因此，优生学不仅是消极防卫性的，而且是积极进取的。

怎样才能生产身智健全的小宝宝，办法很多，大致可归纳为四方面：择偶、孕前准备、受孕时机的选择、孕后护理。为了清晰，我们把一些容易做到的事项列表如下（见表1）。

此外，对胎儿进行教育（即胎教）、利用人体生物钟以选择受孕时机等，对婴儿都可能有好作用。但这些非三言两语所能说清，有兴趣者可查阅文献或请教医生。

话题回到陶渊明。据逯钦立先生的研究，"责子"诗作于415年，那年他51岁，长子16岁；生长子时他已35岁，晚了些。孔子说"吾年十有五而志于学"，陶渊明用这个典故告诉我们，次子阿宣15岁。接着又说雍、端（可能是双胞胎）13岁。短短4年内，居然连产4子，太频太多了。何况他家又穷，有时竟穷到"饥来驱我去""乞食"的地步。连饭都吃不上，怎能使5个孩子受到好的教育呢？写诗作文是大家，优生优育乃科盲，这就是陶渊明的悲剧所在，可叹也乎！

表 1

双亲行为	对婴儿影响
1. 绝不近亲联姻	可减少基因突变或染色体畸变，预防先天性缺陷
2. 避免与遗传病和精神病患者结婚	可减少先天性疾病（报载有先天性心脏病家族史者，其婴儿易患先天性心脏病）
3. 配偶应有较高的文化教养（新加坡提倡有知识有文化的妇女多生，未受过教育的妇女生第二胎时须交罚款）	文化高有利于优生、优育、优教

双亲行为	对婴儿影响
4. 怀孕前后相当长时间内夫妻应戒烟酒，并少服药物、不接受 X 射线等照射	减少精子、卵子或胎儿受伤害的机会
5. 拟受孕的前一段时间停止房事	以便有更多的精子参加竞争
6. 女方怀孕年龄以 23 岁至 28 岁为佳；受孕时间最好在暖春至晚秋、夫妻双方身体健康、情绪炽热时	此年龄段最富青春活力；此季节蔬菜水果等供应丰富
7. 孕妇应预防病毒感染及其他疾病	上海一项调查报告说，母体怀孕三个月内患流感，易导致婴儿患先天性心脏病
8. 孕妇应多吃蔬菜、水果、蛋、牛奶、豆浆，适当食鱼、虾、动物肝脏等	蛋白质有益胎儿脑细胞发育；含钙、铁食品有利于胎儿骨骼及造血系统的完善
9. 孕妇应精神愉快，生活有规律，适当进行体育活动，避免空气、食物、饮水中有害物质及噪声等的污染	母体的健康给婴儿以好的内环境。古书《内经》谈道：儿童患先天性癫痫与"在母腹时其母有所大惊"有关。母体精神受严重刺激可导致循环紊乱、胎儿缺氧
10. 双方应在婚前学习有关优生、优育、优教的知识（建议政府放映专场有关影片），必须持有学习证才能登记结婚	

风雨纵横好题诗[①]

——寄语学理工的青年

我见过一些著名的老科学家，他们精通本行，自然不在话下；令人惊奇的是，他们对本行以外的文、史、哲，也有相当造诣。谈起历史来，深入细致，娓娓动听，不时还发表一些独到的见解，使四座为之倾倒。如果需要写作，他们也笔墨酣畅，短诗长词，一挥而就。如此多才，令人赞叹。但仔细一想，又担心这样是否过于分心旁骛，浪费了精力。后来见得多了，久而久之，终于让我悟出一个道理来：正是丰富的文、史、哲知识帮助他们成了科学家。要不，也许旧社会的险风恶浪，早就把他们吞噬了。这奥妙，就在一个"识"字。也就是说，他们除了有过人的勤劳和出众的才华之外，还有卓越的见识。有识，才能看准方向，选好道路，不走大的弯路，不犯错误；有识，才会正确处理各种关系，在各种环境中，乘风破浪而不为风浪所淹没；有识，才能登高临远，思想开朗。无怪乎王安石说："读经而已，则不足以知经。"（只读经书，不会真正懂经）这与外国人的谚语"一个医生，如果他仅仅是个医生，那么他就不可能是个好医生"，有同样的意思。

另一方面，我也见过一些人，他们的理解力和记忆力都很强，算得上相当有才能。不幸的是前些年受了骗、上了当，结果枉度年华，滥用才智。原因之一，就出在"有才而少识"上。

由此可见，光有才还不够，还得有正确的识。而识，既要靠在实践中总结经验，也要靠学习文、史、哲。一个人的实践非常有限，

---

① 中国青年，1983，(4)：34-35.

而文、史、哲则集中了古往今来亿万人的社会经验和认识，真是一个取之不尽、用之不竭的宝库。

我国历史文献之丰富、水平之高，在世界上大概是首屈一指的了。即以历史小说而论，诸如《东周列国志》《三国演义》，简直可以算是智谋大全。试看今日的天下，各种政治、军事、外交斗争，表面上尽管五花八门、刁钻古怪，但变来变去，其精神实质，有多少能超出这两本书的范围？就连轰动一时的伊朗"人质问题"，《东周列国志》中不也早就有了吗？

史书太多，二十六史确实读不完。对学理工的青年或其他人来说，《纲鉴易知录》《史记选》《通鉴选》《中国通史》《世界通史》等书，也许是可以接受的。譬如说，《后汉书》中的《党锢列传》便很值得一读，因为它给知识分子提供了前车之鉴。

至于哲学，那是很富于启发性的。从古到今，一些大科学家，诸如古代的毕达哥拉斯、亚里士多德，17世纪的莱布尼茨、笛卡儿，近代的爱因斯坦、玻尔等，无不同时以哲学名世。自然科学中不少课题来自哲学。古希腊唯物论者德谟克利特提出的原子论，至今仍蓬勃发展；亚里士多德的地球中心说，虽然是错的，却提出了一个重大的研究课题，推动了科学的发展。此外，如天体起源论、电子无限可分说，也都与哲学密切相关。

今天的科学分工太细，诸子百家，各守一隅，不知隅外桃源，思想极受限制。自然哲学可以帮助我们建立整体的科学观和正确的方法论。辩证唯物论，尤其应该精读。

通过哲学史，可以学到一些历史上的哲学，了解它的发展概况。除此而外，还要读一些结合自然科学的哲学，这方面的名著是恩格斯的《自然辩证法》。如康德的《宇宙发展史概论》、拉普拉斯的《宇宙体系论》《爱因斯坦文集》（第1卷）、梅特里的《人是机器》、霍利切尔的《科学世界图景中的自然界》、薛定谔的《生命是什么》、海森堡的《物理学与哲学》、莫诺的《偶然性与必然性》、玻尔的《原子论和自然的描述》、怀特海的《科学与近代世界》、维纳的《人有人的用处》、赖欣巴哈的《科学哲学的兴起》，等等，都值得一读。有些书，虽然存在不少错误和唯心主义观点，但总体来看，还是开人心窍、增人智慧、益多于弊的。

作为一个科学工作者，有了正确的观点和方法，是否就够了呢？不，他还需要正义感，需要为人民利益、为科学真理而献身的精神，需要有百折不挠、艰苦奋斗的毅力。而这些，文学是可以大帮其忙的。每当我们读文天祥的《正气歌》"天地有正气，杂然赋流形，下则为河岳，上则为日星……"联想起他为国奋斗的种种艰难困苦，便觉有一股热气自心田奔腾而上，浩浩荡荡，势不可当。读秋瑾的《秋风曲》和她的词句"休言女子非英物，夜夜龙泉（宝剑名）壁上鸣"，则感到胆勇并生，视豪强若鼠辈。这些作品虽成过去，却仍虎虎有神，正如唐朝人郭震所形容的："虽复沈埋无所用，犹能夜夜气冲天。"[1]

在工作与学习繁忙之余，抽空读几页曹雪芹的《红楼梦》、塞万提斯的《堂吉诃德》、屠格涅夫的《猎人笔记》，或果戈理的《钦差大臣》，便觉心神飞越，仿佛进入另一境界，顿时忘却眼前的疲劳和困难。此外，《史记》的豪放，《庄子》的旷达，杜甫诗的严整，李清照词的婉约，都各具一格，争奇斗艳。特别是当我们受某一科研问题的长期困扰而不得其解时，读一下这些作品，往往能使头脑清醒，思路开阔，有助于产生新思想，发现新线索。

不用说，学点文学，还可以提高写作能力。这也绝不是小事一桩。有些人，文章写得又快又好，意思表达得很清楚、很准确。有了这种本事，真是终身受益。清末梁启超，学术上的创新不能算多，

---

① 郭震. 古剑篇. 全唐诗, 1705.

但他那一手文章，确实够出色的。思想、内容、文采、风格，这四项是每一部好作品所必须具备的。他的文章气势豪放、富于感情，所以能风靡一时，起了相当大的宣传作用。风雨纵横好题诗，笔杆也是重要的战斗武器，不可放弃。

以上讲了读文、史、哲的许多好处。当然对学理工的人来说，最重要的还是理工。应当把绝大部分精力长时间地放在专业的钻研上，"用志不分，乃凝于神"，否则便可能一事无成。我们只是说，在专业学习的余暇，不妨读点文、史、哲，留心报纸杂志，多了解些历史事件和人物故事。

鲁迅说得好："应做的功课已完而有余暇，大可以看看各样的书，即使和本业毫不相干的，也要泛览。譬如学理科的，偏看看文学书；学文学的，偏看看科学书，看看别个在那里研究的，究竟是怎么一回事。这样子，对于别人、别事，可以有更深的了解。"那余暇，自然是很少的了，好在积少可以成多。钻进去就会有兴趣，有兴趣就会挤时间，有时间就更易钻进去。如此良性循环不已，知识便越积越多。由此可见，关键在于培养兴趣，而兴趣又开始于尝试和探索。因此，事不宜迟，还是早动手为好。

评文论史便神飞①

——学理者如是说

理科研究自然现象，文科研究人类社会，对象不同，内容各异；加以"吾生也有涯"，因而彼此来往甚少，是容易理解的。有些学理的不很重文，认为那里科学性不够；学文的往往也觉得学理的太钻牛角尖，皓首穷于一经，见树不见林。斯威夫特的大作《格列佛游记》中，有两章专写"科学院概况"，不少科学家读过之后大概不会感到很舒服。

专家所以专，是因为他有自己的一片不大不小的耕地，熟于斯，精于斯，创造于斯。他不必、也不太可能同样地熟悉许多其他专业。不过，如果他能多少涉足于本专业之外，看看别人做了些什么，怎样做，还想做什么，对开拓他的视野，提高整体学术水平，无疑会起到重要的作用。梁启超曾说他的老师："康（有为）先生之教，特标专精、涉猎两条。无专精则不能成，无涉猎则不能通也。"短短两句话，胜过一篇大论文，把精与博的关系说得再透彻不过了。

学文的要知道一点理，以便适应科学技术的高度发展，取得"现代人"的资格。但我感到，学理的更应学点文，其迫切程度胜过学文的学点理。何以见得？人的社会实践，不外乎"做人做事做学问"。一般地说，科学家做学问都很高明，但做人做事就未必人人都行。老实人常常碰壁，甚至吃了苦头，挨了闷棍，还不知是怎么回事。做人做事，都要涉及社会，涉及他人。而无论哪本数理化名著，决不会用一章去教学生如何处理人际关系。所以学理者，应该自觉

---

① 文史知识，1992，（5）：3-8.

地去补上这一课，以免受骗上当。这是消极的一面。积极方面，我发现许多大学者不仅业务超群，而且交际很广，诚所谓"世事洞明皆学问，人情练达即文章。"贾宝玉不喜欢这两句，所以落得去当和尚，其实这是大实话。后来我慢慢明白了：名人所以有名，七分业务三分机遇也。三分虽少，却是万万缺不得的，而且其中学问很大，"人事"是其重要成分。我辈书呆子不可不知！

学一点文、史、哲，可以帮助我们审时度势，认清形势；陶冶性情，触发灵感；纵观全局，端正方向。

1967年，在那惶惶不可终日的日子里，许多人对形势感到迷惘、震惊、手足无措。我也如此。我虽是数学教师，但那时却无法教书，又不甘心时光虚度，便找了一些文科的书来看。我看的是瞿蜕园先生编的《通鉴选》，恰好翻到《党锢》篇。没有想到，这篇文章对我起了极大的作用，使我豁然开朗。东汉末年（公元165年后），宦官集团迫害在野名士的种种故事感人至深。其中一位名士叫范滂，性格刚劲，疾恶如仇，于是受到陷害而遭通缉。逮捕令传到吴导手中。吴伏床而泣，眼看就要因抗命而大祸临头。范知道后说："必为我也。"立即投案自首，县官郭揖大惊，交出官印，要与范一起逃亡。范不肯，说："我死则祸止，何敢累君，又令老母流离乎？"当日便与母亲诀别。不料母亲也是浩然正气，说："死亦何恨？"滂跪受教，再拜而辞。滂对身边的儿子说："吾欲使汝为恶，恶不可为；使汝为善，则我不为恶。"行路闻之，无不流涕。可见天下还是好人居多。老妈妈与范滂的话，至今还时在我耳边回荡。那时我读过这篇文章后，立即联想到当前不也是坏人坑害好人吗？历史竟如此重复。我用这个观点观察以后的发展，果然无往而不通。于是我心中有了底，自然明白该怎么行动了。"世上没有新事物，都是前人做过的。"就连今天使西方首领们大为头疼的人质问题，够时髦的了，不也在秦始皇父亲身上早就发生过吗？不过，这句话也有例外，那就是新科技及其社会效应，如制造空难等，是前所未有过的。

中华民族，名著如林。其中影响最大，流传最远最久，雅俗共赏，童妪皆知，而且只要宇宙间有人类，就会有此四书者，当数《三国演义》《红楼梦》《水浒传》《西游记》。这是中华民族最伟大、最普及的教科书。无须开办学堂，无须老师讲授，几乎是无人不知、无人不晓。它们对人的脑力要求很少，而给人的东西却极多。《三国演义》添人聪明才智，《红楼梦》教人忠贞自重，《水浒传》使人见义勇为，《西游记》助人想象神奇。真是天赐神品，人间奇珍。此四书者，互不替代，各占一方，仿佛四座高山，东西南北，巍然独立。您能在其他国家找到类似格局的伟著群吗？少年时读，中青年读，到老年再读，随着读者年龄增长，入也愈深，见也愈奇。其怪、其妙、其趣、其巧，真令人不可思议。我们能不佩服、不赞叹、不衷心感谢前人的恩赐吗？我们能不以此为民族的骄傲、深深引以为自豪吗？

任何一门严谨的科学都需要高强度的脑力劳动，特别是搞起研究来，更是白天黑夜，没完没了。为了持久，我的办法是每晚 11 点必须睡觉，早睡早起，雷打不动。10 点上床，看一小时的闲书，放松脑子，作为过渡。闲者，专业以外也。这时读书全凭兴趣，毫无压力。文、史、哲、科，看到哪里算哪里，懂多少算多少。海阔天空，不知所之，也不知所止，这是最大的精神享受。遇到诗文佳句或奇思妙想，随手记下。久而久之，居然累积了七本笔记。这对我后来写《科学发现纵横谈》很有帮助。名句如"身高殊不觉，四顾乃无峰"（谭嗣同），"石头城上，望天低吴楚，眼空无物"（萨都剌），"虽复沈埋无所用，犹能夜夜气冲天"（郭振），"休言女子非英物，夜夜龙泉壁上鸣"（秋瑾），都很有气魄，可以振作精神。有时也改动两句："生当为俊杰，死亦为鬼雄。至今思鲁达，不可学林冲。"以为自娱。思想枯竭，读之可使奇想自天外飞来者，当数《庄子》。这部书在哲学上和文学上都达到了最高境界。如果有人问我，有三个超级诺贝尔奖，古今中外，该授给谁？我会毫不犹豫推荐庄子。日本物理学家、诺贝尔奖获得者汤川秀树很喜欢读《庄子》。他说："书籍可以有许多不同的方式吸引人们，但是我尤其喜欢那种著作，它自己创造出一个世界。在这个世界里，只要很短的时间，就可以使读者聚精会神，手不释卷。对我来说，《庄子》就是这类书籍中的一个典型范例。"他还把庄子的两句话"判天地之美，析万物之理"写在书的扉页上，作为现代物理学的指导思想及最高美学原则。

谈到美，使我想起《阅微草堂笔记》卷十八中的一段游记，描写了一个不食人间烟火的幽静环境：

> 四月十七日，晚，出小石门，至北涧，耽玩忘返。坐树下，待月上，倦欲微眠，山风吹衣，栗然忽醒。微闻人语曰："夜气澄清，尤为幽绝，胜于画图中看金碧山水。"以为同游者夜至也。俄又曰："古琴铭云：山虚水深，万籁萧萧，杳无人踪，惟石嶕峣。真妙写难状之景，尝乞洪谷子画此，竟不能下笔。"窃讶斯是何人，乃见荆浩。起坐听之。又曰："顷东坡为画竹半壁，分柯布叶，如春云出岫，疏疏密密，意态自然，无权柁怒张之状。"又一人曰："近见其西天目诗，如空江秋净，烟水渺然，老鹤长唳，清飙远引，亦消尽纵横之气。缘才子之笔，务殚心巧；飞仙之笔，妙出天然，境界故不同耳。"

简直是一个超越、空灵、水晶官般的世界！在夜气澄清、山风吹衣的树下，听人评才子和飞仙之笔，无疑有助于想象的飞动、灵感的触发。人们脑海中积下的长期思考而又不得其解的难题，常常是在高度紧张后的松弛状态下解决的。

现在我们回到现实世界。我翻到杜甫的一首诗《又呈吴郎》：

堂前扑枣任西邻，　无食无儿一妇人。

不为困穷宁有此？　只缘恐惧转须亲。

即防远客虽多事，　便插疏篱却甚真。

已诉征求贫到骨，　正思戎马泪盈巾。

杜甫奉劝吴某，请他同情那位无食无儿的老妇。如果不是贫困到骨，又怎么会到你的门前来打几个枣儿呢？你何必筑了篱笆来阻拦她呢？须知她是战火纷飞和官吏剥削的受害者啊！

我的心弦受到强力的弹拨，发出了沉重的叹息。诗人的人道主义精神深深地感染了我。我似乎也在心灵崇高的路上迈进了一步。

碰到哲学中一些大而无当的无休止的议论，或者一些类似绕口令一般的让人难懂的长句，我自愧天分太低，只好退避三舍。但对一些言之有物、与科学有关的哲学思想和研究方法，则很有兴趣。关于科学哲学，有许多名著值得阅读，如恩格斯的《自然辩证法》、康德的《宇宙发展史概论》、薛定谔的《生命是什么》《爱因斯坦文集》（第1卷、第3卷）、梅特里的《人是机器》、莫诺的《偶然性与必然性》、普里戈金等的《从混沌到有序》以及罗素的《西方哲学史》，等等。这些书大都不解决具体问题，甚至只是提出问题进行一些讨论而已，但却很有助于打开心灵的智慧之窗，引导人们去思考关于茫茫宇宙的种种大而有趣的问题。

看看文科的一些大家如何治学，也是有趣的事。

鲁迅主张治学要先治史。他说："无论是学文学的，学科学的，他应该先看一部关于历史的简明而可靠的书。"这对了解本学科的发展史及其趋势是一条捷径。我在《新华文摘》1992年第1期上，读到一篇好文章《诺贝尔医学奖90年》。我只用了一刻钟，对现代生物学的一些重要进展，便有了粗线条的了解。花时间极少而收获很大，可谓经济之极。虽然一知半解，甚至半解之半，但对非专业人员已经足够了。

王国维说："诗人对于宇宙人生须入乎其内，又须出乎其外。入乎其内，故能写之，出乎其外，故能观之。"科学家也应如此。为了研究某一事物，必须明确问题，提出假设，从事实验，给出证明。如此反复，这是入乎其内。遇到挫折时，需要跳出原定路线，登高望远，冷静思考，寻找新路；即使工作顺利，也要从各个方面，考虑所得结果的意义，它与前人工作的关系，以及还可能有什么新发展。这些都是出乎其外。

德谟克利特曾说，诗人只有处于感情极度狂热或激动时才会有成功的作品。柏拉图接受了诗人必须迷狂的论点。他说："在现实中最大的天赋是靠迷狂状态得来的。"如果剥去迷狂源于神授的神秘外衣，把它看成为对研究对象长期的迷恋和追求，那么，不仅诗人，科学家也必须迷狂。有人说，天才就是入迷。长时期的始终高涨的研究热情是成功的重要条件。科学史上有许许多多研究入迷的有趣故事，例如关于牛顿大猫钻大洞、小猫钻小洞的故事。

拿破仑说："战争的艺术就是在某一点上集中最大的优势兵力。"科学研究的艺术又何尝不是如此！

文理的相互渗透使我们想起福楼拜的一段话："越往前走艺术越是要科学化，同时科学也要艺术化。两个从山麓分手，又在山顶会合。"治学门径本相通，评文论史便神飞。这也正是我这篇短文想要告诉学理朋友们的一点感受。

读书面面观①

——雷声隆隆，光照天地

你最喜爱什么？——书籍。

你经常去哪里？——书店。

你最大的兴趣是什么？——读书。

这是友人提出的问题和我的回答。真的，我这一辈子算是和书籍，特别是好书结下了不解之缘。有人说，读书要费那么大的劲，又发不了财，读它做什么？我却至今不悔，不仅不悔，反而情趣越来越浓。想当年，我也曾爱打球，也曾爱下棋，对操琴也有兴趣，还登台伴奏过。但后来却都一一断交，"终身不复鼓琴"。那原因，便是怕花费时间，玩物丧志，误了我的大事——求学。这当然过激了一些，有点"左"。剩下来唯有读书一事，自幼至今，无日少废，谓之书痴也可，谓之书橱也可，管它呢，人各有志，不可相强。我的一生大志，便是教书，而当教师，不多读书是不行的。

学生读书，应付考试是一大目的。为考试而读，自然是一苦差事。不考又怎么行呢？不过，如果考试成绩好，可以帮助我们升学，越升越高，越学越深。考试还可以强迫我们学一些难学但又不能不学的知识。而培根说："知识就是力量。"所以，考试也有积极的一面，不能太多地说它的坏话。

如果把读书只看成是"学而优则仕"的手段，那么未免太偏颇了。其实读书的意义远远在此之上。读好书是一种乐趣，一种情操，一种向全世界古往今来的伟人和名人求教的方法，一种和他们展开

---

①　东南电大学报，1990，（1）：83-88.

讨论的方式，一封出席各种场合、体验各种生活、结识各种人物的邀请信，一张迈进科学宫殿和未知世界的入场券，一股改造自己、丰富自己的强大力量。书籍是全人类有史以来共同创造的财富，是永不枯竭的智慧的泉源。失意时读书，可以使人重整旗鼓；得意时读书，可以使人头脑清醒；疑难时读书，可以得到解答或启示；年轻人读书，可明奋进之道；年老人读书，能知健神之理。浩浩乎！洋洋乎！如临大海，或波涛汹涌，或清风微拂，取之不尽，用之不竭。吾于读书，无疑义矣，三日不读，则头脑麻木，心摇摇无主。

（一）潜能需要激发

我和书籍结缘，开始于一次非常偶然的机会。大概是八九岁吧，家里穷得揭不开锅，我每天从早到晚，都要去田园里帮工。一天，偶然从旧木柜阴湿的角落里，找到一本蜡光纸的小书，像袖珍字典那么大，自然很破了。屋内光线暗淡，又是黄昏时分，只好拿到大门外去看。封面已经脱落，扉页上写的是《薛仁贵征东》。管它呢，且往下看。第一回的标题已忘记，只是那首开卷诗不知为什么至今仍记忆犹新：

> 日出遥遥一点红，　飘飘四海影无踪。
> 三岁孩童千两价，　保主跨海去征东。

第一句指山东，二、三两句分别点出薛仁贵（雪，人贵）。那时识字很少，半看半猜，居然引起了我极大的兴趣，同时也教我认识了许多生字。这是我有生以来独立看的第一本书。尝到甜头以后，我便千方百计去找书，向小朋友借，到亲友家找，居然断断续续看了《薛丁山征西》《彭公案》《二度梅》等。樊梨花便成了我心中的女英雄。后来认字越来越多，胃口越来越大，居然又读了《三国演义》《东周列国志》《西游记》《民国通俗演义》，甚至《聊斋志异》。只是《红楼梦》没有读完，因为里面没有打仗。我开始向村里人讲故事了，大讲"孔明借箭""荆轲刺秦王"，大人们惊奇的眼光极大地鼓励了我，原来世界上有这么多有趣的书，我真入迷了。从此，放牛也罢，车水也罢，我总要带一本书，而且还练出了边走田间小路边读书的本领，读得津津有味，不知人间别有他事。

当我们安静下来回想往事时，往往会发现一些偶然的小事却影响了自己的一生。如果不是找到那本《薛仁贵征东》，我的好学心也许激发不起来，我这一生，也许会走另一条路。人的潜能，好比一座汽油库，星星之火，可以使它雷声隆隆、光照天地；但若少了这粒火星，它便会成为一潭死水，永归沉寂。所以我想，给孩子们看一点有趣而又有益的小说、童话，可以培养他们读书的兴趣。可惜现在为了追求升学率，功课排得那么紧，加上社会上又有那么多不健康因素的引诱，他们哪有时间去自由阅读呢？

（二）抄，总抄得起

好容易上了中学，做完功课还有点时间，便常光顾图书馆，假日也全用来读书。好书借了实在舍不得还，但买不到也买不起，便下决心动手抄。抄，总抄得起。我抄过林语堂写的《高级英文法》，抄过英文本的《英文典大全》，还抄过《孙子兵法》。这本书实在爱得狠了，街上无售，便下决心抄了一遍。毕业那一年，想起这本书，又借来抄了一遍，送给同学，劝他也读一点兵书。人们但知抄书之苦，未知抄书之益，抄完毫末俱见，一览无余，胜读十遍。

读高中时，居然找到了列宁写的几本小册子。那时还没解放，列宁的大名偶尔听到，但神秘得很，越神秘就越想偷尝禁果。虽然不懂他讲的大道理，却多少感到列宁在替穷人说话，便自然赞成他。这是我读革命书籍的开始。

我考试的成绩不算坏，这与喜欢读课外参考书有关。每门课，除了在教本上下大功夫以外，总要找到一两本同类的参考书对着看。对照之下，常能加深理解，并扩大知识面。但做习题，却决不轻易看别人的解答。有时一道题折磨我两三天，气得火星直冒，也不妥协。苦头确实吃了不少，但本领也多少练了些出来，这对后来的科研工作有所裨益。做习题也可以看成小小的科研，只不过做的是别人已做过的现成题，而科研则是自己出题（或任务出题）自己做，前人从未做过而已。

回想起来，自学和做题（或做实验）这两件事，对我后来的工作起着极重要的作用。通过自学猎取知识，通过做题锻炼才能。知识与才能是两回事，有知识未必有才能；另一方面，没有知识也就谈不上才能，特别是在科学发达的今天。美国前总统杜鲁门说："历史使我知道，任何一个国家的领导人为了负起领导的重担，必须懂得历史，不仅要懂得本国史还要懂得所有大国的历史。"可见知识对于才能的重要。

（三）如何自学一门新课程

培养自学能力，谈何容易。自学一部小说，一本通俗杂志，固然不成问题；但如果要自学一门从未学过的硬科学，比如微积分，那么便非常困难。没有足够的基础、毅力和勤奋，是不可能学好的。

首先，要选一本好的微积分教材。这本书，第一，既概括了这门课程的主要内容，又非枝蔓丛生、繁杂冗长、浪费读者的精力；第二，定义、定理和证明准确无误，而且能从多种证明中挑出有启发性的好证明，叙述也清晰易懂；第三，内容不是材料的堆砌，也不只是逻辑的演绎，而应富于思想性，给读者以智慧；第四，有适量的习题，由易而难，逐步训练读者的能力。

其次，要耐心地精读细读。读过序言和目录后，就要安下心来，从第一页起一行一行地读，切忌冒进。很可能在某一处用到另一件事或另一定理，必须追根溯源，弄清楚再往下看。每条定理的条件、证明和结论，都必须看懂。这样，读起来就非常之慢，每天能读懂一两页，就算很有收获了。如果卡在某一处，费了很大的力气，还是不懂，那么只好暂时跳过去，反正我对它已有很深的印象，迟早总要弄懂的。但这种跳跃，切勿太多。俄国著名生理学家巴甫洛夫告诫青年，读书要循序渐进，循序渐进，最后还是循序渐进。华罗庚先生也多次强调循序渐进的重要性。我们的思想往往急于求成。控制自己稳步前进的好方法是边读边做笔记，一动手就会发现许多问题，动脑加动手，实是精读的好方法。例题要细看，因为定理是抽象的，例题是具体的，而抽象寓于具体之中。多记住例题，不仅可加深理解，而且有助于日后的科研，读完一节或一章，必须做完书上的习题。这样一章一章地读下去，待读完全书，我们对此书的内容已了解大半。不过还只停留在"局部"读的阶段，对各定理间、各章节间的关系还不太清楚，何况还留下一些未解决的问题。这意味着，要及时再细读第二遍。这一遍除起复习作用外，重点应放在还未看懂的地方，并尽量找出相互之间的关系。这就是说，我们已开始"整体"地读。第一遍留下来的问题，这次可以解决一大部分，为什么？因为这时的我，已非前时的我，我现在的水平，已由于通读了第一遍提高了不少。如此通读几遍，最后一两遍应倒过来读，即从最后一章倒读回去，这更有助于弄清全书的脉络。至此，对全书已很了解，发现很长的推理证明其实只有几个要点，全书也只有几个高潮，其他无非是外围。把书合上，我也能说出它的骨架，已达到庄子所说"目无全牛"的境界。不仅读书如此，做其他事情也是如此。任何很复杂的事物，只有在头脑中变得很简单时，才能抓住关键，才能记住它、把握它、改造它和利用它。

最后，自学并非绝对排斥外援，在充分准备的基础上，请老师指出重点，或进行重点讨论，都是有益的。

（四）两种循环与两极分化

甲、乙两人同时考入大学，水平相差无几，但到毕业时，却相距很大，甲几乎可以当乙的老师。原因何在呢？

原因可能很多，我们只从学习方法的角度来讨论。众所周知，一门课教学的基本程序是：上课，复习，做习题（或做实验），三个环节不断循环。我多年观察，循环有良性和恶性两种。

上课前，甲进行了预习，他已大致了解老师下节课要讲的内容，也知道哪些是难点，哪里是自己没有看懂的地方。于是上课听讲时，他心中有数，对已看懂的，再听一遍，可起复习巩固作用，对未看懂的，便集中精力、全神贯注地去听。由于有的放矢，他可以把难点基本上消灭在课堂上，同时也搞清了自己课前为什么没有看懂的原因，从而不知不觉地提高了自学能力，这一收获甚至比克服当前的难点更重要。由于听课效率高，课后复习的时间便少，做习题也快，这样又争取到了预习下次课的时间，下一堂课又听得好……如此继续，是谓良性循环。

乙则不然，他没有预习，上课时完全被动，许多地方没有听懂，复习时间多，习题做不完，功课越堆越多，学习越来越困难，他卷入了恶性循环。

正是这两种循环，如同两辆分岔而行的汽车，把他们的水平差距越拉越大。怎样才能进入良性循环？关键在于课前预习。请抓住空暇时间和假日，预习一门或两门课吧！并不一定全看完，也不一定全看懂，这对于你的学习大有好处。时间是挤出来的，如果下定决心，持之以恒，就必定能做到。

（五）始于精于一，返于精于博

关于康有为的教学法，他的弟子梁启超说："康（有为）先生之教，特标专精、涉猎两条，无专精则不能成，无涉猎则不能通也。"可见康有为强烈要求学生把专精和广博（即"涉猎"）相结合。鲁迅也劝青年："应做的功课已完而有余暇，大可以看看各样的书，即使和本业毫不相干的，也要泛览。譬如学理科的，偏看看文学书，学文学的，偏看看科学书，看看别个在那里研究的，究竟是怎么一回事。这样子，对于别人、别事，可以有更深的了解。"

在先后次序上，我认为要从"精于一"开始。首先应集中精力学好专业，并在专业的科研中做出成绩，然后逐步扩大领域，力求多方面的精。简言之，即"始于精于一，返于精于博。"正如中国革命一样，必须先有一块根据地，站稳后再开创几块，最后连成一片。

这里有两种偏向。一种是对专业漫不经心，这山看着那山高，什么控制论、外星人、宇宙论、新思维，都知道一点，夸夸其谈，眼高手低，回过头来却看不起自己的专业，认为那不过是雕虫小技，没多大意思。就好像逛过花花世界的人，瞧不起自己的家乡一样。这样下去，必将一无所成。另一种是终身只守住专业中一小角落，其他的科学进展、世界形势，甚至自己专业的近邻，一律不闻不问。长此以往，很可能思想枯竭，性情乖僻。

许多大家都是走先精后博、由博返精的道路的。一条路走通了，就可触类旁通地走其他的路；而走了其他的路，又可回过头来看原来的路，相互比较，容易受到新的启发，导致新的发现。

（六）丰富我文采，澡雪我精神

辛苦了一周，人相当疲劳了，每到星期六晚，我便到旧书店走走，这已成为生活中的一部分，多年如此。一次，偶然看到一套《纲鉴易知录》，编者之一便是选编《古文观止》的吴楚材。这部书提纲挈领地讲中国历史，上自盘古氏，直到明末，记事简明，文字古雅，又富于故事性。那时正值"文化大革命"，我自愧无打、砸、抢之才，不必夜间出去打家劫舍，便把这部书从头到尾读了一遍，不想它大大开拓了我的眼界，启发了我读史书的兴趣。随后又读了《后汉书》中的《党锢列传》。这篇文章讲的是东汉名士与宦官的斗争，一些正人君子被宦官害得家破人亡。联想到当时实际，许多老革命和专家学者惨遭迫害，这基本上是历史的重演吗？读史提高了我的认识，使我对"文化大革命"的实质一开始就比较清楚，免去了日后的许多麻烦。

我爱读中国的古典小说，例如《三国演义》和《东周列国志》。我常对人说，这两部书简直是世界上政治阴谋诡计大全。即使近年来极时髦的人质问题（伊朗人质、劫机人质等），这些书中早就有了，秦始皇的父亲便是受害者，堪称"人质之父"。

《庄子》超尘绝俗，不屑于名利，而名利正是使聪明人上钩之饵；其中"秋水""解牛"诸篇，诚绝唱也。《论语》束身严谨，勇于面世，"己所不欲，勿施于人""躬自厚而薄责于人"，有长者之风。司马迁的《报任少卿书》，读之我心两伤，既伤少卿，又伤司马；我不知道少卿是否收到这封信，有何感想，希望有人做点研究。我也爱读鲁迅的杂文，果戈理、梅里美的小说。我非常敬重文天祥、秋瑾的人品，常记他们的诗句"人生自古谁无死，留取丹心照汗青""休言女子非英物，夜夜龙泉壁上鸣"。唐诗宋词、《西厢记》《牡丹亭》，丰富我文采，澡雪我精神，其中精粹，实是人间神品。元朝王冕的诗句"花落不随流水去，鹤归常伴白云来"，使人悠然神往。读了邓拓的《燕山夜话》，既叹服其广博，也使我动了写《科学发现纵横谈》之心。不料这本小册子竟给我招来了上千封鼓励信，无他，时势造作品而已。原来"文化大革命"十年，到处是"万岁万万岁"的陈词滥调，人们在精神窒息中渴望新鲜文风，这本小册子在一定程度上迎合了这种要求，以后便出现了许许多多的"纵横谈"。

从学生时代起，我就喜读方法论方面的论著。我想，做什么事情都要讲究方法，追求效率、效果和效益，方法好能事半功倍。《孙子兵法》启发了我：连打仗这样复杂而紧迫的事都有方法可循，其他事就该更有方法了。于是我很留心一些著名科学家、文学家写的心得体会和经验。我曾惊讶为什么巴尔扎克（1799—1850）在51年短短的一生中能写出上百本书，并从他的传记中去寻找答案。我也奇怪26岁的诸葛亮能在刘备三顾茅庐时发表著名的"隆中对"，对天下大事了如指掌，并确定了以后的战略方针。须知那时他住在穷乡僻壤，既无报纸杂志，也无广播电视。系统地给我以科学史知识的是贝尔纳著的《历史上的科学》、霍利切尔的《科学世界图景中的自然界》《爱因斯坦文集》等书。此外，恩格斯的《自然辩证法》，海森堡的《物理学与哲学》、薛定谔的《生命是什么》、康德的《宇宙发展史概论》、梅特里的《人是机器》、莫诺的《偶然性与必然性》、怀特海的《科学与近代世界》、维纳的《控制论》、罗素的《西方哲学史》、普里戈金等的《从混沌到有序》，以及阿西莫夫等人的优秀科普作品，都是给人知识、增人智慧的好书。文、史、哲和科学的海洋无边无际，先哲们明智之光沐浴着人们的心灵，我衷心感谢他们的恩惠。

（七）读书的另一面

以上我谈了读书的好处，怎样攻读专业书以及阅读其他书，讲了精与博的关系，为书籍说了许多好话。然而世界上每件事都有一个限度，过了限就要出毛病，读书也不例外。所以我要回过头来说说事情的另一面。

读书要选择。世上有各种各样的书：有的不值一看，有的只值看 20 min，有的可看 5 年，有的可保存一辈子，有的将永远不朽。即使是不朽的超级名著，由于我们的精力与时间有限，也必须加以选择。决不要看坏书。对一般书，要学会速读。古人说，一目十行。今天看来，这速度不能算快，必须在 1 h 内就可大致看完一本 500 页的书，说出它的主要内容和精华。据说美国前总统肯尼迪就有这种本领。这样，我们才能赢得时间去读好书，特别是读经过长时间历史考验的名著。对名著，读一遍是不够的，隔一段时间重读，会有新的体会。托马斯·霍布斯（1588—1679）只阅读非常杰出的著作，他甚至经常说，如果他也像其他学者那样阅读那么多的书，他就会与他们一样无知了。这话说得不够客气，但他读书注意选择，却是很对的。

读书要多思考。读书时，我们的大脑基本上被书本占据，成为作者驰骋的场所。如果我们不积极思考，大脑便出租给作者了，任凭他的马队去"践踏"，久而久之，会伤害自己的思维能力。要知道，书本无非是作者的一篇有准备的长篇发言，由于他有充分准备，所以合理的地方比较多，但绝非完美无缺。应该想想，他说得对吗？完全吗？适合今天的情况吗？从书本中迅速获得效果的好办法是有的放矢地读书，带着问题去读，或偏重某一方面去读。这时我们的思维处于主动寻找的地位，就像猎人追找猎物一样主动，很快就能找到答案，或者发现书中的问题。所谓"偏重一方面去读"，是苏轼提倡的读书方法。例如读《红楼梦》，第一遍读可偏重其中人际关系；第二遍可偏重景物描写；第三遍可注意当时的饮食和医药，等等。每读一遍，深入一面，甚至可以写成一篇论文呢。

有的书浏览即止，有的要读出声来，有的要心头记住，有的要笔头记录。对重要的专业书或名著，要勤做笔记，"不动笔墨不读书"。动脑加动手，手脑并用，既可加深理解，又可避忘备查。特别是自己的灵感，更要及时抓住。清代章学诚在《文史通义》中说："札记之功必不可少，若不札记，则无穷妙绪，如雨珠落大海矣。"许多大事业、大作品，都是长期积累和短期突击相结合的产物。涓涓不息，将成江河；无此涓涓，何来江河？

爱好读书是许多伟人的共同特性，不仅学者、专家如此，一些大政治家、大军事家也如此。曹操、康熙、拿破仑、毛泽东都是手不释卷、嗜书如命的人。毛泽东只念过中等师范，却领导了中国革命，而且文、史、哲都达到很高水平。《沁园春·雪》一词，千古独步，这些都与他毕生刻苦自学密切相关。

名人成才的启示①

——漫话治学之道

　　年轻人是不可预测的，是不可限量的，他们有四大优势。第一是大好的形势。改革开放以来，我国大局稳定，没有卷入战争和恐怖袭击，这是非常重要的前提。回想"八年抗战"时期，人民处于日寇的屠刀之下，生命尚且难保，成才更谈不上。如今经济发展，国力强盛，正是青年奋发有为的大好时机。第二是奋进的学校。学校的软件硬件，都在日新月异的更新之中，特别是高等学校，发展更为迅速。第三是花样的年华。年轻人身强力壮，头脑清醒，容易接受新事物，特别是永不满足、力求上进的精神，是成才的最重要的驱动力。第四是光辉的前程。国家的繁荣昌盛，提供了许多就业机会，只要自身条件好，就能找到合适的工作，为将来的发展打下良好的基础。

　　以上优势是大家共享的。但各人的成就有大有小，全靠自己的努力。前人成功的经验，对我们极其宝贵和富有教益。

　　我在读高中时，在校图书室里，找到一本《孙子兵法》。那时年轻气盛，想知道怎样打仗。虽然看不太懂，但觉得很有意思。街上无售，便下决心抄了一遍。毕业那一年，想起这本书，又借来抄了一遍，送给同学。这本书教给我许多知识。但最大的赐予还不在于战争的理论，而是它给了我重要启发：打仗是极其激烈、极其残酷、瞬息万变、斗智斗勇的生死大拼搏，这种危急关头尚有规律可循，

---

　　① 原名《浅谈成才之道》. 机械工业高教研究，1985，（1）：8-16.（据演讲录音整理）. 2008 年 6 月 1 日重新修正，全面改写.

那么其他事情，如读书，如成才，也应有它的道理，只要有心，也必定可以找到它的规律。自那以后，我对一些科学家如何取得成就，很感兴趣。他们发表的文章能找到的，我都仔细阅读，并做笔记。后来，拓宽到文学家、艺术家。我惊叹他们的文采，它们的绝艺，进而阅读他们的传记。就这样日积月累，越看越有趣，越有趣就越想看，成了良性循环。归纳起来，他们所以成才，可以总结成五句话十个字：理想、勤奋、坚持、方法、机遇。

（一）理想是心灵的太阳

所谓理想，就是志气和抱负。理想在四个方面影响人的一生。理想决定了努力方向、奋斗目标，同时也决定了兴趣与爱好。譬如我希望成为数学家，我就要把全部精力放在数学上。凡是与数学有关的书刊我都想看看，与数学有关的人和事，我都想知道。别的兴趣虽然也有，如打排球，听音乐，但都应服从数学。理想提供前进的动力，是克服困难的力量泉源。最后，理想在很大程度上决定成就。一般说来，理想越远大，越崇高，付出的劳动越多，成就也就越大。没有理想的人，对社会是不会有多大贡献的。所以说，理想是心灵的太阳。看一个人的精神面貌，是高尚，还是庸俗，主要看他的理想。如果说人有灵魂，那么理想就是他的灵魂。

斯大林说得好："伟大的精力是为了伟大的目标而产生的。"

周恩来总理每天工作十几个小时，成年累月，天天如此，甚至身患癌症，仍然尽心尽力，是什么支持他呢？就是伟大的理想：把我国早日建成社会主义强国。这也是我们的共同的理想。

在实现理想的道路上，一定会遇到许多困难，有什么办法能激励自己克服困难，不断前进呢？俄国名将苏沃洛夫（1729—1800）在行军途中，路过阿尔卑斯山时，利用休息时间对身边的士兵说："你们年轻人，要找一两位你自己最佩服的人，作为学习榜样，尤其重要的是，作为竞争对手。"这最后一句话分量极重。譬如，你是一名学化学的女学生，就选居里夫人作为对手吧！这里有四个步骤。学习她：看看她做了些什么事，有什么贡献。研究她：研究她的事迹和传记，看看她在哪几个关头上走对了。通常，每个人一生有几个主要关头，就好像走路要碰到几个十字路口一样。如果在一个路口走错了，就不能达到预定的目的地。赶上她：充分吸取她的经验，努力早日接近她，赶上她。超过她：这是最后目的。长江后浪超前浪，一代新人胜旧人。这样，社会才会进步。但要超过她，就必须有所创新，走新的路。否则就永远被她所限制。下决心认定了这样好的对手，就决不会满足，决不会被困难所吓倒。有句谚语："不敢同冠军较量，就永远当不上冠军。"诸葛亮在给他外甥的信中说："夫志当存高远，慕先贤，绝情欲……"就是说：志向要崇高远大，要仰慕前贤，断绝不必要的情欲。诸葛亮仰慕的是谁呢？《三国志》中说他"每自比于管仲、乐毅"。

在追求理想的进程中，碰到困难时可能产生惰性。"我还很年轻，等 30 岁时再努力吧。"到了 30 岁，又等 40 岁，最后便落得"老大徒伤悲"了。今天与明天，首先要抓住今天。抓住今天，才能抓住每一天。每天都登高，才能最后登上高峰。美国前总统卡特写了一本书《为什么不是最好的》。1952 年，卡特在海军服役，当时他是一名下级军官。忽然有一天，海军上将海曼·里科弗找他谈话，问了他许多问题，如各种武器的特点、各种军舰的性能、对国际形势的看法、读过哪些书等。问得他满头大汗。临别时，上将又问："你在军事学院毕业时考第几名？"卡特说："第 59 名。"当年共 820名毕业生，卡特认为自己的名次不低，正等待上将的夸奖，没想到上将皱起眉头，沉默了一会儿："你那时尽了最大的努力吗？"最后还问了一句："为什么不是最好的？"这句话刺痛了卡特的心，使他铭记终生，成为鞭策他前进的动力。此后他每到一个新岗位，就问自己是不是最好的。就这样，他在每次都是最好的，终于当选为美国总统。为了感激这位上将，他把自己的书命名为《为什么不是最好的》。

（二）天才出于勤奋

杜甫有一句诗"会当凌绝顶，一览众山小。"就是说，登上最高峰，一看周围的山就都很小了。但要上最高峰，必须付出极大的劳动。干什么事都一样，学会是不难的，要登峰造极，譬如跳水要成为奥运会冠军，那就非常困难了。

人有没有天赋？肯定是有的。没有两个完全一样的茶杯，何况是最高级的大脑呢。说一个人有天赋，是说他在某一（或某些）方面特别聪明，不是说他在一切方面都远胜常人。但即使天赋很高，也需勤奋。勤奋可使天赋充分发挥，否则，再高的天赋也不能喷发，最后必然"泯然众人矣"。

有人问鲁迅：你在文学方面是否有天才？鲁迅回答："哪里有天才，我是把别人喝咖啡的时间都用到工作上了。"第一句是谦逊之词，第二句说明他十分勤奋。下面讲一个鲁迅勤奋的故事。大家知道鲁迅写了许多书，却未必知道他还抄了不少书。这有他的日记为证。1913 年 3 月 5 日，他在日记中写道："夜大风，写谢承《后汉书》始。"同月 27 日，又记下"夜风。写谢承《后汉书》毕，共六卷，约十余万字。"这样，共 23 个晚上，平均每晚大约要抄五千字，都是利用工作之余晚上加班干的。抄书时，他是否很舒服呢？日记中又有："写书时，头眩手颤，似精神又病矣。"原来他是带病工作，鲁迅的勤奋和毅力的确惊人。他还辑录过其他的书，如《古小说钩沉》。没有他，也许一些古小说就沉没了。鲁迅（1881—1936）终年 55 岁。

法国著名文学家巴尔扎克也只活了 51 岁，却写了许多小说和文章。仅一套《人间喜剧》就有 94 本，就算 20 岁起开始写，每年平均也至少得写 3 本，工作量极其惊人。他是怎样创作的呢？从传记中得知，巴尔扎克是一个有抱负的人，他希望把资产阶级社会的各种场面像拍电影一样记录下来。于是他留心观察各类人物的言行和处世，把这些一一记录下来，积累到一定程度，他认为可以写一本书了，就把自己关在一间房子里，完全与外界断绝关系，不分白天黑夜，集中精力从事写作。如此一至数月，直到完成。然后举着文稿，高高兴兴，雀跃而出。再积累，再写作，一本又一本，就是这样辛苦地写成的。这种"长期积累，短时突击"的工作方法，许多人都曾采用。

爱因斯坦夫人在一篇回忆录里，谈到爱因斯坦创造《相对论》的三个星期里，一直把自己关在楼上，从不下来。由于思想高度集中，而平时又长期思考，才有可能创造这人间奇迹。这就是庄子所说"用志不分，乃凝于神"吧！

（三）成功在于坚持

勤奋与坚持不是一回事。有些人工作很努力，十分勤奋，但最后的成果却不够理想。原因是多方面的。其中之一很可能就是缺乏毅力，没有在一个方向上长期坚持。他先在某个问题上工作了两三个月，碰到困难，便转到第二个；过一段时间，又转到第三个。如是转来转去，成就甚微。好像一个建筑工，垒了许多土堆，却没有建成一栋房屋。这是平面徘徊，不成大器；坚持才能步步登高。法国生物学家巴斯德，发现细菌致病的原理，为人类立了大功。有人问他是怎样成功的。他说："我告诉你达到目标的奥秘吧！我唯一的力量就是坚持精神。"居里夫人在许多吨的矿石中炼出一点点镭来，充分显示了她的勤奋、胆识、勇气和毅力。生理学家巴甫洛夫说："如果我坚持什么，就是用大炮也不能打倒我。"发明之王爱迪生说："伟大人物最明显的标志就是他坚强的意志。不管环境如何变换，他的初衷与希望仍不会有丝毫的改变。终于克服困难，以达到预期的目的。"

　　许多优秀的作品，都是长期坚持的结果。曹雪芹写《红楼梦》用了 10 年，孔尚任写《桃花扇》用了 15 年，三易其稿。李时珍写《本草纲目》，亲自上山采药，遍尝药性，用了 27 年，《本草纲目》成为著名的药典。

　　有人向杨振宁请教工作和学习方法，杨先生提出三个"P"，即 Perception（眼光，看准）；Persistence（坚持）和 Power（力量）。

　　明朝有一位学者叫胡居仁（1434—1484，江西余干人），深知坚持为成功之母。他撰写了一副对联：

<blockquote>
苟有恒，　何必三更眠，　五更起；

最无益，　莫过一日曝，　十日寒。
</blockquote>

　　青年毛泽东在湖南第一师范学校读书时，书此联以自勉，并把"苟"字改为"贵"。

　　坚持的前提是目标正确、高尚和科学。危害人民的事情绝不能做。另一些事情，如发明永动机，由于违反科学原理，也是白白浪费光阴。

（四）高明的方法是极富兴趣的

　　做任何事情，都要讲究方法。苦干加巧干，才能事半功倍。许多大科学家都注意方法。著名数学家、天体力学家拉普拉斯说："认识一位天才的研究方法，对于科学的进步，并不比发现本身更少用处。科学研究的方法，经常是极富兴趣的。"《爱因斯坦文集》中文版出了 3 卷。第 1 卷讲爱因斯坦的学术观点、工作方法和生活传记，很值得阅读。方法往往因人而异。由于天赋不同，习惯各异，有些人喜欢开夜车，有些人早晨效率高；甲头脑灵活，而乙则手很轻巧。所以要摸索一套切合自己的方法。不过，还是有些共同的东西，人人都可参考。

　　数学家华罗庚说：知识在于积累，聪明在于学习。我们可以补充一句：技能在于锻炼。有些人知识面很宽，知道的事物很多，除了记忆力超群，就在于他平日注意积累。一个人的聪明才智，主要表现在善于学习，向书本学，向传媒学，向群众学，把别人的智慧化为己有。这是最大的聪明，是取之不竭的智慧泉源。有些人非常主观固执，听不进别人的意见，等于把自己禁锢起来。当今科学技术发展迅速，一日千里。每个人都应该掌握一些新技能，特别是年轻人。例如熟练地操作电脑，开动多种车辆，像俄罗斯的总统普京那样。在改革开放的今日，讲一两种外语，对个人前途非常有利。更不用说，流利的口才、漂亮的文章，都是必不可少的资本。熟能生巧，只有通过锻炼，才能巧夺天工，光靠读书是不够的。

对在校青年，以下几件事是重要的。

1. 打好基础。包括本专业的基本理论、基本知识、基本技能。基本理论指学校开设的重要课程。如果我是学数学的，那么，高等微积分、高等代数和高等几何等就是基本理论。基本知识比基本理论宽一点，如数学中有哪几个重要分支，发展情况如何，有哪些重量级人物。他们有什么贡献。有哪些重要杂志，各有何特色等。这些知识一般不会写入教科书，全靠自己平日留心。基本技能主要指做实验、使用计算机、待人接物等。

2. 培养独立工作能力。这是一辈子的事，但要早日开始。各种能力中，最重要的是自学专业书的能力。这里指的是本专业中最重要而又很难读的书，如物理中的量子力学、数学中的偏微分方程等。要在老师讲授之前，先自学其中一两章。当然是很困难的，但一定要沉住气、耐心地读，切勿追求速度，一天能大致看懂一两页就很不错了。一定会留下几个问题。不必慌张，留着慢慢地啃。可以顺读（从前往后）、反读（从后往前）、专题读。顺读可以致远，反读可以溯源，专题读可以加深理解、有所发现。如是反复几遍，遗留的问题就会渐渐消失。其次是开展科学研究，读书和科研不是一回事。有些人书读得很好，总是考高分，但科研未必好，甚至终生无所建树。要充分利用学校的有利条件，在老师指导下，或者攻一个专题，或者做调查研究，总结提高。开了一个好头，哪怕是一个小头，以后就好办多了。

对新鲜事物强烈的好奇心是科学研究的强大动力源泉。能敏锐地发现、正确地提出问题，是创新的第一步。提出问题并能解决，当然最好。即使没有彻底解决，贡献也可能很大，因为他指出了一个新方向。伽利略最早发现光的传播需要时间，提出光速的计算问题。这很了不起，一般人很难想到光的传播需要时间，总以为太阳一出来，我们立刻就看到了，谁也不会想到太阳光要经过 8 min 多才能达地球。又如太阳系是怎样起源的？最早提出也很了不起，太阳系并非总是这样。提出这个问题需要洞察力。哥伦布发现新大陆，人们庆贺他，但也有人讥笑他，说这没有什么了不起，就是船上装一头牲口也会发现新大陆。哥伦布说："先生，你说得好，谁都可以发现。现在桌上有几枚熟鸡蛋，我请你把它竖起来！"可是鸡蛋总立不起来。哥伦布说："先生，这很简单，只要把它打破一点就行了。"

3. 正确处理"专"与"博"的关系。从"精于一"开始，逐步扩大为"精于博"。这就像先要建立一个革命根据地，然后逐步扩张为若干个。梁启超是康有为的学生，名师出高徒。梁曾说过康是怎么教学生的。他说：康先生之教，特别标出"专精"与"涉猎"两条。关于两者的关系梁启超说："无专精则不能成，无涉猎则不能通也。"精辟极了，胜过一篇大社论。学理工的要学点文史哲，学文史哲的也要学点理工。而且前者更加需要。如果在"文化大革命"中读一点历史，那么日子就会好过得多，不至于受骗上当，因为"文化大革命"中许多怪事，基本上就是《后汉书》中《党锢列传》的重演。现在是科技迅速发展的时代，为了不至于太落后，学文史的也应该学一点理工。历史上一些大政治家、大文学家对理工很钟情。

马克思写过《数学手稿》，拿破仑写过关于射影几何的论文，清朝皇帝康熙对数学、测量、历法都很有兴趣。《红与黑》的作者司汤达，以及大文豪托尔斯泰、契诃夫等也都注重数学，这对他们的文学创作，无疑是有益的，至少可以避免大小不一、比例失调的毛病。何况理工重逻辑，文史重形象，在思维方式上正好互补互助呢！

4. 善于找到老师或学术领路人；善于团结群众，共同进步。学海浩茫，千头万绪。如果有好的领路人，成才就顺利得多。文史哲法经，完全靠自学已很不容易，而理工农医更难，因为不太可能自费购买那么多资料、仪器、机器，开办先进的实验室。学界如此，政界更甚，几乎一切高官都是经过前人提拔引荐的。

苏联作家高尔基（1868—1936）创造了历史的奇迹，两个极端集中在他一人身上。他出身最贫苦，苦得不能再苦；他在文学上的成就又最大，大到没有几个人能超过他。什么原因呢？最重要的一点，就是他善于学习，找到了四位好老师。第一、第二位老师培养他对读书的兴趣。第三、第四位老师引导他走上写作的道路。高尔基幼年丧父，母亲改嫁，继父是个酒鬼，常常打他。高尔基从小被迫流浪，一个人在外谋生，做苦工，洗碗、做面包、到码头上当搬运工，在俄罗斯大地上漫游。当他在绘图师家当学徒时，白天做工，只靠晚上偷偷摸摸读点书。老板娘很刻薄，在蜡烛上做了记号。高尔基点了蜡烛，她发现后大发雷霆，用带刺的木棍，把高尔基打得死去活来。医生从他身上拔出 42 根木刺。大夫很生气，要他上法院控告老板娘。高尔基说：只要她答应我晚上看书，就不去上告了。为了读书，高尔基付出了多么高昂的代价啊！他是怎么走上写作之路的呢？他遇到的第一位老师是轮船上的厨师。他有整整一箱书，有空就要高尔基读给他听，引起高尔基对书籍的强烈兴趣，并养成了读书的习惯，一辈子嗜书如命；后来又遇到了两位引导和鼓励他写作的老师，这其中只有第四位是文学家，名叫柯罗连科，他对高尔基帮助很大。高尔基称他是一位细心而严格的领路人，加上高尔基自己的天分和努力，最后成了伟大的文学家。

当今的科学发展极为迅速而且精深，要登上高峰，除了靠自己刻苦努力而外，还必须善于团结群众，向同行学习，向前辈学习，互相启发，互相帮助。要严格要求自己，尊重别人，努力把自己培养成品德高尚的人。

（五）机遇只照顾勤奋而又有准备的人

通常讲成才，一不讲天赋，二不讲机遇。天赋各有不同，而且作用很大。但限于目前科学水平，还没有办法从生理上改变天赋，所以只好不讲。谈机遇，容易被误认为唯心主义、投机取巧。但事实并非如此。相反，不承认机遇，才是唯心主义。每个人一生中都会碰到好机遇，当然也有坏机遇。聪明人善于抓住好机遇，甚至创造好机遇，同时尽量避开坏机遇，把损失减少到最低程度。

英国法拉第是牛顿级的大物理学家，电磁感应的发现人。他出身贫困，父亲早年患病退休。法拉第12岁上街卖报，后来去一家书店当学徒。他从小对科学感兴趣，尤其喜欢电学，用微薄的工资买一点小电器做实验。不过，如果他放过了下面要说的那次机遇，他的天才也许会被埋没。

一天，英国皇家学会会长戴维来做报告。法拉第设法弄到一张入场券；届时，他早早地来到会场，找一个最便于收听的座位，把讲演内容详细记录下来；回家后仔细学习、消化和整理，搞懂以后，写出一篇完整详细的讲稿，就像是戴维自己写的一样；然后用正楷抄得整整齐齐，把讲稿寄给戴维，还附上一封信。信中说，我听了您的演讲，对我帮助很大，我希望能在皇家学会找到一份工作。如果您能助我一臂之力，会改变我的一生。这封信对演讲内容理解得很透彻，而且文笔流畅，字迹端正。戴维看后，大吃一惊，心想这么一个小镇，居然有这样优秀的人才，真正十分难得。不久，戴维就推荐他到皇家学会当实验员，成了戴维的助手。从此，法拉第如鱼得水，进步非常迅速。一段时间以后，戴维发现他超过了自己。后来戴维说："我没有什么功劳，如果说有的话，那么就是我发现了法拉第。"如果法拉第平时不努力学习，就听不懂报告；如果没有准备，就抓不住这次机遇。可见机遇的确只照顾勤奋而又有准备的人。法拉第不仅贡献大，而且人品高尚，是值得尊敬的大科学家。

三百六十行，行行出状元。下面是一个青年搓澡工人成才的故事。一天，有位老师傅来洗澡，年轻人给他搓洗得干干净净，而且有说有笑，态度非常和蔼，工作又很认真。搓完澡后，还给按摩，让老人浑身通畅。这本来不是他分内的事。临别，老人握着他的手，说："你真是一个好工人，我还没见到过像你这样热心的好人。不过，如果你的按摩技术再提高一点，那么就更好了。"青年工人说："我正想提高呢！但找不到师傅。"老人说："远在千里，近在眼前，我就是按摩师。"从此，工人跟他学，进步很快。不久，又有一位戴眼镜的中年人来洗澡，工人同样为他服务。临别，客人说："你的服务态度和技能让我感动，为什么不写点东西，传播你的先进经验呢？"工人说："我正有这个意思，但是我不会写啊！"客人说："不碍事，我是语文老师，你来上我的夜校吧！"两年以后，工人果然写出了书稿，却苦于无钱出版。正为难间，又有一位衣冠楚楚的人来光顾。他受到同样地热情接待。原来，这位客人是出版商，他毫不犹豫地把书出版了。青年工人的事迹就这样得以远近传播。

勤奋可以使人小康，机遇可以使人辉煌。

法国前总统蓬皮杜说："一个人非常重要的才能在于善于抓住迎面而来的机遇。机遇产生于交际中。从一定意义上说，交际是人们达到所向往的彼岸必不可少的桥梁。交际能以最少最快的时间获得最大的信息量。所以大凡有作为的人从不轻视交际的功能与价值。"上述法拉第与青年工人的故事是这一段话最好的印证。

名人成功的启示
——学业、就业、创业与立业

（一）学业、就业、创业与立业的关系

学业是基础，通过学习，掌握专业的基本理论、基本知识和基本技能，培养独立工作能力。就业是指应聘到某一单位工作，作为该单位的一名员工。创业是说自己建立门户，创办新的事业，意义更重大，困难当然也更多。就业与创业不是一回事，但也有许多共同点，因此我把两者放在一起来讲述。立业是指在创业的基础上，发扬光大，使事业更辉煌，为国家和人民做出大贡献。

学业、就业、创业与立业，四者的共同点是都需要理想、勤奋、坚持、方法和机遇。这十个字非常重要。理想是指一个人的志气和抱负，它决定了人生方向、奋斗目标，决定了兴趣爱好，并为前进提供动力，最后在很大程度上，理想决定一生的成就。因此，高尚而远大的理想，对每个人都是十分必要和十分重要的。有了理想，必须非常勤奋，为其实现而努力奋斗，遇到任何困难，也必须坚持，坚持再坚持，同时不断地改进方法，加大力度，利用一切好的机会。这样才能走向成功。

但四者也有不同点：学业基本上是内向的，专业确定以后，主要靠自己努力；而创业与立业则是双向的，除自己努力外，还必须注意形势发展、市场动向、人际关系等。根据市场变化以调整营业方向，既要坚持，又要灵活，不能把自己捆绑在一棵树上。有人说勤劳致富，这是不全面的。聪明加勤劳才能致富。只有高学历、好分数是不够的，还需要魄力、勇气、胆识和坚强。

（二）莫斯科大学如何培养研究生

20世纪五六十年代，苏联是世界两大超级大国之一。它的科技达到国际先进或领先水平。1955年至1958年，我在莫斯科大学数学力学系当研究生。一天，忽然听说苏联发射了一颗人造卫星，这是有史以来破天荒第一次，使我大为惊奇。卫星怎么能人造？从此引发了美苏航天事业的竞争。

我上大学四年，正值全国解放，政治运动很多：镇压反革命、"三反""五反"、下乡"土改"、思想改造、抗美援朝，一个接一个，没有念多少书。出国前，数学前辈说我国数学的薄弱环节有三：计算数学、偏微分方程、概率论，他们劝我学概率论。但什么是概率论，我在大学连名字也没听过，那时国内没有一本概率论的书。直到出国前半年，我在新华书店偶然发现了一本，那是苏联人写的，丁寿田先生译成了中文。我赶快买回来，在北京俄文专修学校偷偷自学了两三个月，就这样出国了。到莫斯科大学，导师给我订学习计划，问我"学过概率论吗？"我说学过了。"学的是什么书？"我说是格涅坚科（Б. В. Гнеденко）著的《概率论》，他说那好，就这样算是入了门。接着给我确定专业方向，制订学习计划。三年分成两段。第一段考五门专业课，外加政治理论课与俄语。每门专业课指定一两本书，全靠自学。等自以为学通了，便申请考试。系里请三四位教授组成考试组，若考试及格，便算这门课通过了，接着再学下一门。

这七门课中，最难的是杜布（J. L. Doob）写的《随机过程论》，非常难念，连苏联人也认为是一部天书。全书有600余页。开始我每天只能看一页，翻来覆去，做详细的笔记，告诫自己，千万不能图快。就这样，一天看下来，还是留了五六个问题。只好先放下来，记在心里，再看下页。这使我非常忧虑，我的学习时间只有三年，照这样的速度，光念这一部书就得两年。但毫无他法，只能奋力坚持。不料一个多月后，奇迹出现了，我居然每天能看三四页，而且前面积累的问题，也大多数解决了。其原因，是我自己经过这样苦读，能力已经大大提高。

考试全通过后，进入第二阶段，即写论文。在导师的指导下，确定我的论文题目是"生灭过程构造论"。在相当长的一段时间里，简直不知从何下手，也不清楚怎样才算把问题解决了。我整天从早到晚工作在图书馆里，放弃了一切休闲的机会，包括沿伏尔加河旅游。就这样，经过三四个月的日思夜想，才慢慢走上轨道。半年后，奇迹再次出现，论文进展竟非常迅速，连导师也很惊奇。我终于通过了论文答辩，如期回国工作。

苏联在大学里不培养博士，只培养副博士。一般取得副博士学位后，要发表一系列高水平的论文，取得社会公认后，再去某大学申请博士学位。因此，中国留学生，一般只能得到苏联的副博士学位。

莫斯科大学学术风气浓厚，大师云集，仅数学力学系就有苏联科学院院士十余位，他们大多是国际著名的专家，走廊上贴满了学术活动的通知。教授们讲课各有特色。我慕名去听了几位先生的讲演。一位是柯尔莫哥洛夫（А. Н. Колмогоров），他是现代概率论的奠基者，也是我名义上的导师。他每次讲课，许多教授都去听，因为他讲的并不是已有的东西，而是他正在构思的新思想。由于不成熟，讲着讲着，有时讲不下去了，便对听众说：快救救我。但谁也救不了他。另一位是庞特里亚金（Л. С. Понтрягин），他是拓扑学专家，后来转向研究控制论，取得很好的成果。不幸的是他从小双目失明，但写出来的书却是十分严谨、蜚声国际的名著。上课时，助手领他进教室，没有讲稿。他讲一句，助手就在黑板上写一句。讲着讲着，他忽然停了下来，对助手耳语了几句，助手转过身来，改正了黑板上的错字。这使听众大为惊奇，他是怎么发现错误的呢？

高水平，严要求，我想这是著名学府的共性。在这样的环境里，使人感到数学就像一支飞箭，每时每刻都在高速前进，要赶上步伐，必须非常非常努力。虽然吃了不少苦头，但为以后的发展，打下了坚实的基础。

（三）杨振宁谈治学与研究

杨振宁先生很关心青年人的成长，多次言传身教，纵谈他的心得与体会，很值得学习。

首先，找到自己最钦佩的人。杨说他特别佩服的三位是爱因斯坦（A. Einstein）、费米（E. Fermi）和狄喇克，他们都是大物理学家。三人的风格虽不一样，但有一共同点：都能从非常复杂的现象中提出本质，然后通过深入的思考，用数学简明地表述出来。爱因斯坦就是找到两条原理：相对性原理和光速不变原理，然后，（据爱因斯坦夫人在一篇回忆录里谈到）把自己关在楼上三个星期，集中全部精力，用数学精确论述，成为学术论文。

艺术家、表演家各有自己的风格，这容易理解，科学是研究客观实际的，谈什么风格呢？杨振宁说，客观实际存在美妙之处，各人对这种美妙感受不同，因而发展成自己的研究方法和风格。

有些年轻人气盛自负，往往瞧不起任何人。其实这是愚蠢的，等于蒙蔽了自己的眼睛。聪明人善于找到自己的老师，并虚心向老师学习。诚如牛顿所说，只有站在巨人的肩上，才能看得更远。

其次，中西结合的治学方法。早年杨先生在西南联合大学上学，给他影响最深的是吴大猷、王竹溪两位教授。教学方法主要是演绎法，即从几条基本原理通过数学演算和逻辑推理，得出种种新结果来。后来杨振宁在芝加哥大学念博士学位，接触较多的是泰勒（E. Teller）教授，后人称他为"氢弹之父"。泰勒做研究的特点是有许多直观的见解，其中90%是错的，但他从不害怕别人说他错。杨先生说，只要10%是对的就足够了。他从泰勒那里学到归纳法。这两种方法对他后来的工作起了决定性的作用。

最后，按部就班与渗透。中国大学的教学以严谨而著称，特别是数学和物理。按部就班，层层推理，这种教学可以培养学生的科学精神和演绎能力，但进度慢，视野狭窄。西方则注意让学生广泛涉猎，听演讲，参观，道听途说，都可以获得知识，哪怕是初步印象。等到要用时，再去深入追究。杨振宁把这种方法叫渗透法。他认为应该把这两种教学方法结合起来。其实，我们早已如此，不过不太自觉而已。

（四）包玉刚与苏伊士运河

包玉刚（1918—1991）浙江宁波人，生于小商人家庭，后来成为香港巨商，世界十大船王之一。他的创业与立业，富有传奇性。

幼年包玉刚，曾在上海吴淞船舶学校就读，随后投身金融界，先后在中央信托银行、中国工矿银行、上海市银行上班。1949年，随父亲来到香港，做点进出口生意。但包玉刚不满足，凭着几年进出口的经验，他敏锐地对香港的地理环境发生了兴趣。他觉得这里背靠大陆，面临大洋，没有什么比发展航运更有利！这一思想对他一生产生了巨大的影响。说干就干，在朋友的帮助下，他从日本神户银行借款买进了一艘已有20年船龄的旧货船，8 200 t，从此他有了第一艘船。但他没有去当船长，而是租给了日本山下汽船公司。他之所以这样做，是有自知之明：自己不熟悉航海业务，不如长期出租，可以稳收租金。不久，真是"时来风送滕王阁"，好运来了，铁门也挡不住。1956年，埃及总统纳赛尔占领苏伊士运河两端，不允许非友好国家的船只使用运河。从此大多数船只来回欧亚时须绕道非洲的好望角。于是船只需求非常紧张，租金暴涨，而包玉刚租给日本人的那艘船恰好租期刚满，续租租金大涨。从而包玉刚初尝甜头，大获其利。这是他的第一桶金。接着，包玉刚又从汇丰银行信贷部借款75万英镑①，订购新船。只一年光景，他通过这种用贷

---

① 英制. 英国货币单位.

款买船的方式，成为 7 艘船的主人，生意越做越大。在汇丰银行的支持下，1967 年，开始收购大小油船，向日本造船厂订购 8 艘超级油轮。1970 年，成立"环球航运集团有限股份公司"，次年成为汇丰银行董事局的副主席，被称为"东方的奥纳西斯"（希腊船王）。据 1977 年《吉尼斯》记录，世界十大船王年运载量，包玉刚遥遥领先，为 1 347 万吨，其次是日本三光 594 万吨，英国么那 523 万吨，奥纳西斯 448 万吨。

包玉刚的又一次飞跃发生在 20 世纪 80 年代初。他预感到航运业即将大衰退，便毅然决然卖掉 100 多艘船，将资金转移到陆地上，以巨资收购九龙仓（包括股票、土地资源、多家公司等）和会德丰。这样，他登上了香港十大财团的龙虎榜。1985 年，包玉刚捐资兴建宁波大学，从此浙东半岛有了自己的大学。

包玉刚之所以能获得巨大成功，主要原因有三：一是有远见卓识，加上好的机遇，如认识到在香港发展航运业的意义与可能，纳赛尔封锁苏伊士运河以及预见航运业的衰落等；二是出租船只要定期租赁（而不是零散租出）；三是取得银行的配合。但要做到这些，就必须有良好的信誉和诚实的态度，包玉刚一贯提倡最佳服务和实惠政策，这是他成功的精神动力。

（五）李嘉诚成功"三步曲"

李嘉诚是香港首富，华人首富，也有人说是亚洲首富。2000年，美国《福布斯》杂志发布世界富豪排行榜，李嘉诚以 126 亿美元，约合 983 亿港元的个人财产，名列第 10。2004 年，英国《泰晤士报》公布全球 50 名富豪榜，李嘉诚排名第 25，他经营的房地产、酒店、电力、港口码头、石油、金融，遍布全世界五洲四海。

1928 年，李嘉诚出生于广东潮州，父亲是教师，后来家境衰落，生活艰苦。1941 年，全家迁到香港。14 岁，李嘉诚辍学，那时他刚念完初中二年级，便去茶楼打工跑堂。一次，他不慎把一壶开水倒在地上，弄脏了客人的衣裳。他吓得浑身发抖，正等待客人的打骂。不料那客人不仅没有发怒，反而替他开脱。事后他说："如果还能找到他，我一定让他安度晚年。"可见对人要宽大。李嘉诚善于观察，两年茶楼奔波，使他接触到各种人物，了解他们的特性，从而学会如何与人相处。在各种客人中，他最羡慕实业家，这激发了他奋发图强、出人头地的愿望。两年辛苦，这也许是他的最大收获。

17岁时，李嘉诚离开茶楼，到一家塑胶厂当推销员。他又有了广泛接触群众的机会，同时也逐步熟悉了塑料行业。后来他回忆说："三年推销工作所学到的，我今天用10亿、100亿元也买不到。"

1948年，李嘉诚从就业转向创业了。他用积存的7 000港元，租了几间破旧的房子，创办了"长江塑胶厂"。通过对市场的观察，发现人们为了美化生活，家庭需要摆设，因而塑胶花特别紧俏。于是他便大力生产塑胶花。到20世纪50年代末，不仅行销香港，而且大量销往欧美。这让李嘉诚赚了几千万港元，而且使他在企业界崭露头角，成为"塑胶花大王"。

1958年，李嘉诚除继续经营塑胶外，又投资地产业。他善于经营，逐步地走向地产业的顶峰。1972年，股票市场狂热，他所经营的长江实业公司股票也上市。到1981年，除香港政府外，李嘉诚成为香港最大的土地所有者。

从塑胶到地产，到股票上市，李嘉诚一帆风顺，但他马不停蹄，居然打起英资企业的主意来。当时香港由英国殖民管治，吞并英资公司是一般人难以想象的。李嘉诚把目标瞄准"和记黄埔"，这是和记洋行和黄埔船坞合并的产物。前者旗下有20多家公司，规模巨大；黄埔船坞的历史更早，到20世纪，它已是香港三大船坞之一，并且拥有自己的码头货仓。1980年11月，李嘉诚已持有超过40%的和记黄埔股票。1981年元旦，李嘉诚登上了和记黄埔董事局主席的宝座，成为第一位执掌英资洋行的华人，从而获得"香港超人"

称号。

塑胶花—地产、股票—和记黄埔，这就是李嘉诚的"三步曲"。

好戏连台，随后的大手笔还有收购香港电灯公司、修建东方广场、从事慈善事业、开办多家医院等。万事东流水，教育可长存。20 世纪 80 年代，李嘉诚捐资汕头大学，为家乡与国家培养人才。邓小平说："福建有个陈嘉庚，广东有个李嘉诚。"从此陈李齐名，永远记在人们心中。

事业有大成，必有过人处。远见卓识、力求上进、谦恭好学、与人为善，是成功者的共性。李嘉诚也如此。但他还有非常人所能及的特点：创业初期靠自己，发展起来就要靠群体。李嘉诚非常善于用人：用新人，用洋人，用年轻人。每一项新事业，启用一批懂行的新人，以迅速进入角色；用洋人，以吸取国外经验，广交朋友；用年轻人，使企业朝气蓬勃，勇于创新。

李嘉诚的经历，谱写了一个贫苦青年奋斗成功的故事。从 14 岁茶楼打工起，赤手空拳，全凭智慧和勤劳，开创自己的事业。成功以后，念念不忘回报家乡、祖国和人民。他的事迹，值得学习和借鉴。

下面引李嘉诚的原话，作为他成功经验的概括：

"只要勤奋，肯去求知，肯去创新，对自己节俭，对别人慷慨，对朋友讲义气，再加上自己的努力，迟早会有所成就，生活无忧。当生意更上一层楼的时候，决不可有贪心，更不能贪得无厌。"

（六）逐步逼近，学业为本

当前由于全球金融危机及其他原因，就业与创业面临许多困难，引起政府、学校和各界人士的关注。形势也在逐步好转中。许多院校举办招聘会，如广东省主办 2009 年应届女大学生招聘会。《广州日报》2009 年 4 月 25 日报道，广东省设创新基金，大学生创业可获 20 万元无偿资助。希望大家多注意这方面的动态，获取最新讯息，争取好的机会。

同学们前程远大，来日方长。要把眼光放远些，多渠道，广分流，大城市固然好，但不要光盯着大城市。只要有用武之地，可以去农村，去西部，去基层，那里同样可以建功立业，甚至更容易见成效。万一初选不利，可以另择工作。刚才讲过的包玉刚、李嘉诚，也是逐步逼近，多次就业，然后创业的。其次，如果事业与家庭有矛盾，应先考虑事业。事业顺利，家庭问题容易解决。

2009 年 4 月 20 日《科技日报》报道了一位大学生师曾敏创业的故事。他 1994 年去华中农业大学学果树栽培，毕业后放弃机关工作，选择去四川一家园艺公司打工，条件不错，还当上了公司副总经理。但他创业心切，1999 年回老家农村，致力于"桂花经济"，栽培桂花，但以失败告终，只好外出打工。三年后，他又回到家乡，栽培有机水果，这次他吸取了之前的教训，发展非常顺利。到 2007 年 4 月，他的有机果园已达到 1 000 亩[1]，有桃、李、杨梅等十余品种，2008 年产值 200 万元，而且带领 300 多户农民走上了致富之路。现在他已获得"全国农村青年创业致富带头人标兵""湖北省十大杰出青年农民"等荣誉称号。

说到底，就业的基础还是学业。自身条件越好，被选中的机会就越大。2008 年，我校数学科学学院的一位女博士毕业，有几个单位要她，最后去了中国工商银行，在北京金融街上班。同年应聘的还有两位博士，一位是北京大学学物理的，一位是清华大学学电脑的。再就是她，学概率论。她成绩好，而且在国外发表了关于金融方面的数学论文，所以才被银行录取。（写于 2009 年 5 月 2 日）

---

① 旧制．15 亩＝1 hm²．

学海微茫，勤奋可渡①

——读名人传记有感

　　许多人都有业余爱好，我也不例外：喜欢看一点名人传记。既是名人，总有些特殊贡献、特殊才能或者特殊的经历。这种种特殊，正是引人入胜的地方。的确，文天祥的气节，司马迁的文章，鲁迅的战斗精神，不正时时激励着我们，成为我们前进动力的一部分吗？

　　我不是传记作品的研究者，甚至够不上一个细心的读者，只不过随便翻翻而已。就是随便翻翻，仍然受益不少，有些情节，竟是终生难忘，成为思维中不可分割的部分，可见其印象之深。

　　记得第一次听到法国作家巴尔扎克的大名时，我就为他的多产而震惊，他只活了 51 岁，而作品却非常之多，而且有不少是世界名著。光是他的《人间喜剧》，就包括 94 部小说。94 部，这意味着什么呢？姑且算他 20 岁开始动笔吧，每年平均得写 3 部。而一部书，且不说创作，就是抄写一遍，也得花上许多时间和精力。这样，就自然产生一个问题：他是用什么方法写作的？为什么能写这么多？于是我去查他的传记，专攻此点，不及其余，终于让我找到了答案，尽管这答案未必完整。原来巴尔扎克是个有心人，立志要写一整套长篇小说，反映法国的社会生活。他平日又善于观察，勤于记录，积累了许多资料和素材。一旦到他认为时机成熟，可以动笔时，就把自己关闭起来，锁上门，拉下窗帘，断绝与外界的一切联系，只让人每天送饮食来。于是，他得以专心致志地从事写作，每天工作达十五六个小时，不分昼夜。如此连续作战，直到他兴高采烈地捧

----

　　① 天津日报，1983-01-18.

着一部新作品，从房内雀跃而出为止。通过这个故事，我不仅学到了一点工作方法，更重要的是，初步懂得了什么叫"勤奋"。

后来，由于偶然的机会，我又借到一本《苏沃洛夫传》。苏沃洛夫是俄国著名的将领。有一次，率兵过阿尔卑斯山时，他曾对部下说过一番话，很有意思，值得一读。大意是说：你们要努力上进，不要松懈。鞭策自己的一个好方法是找一位你认为最值得崇敬的历史人物，把他当作你的导师，同时也当作你的对手。仔细地学习他、研究他、赶上他，最后超过他，这样，你就永远不会满足，永远生活在追赶和前进的道路上。他这番话和我国的一句古话"取法乎上"在精神上是一样的，用现代的话来说，也就是"高标准、严要求"的意思，不过说得很形象、很生动，所以我至今仍然记得很清楚。

但最使我感动的，还是高尔基的经历。许多人都知道高尔基是世界级文豪，但未必能想象得出他童年是如何不幸。历史巧妙地把两个极端集中在一个人身上（一端是极其突出的成就，一端是极为不幸的童年），真是一个奇迹，令人感叹不已。鲁迅曾说："高尔基的一身，就是大众的一体，喜怒哀乐，无不相通。"① 高尔基3岁丧父，自幼寄养在外祖母家，11岁丧母后被迫自谋生活，先后当过洗碗工、码头工、面包师傅、流浪汉。他只上过两年小学，却非常喜欢读书，白天受尽折磨，晚上仍然偷着读书，为此遭到老板娘的毒打。有一天，用来打他的木棍上的刺扎进了他的皮肉，人们从他身上夹出了42根木刺，医生激于义愤，动员他去法院控告。但高尔基说，只要老板娘能让他看书，他就不去上告。由此可见，为了争取读书的机会，高尔基付出了多么高昂的代价！后来，高尔基多次谈到读书在他成长中的作用。他在《我怎样读书》中说："书籍使我的智慧和心灵受到鼓舞，帮助我从生活的泥沼中爬出来，如果没有书

① 鲁迅. 鲁迅全集：第6卷. 北京：人民文学出版社，1980：549.

籍，我会在泥潭中被愚蠢和庸俗窒息而死。书籍渐渐扩大了我的眼界，它告诉我，人们在追求美好生活的斗争中是多么伟大、多么优美。它告诉我，人们在世界上完成了多少丰功伟业，并为此经受了令人难以置信的苦难。"

高尔基的故事使人感动，使人奋发，使人信心倍增，使人朝气蓬勃。它告诉我们，从小学二年级到世界文豪的道路虽然极为曲折，却并非完全不可到达。"路漫漫其修远兮，吾将上下而求索。"高尔基终于实现了他的理想。

我们生活在幸福的社会主义时代，每个青年，只要努力学习和工作，都会有美好的前途，都可为祖国的繁荣昌盛贡献自己的聪明才智。差别当然是有的，那是由于各人的情况不同，经历各异。一些人顺利些，一些人曲折些，或早年失学，或高考落第，或工作不理想，或虽上学而成绩欠佳……如果碰到这种情况，请你不要灰心，不要消沉，想想高尔基吧！我们的困难，比起他来，也许算不了什么。

前进的道路非常宽广，在校青年可以成才，待业和就业青年，也同样可以成才。各行各业都有状元，都有先进，关键在于善于学习。要学文化，学科学，学技术，更要学习好思想、好品德、好作风。学海微茫，勤奋可渡。振兴中华，舍我其谁！今朝人领路，明日领路人。希望青年同志们作好充分准备，以迎接历史赋予我们的光荣使命。

五、 方法浅识

自然科学研究的一般方法[①]
——人与自然的智力角逐

一切先进的科学技术，无一不是建立在对自然规律深刻认识的基础上的。而发现这些规律并利用它们为实践服务，正是自然科学的任务。自然科学的范围非常广泛，包括数学、物理、化学、天文、地理学、生物等。每门学科的研究对象不同，从而方法也不完全一样，各有自己的特点。虽然如此，由于自然界是一个整体，各种对象相互联系、彼此制约，因而个性中必然寓含着共性。探讨自然科学研究的一般方法，对于促进科学技术的发展，是有一定帮助的。

万有引力是怎样发现的？电子是怎样发现的？细菌又是怎样发现的？前人怎样从群星争耀、高不可攀的天空找出天体运行的轨道？怎样从瞬息万变、杳不可寻的微观世界发现原子的构造？怎样从万象纷纭、自强不息的生物界理出进化的规律？这许多问题激励着我们，努力寻找新的真理。前人的奋斗精神和科学成果，增强了人们寻求新的真理的信心。前事不忘，后事之师，难道我们不应当从中学习些什么吗？

---

① 红旗，1979，（2）：157-164.

　　做任何事情，都要讲究方法。方法对头，才能事半功倍。在科学研究中，方法问题也相当重要。用唯物辩证法武装头脑，对每个科学工作者都是十分必要的。许多卓越的科学家如爱因斯坦、拉普拉斯等人都非常重视方法。拉普拉斯说："认识一位天才的研究方法，对于科学的进步……并不比发现本身更少用处。科学研究的方法经常是极富兴趣的部分。"① 数学大师欧拉讲课时喜欢讲点轻松的东西，让学生感到惊异，并向他们介绍发现的思想。

　　科学发现的过程是人类对自然规律的认识过程，是人类对整个客观世界认识过程的重要组成部分。因此，它必须以辩证唯物论的普遍原理、特别是唯物论的认识论作为指导思想。历史事实证明：在马克思主义产生之前，许多重大的科学发现都是不自觉地运用唯物论和辩证法的结果。

　　我国古代科学家在科学技术上做出了重大贡献。明朝李时珍的名著《本草纲目》，是国内国际一致推崇和引用的重要药典。由于时代的限制，李时珍当然不可能学习辩证唯物论。然而通过长期的实践，他深深体会到，为了完成这项工作，除了要向群众学习、"搜罗百氏"、尽量吸收前人的成果外，还必须深入实际、"访采四方"。因而他不辞辛苦，长年奔走于河南、江西、江苏、安徽等地，收集各种标本与药材，然后分门别类，从理论上进行系统的研究。他的这种坚持实践并提高到理论的科研方法，是不自觉地和唯物论的认识论相符合的。

　　北宋的沈括，也是从实地考察出发，有许多新的发现。他在《梦溪笔谈》中写道："予奉使河北，遵太行而北，山崖之间，往往衔螺蚌壳及石子如鸟卵者，横亘石壁如带。此乃昔之海滨，今东距

---

　　① 拉普拉斯，著. 李珩，译. 宇宙体系论. 上海：上海译文出版社，2001：445.

海已近千里。所谓大陆者，皆浊泥所湮耳。"① 他从太行山麓有大量的螺蚌壳以及还有许多海滨常见的卵石两个事实出发，运用自然现象相互联系、不断运动的辩证观点，通过分析比较，发现今天的千里平原，乃是过去的海洋。此外，他又通过对雁荡山的考察，提出流水侵蚀地形的形成原理。他的这些发现，在西欧，直到18世纪末英国人郝登才提出，比沈括约晚700年。

以上说的是成功的事例。当然，有时还有这种情况，如果缺乏正确的指导思想，即使做出了重要发现，也可能熟视无睹。18世纪，化学界流行着一种错误的理论——燃素说。它认为：某物体之所以能燃烧，是因为它含有一种特殊的物质，名叫燃素。可是，什么是燃素，却谁也没有见到过。1774年，英国的普利斯特列，在将氧化汞加热后得到一种新气体，它会使蜡烛烧得更旺。今天，我们知道，燃烧是燃烧物质和空气中的氧相化合的过程。普利斯特列找到的正是氧气。可是，不幸得很，他是一个燃素论的坚持者。他从燃素论的观点出发，错误地解释了自己的发现，说新气体是不含燃素的，碰到蜡烛，便贪婪地从蜡烛中吸取燃素；既然燃素大量释放，所以燃烧便非常旺盛。这样，他虽然析出了氧气，却不知道自己所析出的是什么。正如恩格斯所说："从歪曲的、片面的、错误的前提出发，循着错误的、弯曲的、不可靠的途径行进，往往当真理碰到鼻尖上的时候还是没有得到真理。"②

牛顿的故事更能发人深思。牛顿是卓越的科学家。他在力学三定律和万有引力定律的发现中，在光的微粒说以及微积分学的建立中，贡献是巨大的。然而，令人遗憾的是，像他这样罕见的科学工

① 李群，注释.《梦溪笔谈》选读. 北京：科学出版社，1975：46.

② 恩格斯. 自然辩证法. 见：马克思，恩格斯. 马克思恩格斯选集：第3卷. 北京：人民出版社，1972：553.

作者，却同时又是上帝最虔诚的信徒。他在后半生中，竟用了 25 年的时间来研究神学，企图证明上帝的存在，白白浪费了宝贵的生命。思想如此深刻却又如此荒唐，这是为什么呢？恩格斯说得好："许许多多自然科学家已经给我们证明了，他们在他们自己那门科学的范围内是坚定的唯物主义者，但是在这以外就不仅是唯心主义者，而且甚至是虔诚的正教教徒。"① 牛顿出身于宗教气氛非常浓厚的家庭，从小受着信奉上帝的教育。当他研究自然现象时，他不能不承认自然规律的客观实在性，因而具有自发的唯物主义思想倾向，认识到行星绕日、彗星遨游、物体落地都是万有引力作用的结果。但当上帝的魔影在他头脑中作祟时，他就迅速地陷入了唯心主义的泥淖，变成了宗教的狂热分子。

由上所述，可见探讨科学研究的方法的重要意义，在于帮助科学工作者自觉地掌握正确的思想方法和工作方法，帮助他们提高科学素养，其中包括对科学的见解、才能和知识；在于从科学发展的长河中，批判和继承前人的观点和方法，作为将来的借鉴，从而认识科学发展的主流、趋势、前沿和远景，以便安排我们的工作；最后还在于帮助科研人员通过自己的实践，更好地学习唯物论和辩证法，使他们成为本行的专家。

科学研究的方法绝不仅仅是一个方法问题，而是与世界观紧密相连的。热爱人民、热爱真理、热爱劳动，是掌握科学方法的重要前提。马克思说："科学绝不是一种自私自利的享乐。有幸能够致力于科学研究的人，首先应该拿自己的学识为人民服务。"② 革命导师在进行任何工作时，对自己都提出最高的要求，态度十分严谨。在

---

① 恩格斯. 自然辩证法. 见：马克思，恩格斯. 马克思恩格斯选集：第 3 卷. 北京：人民出版社，1972：528.

② ［苏］保尔·拉法格，著. 马集，译. 回忆马克思恩格斯. 北京：人民出版社，1973.

对问题的解答尚未完全满意以前，在自认为尚未遍览全部有关资料以前，他们从不公布自己的结论。马克思对自己的作品力求完美充实，事实、内容、观点、结论自不待言，就连文体，他也非常注意。为了使文字简明准确、通俗易懂，他常多次改写底稿，使之成为完整的艺术品。

一个人的理想越崇高，他的工作毅力也就越坚强。毅力产生于理想中，勇气产生于斗争中。缺乏崇高的理想、认真的态度和高涨的劳动热情，就不可能掌握科学的方法。

我国古代在学术研究中，非常重视方法论。晋朝陆机的《文赋》、梁朝刘勰的《文心雕龙》，对文章的创作方法作了系统的精辟论述；司空图的《诗品》、严羽的《沧浪诗话》、王国维的《人间词话》以及许多其他著作，对诗词的评价和创作都有所阐发。

清末的梁启超，在他所著的《清代学术概论》第26节中，曾比较他和他的老师康有为的治学方法，颇有意思。他说："启超与康有为有最相反之一点，有为太有成见，启超太无成见。其应事也有然，其治学也亦有然。有为常言：'吾学三十岁已成，此后不复有进，亦不必求进。'启超不然，常自觉其学未成，且忧其不成，数十年日在彷徨求索中。故有为之学，在今日可以论定；启超之学，则未能论定。然启超以太无成见之故，往往徇物而夺其所守，其创造力不逮有为，殆可断言矣。启超'学问欲'极炽，其所嗜之种类亦繁杂。每治一业，则沉溺焉，集中精力，尽抛其他；历若干时日，移于他业，则又抛其前所治者。以集中精力故，故常有所得；以移时而抛故，故入焉而不深。"

康过于"有我"，因而排斥新思想；而梁则过于"从众"，故常变主张而不能自造一新学说。但前者在独树一帜而后者在宣传普及新思想上，却各有所得。由于治学方法不同而导致治学成果各异。

梁启超还在《饮冰室合集，专集之十九》中谈到康有为的治学方法："康（有为）先生之教，特标专精、涉猎两条，无专精则不能成，无涉猎则不能通也。"

（一）科学实验与辩证思维

科学发现的两大武器是科学实验和辩证思维，简单说来，就是"试"和"想"。我们通过观察或实验，或者向大自然索取第一手资料，或者发现新现象，经过思维，把这些离散的资料联系起来，使之成为一个完整的新的思想体系。检验这个体系的正确性的唯一标准是实践，如果它能正确地解释已有的全部观测资料（内符），又能正确地预见和指导将来（外推），而且能够多次反复，那么，这就是新的正确的理论体系。

实验与思维，两者不可偏废。机械唯物论者忽视思维，唯心论者贬低实验，都是片面的。

前人说："一艺之学，智行两尽。"智指思维，行即实践。要养成深思熟虑的习惯。唐甄在《潜书》中说："心，灵物也；不用则常存，小用之则小成，大用之则大成，变用之则至神。"可见前人深知脑子越用越灵之妙。英国哈雷问牛顿："你为什么会有如此重大的发现？"牛顿说："由于不断思索的结果。"有些人长于实验，有些人善于思维，兼备这两种才能，甚为重要，但却很不容易。历史上有些重大发现，是这两种人共同协作的产物。行星运动三大定律的发现，是这方面的范例。丹麦天文学家第谷用了 30 年的工夫，长期观察行星的运动，积累了丰富的资料。他的观察才能非常出色，却不幸短于理论分析。幸运的是，在他逝世的前一年，请得一位德国青年开普勒当助手。后者恰好相反，观察技术并不高明，但理论研究却很有才华，而且酷爱数学。通过对第谷资料的分析，他起初假设太阳绕地球转，误差总是很大，与观察不符。于是改用日心说，假设火星绕太阳做圆周运动，计算结果仍不理想。最后他大胆创新，提出了"火星的运动轨道是椭圆，太阳位在椭圆的一个焦点上"的假设，结果与观察资料很好符合。就这样，第谷的精确观察与开普勒的深刻研究相结合，引导出行星运动三定律的发现。如果没有开普勒，第谷的辛勤积累也许会成为一堆废纸；反过来，没有第谷，也根本不会有开普勒的卓越成就。这些定律的发现，需要大胆的新思想。例如第一定律说"行星沿椭圆轨道运动，太阳位于椭圆的一个焦点上。"通常只能设想圆周运动，因为行星运动时受干扰并不太大，它与太阳的距离应该不变，怎能设想一会儿近一会儿远呢？所以总结出行星运动三定律确实是一个远远超越常人想象的大胆设想。难怪爱因斯坦说："开普勒的惊人成就，是证实下面这条真理的一个特别美妙的例子，这条真理是：知识不能单从经验中得出，而只能从理智的发明同观察到的事实两者的比较中得出。"①

美国科普作家阿西莫夫说："在人与自然界斗争的智力角逐中，有三步棋是一定要走的：第一，必须把关于自然界某些方面的观察资料都收集起来；第二，必须把这些观测资料条理化；第三，必须从已经条理化了的观察资料中找出概括这些观测资料的某些原理。"② 至于如何收集资料，如何条理化，如何概括出原理，必须善于实验与思维。

（二）科学研究的一般方法

下面围绕着"实验与思维"这个题目，分成10个问题来谈：

1. 选题与收集资料

选择专题，确定主攻方向，是具有战略意义的大事，领导者的远见卓识，主要就表现在这里。提出一般性的具有研究意义的问题需要学识，而指出开创性的新方向则需要巨大的想象力。历史上，

① 爱因斯坦. 爱因斯坦文集：第1卷. 北京：商务印书馆，1976：278.
② 阿西莫夫，著. 高文武，译. 什么是科学. 北京：《科学与哲学》，1980（4）：1-16.

伽利略首次提出计算光速的问题，康德、拉普拉斯研究天体的起源，都推动了科学的发展。为了正确选择主攻方向，需要对本学科的发展及目前的动态有较好的了解。任何学科在发展的长河中总有起伏，有进展缓慢的量变时期，也有大破大立、新思想新方向不断涌现的突变岁月。我们应了解目前的处境，这样才能恰当地选定研究的主题。

主题选定以后，下一步围绕它广泛收集资料。要充分掌握前人的研究成果，并尽量熟悉有关的具体事实。收集资料的方式有下列几种：

鲁迅式：为了研究中国小说史，他从上千卷书中寻找所需要的资料，正如他自己所说"废寝辍食，锐意穷搜。"《古小说钩沉》《唐宋传奇集》等书就是他辛勤辑录的成果。这是从文献中收集。

蒲松龄式："喜人谈鬼，闻则命笔。"他还特意摆上茶，请路过的人来喝茶讲故事。这是向群众索取。

达尔文式：他从 1831 年踏上军舰作航行考察时开始，远游海外，研究生物遗骸，观察生物习性，前后垂 27 年，终于写成轰动世界的《物种起源》，恩格斯称颂它是一部划时代的著作。这是直接向大自然要资料。

李贺式：唐朝著名诗人李贺，《新唐书》说他："每旦日出……遇所得，书投囊中……及暮归，足成之……日率如此。"可见他随时随地都在收集资料，然后"足成之"以制佳篇。

许多重大成果都是长期积累（渐变）与重点突破（质变）相结合的产物。如法国伟大的批判现实主义作家巴尔扎克创作时，关门闭户，不分昼夜，十几天写成一本书，一气呵成。这正是长期积累的结果。"涓涓不息，将成江河。""千里之行，始于足下。"要勤于做笔记，随时记下前人的见解和自己的心得。清代章学诚在《文史通鉴》中说："札记之功必不可少，若不札记，则无穷妙绪，如雨珠落大海矣。"

1845 年，恩格斯出版了《英国工人阶级状况》一书。事先他详尽地研究了前人有关这个问题的全部著作，审阅了各种各样的官方和非官方文件，其中许多是枯燥无味的官样文章。然而恩格斯还不满足，他认为必须以感性知识来充实自己。于是他亲自访贫问苦，倾听工人的意见，并调查他们的住宅、工资及衣食等情况。正是在这样充分掌握资料的基础上，恩格斯终于准确地描绘出一幅关于工人的贫困图画。

2. 观察与实验

科研开始于观察，其实岂止科研，就是文学创作、军事行动等也无不如此。孟德斯鸠在《波斯人信札》中说："勇于求知的人决不至于空闲无事……我以观察为生，白天所见所闻所注意的一切，晚上一一记录下来，什么都引起我的兴趣，什么都使我惊讶。"观察是一种才能，表现在能迅速抓住对象的主要特征上。法国短篇小说家莫泊桑曾向文学家福楼拜请教写作的方法，福楼拜说："请你给我描绘一下这位坐在商店门口的人，他的姿态，他整个的身体外貌，要用画家那样的手腕传达他全部的精神实质，使我不至于把他和别的人混同起来。""还请你只用一句话就让我知道马车站有一匹马和它前前后后50来匹是不一样的。"关于这点福楼拜进一步说："对你所要表现的东西，要长时间很注意地去观察它，以便发现别人没有发现过和没有写过的特点。任何事物里，都有未被发现的东西，因为人们观看事物时，只习惯于回忆前人对它的想法。最细微的事物里也会有一星半点未被认识过的东西，让我们去发掘它。"

有些重要的发现是直接由观察得到的。1977年3月，我国及美国等发现天王星有环就是一例，国际天文界称它为自1930年汤博发现冥王星以来50年间太阳系天文学的重大发现（以前人们认为行星中只有土星有环）。事情的经过是这样的，1973年英国格林尼治天文台预报，1977年3月10日天秤座内的恒星SAO158687将被天王星本体所掩住。根据这一预报，我国及美国等天文界按时进行了观察。出人意料的是：在天王星本体掩之前35 min，就出现了掩事件，光度计记录了光度读数下降7 s后回升，在以后的9 min内，光度计又下降了4次。每次1 s；在本体掩以后又发生了对称的5次掩事件。这说明天王星至少有5个环，主环宽100 km，其他环各宽10 km。

观察只能在自然条件下进行，而实验则可由人们事先控制环境、排除干扰、突出主要因素，因而能更好地调动人们的能动性，达到预期的目的。

有各种各样的实验，按其目的分类，有定性实验、定量实验、模型实验、析因实验、模拟实验、理想实验等。

实验需要理论的指导，后者的作用表现在实验的设计思想上，表现在对实验进程和结果的分析、处理与理解上。此外，先进的仪器装置、熟练的操作技巧，都是必不可少的重要条件。1974 年丁肇中等发现 J-φ粒子，如果不是他们事先花了很大力气以提高仪器的分辨能力，是不可能的。因为早在1970 年，美国布鲁克海文实验室就发现过与它有关的奇怪现象，但他们的仪器无法辨认出这是不是由新的粒子所造成的。

3. 关于假设

实验的次数是有限的，而人的想象却是无限的。人们通过想象，提出假设，以使有限的资料连续化，并使之外延。假设有待于实践的检验，它是理论的预制品，是发展科学理论的必要途径。恩格斯说："只要自然科学在思维着，它的发展形式就是假说。"

刘勰在《文心雕龙》中说过两句很形象的话："神与物游""随物宛转"。他讲的是文章的做法，其实科研又何尝不如此。思维应该追随物质而游动，产生想象，提出假设；同时还要随着事物的发展变化而不断修改假设，使之更好地反映实际。

假设是怎样提出来的？有下列方法：

（1）由特殊到一般：把在特殊情况下已证明无误的规律，提高为一般情况下的假设，至于它在一般情况下是否也正确，则有待于检验。这是比较重要的一种方法，因为总的来说，特殊比一般要具体些，好研究一些。例如，1856 年，巴斯德发现乳酸杆菌是使啤酒变酸的罪魁，后来，他又发现细菌还是使蚕生病的祸首。根据这两次经验，他终于领悟到细菌致病的一般原理，为医学做出了重要贡献。

（2）类比、相似或对称：已知在情况甲下结论 A 正确，又知乙与 B 分别和甲与 A 相似，于是，自然地提出假设：在情况乙下结论 B 正确。一般说来，人们对所研究的对象越陌生，就越想拿熟悉的东西来和它比较。例如，麦克斯韦把不可压缩的液体与电磁现象对比，因为两者在数量规则上相似。广而言之，许多在质上虽然不同的现象，只要它们符合相似的规律，往往可以运用类比的方法来研究。例如振动理论可用于机械的、电磁的、声的、热的、光的、地质的、天体物理的、生理的等振动现象中，甚至量子力学中的薛定谔方程也是古典波动方程的类似。

大家知道，自然界到处有对称性：阴电、阳电，正面、反面，生物躯体的左右对称等。今设在对称的一面某结论是正确的，人们自然想到，在对称的另一面类似的结论也可能成立。1924 年，法国人德布罗意正是根据对称和类比的思想，发现了实物的波动性。他的想法是：自然界在许多方面是对称的，而现今可观察到的宇宙是由光和实物组成，既然光有粒子性和波动性，那么，与光对称的实物也应具备这两种性质。

（3）移植：将某学科中的结果或方法移植到另一学科中。例如移用巴斯德的细菌致病说于医学中而产生抗菌消毒法；移用地震方法以研究月震等。

（4）经验公式：从分析实验数据中找出经验公式以待理论证明。例如开普勒从第谷的观察数据中找出行星运动第三定律：$T^2 = D^3$，

即行星公转周期 T（以年为单位）的平方等于它与太阳距离 D（以日地距离为单位）的立方。

（5）分类：对已经发现的对象进行分析整理，按照某些重要特征将它们分门别类，从而找出规律以预见将来。我国伟大的药学家李时珍很注意这点，他的分类方法很符合现代的科学原则。生物学中，由于采用分类而逐步引导到"物种起源""生物进化"等重要概念。门捷列夫将元素分类，排成周期表，根据表中空格而预言尚未发现的元素锗，更是脍炙人口的佳话。相反，如果对已有的发现缺乏深入的分析，那么很可能即使做出了新发现，也不会认识它。例如，不把已发现的基本粒子分类，人们就很可能不认识 $J-\phi$ 粒子的重要性而把它当作通常的粒子一般看待。分类的主要问题是按什么分类？必须按主要特征，没有抓住主要特征，不但不能揭露规律，反而会掩盖它们。对基本粒子，人们是按照寿命、自旋角动量、所参与的相互作用等特征来分类的。

4. 逐步逼近法

归纳法的主要关键也是巨大困难在于如何找出正确的假设，对此并无确定的程序可以保证把它找到。唯一的办法是采用逐步逼近法。第一次假设如果失败，就应找出原因，以便第二次假设时补救，于是我们前进了一步，如果继续前进，逐步逼近，最后总会找出正确的假设，但可能经历很长的时间，例如药物六〇六是经过 605 次失败才制成的。至于如何尽可能减少中间的步骤，则仰仗于人们的德、识、才、学。例如关于地震的成因，已经有了不少的假说：断层说（地下岩层突然破裂）、岩浆冲击说（地下岩浆冲击岩石）、相变说（岩石中的矿物结晶在温度和压力作用下从一种结晶态变到另一种态，引起突然的体积变化）、地球自转说（自转的突然变慢或加快）、板块说（地壳板块的相对运动）等，虽还没有得出最后的结论，但我们的认识正日益深化，不断提高。其他如癌症病因、太阳系起源等问题也处于类似情况。

5. 逻辑思维与科学幻想

经过实践证实的假设就成为理论、公理或定律。人们从公理出发，利用逻辑推理，就可得出第一批新的结论，然后根据这些结论及原来的公理或新的公理，又可推出第二批结论。如是层层推理，这就是人们的逻辑思维过程。逻辑思维与文学中的形象思维有所不同，后者主要依靠典型的艺术形象，而前者则主要依靠公理、概念、定理来思维。一个极其光辉的逻辑思维的例证是欧几里得几何学。爱因斯坦说："世界第一次目睹了一个逻辑体系的奇迹，这个逻辑体系如此精密地一步一步推进，以致它的每一个命题都是绝对不容置疑的——我这里说的是欧几里得几何。推理的这种可赞叹的胜利，使人类理智获得了为取得以后的成就所必需的信心。如果欧几里得未能激起你少年时代的热情，那么你就不是一个天生的科学思想家。"列夫·托尔斯泰在他的名著《战争与和平》中也讲到学几何的故事：老亲王鲍尔康斯基热心于教女儿玛利亚学几何学，每次都吓得她心惊胆战；他走到女儿身旁坐下说："小姐，数学是一门庄严的功课，它会把你脑子里的无聊念头赶出去。"这位老亲王不懂得教学方法是无疑的了，但他却能欣赏数学的"庄严"。这庄严，就是几何学中逻辑思维的严密性。数学在科学方法中占有重要地位，有人认为：科学方法乃是归纳与实验、演绎与数学相结合而完成的。

虽然如此，逻辑思维还只是全部思维的一方面；另一方面，有时甚至是更重要的一方面，是科学幻想。千里眼、顺风耳、腾云驾雾早已成为现实。罗巴切夫斯基几何起初被称为幻想几何，后来却被证实为很重要的一种非欧几何。科学幻想虽然大大超越了它的时代，超越了现实的条件，略去了许多中间的推理步骤，却提出了最终的奋斗目标，因而往往能推动科学的跃进，所以列宁说"幻想是极其可贵的品质"。科学如此，文学也如此。高尔基说："如果没有虚构，艺术性是不可能有的，不存在的。"车尔尼雪夫斯基也说："诗情中的主要东西，是所谓创作幻想。"在科学研究中，不仅要学会严格，而且要善于不严格。严格可以使人循序渐进，而正确的不严格却可能出奇制胜。许多新理论，如数学中的微积分，起初总是以不太完善、不很严格的形式出现，随后才是完善化、严格化。正确处理科学幻想和逻辑证明这一对矛盾，是不可轻视的。

科学幻想常被戴上唯心主义的帽子，或者被各种所谓的"极限论"所扼杀，但历史证明，错误的正是极限论者自己。1856 年，实证主义的创始人孔特断言天体的化学成分永不可知，但三年后发明的光谱分析立即推翻了他的不可知论。1964 年，巴黎大学教授俄歇又提出了四个极限：一为观察的极限，即观察的范围不能超过 100 亿或 150 亿光年；二为旅行的极限，人类不能访问其他的行星系；三为能量的极限，不能达到极强的宇宙线的天然能量（10^{18} 电子伏）；四为人类的思维能力是有限的。其中第一个极限已快超过了，第四个是不可知论的翻版，第二、第三个混淆了人类"今日做不到"和"永远做不到"的界限，它们迟早会被事实所推翻。

人类的认识能力无限，同样，人类的创造能力也是无限的。我深信，人类一定会造出比人更聪明的机器。大自然既然创造了人类，将来必定会创造更聪明的生物，而在人的合作下，这一创造过程会大大缩短。

6. 智力的超限

我们在电影中，有时会看到这样的镜头：一位平日弱不禁风的老太太，某时由于高尚思想所驱动，竟背起了一位伤员，逃脱了敌人的追捕。这是"体力的超限"。在科学研究中，也会出现"智力的超限"。某人长时期苦苦思考一个问题，他的头脑中已积累了许多有关信息，经过大脑不断的加工，他的思想已白热化了。忽然在某一刹那，或由于思路的接通，或由于外界的启发，他的思维立即由常态飞跃到高能的受激态，他超越了自己，超越了他平均的智力水平，完成了"智力的超限"，问题从而迎刃而解。这时他必须抓住机会，乘胜前进，否则时机一过，便会恢复常态而失去灵感。并非夸张地说，不经过这种智力超限，是很难取得重大突破的。哈雷（彗星的研究者）问牛顿："你为什么会有如此重大的发现？"牛顿说："由于不断思索的结果。"数学大家高斯说，有一条定理的证明折磨了他两年，忽然在一刹那间像闪电般想出来了。在科学中如此，在文学艺术和其他创造活动中也有类似情况。德谟克利特曾说：诗人只有处于一种感情极度狂热或激动状态下才会有成功的作品。柏拉图接受了这种诗人迷狂的理论。我们常见到乐队的指挥也处于迷狂状态。无怪乎木村久一说"天才就是入迷"。

7. 实验与思维的相互促进

人们通过观察或实验，发现新的事物，这些新事物往往不是原有的理论所能解释的，于是激励人们通过思维以创立新理论，这种新理论，又预见一些尚未发现的事物，等待人们通过观察或实验去检验。如是继续下去，我们称之为一个"发现过程"，记为

"实验→新事物→新理论→新事物→实验→"

    （发现）   （预见）

许许多多这样的"发现过程"汇总成整个科学发展的大过程，由此可见，实验与思维是相互促进的。

任何发展过程都有它的幼年、壮年和老年，每个发现过程也是如此。一般说来，新事物之出现为其幼年，理论上突破为壮年，随后它的影响逐渐衰减，不能再导致新的发现时达到老年。有些发现过程的寿命很长，而另一些则短些。由1895年伦琴发现X射线所揭开序幕的放射性元素的发现过程，由1928年弗莱明发现青霉素所开始的抗生素的发现过程等，至今仍有其强大的生命力。许多发现过程此起彼伏，汹涌澎湃，共同汇成自然科学飞速发展的洋洋大观。

8. 关于实践检验

实践是检验真理的唯一标准，这是马克思主义的一条基本原理，是非常正确的。能获得许多实践活动所检验的理论，连最顽固的不可知论者，也会在事实面前哑口无言。不可知论者有时所以嚣张，常发生在短时间难以用实践检验的问题上。例如：宇宙有限还是无限？时间有无开头？天体（生命、元素等）如何起源？对久已废弃的玛雅文字如何解释？哥德巴赫问题等。这些问题所以难于检验，或者由于它们涉及无限，或者由于难于重现。在这些短时间内难以用实践检验的问题上，科学家特别需要辩证唯物论的指导，才能保持清醒的头脑而不迷失方向。

9. 理论与实际的关系

正确处理这一关系，对科学的发展影响极大：片面强调任何一面而忽视另一面，必然会造成严重后果，这是历史事实所多次证实了的。理论联系实际，是处理这一关系的唯一正确方针。有些基本理论很快就得到应用，而另一些却等待了很长时间。公元前 350 年梅内克缪斯（Menaechmus）发现的圆锥曲线（包括椭圆、抛物线、双曲线），经过公元前 220 年左右的阿波罗尼奥斯（Appollonius）的苦心研究，发展成为相当完美的理论。然而，在随后的将近 2 000 年间，它几乎没有得到应用，直至开普勒、牛顿用它来研究行星的轨道，才取得了巨大的成功。另一方面，奥托·哈恩（Otto Hahn）发现核裂变后只 6 年，即 1945 年，就爆炸了第一颗原子弹。由此可见，从理论到应用的时间，不仅依赖于理论本身，而且涉及其他科学技术的发展水平，涉及社会实践的需要。在这个问题上不能操之过急。据说，昆虫学家施万维奇终生研究蝴蝶翅膀上的花纹，遭到许多嘲笑，说这是十足脱离实际的烦琐哲学。然而，由于列宁格勒（现圣彼得堡）被希特勒匪徒所围困，军事目标必须伪装起来，这时，人们发现对蝶翅花纹的构图原则只有十分模糊的概念，于是吸收施万维奇参加工作。结果他对保卫城市免于空袭作了十分有益的事情。这个故事说明理论储备是重要的。当然，在制订科研计划时应考虑实际需要而有轻重缓急之分，但这与反对、排斥基本理论完全是两回事。

10. 组织与领导

科研是面对大自然的永无休止的战斗，既要有善于冲锋陷阵的优秀战士，又要有多兵团的有机配合，更需要卓越的各级指挥员。科学发展越深入，它的社会化程度越高。现在，牛顿式、爱迪生式的个体和小集体的劳动者固然很重要，但科学发展的主流不能不是整个国家甚至国际的大兵团作战。这样，就必须研究科学本身，包括现阶段的主攻方向、各学科间的配合、队伍的组织、基地的建设等。目前新兴的科学学就是应需而生的一门新学科，值得很好注意。

中华人民共和国成立前，科学家的社会地位低下，近于皇帝大官们的弄臣。司马迁说："文史星历……固主上所戏弄，倡优所畜，流俗之所轻也。"许多能工巧匠和科学家，过着"科穷而后工"（穷困潦倒地从事优秀的科学工作）甚至"科工而后死"（科研取得卓越成就后被迫害致死）的悲惨生活。赵县石桥，雄视千载，然而它的修建者李春，却默默无闻。如果不是唐朝张嘉贞在《安济桥铭》中记一笔，甚至连他的名字也不会为后人所知。张嘉贞说："赵州洨河石桥，隋匠李春之迹也。制造奇特，人不知其所以为。"又说："非夫深智远虑，莫能创是。"《天工开物》的作者宋应星愤然地说："请那些热衷于科举大事业的人，把这本书扔到一边去吧！它对于猎取功名、追求高官厚禄是毫不相干的。"东汉名医华佗，医艺超群，万代景仰，却不幸被曹操所杀害，令人发指。此外，谁又能想到，人造卫星的第一个总设计师科罗廖夫是被判死罪的苦役犯，卫星上天后，仍不能公开露面，1966年因劳累过度而死于心力衰竭。

科学发展越深入，难度也越大。但这只是问题的一方面。另一方面，科学越前进，人类的知识和经验也越丰富，仪器和技术也越精巧，这些又为新跃进创造了条件。目前，我们正处于生产和科技飞速发展的年代。可以期望，在不久的将来，一个新的科学技术革命即将出现。它将在征服宏观与微观世界、改良和创造新的生物品种、利用新能源和新资源、提高产品质量、生产自动化以及攻克疑难病症、预防自然灾害等问题上取得重大进展。

（三）科学发展过程中的突破

自然科学的重大突破，标志着人类对自然规律的认识有了新的飞跃，基础理论有了重大的进展，并常能促进科学技术的发展，甚至带来重大的技术革新或技术革命。历史上电磁理论的建立导致工业电气化，原子核结构及核裂变规律的发现导致原子能的释放与利用，都是突破的重要先例。

1. 突破的方法

主要有两大类：或者从实验上突破，或者从理论上突破。详细说，可分为下列 7 种：

（1）通过实验或观察而发现新现象或新事物，从而打开了新领域的大门，或者揭开了某项发展的序幕，或者使研究进入了一个新层次。众所周知，自然界呈现着层次结构。例如，物理学研究的对象可分为五个层次：基本粒子、原子核、原子与分子、聚集态及天体。生物学的研究对象可分为群体、个体、细胞及分子四个层次。使我们的认识深入一个新层次的发现，都是一次突破。例如，细胞的发现，使生物学的研究由个体水平进入细胞水平；随后，1953 年发现 DNA 的双螺旋结构，诞生了分子生物学，研究对象又由细胞水平深入到分子水平。细菌的发现为医学开拓了新方向，青霉素的发现揭开了抗生素研究的序幕。青霉素的发现具有一定的偶然性，由此可见，偶然发现是何等重要。

（2）通过实验或观察，证实了理论的预言，从而把理论大大推进一步。例如 1928 年，狄喇克从电子运动的方程出发，预言存在着一种具有负能量的电子。这一思想，在当时确实大胆到近乎荒谬。然而，四年后，美国的安德森利用云雾室：一种研究放射性物质的仪器，发现了一种新粒子，它的电荷为正，质量与电子的相同，取名为正电子，从而证实了狄喇克的预言。这一发现，吹响了科学界向粒子世界进军的号角。

（3）由于攻克某一久悬未决的重大问题，解放了人们的思想，开辟了新的研究方向。例如，罗巴切夫斯基研究平行公理而发明新的几何学。

（4）根据最新的实验成果，提出新的公理或假说，建立新的思想体系。例如普朗克的量子论、爱因斯坦的相对论、康德的天体起源说。

重大理论的共同特征是能把许多似乎无关的事实联系起来。地球绕日、彗星遨游、苹果落地，表面上毫不相干，但牛顿却证明它们都是万有引力的结果。同样，生物进化论也是如此。这样，人们便不得不把这些理论列入人类智慧的伟大成就之林。

（5）广泛收集证据，严谨地论证并推进某一学说。例如关于原子论的多次突破（电子的存在、原子核的结构、中子的发现）、生物进化论等。

（6）提出新理论，圆满地解释新发现的奇特现象，并做出正确的预言。1911 年，人们发现，当温度下降到 4 K 以下时，水银电阻突然趋于零，这就是超导现象首次发现。电阻完全消失后，电流就会长期持续下去，这当然是非常有意义的事。但如何从物质的微观结构找出形成超导的原因，却是一个重大的困难的理论问题。它是在 1957 年，由美国的老科学家巴丁、30 岁左右的库柏和 20 多岁的研究生施里弗所共同提出的超导微观（BCS）理论所解决的，由此他们获得 1972 年诺贝尔物理学奖。巴丁是发明晶体管的老将，由于库柏熟悉量子场论和数学物理方法，巴丁请他来一起协作。他们既认真研究了前人的成果（导电电子与晶格振动的相互作、能隙的存在、速度空间的凝聚），又提出了新的概念：两个电子组成的对——库柏对，最后由年轻的施里弗用简单方法突破。这一故事说明多种科学、多种才能的联合作战是强有力的。

（7）由于引进先进技术、改善实验设备，大大提高了人们的认识和思维能力，从而打开了新局面。用场离子显微镜可以看到直径只有 0.03 纳米的原子，用射电望远镜可以观察 100 亿光年远的天体。电子计算机用于高速计算，用它解决了数学上 100 多年悬而未决的四色问题。这件事的重大意义，在于表明机器可以帮助思维做出逻辑证明。这是 1976 年的事。后来又报道，电子计算机帮助人们证明：由 317 个 1 构成的数是一个素数。这些光用人力是很难做到的。

2. 目前面临着理论上的大突破

目前是科学实验与技术领先而理论则相对落后的年代，其原因是实验仪器设备不断改善，人类的感官深入许多以前无法到达的领域，从而使感性知识积累的速度空前提高。例如，关于火星、金星和其他星系的新知识越来越多，新的粒子层出不穷。这就向理论提出了许多新问题，要求建立像当年的量子论、相对论那样崭新的理论来统率一些新发现，而这种理论的建立，则需要很长的时间和非凡的智慧。一些人预测，将取得重大进展的学科有计算机科学、物理学（基本粒子的一般理论，光纤通信，把引力、电磁力、核力等结合起来的普遍理论，反物质在宇宙中的扩散程度等）、生物学（例如遗传工程）等。当然，这并不排斥其他学科、其他问题，甚至通常视为"冷门"的领域也可能发生重大突破。

（四）学习爱因斯坦的科学研究方法

爱因斯坦是历史上罕见的伟大的科学家，学习他的科研方法对后人无疑是很有益的。

1. 关于建立新的思想体系

屠格涅夫说："……在一切天才身上，重要的是我敢称之为自己的声音的一种东西……重要的是生动的、特殊的自己个人所有的音调，这些音调在其他人的喉咙里是发不出来的……一个有生命力的富有独创精神的才能卓越之士，他所具有的重要的、显著的特征也就在这里。"那么，爱因斯坦所有的"自己的声音"是什么呢？依我看来，这就是他多次反复谈到的需要建立新的思想体系。爱因斯坦的方法基本上是演绎法，而演绎法的依据是思想体系。他不太重视经验定律和归纳法，认为这样只能停留在经验科学的水平上。他说"适用于科学幼年时代以归纳为主的方法，正让位于探索性的演绎法。"① "没有一种归纳法能够导致物理学的基本概念。对这个事实的不了解，铸成了19世纪多少研究者在哲学上的根本错误。"② 他认为：经验科学的发展过程就是不断归纳的过程；人们根据小范围内的观察，提出经验定律或经验分工，以为这样就能探究出普遍规律，其实这是不够的，这不能使理论获得重大的进展。那么应该怎样做呢？应该"由经验材料作为引导""提出一种思想体系，它一般是在逻辑上从少数几个所谓公理的基本假定建立起来的。"③ 对这个体系的要求，应该是能把观察到的事实连接在一起，同时它还具有最大可能的简单性。所谓简单性是指"这体系所包含的彼此独立的假设或公理最少。"④ 大家知道，相对论的公理只有两条，相对性原理（任何自然定律对于一切匀速直线运动的观测系统都有相同的形式）和光速不变原理（对于所有惯性系，光在真空里总以确定的速度传播）。

至于思想体系的内容，它应该由"概念、被认为对这些概念是有效的基本定律，以及用逻辑推理得到的结论这三者所构造的。"基

① 爱因斯坦. 爱因斯坦文集：第1卷. 北京：商务印书馆，1976：262.
② 爱因斯坦. 爱因斯坦文集：第1卷. 北京：商务印书馆，1976：357.
③ 爱因斯坦. 爱因斯坦文集：第1卷. 北京：商务印书馆，1976：115.
④ 爱因斯坦. 爱因斯坦文集：第1卷. 北京：商务印书馆，1976：299.

本定律有时就指公理。

如何建立思想体系？爱因斯坦认为科学家的工作可分为两步，第一步是发现公理，第二步是从公理推出结论。哪一步更难些呢？他认为，如果科研人员在学生时代已经得到很好的基本理论、逻辑推理和数学的训练，那么他在第二步时，只要有"相当勤奋和聪明，就一定能够成功。"至于第一步，即要找出作为演绎出发点的公理，则具有完全不同的性质，这里没有一般的方法，"科学家必须在庞杂的经验事实中间抓住某些可用精密公式来表示的普遍特性，由此探求自然界的普遍原理。"其实，善于抓住公理，除了研究人员的远见卓识、革新精神和非凡的科学洞察力外，他还必须站在历史的转折点上。"时势造英雄"，让历史为他提供条件和选择，时机未成熟，是不可能的，正如牛顿不可能抓住光速不变原理一样。如果公理选择得当，推理就会一个接一个，其中一些是事先难以预料的。牛顿力学、相对论、普朗克的量子论都是光辉的榜样。

爱因斯坦富于革新精神，这表现在他对一些人们认为不证自明的概念如"同时性""质量"等的重新考虑上。在他看来，许多所谓常识的东西其实不过是幼年时代被前人灌输在心中的一堆成见，这堆成见是需要重新审核的。它们很可能是由于我们只处于宇宙一个局部领域而见到的特殊现象，并不是宇宙的一般规律。例如，物体运动时长度似乎不变只是低速世界的特殊现象，长度随着速度而变化才是宇宙的一般规律。

爱因斯坦多次强调客观规律的存在及其可知性，所以他基本上是一位自然科学的唯物论者。他说："要是不相信我们的理论构造能掌握实在，要是不相信我们世界的内在和谐，那就不可能有科学。"[1] "相信世界在本质上是有秩序的和可认识的这一信念，是一

---

① 爱因斯坦. 爱因斯坦文集：第 1 卷. 北京：商务印书馆，1976：379.

切科学工作的基础。"①

2. 关于科研才能

通过爱因斯坦对一些科学家的评价，可见他很重视下述几种才能：

（1）想象力。爱因斯坦的方法既然主要是演绎的，所以他特别强调思维的作用，尤其是想象力的作用。他认为科学家在探讨自然的秘密时，"多少有一点像一个人在猜一个设计得很巧妙的字谜时的那种自由"，他需要极大的想象力。不过"他固然可以猜想以无论什么字作为谜底，但是只有一个字才真正完全解决这个谜。"②同样，自然界的问题也只有一个答案，所以最后还是应该接受实践的检验。在谈到想象的重要性时，他说："想象力比知识更重要，因为知识是有限的，而想象力概括着世界上的一切，推动着进步，并且是知识化的源泉。严格地说，想象力是科学研究中的实在因素。"①想象力之对于科学，其重要性不下于它之对于文学。文章如无想象，就会成为一潭死水式的帮八股。同样，科学如无想象，就很可能停留在一些皮表的，抓不住本质的经验公式上。不过两者之间也有不同，科学中的想象最后要受到实践的毫不留情的检验，而文学创作中的想象虽然也应反映客观实际，但却比较灵活，例如，小说中某角色的结局不必是唯一的。

（2）直觉的理解力。爱因斯坦赞扬玻尔说："很少有谁对隐秘的事物具有这样一种直觉的理解力，同时又兼有这样强有力的批判能力。"③评论埃伦菲斯特时说："他具有充分发展了的非凡的能力，去掌握理论观念的本质，剥掉理论的数学外衣，直到清楚地显露出

---

① 爱因斯坦. 爱因斯坦文集：第 1 卷. 北京：商务印书馆，1976：284.
② 爱因斯坦. 爱因斯坦文集：第 1 卷. 北京：商务印书馆，1976：346.
③ 爱因斯坦. 爱因斯坦文集：第 1 卷. 北京：商务印书馆，1976：180.

简单的基本观念。这种能力使他成为无与伦比的教师。"

（3）数学才能。这是演绎法所必不可少的。在谈到牛顿时说："他（牛顿）不仅作为某些关键性方法的发明者来说是杰出的，而且在善于运用他那时的经验材料上也是独特的，同时他对于数学和物理学的详细证明方法有惊人的创造才能。"[①] 爱因斯坦的数学已经是很好的了，但他说："我总是为同样的数学困难所阻。"[②] 由于研究的需要，他专门请了一个很强的年轻的数学助手。

以上的几种才能是关于思维方面的，而关于科学实验方面都没有提及，这是不必惊异的，因为爱因斯坦本人主要注意演绎法。由于时代的限制，他的方法论并不是完全无可非议的，例如对归纳法的轻视、强调"自由创造"等。但每个人都不可能十全十美，不能要求他成为完人。

3. 关于爱因斯坦的几件事

读爱因斯坦的作品，除因他的非凡智慧而深受教益和启发外，还为他的人格、精神所熏陶。首先是他为科学真理而献身的精神。爱因斯坦生于 1879 年，逝于 1955 年，他努力工作，至死方休，为人类做出了卓越的贡献。他主持正义，热爱人民，反对侵略战争。1914 年，他在德国任普鲁士科学院院士时，第一次世界大战开始，德国的权威学者 92 人发表联合声明，替德国的文化作辩护。爱因斯坦拒绝在这个声明上签名，这在当时是震惊世界的事件，那时他 35 岁。第二次世界大战中，为了筹备经费反对希特勒的侵略，有人请求他把 1905 年发表的相对论原稿拿出来。他回答说这篇稿子未必还存在，它在《物理纪年》的档案库里，不可能去拿，但他愿意把这30 页的文章亲手重抄一遍。1944 年，美国国会图书馆以 600 万美元

---

① 爱因斯坦. 爱因斯坦文集：第 1 卷. 北京：商务印书馆，1976：222.

② 爱因斯坦. 爱因斯坦文集：第 1 卷. 北京：商务印书馆，1976：453.

的高价将其买去。

下面是一封信，其中反映了爱因斯坦对资本主义社会的批判。1938 年，美国总统罗斯福要求爱因斯坦写一封"致后人书"，这封信连同其他文件装进一粒空心钢弹中，弹上写明 5 000 年后，即 6939 年开拆。这颗钢弹保存在纽约的东北郊一口 15 m 深的井里。信的内容是：

我们的时代富于创造思想。 我们的发现本可以大大地使我们的生活轻松愉快。 我们利用电能横渡大洋， 使用电能来减轻人类的繁重的体力劳动。 我们学会了飞行， 我们利用电波很容易地把消息发到全球各处去。

但是， 虽然有着这一切， 我们的商品生产和分配是完全无组织的， 人们必须生活在忧虑中， 担心被人从经济生活中抛出， 失去一切。 除此之外， 生活在不同国家中的人们每隔一个长短不等的时间就要进行互相杀戮， 因此， 每一个想到未来的人必然都生活在经常的忧恐中。

我相信， 我们的后人将怀着一种理所当然的优越感读上面这几行文字吧！

阿尔伯特·爱因斯坦

1938. 8. 10

350 年前，英国出了一个牛顿，后来又出了达尔文。100 年前，德国出了爱因斯坦。下一个该出在哪里呢？不久前有人说过：中国应该出自己的爱因斯坦。这句话说得好极了。我国人民，非常勤劳，非常聪明，非常勇敢，我国在古代尚且做出了巨大的成绩，今天，生活在幸福的社会主义时代，理应对人类做出更大的贡献。我们不仅要有第一流的技术，而且要出第一流的科学理论家！在新中国，这种人才完全可能培养得出来。让我们团结一致，为我国的科学事业繁荣昌盛，为我国早日实现四个现代化而共同努力奋斗！

试谈爱因斯坦的科研方法①

——精神的浩瀚，想象的活跃，心灵的勤奋

　　爱因斯坦是历史上罕见的、卓越的科学家。他所创建的相对论，不仅使物理学获得了革命性的进展，而且刷新了人们对时间、空间等基本概念的认识。他在光量子论、布朗运动的研究中，也取得了重大成果。此外，他还在宇宙、统一场论等方面做了开拓性的工作。人们自然要问：他是怎样取得这许多成就的？最近出版了《爱因斯坦文集》，周培源同志还写了序，这对我们研究爱因斯坦，有很大的帮助。

　　拉普拉斯说："认识一位天才的研究方法，对于科学的进步……并不比发现本身更少用处。科学研究的方法经常是极富兴趣的部分。"每一位富于创造、勇于革新的人，总有他自己的特点，他自己的"音调"。那么，爱因斯坦的工作方法，又有什么特点呢？有什么可供我们借鉴的呢？爱因斯坦曾多次谈到，需要建立新的思想体系。建立新的思想体系，这正是他自己的工作非常突出之处，让我们就从这里谈起吧！

　　人们要研究某个问题，总得先收集有关资料，尽量吸取前人的成果、方法、经验和教训，这样才能站在"巨人的肩上"。但为了比前人看得更远，光站在肩上还不够，还需要通过新的观察或试验，向大自然索取更多的新资料，并运用辩证思维，对它们进行分析整理，以获得新的认识。至此，爱因斯坦与常人并无显著不同，他和我们一样，也非常重视基本理论的学习，重视来自实际的经验和

---

　　①　光明日报，1978-12-07.

事实。

　　然而，接下去分歧便开始了。怎样对资料进行理论分析呢？常见的办法是把试验结果归纳成一些经验定律或经验公式，希望通过它们合理地解释过去并预见将来。但爱因斯坦却不以为然，他认为这样做还很不够，这样做不能使理论获得重大进展。因为，这些公式最多只概括了局部的、有限多次的经验，对全局来说，对无限的总体来说，它很可能是错误的；何况，还因为它忽略了直觉和演绎思维在精密科学发展中所起的重大作用。

　　那么，应该怎么办呢？爱因斯坦认为：适用于科学幼年时代以归纳为主的方法，正让位于探索性的演绎法；应该由经验材料作为引导……提出一种思想体系，它一般是在逻辑上从少数几个所谓公理的基本假定建立起来的。对这个体系的要求，应是能把观察到的事实联结在一起，同时它还具有最大可能的简单性；所谓简单性是指，这个体系所包含的彼此独立的假设或公理最少。大家知道，狭义相对论的公理只有两条：相对性原理和光速不变原理。至于思想体系的内容，它应由"概念、被认为对这些概念是有效的基本定律，以及用逻辑推理得到的结论这三者所构造的"，也就是通常所说的概念、公理和定理三部分。

　　作为自然科学史上第一个思想体系的光辉的例子是欧几里得几何学。如果欧几里得当年只满足于把丈量土地所得的具体结果，归纳为若干条经验定律，那么，几何学的发展也许会延误许多年。但他不这么办，他破天荒地开辟另一条大路，即建立了一个演绎法的思想体系。欧几里得的巨大历史功勋，不仅在于建立了一种几何学，而且在于首创了一种科研方法。这方法所授益于后人的，甚至超过了几何学本身。欧几里得几何学所以雄视数学界垂 2 000 年，至今仍是每个中学生必须精读的内容，其原因正在于此。"蜀地名花擅古今，一枝气可压千林。"① 欧几里得几何学可以算是一枝名花了。它前无古人而后有来者，牛顿的力学，爱因斯坦的相对论，都是在它影响下的后起之秀。

于是我们碰到了一个大问题：如何建立思想体系？爱因斯坦回答说：理论家的工作可分成两步，首先是发现公理，其次是从公理推出结论。哪一步更难些呢？如果科研人员在学生时代已经得到很好的基本理论、逻辑推理和数学的训练，那么，他走第二步时，只要有"相当勤奋和聪明，就一定能够成功。"至于第一步，即要找出作为演绎出发点的公理，则具有完全不同的性质。这里没有一般的方法，科学家必须在庞杂的经验事实中间抓住某些可用精密公式来表示的普遍特性，由此探求自然界的普遍原理。请注意"经验事实"这几个字，它们表明了爱因斯坦方法论中的主流是唯物主义。公理必须来自客观实际，而不能主观臆造，否则，就有陷进唯心主义泥潭的危险。

如果我们还不满足，还要进一步问到底：怎样才能抓住那些"普遍特性"呢？看来，要编制一个找到它的万能程序，是不可能的。因为这个问题的解决，主要依赖于研究人员的德、识、才、学，依赖于他们的科学想象力、洞察力和劳动热情。否则，我们就难以理解，在相似条件下，为什么恰恰是这个人，而不是旁人，做出了显著的成绩。因此，最好还是让我们来研究爱因斯坦吧！

任何重大进展，必定有许多先驱为它献出了智慧，最后轮到一个人或一些人来完成。这些人必须恰好站在历史的转折点上，太早了不行，太晚也不行。天下鼎沸，群雄逐鹿，捷足者先得。这些捷足者，按照狄德罗的说法，必须具有"精神的浩瀚，想象的活跃，心灵的勤奋。"

---

① 陆游. 海棠（七绝）. 南宋.

少年时代的爱因斯坦善于"惊奇"，他对自然界的一些现象，不是等闲视之，而是有强烈的好奇心，这使他的求知欲永远得不到满足，对自然的探索，也永远不能停止。4 岁时，他曾为一只罗盘的指针而"惊奇"：它应有无穷多个方向可以挑选，却为什么总是偏爱南方？他想："一定有什么东西深深地隐藏在事情后面。"12 岁时，他又为欧几里得几何而"惊奇"：几何学的"这种明晰性和可靠性给我造成了一种难以形容的印象。"毫无疑问，几何学对他后来建立相对论，不仅提供了工具，而且给予了方法论的启示。

青年时代的爱因斯坦，在物理、数学等方面打下了坚实的基础，对一般自然科学也有浓厚的兴趣和广博的知识。12 岁至 16 岁时，他已经熟悉了基础数学，包括微积分原理。17 岁上大学后，"大部分时间都是在物理实验室里工作，迷恋于同经验直接接触。"其余时间，则主要用于自学理论物理。这些，为他后来的工作作了很好的准备，使他既能深刻地理解当前物理理论和实验的最新成就，又能娴熟地运用数学工具；正是这个强大的逻辑推理工具，把他的科学想象变成了科学定律。此外，他还聚精会神地阅读了伯恩斯坦的《自然科学通俗读本》。这部有五六卷的优秀作品，成功地帮助他了解到整个自然科学的主要成果和方法。从学习方法上看，爱因斯坦也有出众之处。他善于"识别出那种能导致深邃知识的东西，而把其他许多东西撇开不管"；在所阅读的书本中找出可以把自己引到深处的东西，把其他一切统统抛掉，就是抛掉"使头脑负担过重和会把自己诱离要点的一切"。这样，他就把全部精力集中在最能发挥自己的创造性与能动性的问题上。

爱因斯坦对哲学始终有浓厚的兴趣。年轻时，他和几位挚友经常热烈地讨论马赫、休谟、斯宾诺莎、庞加莱等人的哲学和科学著作，后来他们亲热地戏称这个小集体为奥林比亚科学院。这些著作中固然有不少糟粕，但却大大开阔了他们的眼界，并帮助他们抓住认识论、方法论以及科学上的重大理论问题，抓住事物的本质和总体，而具有总体观，乃是高级才智的一种标志。这样，爱因斯坦既有别于缩守一隅、不见森林的科学家，因为他眼界开阔，思维丰富；也不同于不着边际、大而无据的思辨家，因为他基础扎实，学力深厚。

爱因斯坦富于革新精神，这是他的显著特征。他的想象力非常活跃，而这正是创造和革新所必不可少的重要条件。雨果说："莎士比亚首先是一种想象……科学到了最后阶段，便遇上了想象。"在爱因斯坦看来，许多所谓常识的东西，其实不过是幼年时代被前人灌输在心中的一堆成见，尤其是当迷信病流行时更是如此。这堆成见是需要重新审核的。它们很可能是前人的主观偏见；或者是由于我们只处于宇宙的一个局部区域、一个特定的结构层次而见到的特殊现象，并不是宇宙的一般规律。例如，物体运动时长度似乎不变只见于低速世界，长度随速度而变化才是一般规律。爱因斯坦正是抓住"质量""同时性"等基本概念牢牢不放，最后提出相对论的两条原理而突破的。

任何事物都不可能十全十美，爱因斯坦的科研方法也是如此。例如，他对归纳法不够重视；有时过分强调思维的自由创造等。其实归纳与演绎相结合才是更为完善的方法。但每个人都处于历史发展的一定阶段，都有历史局限性，不能要求他成为完人。

我们应该尽量批判地吸取一切先进经验，以加速前进的步伐。特别对像爱因斯坦这样伟大的科学家，更需要认真地、虚心地研究和学习。笔者虽力不能至，然而心向往之；引玉抛砖，有厚望焉！

方法论随笔①

——以正合，以奇胜

（一）奇与正

世上各行各业，都有自己的方法。譬如做文章吧！我国最完整最早的一部方法论的书要数梁朝刘勰的《文心雕龙》，其中论述作诗和作文的方法，可谓洋洋大观。但另一方面，有人又说："老夫之法，本无法也。"苏轼也说过，行文"如行云流水，初无定质，但常行于所当行，止于所不可不止。"也确实有许多伟辞佳句，好似奇峰突起，天外飞来，不知作者是怎么想出来的，例如，杜甫《佳人》诗中的"在山泉水清，出山泉水浊"，李商隐《锦瑟》中的"沧海月明珠有泪，蓝田日暖玉生烟"等。这样，我们便遇到了矛盾：一些人大谈方法，另一些人又说无法可谈，这是怎么回事呢？《孙子兵法·势篇》中说："凡战者，以正合，以奇胜。故善出奇者，无穷如天地，不竭如江河。"正，指正规的方法；奇是说灵活运用，出奇制胜。作战如此，推而广之，做其他事也莫不如此：有正有奇。前者合乎逻辑，循序渐进，是可教可学的。奇巧则不然，必须临机应变，出其不意，以难以预料的新奇方法而取胜。这种方法不是逻辑发展的产物，不是陈规的应用，而是当时当地的具体情况和突发灵感的偶然结合，是神来之笔，是飞来之想，旁人无法思议，甚至本人事先也不能设想。由于无规可言，所以有人便说是不可教不能学的。应该说，有才华的人，成大事的人，大都采用了奇巧的方法。正如富商所说：靠工资和储蓄是发不了财的。

---

① 枣庄师专学报，1990，7（4）：1-3.

不过，也不要说得过于神乎其神。奇巧建立在平日练习的基础上，熟才能生巧。熟悉常规的方法，经常运用并总结经验，方可想出巧妙的新方法。《庄子》书中对此有精彩的描述，其中的《庖丁解牛》等更是脍炙人口的名篇。

(二) 数学方法的四个方面

学习与研究数学，自然也不例外。满足于中等水平，正规的方法基本上就可以了；但要取得突出成就，就非奇巧不可，如非欧几何、集合论等，都需要新奇的思想和方法。

数学方法应用于四个方面：数学学习、数学教育、数学研讨、数学发现与发明。最初阶段是学习，如能总结小、中、大学生学习数学的方法，自是功德无量的事。我们常常着眼于名家，其实许多优秀学生的学习方法，更值得总结、提高和推广。我个人体会，在大学学数学有三个转变：一是从中等数学到高等数学的转变，对极限、无穷大、无穷小等基本概念、$\varepsilon-\delta$ 方法以及一些定理（如有限覆盖定理）的证明，要尽快地习惯和掌握；二是抽象化的转变，如函数论、泛函分析、群环域论中的抽象部分；三是由学习到发现与发明的转变。这是最难的一关，学习与发现是两回事，学习成绩优秀不一定将来善于做研究工作。

这样就需要数学教育。许多学校（特别是师范学校）都有老师专门研究教学法。讲小学或中学数学教育的书已有了一些，但似乎还缺乏一以贯之，把初等、高等数学当作一个整体、从学习一直讲到发现的数学教育书，写这样的书自然并非易事。我们希望有更多地在科研前沿长期工作过、有成绩、有才华的优秀数学家能参加写作，以传播经验，发表学术观点。华罗庚、苏步青、陈省身等教授在这方面做出了榜样，对后辈起了教育作用。现在徐利治等教授正开展数学方法论的研究，产生了很好的影响。

（三）方法与方法论

方法与方法论并不是一回事。方法论是论方法，它的研究对象是方法。研究方法论，必须熟悉许多基本的方法，但罗列许多方法，并不就是方法论。把各种方法进行分析、比较和评论，从而提出一般的关于方法的理论和原则，应是方法论的任务。例如，人们通过许多具体方法的研究，发现可把它们分为归纳与演绎两大类，或分析与综合两大类。这使我们的思想豁然开朗。数学的一个特点是高度的抽象性，它的具体化是模型的方法。数学模型只概括研究对象的主要特性，而置次要的因素于不顾。

至于公理化方法，它在几何学中取得的巨大成功，教育了世世代代的科学家。爱因斯坦为之倾倒不已，他说："世界第一次目睹了一个逻辑体系的奇迹，这个逻辑体系如此精密地一步一步推进，以致它的每一个命题都是绝对不容置疑的——我这里说的是欧几里得几何。推理的这种可赞叹的胜利，使人类理智获得了为取得以后的成就所必需的信心。如果欧几里得未能激起你少年时代的热情，那么你就不是一个天生的科学思想家。"

国外一些科学方法论专家写的书固然可以看看，但我觉得，更能获益的是读一些科学大师的著作，如《爱因斯坦文集》、笛卡儿、庞加莱以及波利亚等关于方法和方法论的著作。他们结合自身科研的经验体会，言之有物、有新意，读之有感、有启发，没有杜撰名词、堆砌做作的毛病。难怪高斯常说："读读欧拉，他是我们共同的老师。"

很好的与绝妙的①

"我要的不是很好的方法，而是绝妙的方法。"这是我常激励自己的一句话。千古奇书《孙子兵法》中也说："以正合，以奇胜。"正者，常规也；奇者，绝妙也。常规方法，一般只能收到中等的效果；而要取得重大突破，就必须有绝妙的方法。空城计也许是文学虚构，但赤壁之战、淝水之战、中途岛之战、诺曼底登陆等，都是通过绝妙的方法而取得巨大胜利的。军事如此，如果研究一些伟人的传记，也会发现，除了他们具有远大的理想和艰苦奋斗的精神而外，方法和机遇也起了很大的作用。

办学也不例外，办好学校的关键在于不断"提高水平和广开财路"，长期地抓紧这两条，学校面貌必将日新月异、兴旺发达。但怎样才能如此呢？我们需要绝妙的方法。

如果去掉"方法"二字，把开头两句话改为"我要的不是很好的，而是绝妙的"，意义便更完整更巨大，施之于人生，给自己树立一个崇高的奋斗目标，拼搏若干年，最后必将非常可观。

北京师范大学走过了 90 年的光辉历程，为祖国培养人才做出了很大贡献。我们的校友遍于全国，其中大多数已成为优秀人物；在国外，成大事业的校友也大有人在，这是学校的光荣。回首 90 年盛事，抬头万里鹏程，既值得自豪，更应该奋马加鞭，看来，国内第一流的办学目标是很有希望的了。能不能办成国际上也是第一流呢？志在人想，事在人为，在举国跃腾的大好形势下，这不是不可思议的吧！

---

① 师大周报，1992-10-09.

猜谜和科研①

——广泛的知识，丰富的想象

猜谜是人民群众喜爱的一种智力游戏，远在 3 000 多年前的夏朝，就有了这种活动。每逢佳节，人们在联欢会上，常常被各种有趣的谜语所吸引，流连徘徊，低头沉思。有些谜语很文雅，《红楼梦》第 50 回中就有许多。还有一个谜说："南面而坐，北面而朝，像喜亦喜，像忧亦忧。"谜底是镜子。这个谜不仅切合镜子的实际，而且很有文采，富于形象，使人脑海中浮起了一幅"佳人临镜，自顾自怜"的图画。又如《今古奇观》"苏小妹三难新郎"中，第二难是一个谜："强爷胜祖有施为，凿壁偷光夜读书，缝线路中常忆母，老翁终日倚门闾。"每句打一古人，谜底是：孙权、孔明、子思、太公望。

猜谜的本领，随人不同。有些是能手，另一些人猜某一类谜很内行，但猜另一类则无能为力。此种本领主要来源于广泛的知识和丰富的想象，一个从来没有照过镜子的人，决猜不出上面说的第一道谜；同样，缺乏历史知识，在第二个谜面前就会哑口无言。

人们不仅在游戏时猜谜，其实几乎每天都要猜谜，不过出谜的不一定是人，而是生活、工作和大自然。"明天天气怎样？""今年会丰收吗？""能不能买到电视机？"这些是生活给我们出的谜。

公安人员侦破案件，在很大程度上也类似于猜谜，这谜是犯人出的，民警根据犯人留下的蛛丝马迹，运用自己广泛的知识和丰富的想象，把这些迹象连贯起来，提出一条线索，然后根据这条线索，预测犯人今后的行动，从而制订破案计划。

大自然更是一部巨大的谜书，人类为了猜它，已经花了5 000年

---

① 科学导游，1981，(2)：249-251.

以上的时间。结果发现，这部书是永远猜不完的；猜出的谜越多，涌现的新谜也越多。科学家的工作，第一是要发现自然之谜，第二是要猜出自然之谜。

以对原子的认识为例。古人虽猜想一切物质都由原子组成，等到发现了原子，人们又问，原子是怎样构造的？1910 年，卢瑟福等人以 α 粒子束注射金属，发现粒子的轨道发生偏转，从而领悟到原子中有核，并提出原子结构的行星系模型。随后人们又猜想原子中蕴含巨大的能量，为何释放这些能量又成了新问题。真是一波未平，一波又起。

不仅物理，就连抽象的数学，有时也需要猜谜，例如猜哥德巴赫提出的谜："任一大于 2 的偶数，能不能表现为两个素数的和？"

爱因斯坦在《物理学的进化》一书中，开头就说："我们是不是可以把一代继着一代，不断地在自然界的书里发现秘密的科学家们，比作读这样一本侦探小说的人呢？这个比喻是不确切的……但是它多少有些比得恰当的地方，它应当加以扩充和修改，使更适合于识破宇宙秘密的科学企图。"

和猜谜类似，研究自然科学需要广博的专业基础知识，需要观察和试验，需要丰富的想象力和正确的方法。这些是相辅相成的，缺一不可。四者结合，就会汇成大江东注，吞吐百川，或者如瀑布临空，飞腾奔溅。反之，如无想象，一切资料就很可能成为一潭死水，毫无波光。无怪乎黑格尔在《美学》中说："如果谈到本领，最杰出的艺术本领就是想象。"

想象的作用，在于加深对收集到的漫无秩序的事实的理解，并把它们联系贯串起来，构成系统的假说，然后再在实践中去检验这些假说。

韩非在《解老篇》中谈想象时说："人希见象也，而得死象之骨，案其图以想见其生也，故诸人之所以意想者皆谓之象也。"这是对"想象"的一个很有趣的解说。

业余研究是一乐[1]

——峥嵘高论，浩荡奇言

　　在紧张工作之余，追求一点高格调的业务爱好，或者就几个感兴趣的闲散题目，做一点研究，偶有所得，便是羲皇上人。大凡青年时代，为了前途，不得不拼命奔跑，做一些自己也不喜欢的事，诸如应付考试之类，真是有苦难言。等到渐入老境，欲情皆退，慢慢回复到当年的天真，也算是一种返老还童吧！

　　我是学数学的，早年也曾爱读文史，但怕越陷越深，误了正业，所以只能涉猎而已。不幸的是，居然也惹上了几个问题，总是放它不下，困扰了我许多年。这些，自然不是关系到国计民生的大问题。

　　中学时读司马迁的《报任安书》，深深地被它的情节和文采所感动了，这实际上是对汉武帝的控诉。但它居然逃脱了官方的检查，而且挤进了《汉书》，真是怪事。它是怎样传下来的，杨恽起了作用吗？汉代的政治环境，是否比较宽松，至少比明清宽松？再者，任安是在什么情况下给司马迁写信的？入狱前还是入狱后？是求救信吗？司马迁回信是何时写的？我知道有两种说法：一说太始四年（公元前 93 年）十一月；一说征和二年（前 91 年）十一月。任安收到此信吗？有何反应？《史记》中任安无传，但卷 104 中田叔列传之后，附有褚先生写的关于任安的故事。我读后仍然是满头雾水。

　　古书《庄子》实是世界级的奇书，足可获三个诺贝尔奖。诚如李白所颂扬的，"吐峥嵘之高论，开浩荡之奇言。"但我不明白庄周是怎样把它写出的。他是极力追求逍遥的人，认为"吾生也有涯，

---

　　[1]　刘双平，主编. 珞珈学子在京城. 武昌：武汉大学出版社，2000：48-49.

而知也无涯，以有涯随无涯，殆已。"可见他读书决不会很用功，也无心做学问、成一家之言；那时没有纸张，没有邮局，要写书、要传播，自然非常费劲，真是困难重重，哪来的逍遥！一部《庄子》，且不论它绝妙的文采，超一流的思想，单说那最后一篇《天下》，便是有文字以来第一篇学术史论文，开创了新的研究方向。仅此一篇，就足够评上博士生导师了。文中评论了那么多学说，涉及墨翟、彭蒙、尹文、慎到、关尹、老聃、惠施、公孙龙等。要了解这么多人的思想，还要写出评语，不太辛苦了吗？哪来的逍遥！也许有人说，这篇文章不是庄周写的，那么《逍遥游》《齐物论》又如何呢？所以我越想越糊涂，快拉一把吧！

诸葛亮《出师表》说："三顾臣于草庐之中，咨臣以当世之事。"可见刘备的三顾和孔明的隆中对，确有其事是无可怀疑的了。这三顾，一向传为刘备"尊重知识，尊重人才"的佳话。其实不过是找个得力的帮手替自己办事而已；而对孔明，则人们认为是自作矜持，自重身价，不过也未必全如此。那头一顾，确实是碰巧不在家；孔明回来，听说皇叔来访，吃了一惊，心想来者不善，准是要谈打天下什么的，于是赶快去找水境先生，商量一个对策，这就成了那篇隆中对，但同时也错过了那第二顾。第三顾时，孔明已胸有成竹，在家恭候。所以只能有三顾，不能有四顾。诸葛亮千古奇才，英俊挺拔，但我不明白他的雄才大略是怎样学来的？他在偏僻的农村，种了 10 年地，出山时才 26 岁，次年便碰到赤壁之战。他既未上过大学，也没听广播看电视，交通又极不方便，他怎能知道那么多的天下大事呢？看来，家庭出身起了一定作用。他父亲做过太山郡的副长官，不幸早死，只好投奔叔父诸葛玄。玄在豫章做太守，后来又投靠刘表。这都是诸葛亮 16 岁前的事。反正幼年受到较好的教育。往后他又交了几个好朋友：徐庶元、孟公威。这些人很有才华，喜欢游学。他们时常来往，多所议论。这大概也是成才的重要因素。

我想，好好研究一下诸葛亮的成长过程，对今日的教育事业，一定会有所启示。

我很喜欢宋朝张择端画的《清明上河图》。如果要评选中国第一画，恐怕非此莫属了。图中画了 1 643 口人，农、工、商、学、官、道士，应有尽有，还有骆驼、牛、马、驴等动物 208 头，熙熙攘攘，充分反映了北宋时代汴京的繁荣景象。遗憾的是关于张择端的身世和创作过程却所知甚少。这幅巨画已流传近 900 年，饱经患难，历尽沧桑，所幸至今仍安然尚存。关于它的流传历史，已有许多故事和奇谈，甚至扯上了《金瓶梅》。这在吴晗的文章《〈金瓶梅〉的著作时代及其背景》中有详细的叙述。大凡世俗喜欢英雄配美人，名画配名作，故事配故事而已。希望有人能认真作一番学术研究，写一篇《清明上河图考》。

谈软硬兼设①

这里说的是"软硬兼设"不是"软硬兼施",后者是外交辞令,我们管不着。

软件、硬件之说,就我所知,最初来自计算机。机器本身是硬件,至于使用保管和维修的方法,诸如语言、程序等,则属于软件。无硬件固然不成计算机;无软件便无活力,机器成了一堆死的东西。

近来我做了一点学校管理工作,初上班自然要研究奋斗目标、办学思想、方针计划等。但平日登门赐教者,大都谈的是房子困难、经费短缺、人员不足,以及诸如此类。与我们所研究的,完全是两回事。这难免使我始而惘惘然,继而有所思,终于有所悟。方针计划者,学校之软件也;而群众则关心硬件。硬件不设,何以软为!什么是学校的硬件? 人(人才)、财(资金)、物(图书、仪器、设备)、建(建筑、体育场所、实习园地)等是也。

广而言之,一辆汽车、一个工厂、一家商店……都有软硬两部分;甚至整个人类社会也是如此,生产力是硬件,生产关系是软件。

次广而言之,生物界的每一个体也有软件与硬件。以人为例,人的身体(骨骼、肌肉、器官、血液等)为硬,而他的思想、品德、才识等为软。至于一只蚂蚁,哪是软、哪是硬,我就说不太清楚了,有待生物学家去研究。不过,至少它们的那套"通信语言"该是软件吧!

再广而言之,从哲学的高度看,"软硬兼设"与通常所说的"虚实结合""刚柔相济"相类似,可以归于矛盾论(矛盾两方面的对立

---

① 科学与生活,1985,(1):54.

和统一）之中，或者中国古代的阴阳学说之中。"倚天万里须长剑""生当为人杰，死亦为鬼雄"，是文学中的刚，属于豪放派；"萋萋芳草忆王孙，柳外墙高欲断魂""却嗟流水琴中意，难向人前取次弹"，则相当柔，属于婉约派。做学问也有硬功夫与软功夫之分。在某些方面深入下去，攻克几个难关，有所发现、发明或创造，达到先进水平，是一套硬功夫；好读书，不求甚解，不太深但很广博，是软功。两者需兼而有之。

不过我不想把话题扯得太大，还是专说"软硬兼设"吧！这道理虽极简单，不明白时却会吃大苦头，甚至出大乱子。前些年我国的经济几乎到了崩溃的边沿，就是因为"四人帮"一伙专搞权术不发展生产力的结果。一般说来，硬件的建设需要较长的时间，要费很大的人力、物力、财力，短期不易见效；但一旦建成，便会长期生益、流泽深远。软件的灵活性大，制造的时间比较短，如果与硬件有机配合、相辅相成，整个机构便会如虎添翼、活力倍增。反之，如配合不好，必将互相矛盾、万马齐喑，硬件再好，也难以发挥作用。所以不能说软件不重要，有时候，它会起到关键的作用。因此，从事任何一项建设，都应该软硬兼设。

软硬之分，不可绝对。有时硬中有软，有时软中有硬。一座楼是硬件，但它的设计图纸是软件。所以两者是相互联系的。不过我们有了"软硬"这个概念，头脑就会清醒得多。

有些人重视软件，因为它生效快，而且一般说来比较省力气。或者开几次会，做点思想工作，或者利用一点领导权威，施加一点压力，就能制造一项"软件"。于是他们迷恋于此、满足于此，不愿花大力气去搞基本建设。十年八年过去，山河依旧，人心思散，这种教训，难道还少吗？

软件与硬件，既关系科学，又涉及生活。就连家庭的建设、孩子的教育，也有两个问题。想想它，不会是无益的吧？

六、 教育光辉

教育精神与人才培养①

（一）

为了建设现代化的强国，必须把教育放在优先发展的战略地位，这已成为人们的共识。发展教育，资金、人才是必需的，但精神力量也非常重要。在一定条件下，精神力量甚至会起到决定性的作用。回想抗日战争时期，西南联合大学在极其艰苦的条件下，师生员工的生活、安全都没有保障，却培养了邓稼先、朱光亚、黄昆、杨振宁、李政道等大批优秀人才，成为我国教育史上一颗光辉灿烂的明珠，靠的就是奋发图强、同仇敌忾的精神和品学兼优的名师，诸如闻一多、朱自清、赵忠尧、吴有训、周培源、吴大猷、陈省身、华罗庚等。

杨振宁回忆说："战时，中国大学的物质条件极差，然而西南联合大学的师生员工却精神振奋，以极严谨的态度治学，弥补了物质条件的不足。"

西南联合大学的精神永远值得后人怀念和崇敬。艰苦努力团结奋进的精神是办好一切事业的无价之宝，可惜到今天已被一些人所淡忘，我们在报刊媒体上很少看到有关报道了。时代在前进，不能

---

① 中国基础教育，2004，（5）：3-6.

故步自封，但优良的传统必须发扬光大。正如我们的国歌，还高唱着："起来！不愿做奴隶的人们！"你能说这已经过时了吗？它仍然是激励人们勿忘国耻，齐心协力振兴中华的雄壮号角。

（二）

什么是教育精神？精神是抽象的，无形的，难以用笔墨准确形容。但它又是具体的，有形的。它铭刻在人们的心灵中，活跃在行动上，表现在言谈里。它无时不在，无处不在，无事不在。学生在校学到的知识，可以因时代进步而老化、而淡忘，但学校精神却影响人们长久，以至永远。在学校里，每人的岗位不同，分工各异，是教育精神把人们团结在一个目标下，互相支持，互相谅解。这是凝聚力，是和解剂，是健康心灵的发动机。

在大学里，教育精神体现为大学精神。由于历史环境、文化背景不同，各校的精神也不完全一样，争奇斗艳各呈风采。

哈佛大学的校训是："以柏拉图为友，以亚里士多德为友，更要以真理为友。"哈佛的校徽上有"veritas"，即拉丁文"真理"，可见哈佛人以追求真理为首要目标。哈佛的办学理念富于哲理："为增长才智走进来，为服务祖国和同胞走出去。"哈佛把学术看得至高无上。1986年，正值350周年校庆，哈佛有意邀请当时的总统里根参加盛典，里根欣然接受，但希望能授予他荣誉博士学位。校董事会不能敲定，广泛征求师生意见后，竟遭到多数人反对，理由是"堂堂最高学府岂能给电影演员什么学位"，后来里根没有来校。哈佛尊重学术，不苟同于世俗，令人感佩。

《牛津的魅力》一文中说："我一个人徜徉在牛津街头，中世纪的塔楼古色古香；文艺复兴风格的建筑弥漫着浪漫气息；城东的摩德林城堡被称为'凝固了的音乐'，的确优美异常；位于民众方庭的图书馆建于1371年，是英格兰最古老的图书馆；大学植物园建于1621年，是英国最早的教学植物园；蜿蜒曲折，幽深绵长的皇后小巷，从牛津 1168 年建校一直保留到现在。路边的石凳长满了青苔，让人回想起牛津的过去……王尔德坐过的木凳，萧伯纳倚过的书架，照原样未动。走进楼内，让人更感到图书馆里时光仿佛是静止不动的，寂静充满了这书本的圣殿……牛津的魅力在哪里？很清楚，英国人把牛津当作一种传统，一种象征，一种怀念和一种追求。"

另两篇文章中写道：

"剑桥和牛津的风格迥然不同， 牛津雍容华贵， 有王者气派。 剑桥幽雅出尘， 宛若诗人风骨。"

"剑桥的调子是轻柔的， 徐缓的， 她不稀罕你赞美， 她大方高贵中还带几分羞涩。 在云淡风轻的午后， 在夕阳晚照的傍晚， 从容地踱进三一学院伟大的方庭， 小立在克莱亚学院的桥头……倾听奇妙的钟声， 那么， 你算是遇到了剑桥， 拥有了一刻即是永恒的精神世界。"

正如徐志摩在《再别康桥》那首名诗中所歌咏的：

……

但我不能放歌，

悄悄是别离的笙箫；

夏虫也为我沉默，

沉默是今晚的康桥！

悄悄的我走了，

正如我悄悄的来；

我挥一挥衣袖，

不带走一片云彩。

看来，牛津和剑桥都非常注重自己辉煌的历史。用诗一般的氛围去影响每一个学子和游人，这就是氛围教育。它洗涤着人们的灵魂，无情地驱走心灵深处沉积的下流和无耻，让正义、博爱、奋发向上的精神在心中熊熊燃烧。

再来看看莫斯科大学，我曾在那里的数学力学系读了三年研究生。这是大师云集的学府。墙壁上到处是学术报告的通知。除了学术报告，还是学术报告。人们谈论的是新的学术进展，或是讨论某一项研究成果。数学像一支有形的火箭，你看着它每天都在前进。如果讨论班少去了一次，下次便会感到很吃力，如果三次缺席，就再难赶上了。每一篇数学论文，都是沉甸甸的，字印得很小，决不放过一寸版面。师生们都像上紧了发条的钟，争分夺秒地奔跑在学术发展的大道上。

北京大学的校园精神是"民主与科学"。北京大学不仅学术上有很高成就，而且关心国家大事。这正是校园精神的体现。北京大学有自己的校格，不随波逐流而得到世人的尊重。

北京师范大学以治学严谨著称。无论做人、做事、做学问，都以很高的科学标准和道德规范来衡量。北京师范大学人默默奉献，从不张扬，诚如校训"学为人师，行为世范"所要求。而在国家危难关头，北京师范大学人也挺身而出。我想起了刘和珍等烈士。

（三）

教育精神的核心应该包括：艰苦奋斗，尊师爱生，追求真理，服务人民。学校的使命是传授知识和锻炼能力，进一步发展为研究、创新，即发现新的规律，发现新的真理。近年来由于科技、经济的迅速发展，大学有了第三个任务：服务社会。这三个任务分别主要由本科，研究生院和工、商、医、远程教育等专业学院所承担，虽然不是绝对的分工，无论如何，要出色完成各项任务，必须要有追求真理、厚爱人民的精神。发现真理需要智慧，而维护真理需要勇气。没有厚爱人民的精神，不可能在紧要关头维护真理。

尊崇大师，学习先进。他们的文章、气节、精神和建树，将垂训百代，炳耀千秋。这是鼓舞广大学子奋发上进、追求真理的永恒动力。

在办学思想上要有博大宽容的气度。这一点要向蔡元培先生学习。专业的设置可以有先后，但不能歧视或存偏见；对人文科学的支持力度要增大；不拘一格引进和培育人才。让百花齐放，百家争鸣，在一定范围内允许学术自由，像当年辜鸿铭先生那样的性格，也可以在北京大学施展才华。要爱护学生，有才能的、力求上进的，特别是家境贫寒而努力学习的，更要慈心厚爱，让他们感到温暖，安心学习。当然，博大宽容与科学管理互不矛盾，而是治校的两方面，都是很重要的。

评价一所学校最重要的、决定性的标准是它的毕业生对国家的贡献，对人类进步的贡献。可惜现在五花八门的评比太多，为了获得荣誉和资助，学校不得不做一些本来不必做或不应做的事，屈从于某种不正常的压力或引诱，有损于大学精神。这方面我们应该想起马寅初先生。学校应该自尊自重，尊重自己的校格。

健康的氛围教育，是精神的体现。每当我们登上天安门，便有"登高壮观天地间，大江茫茫去不还"的浩荡气概。进入人民大会堂，庄严肃穆的气氛迎面而来，精神为之大振，可见环境对人影响之深、之大。校园是做学问之地，是创新之地，是人才成长之地，是大师讲学之地，是真理传播之地，是新发现、新发明发源之地，是道德人格磨炼之地，是国家未来的栋梁诞生的地方。这里应该是宁静的、祥和的、有礼貌的、互相尊重的学府，应该是充满了激情的、开展友好竞赛的、焕发着青春火焰的、朝气蓬勃的竞技场所，应该是美丽的、具有诗情画意的、对未来富于美好憧憬的、太阳初升的东方。

把校园建设成文明宫殿吧！珍惜每一寸土地，让每寸土地散发出清香；爱护每个角落，让每个角落流传着美好的回忆和催人奋进的故事。巨人的画像随处可见，教室里、操场上每周都有学生的表演和竞赛，也有各界人士的精彩报告。校园大有大的好处，小有小的好处。"小的是美好的"。如果诚心追求美好，小的更容易美好。每所学校，特别是大学，应该有自己标志性的建筑，它是校园里的天安门。人们忙忙碌碌，来去匆匆，天安门则岿然不动。

（四）

学校的基本任务在于出人才，出成果，而中学则主要是出人才。人才需要人才来培养，所以清华大学原校长梅贻琦（1889—1962）说："所谓大学者，非谓有大楼之谓也，有大师之谓也。"有品学兼优的名师或大师，并且有众多优秀的毕业生，是名校的重要标志。

培养什么样的人才？如何培养？前人有许多重要的论述。我们不妨来聆听两位最杰出的人物的声音。

诸葛亮的前、后《出师表》选录《古文观止》，是大家熟悉的。他还有两封信，是写给他的后人的，告诫他们如何成才，言简意赅，非常精彩，转录如下：

诫外生书

夫志当存高远，慕先贤，绝情欲，弃凝滞，使庶几之志，揭然有所存，恻然有所感；忍屈伸，去细碎，广咨问，除嫌吝，虽有淹留，何损于美趣，何患于不济。若志不疆毅，意不慷慨，徒碌碌滞于俗，默默束于情，永窜伏于凡庸，不免于下流矣！

年轻人要有远大而高尚的理想，敬仰前辈中的优秀人物，对自己要严格要求，切勿放纵。诸葛亮自己敬慕谁呢？陈寿在《诸葛亮传》中说他"每自比管仲、乐毅"。现在科技发达，电视、网络、歌厅、舞厅，对青年人引诱极大。诸葛亮说的"绝情欲"，在今天更有现实意义。俄国名将苏沃洛夫有一次率军路过阿尔卑斯山，停下来休息时，对他身边的士兵说："你们年轻人，要找一两位你自己最佩服的人，作为学习榜样，尤其重要的是，作为竞争对手，学习要经过四个步骤：第一，学习他；第二，研究他；第三，赶上他；第四，超过他。"这段话，对"慕先贤"是很好的详细说明。

有了远大目标，如何才能实现呢？诸葛亮还有另一封信：

诫子书

夫君子之行，静以修身，俭以养德，非淡泊无以明志，非宁静无以致远。夫学须静也，才须学也，非学无以广才，非志无以成学。淫慢则不能励精，险躁则不能治性。年与时驰，意与日去，遂成枯落，多不接世，悲守穷庐，将复何及！

这封信，好像就是针对我们今天的时弊而写的。"世界领先""××之父"，大言不惭，浮躁太多。"淡泊以明志，宁静以致远"，成为千古名言。

现在我们来看爱因斯坦的教育思想。1936 年，他在纽约州立大学举行的"美国高等教育 300 周年纪念会"上发表讲话，题目是"论教育"，讲辞相当系统地表达了他的教育观点。首先，关于培养目标，学校"应当发展青年人中那些有益于公共福利的品质和才能""学校的目标应当是培养有独立行动和独立思考的个人，不过他们要把为社会服务看作是自己人生的最高目的。"其次，应当怎样来达到这种理想呢？他说："最重要的教育方法是鼓励学生去实际行动。这对于初学的儿童第一次学写字是如此，对于博士生写博士学位论文也是如此，就是在简单地默记一首诗，写一篇作文，解释和翻译一段课文，解一道数学题目，或者进行体育运动锻炼，也无不如此。"再次，取得成绩需要付出巨大劳动，需要有强大的推动力，那么这种推动力来自何处呢？他说："同样的工作，它的出发点，可以是恐怖和强制；可以是追求威信和荣誉的好胜心；也可以是对于对象的诚挚的兴趣和追求真理与理解的愿望，因而也可以是每个健康儿童都具有的天赋的好奇心，只不过这种好奇心往往很早就衰退了。"第一种动力，恐怖和强制，爱因斯坦认为是最坏的。第二种，好胜心，是一把双刃剑，想得到赞许和表扬，本来是健康的动机，但如果要求自己比别人更高明，发展到唯我独尊，那么就是有害的。要知道，一个人，无论获得多大成功，社会给予他的，总大大超过他对社会的贡献。看一个人的价值，应当看他贡献什么，而不应当看他取得什么。这几句话说得太好了。有些人总在怨天尤人，恨社会亏待了他，他应该记住爱公的话。第三种，兴趣和追求真理的愿望，爱因斯坦认为是最重要的工作动机，"启发并且加强青年人的这些心理力量，我看这应该是学校最重要的任务。"最后，他再次强调："发展独立思考和独立判断的一般能力，应当始终放在首位，而不应当把获得专业知识放在首位。如果一个人掌握了他的学科的基本理论，并且学会了独立思考和工作，他必定会找到自己的道路，而且比起那种主要以获得细节知识为其培训内容的人来，他一定会更好地适应进步和变化。"

（五）

上面我们回顾了两位最杰出人物的人才观。参考前人的意见，结合今天的情况，我想到三点意见。

1. 进行理想教育，帮助青年人早日树立崇高而远大的理想。理想就是志向，就是抱负。"有为"和"平庸"的重要分界就在于理想，没有理想的人是不会有重要建树的。理想是心灵上的太阳，它在四个方面影响人生：前进的方向，工作的动力，兴趣和爱好，成就的大小。这些都与理想密切相关。斯大林说："伟大的精力产生于伟大的理想。"我们的共同理想就是建设强大的祖国，推进人类社会的进步。缺乏理想的人必定流于庸俗，甚至堕落。马加爵在临刑前痛陈自己犯罪是由于没有理想，把一些小事看成天大之事，沉溺于无聊的仇恨中而不能自拔。当今多数青年人缺乏远大崇高的理想，这是教育中的一大失误和问题。

2. 我们的培养目标应该是德、智、体、美全面发展。德包括爱祖国、爱人民、爱真理、爱劳动，严于律己，宽厚待人，团结群众，呈现爱心，敬业爱业，做好本职工作。德、智、体、美全面发展，历来是我们的教育方针。近 20 多年却不知为什么谈德很少了，无疑是失误。智包括识、才、学。青年人应从学入手，在实际中逐步锻炼独立思考和创新才能。通常人们重视才、学，而容易忽略识。其实识非常重要。所谓识，是指对研究对象宏观的、总体的估价和认识。由于估价是宏观的，不可能进行精确的测量和计算，所以只能是粗略的，有很大的主观性，可能正确，也可能不正确。例如，"科教兴国""一国两制""帝国主义是纸老虎"等，都是识。前人很重视识，清人章学诚说："夫才须学也，学贵识也，才而不学，是为小慧；小慧无识，是为不才。"诗人袁枚在《续诗品·尚识》中说得很形象："学如弓弩，才如箭镞，识以领之，方能中鹄。"苏轼作《贾谊论》，说："呜呼！贾生志大而量小，才有余而识不足也。"叹息他有才未尽，没有充分发挥自己的才能；另一方面，司马迁忍受了人间最大的侮辱，终于完成《史记》的写作，使之"藏之名山，传之其人"，成为远见卓识的辉煌先例。

识的作用，至为重大，或则影响一个人的一生（如职业的选择），或则影响国家和社会的安宁。尤其是掌权人的识，对于大计方针的确定可以起到决定性的作用。

3. 关于合格人才与杰出人才。"合格"这一概念，我是从邓小平同志一次讲话中首次听到的，既觉得新鲜也感到重要，在质量上要求合格，在数量上要求大量。现在各级学校的毕业生，都是合格人才，其中可能有极少的英才。我们目前的教育制度、教学方法可以培养合格的人才，却不利于英才成长。何谓英才？（魏）刘邵在《人物志》中说"聪明秀出谓之英，胆力过人谓之雄"，而英雄则必须兼备英与雄。项羽有雄而少英，终于失败。刘备则英、雄兼备，终有天下。刘邵的议论，偏于政治。至于科学、技术、文学、艺术等方面的英才，难以准确定义，但有一共同点：必须有超凡的创新和杰出的贡献。如牛顿、爱因斯坦、达尔文、司马迁、司马光、李白、杜甫等这样卓越的人物。

20世纪上半叶，我国出了不少英才，诸如鲁迅、巴金、梅兰芳、徐悲鸿、钱学森、华罗庚等，但20世纪下半叶就寥若晨星了。什么原因呢？以后还会这样吗？

从教育角度来检讨，现在功课太重，作业太多。学校为了高考，必须尽多灌输知识、模拟考试。这样，不仅剥夺了时间，而且磨灭了灵性。与生俱来的好奇心很快就被扑灭。没有时间去思考，去探索。整天都在记忆和背诵。外语也成了沉重的负担。从小学起，一直到读博士学位，都在背外语，而且分量很重。甚至当了老师，提职称还得考外语。官员升职是否考外语？也不知道世界上还有哪个国家舍得花费学生这么多精力去学外语？时间浪费的祸害远远超过金钱浪费。如果当年杨振宁等也是这样，他们能获得诺贝尔奖吗？外语是应该学的，而且必须学好。但教学方法必须改进，必须十分珍惜学生的青春。

科学基金、奖励和职称提升，都是必要的，有利于教育的发展和人才培养。但事情做过了头就有很大的危害。为了获奖，就必须制造大量的论文，赶时间发表。这样就必然会忽视质量，助长浮躁，甚至滋长剽窃、走后门、弄虚作假等不正之风，更谈不上有十年磨一剑的惊世之作了。谨防功利主义，它不仅摧毁学术，而且会腐蚀善良的心灵。

天赋很高的英才是不必特殊培养的，只需提供一定的条件，多一些爱护，少一些打扰，他们就能独立思考，独立创新。

客观地说，改革开放以来，特别是近十余年，我国的教育事业，已得到蓬勃的发展，取得了巨大成绩。如果能改善管理方式，发扬奋发上进的教育精神，我国必将培养出更多的合格人才，出现非常优秀的、牛顿级的杰出英才。我们期待着他们的降临。

教 育 之 火①
——谈"才"与"财"

关于教育的讨论，可谓多矣。如果把有关的书籍和论文收集起来，足可装备一个大型图书馆。这些，无疑是非常重要而且有益的。近来偶观京剧《群英会》，周瑜问孔明破曹之策，请各在手心写出，结果都是一个"火"字；真是要言不烦，烦言不要。那么，教育事业的那个"火"字该是什么呢？我想许多人都会不约而同地写出："财、才"，即"钱财"与"人才"是也。

"财""才"相辅相成。人才可创造财富，财富可吸引人才。工作做得好，两者成良性循环；反之，乏财则缺才，缺才更乏财，可不慎哉！

两者都极重要，至于何者为先，这要视具体情况而定。富裕国家如美国，财已基本解决，处于首位的当然是才。我国则反之，大、中、小学穷字当头，自然以找钱为先；个别已先富裕起来的学校，早已动手挖才了。

深知办学必先找钱，而且终生为此奋斗者，当首推武训先生。可叹20世纪50年代，这位穷苦的古人竟受到现代人莫名其妙的批判，至今尚未平反，九泉有知，当不瞑目。武训为了集资办学，不惜卑躬屈膝，其精神可佩，方法则不必学。集资办学是光明正大的事，不必低三下四。不过我们也该替武训想想，他是一个穷得要饭的人，能有什么办法呢！

办教育要钱，正如抚育子女要投资一样，这个道理谁不明白。

① 教育艺术，2001，(4)：40-41.

但在实际中，各人的态度就不全一样了。

甲公是清高惯了的，正如晋朝王衍，闭口不言"钱"，言钱便俗、便脏、便臭。以此律身，自然不必非议；但他若是教育部门的首脑，那就坏了大事。千万不能选他当校长、当主任、当部长。有一次某领导说："要钱没有，要命有一条。"我当时听了，着实大吃一惊，既觉得他有点流气，又想："碰到这位老兄，教育真是倒了大霉。"

乙公懂得财重要，但他只动口，不动脑更不动手，坐等钱从天降，最多只指使手下人出去跑跑，找到多少算多少，找不到就拉倒，反正五年到期，各奔东西。乙虽比甲稍好，但远不够称职。

再说丙公，他是地方政府第一把手。中央提倡科教兴国，他也高喊"科教兴国"，反正这不费事。不过科教，特别是教育，乃是"前人植树，后人乘凉"的事。没有急事，办点教育，当然体面；一有意外，便把它抛到九霄云外，改日再见。

丁公则不然，他上任以来，尽管日理万机，千头百绪，但不论怎样忙，他脑海里总装着"财、才"两字。他有紧迫感，该动手时就动手，要不然便会坐失良机（须知财、才与机遇同在）。他充分利用手中的权势和自己的名望，从中央到个人，从国内到国外，到处找钱，不找到决不罢休，而自己则一身清白，分文不沾。为了事业，他合理地"争"，耐心地"磨"，不争不磨，分文无着。果然不出三年，工作便大有起色，人人赞赏。对一个领导，不能期望太高，正如克林顿所说："总统也是人。"如果他在任期内，能做好一两件大事，便会众望所归，名垂青史。

我们恳请甲公赶快让贤；乙、丙两公努力提高认识，多办实事；更希望丁公再接再厉，不断成功。多一些丁公，多一些有胆有识的实干家，教育事业就大有希望。

所以我想，应该研究一门新学问，叫"教育集资学"，尊武训为学术带头人。研究提纲应包括：各级政府投资；集体（厂、矿、企业、公司等）办学；私人捐资；争取外资，等等。

日本战败投降后第一任首相吉田茂写过一本书，叫《激荡的百年史》。其中谈道：1945 年，日本许多城市化为一片瓦砾，全国处在饥饿之中；但许多日本人却说："要使日本复兴，除教育以外，别无他途。我们由于进行战争而使国家荒芜，没有任何东西可以留给子孙后代，但是至少希望他们受到卓越的教育。"仅仅过了两年，日本便实行"六三制"（小学六年，初中三年）教育，长期的坚持和努力"使日本得到复兴的日本国民素质"，并迅速成为经济大国。

《中国教育改革和发展纲要》提出，到 20 世纪末，国家财政性教育经费要占国民生产总值（CNP）的 4%。现在剩下不到两年的时间，希望能够实现。我国是发展中国家，却要办世界上最大的教育，光靠政府投资确实不够，必须多渠道筹资，多形式办学。国立学校是栋梁，公立和私立学校也须大力扶持，并保证质量。美国和日本有许多高水平的私立大学，值得借鉴。贫困地区，还可由群众实物助学，如捐赠土地、空房、建筑材料等。人到老年，善心萌发，常思来日无多，钱财何用，与其传之子孙，增其骄懒，不如捐资助学，广结善缘。因此有必要研究富豪心理与家庭动态，彼此两利，皆大欢喜。

讲了半天"财"，现在来说"才"字。这有两重意思，一指高水平的教师和领导；一指优秀的毕业生。

关于师资，人们已经说得很多很多，这固然非常重要。但在宏观意义上，也许更重要的是领导，而对这个最要害的问题，却讨论得很少很少，怕是有所顾忌吧！挑选好的校长和党委书记，关系到学校若干年的发展，影响是深远的。人们至今思念蔡元培、张伯苓。可惜现在校长的选拔与任命还有不少问题。人们难以理解，为什么校长不能选举产生？国家领导人都可由人大选举，为什么校长就不行呢？一些学校发展迟缓，与其说是财力不足，不如说是领导班子误事。学校如此，地区和国家的教育部门的领导就更重要了。多少年来，教育部门领导的口碑欠佳；反之，冷嘲热讽，或说某些教育局成了收容所，却时有所闻。我们不希望这种现象再发生，并期待着德才兼备的好同志早日走上领导岗位。实话实说，有何不可。

评价一所学校的基本指标主要看其毕业生对社会的贡献和对人类进步的贡献。工厂看产品，学校看毕业生，毕业生看贡献，这道理是再明白不过的。

培养学生，德育应放在第一位；做人做事做学问，首先是做人，做品德高尚的人。政治课非常重要，环境熏陶也很重要。人能改造环境，同时也是环境的产物。旅居美国或新加坡，必须迅速适应那里的法治精神，否则就要遇到麻烦。我说的环境熏陶，指的是教师的言传身教，人际的友好互助，校园的肃穆整洁和美丽等。当我们来到一所好的学校，就如同进入人民大会堂或登上天安门，精神状态立即升华到高尚的境界，灵魂得到洗涤，一切污秽的念头荡然无存。这显示环境熏陶的力量。如果能把学校建设成培养高尚情操的场所，四年下来，学生的思想能不发生很大的变化吗？

学校不仅传授知识，更应培养能力，特别是创新能力。有人比较我国与美国的教育，认为我国前者强而后者弱。我知也少，不敢随声附和。但近现代最尖端的科技人才很少出自我国，则是事实。这不能不引起我们的反思。我的反思如下：

现行的学制太长。小学 6 年，中学 6 年，大学 4 年，硕士生 3 年，博士生 3 年。如果 6 岁上学，中间太平无事，拿到博士学位已经 28 岁，在校读书长达 22 年，多可怕的数字（请原谅我还未计入博士后）。这 22 年中，有多少东西真正值得学习，恐怕无人做过系统的、仔细的调查研究。许多宝贵的时间，用在死记硬背一些用不着的东西上，真是可惜可叹。在校学习，主要是打好基础，锻炼猎取新知识、新技能和独立思考的能力，并在某方面学有一定程度的专长，这就足够了。进一步的深造应靠自己在工作中继续努力。教育（或学习）的三分之一靠学校，三分之一靠社会，三分之一靠自己，靠自己去主动追求，也就是说，我赞成终身教育，太长的学制确实会埋没人才。试问有哪位科学大师或文化艺术巨匠上过22年的学？爱因斯坦，梅兰芳，还是鲁迅?!

其次，学外语的时间太多。从小学四年级到中学、大学、硕士生，甚至博士生还要学，前后绵延19年。人们常说美国学生如何如何有创造性，学得如何如何轻松愉快，殊不知他们省去了多少学外语的时间。如果也要他学19年汉语，他能轻松得了吗？我绝非反对学外语，外语确实很重要，很有用，但如何学，学到什么程度，则是值得认真研究的问题。

最后，就我所知，现行的教学计划是阶段性的，高中管高中，大学管大学。能不能设计一个全过程的培养方案，从幼儿园一直到博士生毕业，那时人们将会发现不少的时间浪费。为青年学子争取更多的时间去学习更新更重要的知识和技能，实是功德无量。回想诸葛亮出山才26岁，牛顿发明微积分时23岁，邓小平在长征路上当政委刚20出头；而现在的青年却要浪费许多灿烂年华，能不感到惋惜和心疼吗？

改革开放以来，我国教育事业发展迅速，成绩巨大，而且一定会越来越好。以上所说，姑妄言之，姑妄听之，白璧微瑕，亦复何饬？

教育强国赋

——治愚为本，治贫为标

记者黄君，高尚士也。操劳公务，爱国忧民，尤于教育，日夜关注。长期奔波，遍访求教，虽有所得，略不尽意。沉思三日，忽发奇想，曰：众说纷纭，不得其要，何不上访教育大师，一聆清音，胜读十年书也。乃急乘的士，五日五夜，临曲阜之旧馆，谒孔子于河滨。是时也，孔子方携童子六七人，踏歌而归，须发犹湿，视黄君而笑曰：有朋自远方来，不亦乐乎！君将何以教我？

黄君：您老是世界上的大教育家，我想请教一些问题。关于教育，中央领导已经讲得很多了，但问题反而越来越严重，竟成了十年改革中最大的失误。您老对此有何高见？

孔子：教育乃百年之大计，强国之根本，可不慎哉！教育者，育而教之，教以育之。育而不教，则异于禽兽者几希。

黄君：您老的意思是说，生育下来就应教导，在教导中发育成长。育与教同始终，也就是说，终身教育。您老把教育理解为教与育，这确是一新思想。

孔子：教育之道，至大至细，至难至易，有形无形，充塞天地。

孔子不愧为大师，他说话总是要言不烦。好在黄君思维敏捷，略一思索，便有所悟。

黄君：您老先说的是终身教育，指时间而言；现在则讲全民教育，指空间而言。至大，是说人人要受教育，至少要受义务教育。百年大计，教育为本；而义务教育与职业技术教育又为教育之本。至大还有一层意思，教育是全社会的，即社会教育。一部电影，一部小说，商店的诚实，待人之友善，都能起到教育作用。所以说，教育无处不在，无时不在，人人受教而又人人执教（自觉或不自觉，正面或反面）。至细，是说教育要深入细致，是慢功夫。世上没有两件完全相同的事物，何况于人。甲长于艺术，乙长于科学；甲善于用脑，乙善于用手。天赋不同，如石之异。高明的雕刻家利用每块玉石的特殊结构，制成各种各样的艺术精品。同样，教师针对每个人的禀赋，因材施教，造就各种人才。教育也难也不难，如能真正得到全体人民和领导的重视和支持，特别是各级党政第一把手的真心实意地支持，逐步使教育与经济形成良性循环，则教育问题不难解决。

孔子：嗟我中华，老且民多，虽有光荣，非无隐祸。能强我国者，其唯教育乎！"教育强国"，基本国策，辉煌金字，写入宪法。此百年大计、千年大计、永恒之大计也。此百年战略、千年战略、永远不败之战略也。

黄君：说得好极了！现在许多人在寻求振兴中华的方法，研究"四小龙"啦，开公司啦，"全民"经商啦，引进外资啦，不一而足。依我看，这都很有限，而且副作用不小。我们必须面对三个现实：人口越来越多，资源越来越少，道德水准越来越低。在这种情况下，只有提高全民素质，提倡社会公德，向科学技术索取财富，向国际市场索取利润。为此，必须依靠教育。诚然，教育需要时间，但这是唯一的光明大道，别无选择。正因为需要时间，所以教育常被一些急功近利者所忽视，尽管中央讲教育重要，我仍我行我素。要经常宣传"教育强国"的战略思想，把它作为国策，写进宪法，使之深入民心。此外，还要明确各地区每年发展教育的具体指标，并认真检查其完成情况。孔老，您说对吗？

孔子：举一反三，孺子可教也。

孔子：治愚与治贫，乃治国之要。善解连环者，治愚为本，治贫为标，本立则标张。虽然，两者并举，不可先后。勤俭以治愚，分清先后缓急以治愚，减少锦上添花以治愚，适当降温降速以治愚，则教育资金至矣，则愚可治矣。五年可小成，三十年望大成，又复何疑？

孔子：人口爆炸，可畏也；人口爆炸而又素质低下，更可畏也；若夫人口爆炸，素质低下，文盲充斥，邪恶菌生，斯不可治矣。

孔子口若悬河，越说越激动，好在黄君带了录音机，而且是洋货（不可批评他轻视国货）。

黄君：我完全赞成您老的意见，请以日本为鉴。日本地狭人稠，资源短缺；第二次世界大战投降时，许多城市一片瓦砾，人民困在饥饿中，不能不说凄惨。但由于它自明治维新（1868年开始）以来，一直非常重视教育，人民素质有较好的根基；战后又立即继续强化教育。甚至有地方官员，因未筹集足够教育经费，自感愧对人民而剖腹自杀者。有人说，日本普及教育的过程是一部血泪史。可见他们为子孙后代的幸福作了多大牺牲。战后第一任首相吉田茂在其所著《激荡的百年史》中说："教育革新委员会于1946年底确定小学六年和中学三年为义务教育，并且向政府提出了于次年付诸实施的意见；这一意见博得了国民的热烈拥护，纷纷写信给有关方面，信中异口同声地表达了这样一种心情：'要使日本复兴，除教育以外，别无他途。我们由于进行战争而使国家荒芜，没有任何东西可以留给子孙后代，但是至少希望他们受到卓越的教育。这种态度就是使日本得到复兴的国民的素质。'果然，很快日本的经济得以恢复和发展，迅速成为世界经济大国。"可悲的是：作为战胜国的我国的一些青年，今天竟纷纷跑到战败国的日本去充当廉价劳动力，值得深刻反思。近年，有不少人研究日本复兴的秘密，其实很简单：

长期重视教育→人民素质高，人才多→科技发达，产品在国际市场有竞争力→经济发达→更重视教育，对教育有更多投资→……

反之，则有

长期忽视教育→人民素质低，人才短缺→科技落后，产品无竞争力→贫困→更忽视教育，教育投资更少→……

这便是教育与经济的良性循环与恶性循环示意图。

就连计划生育问题本身，也必须依靠教育才能彻底解决。事实证明：素质低的人会盲目地生育更多孩子，而这些孩子，多数将得不到好的教育而又盲目地生育；文化程度高，才会自觉地计划生育。所以，目前的计划生育客观上是文化高者一胎，而不少文化低者多生，从而造成平均素质的下降。当然，这绝不是否定计划生育的成绩。

孔子：宪法者，国之大法也；教育者，国之根本也。以根本入大法，名正而言顺。国家教育投资，每年应不低于国民生产总值的4.5%，以此写入宪法，坚持30年，则教育可兴也。

黄君：1989年的教育经费，在其他皆紧缩的条件下，还增加50亿元，太好了。不过，这是人治，不是法治；如果换成另一位领导人，也可能减少50亿，同时说出一百条理由。有人根据1970年至1985年上百个国家的资料统计，这些年间，世界每年公共教育经费占国民生产总值的4.67%，这还是1985年以前的平均数。所以您提出4.5%，并不过分。这样，群众既看到政府的努力，又想到有宪法保障，大家就放心了，不会每年都大声疾呼了。国家投资是主要的，还应鼓励地方政府投资、社会集资、国际资助、个人赞助以及学校自身筹款等。国家办学为主，还应支持地方办学、社会办学、个人办学。条件具备者，也可办私立大学。

孔子：办学有三要：端正办学思想；改善办学条件；网罗高水平之办学人才。此三者，一虚二实，一软二硬，相辅相成也。

黄君（高兴地）：前人论教育，下笔数万言，不能自休。孔老真会概括，能不能请您就教育思想多说几句。

孔子：吾闻老子曰"要言不烦，烦言不要"。虽然，吾遂汝请。

教育之目的，在于提高全民之素质，在于培养专门人才。素质者何？德、智、体、美、劳全面发展是也。中华人民共和国成立以来，教育方针数变，可议者多。近日"教育为经济建设服务""与商品经济相适应"，何见之浅！"百年大计，教育为本"，岂有百年之本为其他服务、与其他适应之理？若言"教育必须为社会主义建设服务，社会主义建设必须依靠教育"，则较全面而近于实际。

孔子：近代教育界佼佼者有蔡元培，主持北京大学，成绩斐然。其所本者，曰民主管理（教授治校、学生自治、领导选举产生），曰兼容并包（容许百家争鸣，注重美育、军训），曰网罗与爱护人才（聘请鲁迅、李大钊、胡适、梁漱溟等，首创男女同校，体贴贫穷学生），曰支持爱国学生运动（冒杀身危险，其助手即被害）。其经验未可全抄，其精神则可学习。

孔子：教育形如金字塔，基宽厚而尖高，九年义务教育与职业技术教育是基本，高等教育是其尖。无宽厚则无尖高，无宽厚而望全民素质之提高，难矣。

孔子：步入烈士纪念馆，肃然起敬，邪心顿消，环境育人也。校风为环境教育之首，高尚人格，文明礼貌，严谨进取，科学管理，则校风正矣。

孔子：爱生如爱子。行为管理以严，望其立身正，学术思想从宽，望其学有成。学生有过，我心悲戚，为傅未尽职也。

孔子：总统尚可选举，何况校长。任命制弊大于利。若行政与党委双头领导，弊更大矣。应授予校长以充分自主之办学权，尽量减少行政干预、左右牵制与内部摩擦。

黄君：谢谢孔老的指教。关于办学条件，归纳起来，我想有四个方面：人（人才，包括教师、教辅人员、管理干部、工人等）、财（经费的开源、节流与管理分配）、物（图书、仪器、设备、用品）、建（校园、校舍、运动场等基建）。其中人、财两项又是最重要的，它们形成一个连环：优秀人才开辟财源，丰裕的经济吸引人才。改善教师的待遇，给他们以更多的进修提高机会，是当务之急。列宁在 1923 年《日记摘录》中说："应该把我国人民教师提高到从未有过的、在资产阶级社会里也不可能有的崇高的地位。"特别是农村的中小学及幼儿教师，他们肩负着 1 亿以上儿童和青少年教育的重任，而待遇却非常微薄，小学教师每月工资不过六七十元，民办教师则更少。这是一个被遗忘的世界，替他们说话的声音太少了。电视中见不到他们，电影中也见不到他们，而凶杀、色情的镜头却几乎无夜不在。教师们一年的思想教育，抵消不了一本下流小说的影响。能不能拍几部歌颂园丁们辛勤劳动的影片呢？危房倒塌砸死学生仍每年都有所闻，能否明文规定，在修复校舍危房以前，不准用公款建楼堂馆所呢？在三土（土房子、土凳子、满身是土的土孩子）房子里上课，教师怎能成为最受人尊敬、最令人羡慕的职业？为什么中小学校舍不能成为当地最好的建筑？

　　黄君正滔滔不绝，忽然他的进口手表响了，时间不早，只好恋恋不舍地起身告别。临行请孔子题词留念，辞曰：

> 中华何计可消愁，
>
> 教育强国是大谋。
>
> 纷纷画工逞新巧，
>
> 不图根本亦足⎰羞。
> 　　　　　　　　休。

教育的智慧①
——悠闲出智慧

（一）何谓智慧

要讨论教育的智慧，首先需要研究什么是智慧，它与才干、聪明、知识等有什么关系。关于智慧，很难找到能为大家所接受的定义，也许还没有一个这样的定义。我们初步认为：智慧在于对主观和客观世界的深刻理解，进一步发展到透彻的领悟，并且在大多数情况下能做出正确的判断和预测。从理解到领悟是思维深化、提高和精炼的过程。人们对某事物有所理解，但知其然而不知其所以然；对片段有所认识，却不能把握全面。有些人就此止步，另一些人却不满足而穷追不舍，继续冥思苦想，或继续观察实验，终于在某一头脑放松时大彻大悟，抓住本质，这就是领悟或顿悟。事物的本质往往是简明的，也许几句话就能说清楚。希腊有一句格言：**"悠闲出智慧"**，也许就是这个意思。

智慧是整体性的，不仅表现在个别事物上；智慧是战略性的，它能统观全局的发展过程，不局限于一时一地。智慧不同于才干，才干主要表现在对具体事物的准确、迅速、明快的处理上，多少带有局部性。智慧不同于聪明，聪明表现在接受新事物快，反应迅速，并能临机应变，但可能短于全局性通盘考虑，常常是战术性的。知识来源于前人的积累或自身的实践，它是智慧的基础。没有知识谈不上智慧，但智慧不同于知识。一般来说，智慧高于知识。知识来源于后天的学习，智慧则既需要学习，也依赖于先天的禀赋。天赋

---

① 在首届中国小学校长大会上的发言. 2005.

加学习、思考和实践，造就了智慧。通过人们勤奋学习，可以弥补先天的不足，但天赋也是非常重要的。如何优生优育，提高天赋，是一个十分重要的课题。可惜至今仍研究得很少，甚至被视为禁区。知识是一柄双刃剑（例如关于核能的知识）既可造福社会，也可危害社会。人们依靠智慧，使知识发挥正面的作用。知识期待智慧来驾驭。我们常说：一个人需要德识、才、学。智慧相当于识，是全局的统率。

历史上有不少杰出人物，例如刘邦、朱元璋，他们并未念过多少书。但由于具有用人的智慧，终于成为开国君主。六祖慧能，出身贫寒，却能妙悟佛法，著有《坛经》。又如战国时的范蠡，汉时的张良，急流勇退，飘然远引，既成功业，又得保身，可谓大慧。

希腊人说：**惊奇是智慧之母，怀疑是智慧之父**。说的是如何启发人们的智慧。印度人说：**智慧之于文化，正如语法之于语言**。语法整理语言，智慧提高文化，两者有一定的可比性。

（二）名家的论点

上述智慧的一般概念与教育相结合，便成为教育智慧；也就是说，教育智慧是对教育的深刻理解、领悟以及正确的判断和预测。

1945年，日本帝国主义战败投降，经济全面崩溃，几乎所有主要城市都因空袭而遭破坏，人民陷于饥寒交迫的苦难中。在这种极其困苦的条件下，如何复兴呢？当时的日本首相吉田茂，写了一本书《激荡的百年史》，书中说：

人们一方面为维持每天的生活而继续拼命地努力工作；但是另一方面他们主张使日本作为文化国家获得新生，把关心集中到教育方面。

　　日本人民纷纷写信给有关方面，表示赞成教育改革。①

　　"这些书信异口同声地表达了这样一种心情：要使日本复兴，除教育以外，别无他途。我们由于进行战争而使国家荒芜，没有任何东西可以留给子孙后代，但是至少希望他们受到卓越的教育。"

　　这表达了日本人民的教育智慧。由于对教育的重视，日本的经济很快得到恢复。这一事实也印证了一句名言：**"一个国家的命运决定于这个国家人民所受的教育。"**（狄斯累利，B. Disraeli，1804—1881，英国政治家，曾两度任首相）

　　教育所以能具有如此巨大的威力在于人的可教性。关于可教性的讨论有很长的历史。孟子主张性善，因性善而可教；荀子主张性恶，因性恶所以必须施教。两人出发点不同，但都认为教育是必要的。其实人之初，本性如一张白纸，无所谓善恶，但后来品质有好有坏，乃由于后天的教育与习惯的差异。有人以河流为喻。在发源地有左、右两小支流，若疏通左支，则左支将发展成为大河。反之亦然，而左河与右河可相差千里，尽管它们是同源，正如所谓"性相近，习相远，苟不教，性乃迁"，但这只是解答了教育的必要性，没有回答是否人人可教。

　　我国历史上有许多优秀的教育家，他们的一些观点，至今仍有重要意义。孔子是大教育家，在教学方法上，他主张"有教无类""因材施教""启发诱导""学（习）思（考）并重""由博返约"；他重视道德思想教育，以"仁"和"礼"为核心，以"孝"为基础；他鼓励青年人树立远大志向，**"三军可夺其帅也，匹夫不可夺其志也。"** 对比起来，现在一些青年缺乏远大崇高的理想，陷于个人名利的困扰中，一遇到挫折，便忧郁苦闷，不能自拔，甚至跳楼自尽，

---

　　① 吉田茂，著. 张凡，张文，译. 激荡的百年史. 北京：世界知识出版社，1980：58-59.

实在令人痛心。今后应加强思想教育，高尚的理想孕育高尚的人。

孔子提倡言行一致，**"讷于言而敏于行"**，少说空话，多干实事。孔子还有一个惊人的论点，关于可教性。他认为绝大多数人都可教，但并非人人可教，**"唯上智与下愚不移"**，那绝顶聪明和十分愚笨的人是不可教的，即使教也不会有效果。正如人的身高，一般在1.7 m左右，但也有极端情况，高过 2 m 的巨人和 1 m 以下的侏儒，对他们来说，篮球游戏规则便不适用。同样道理，对人的智力也是如此。

明朝的王守仁（阳明，1472—1528）关于儿童教育在当时有新颖的见解。他反对鞭挞强迫，提倡诱导、鼓励，主张培养儿童的兴趣爱好，顺其性情，积极引导。他说[①]：

"大抵童子之情，乐嬉游而惮拘检，如草木之始萌芽，舒畅之则条达，摧挠之则衰痿。今教童子，必使其趋向鼓舞，中心喜悦，则其进自不能已。譬之时雨春风，沾被卉木，莫不萌动发越，自然日长月化。若冰霜剥落，则生意萧索，日就枯槁矣。"

从而

"顺导其志意，调理其性情，潜消其鄙吝，默化其粗顽，日使之渐于礼仪而不苦其难，入于中和而不知其故。"

清末梁启超的观点与此相近。他主张教学要合乎儿童的年龄特征，循序渐进，丰富多彩，学习时间一天不要超过 3 h，不要太劳累，更不要随便补习加重负担，以免产生厌学和畏学情绪。这对目前书包越背越重，补习越来越多，是有很强针对性的批评。

鲁迅对儿童教育，有着更为深刻和全面的见解。首先，应该让

---

① 王炳照，等. 简明中国教育史. 北京：北京师范大学出版社，1985：233.

儿童在德、智、体、美几方面全面发展，要培养良好的品德和习惯，不要让自私自利任意泛滥。鲁迅很重视美育，他认为儿童读物要图文并茂，他还做过"美术略论"的演讲。其次，要认识儿童的特点，儿童天真活泼，喜欢游戏，富于想象，好奇好问，上至星空，下至蚁穴，都感到十分新鲜。对孩子的好奇心，应十分珍惜，惊奇是智慧之母。再次，对儿童既不能打骂，也不能放任自流，应针对每个孩子的特点，因势利导，让他们不知不觉地走上健康发展的道路。

战国末期的《学记》，是我国教育史上甚至世界教育史上最早、最完整的教育学专著，至今仍有很好的参考价值。

下面再来看看两位旷世奇才的教育思想和成长经历。

诸葛亮一生忙于政治军事，对教育无专门论述，但有两封短信，却极见精彩。[①]

诫外生书

夫志当存高远，慕先贤，绝情欲，弃凝滞，使庶几之志，揭然有所存，恻然有所感；忍屈伸，去细碎，广咨问，除嫌吝，虽有淹留，何损于美趣，何患于不济。若志不疆毅，意不慷慨，徒碌碌滞于俗，默默束于情，永窜伏于凡庸，不免于下流矣！

青年人最重要的是树立高尚而远大的理想。要找几位优秀的前辈，作为学习的榜样和竞争的对手（诸葛亮常自比于管仲、乐毅）。为了实现志向，必须断绝情欲（如日夜上色情网，现在网络对青少年的引诱太多了），消除摩擦，好学多问，能屈能伸。否则，庸庸碌碌，一无所成，最后甚至窜入下流。

---

① 诸葛亮. 诸葛亮集. 北京：中华书局，1974：28.

诫子书

夫君子之行，静以修身，俭以养德，非淡泊无以明志，非宁静无以致远。夫学须静也，才须学也，非学无以广才，非志无以成学。淫慢则不能励精，险躁则不能治性。年与时驰，意与日去，遂成枯落，多不接世，悲守穷庐，将复何及！

信中讲的是修身养德，"淡泊以明志，宁静以致远"，成为千古名言。对照当前急功逐利的浮躁风气，这封信真是清风良药，仿佛就是为今天而写的。

诸葛亮还有一封短信，仍有现实意义。他给兄长诸葛谨的信说："瞻（诸葛亮的儿子）今已8岁，聪慧可爱，嫌其早成，恐不为重器耳。"诸葛亮担心儿子早熟不能成大器。我国有些神童如王弼、王勃、夏完淳等，后来都有成就，却不幸早死。多数神童，最后都默默无闻。现在有些父母，对聪明的孩子操之过急，要求太高，使孩子失去童年。这就像要求5岁的体力超强的儿童去从事繁重的劳动，最后必会元气大伤。正确的做法应是循序渐进，适当地加快一点速度，使之恰到好处。

现在来看爱因斯坦①，我们不去讨论他的教育观点，而是看他青少年时期的几件事。这些对他的成长有着重要意义。

"当我还是四五岁的小孩，在父亲给我看一个罗盘的时候，就经历过这种惊奇。"（他是指不论罗盘被转向何处，指针永远指向南方。）"这种经验给我一个深刻而持久的印象。我想一定有什么东西深深地隐藏在事情后面。"

第二件事，爱因斯坦特别厌恶当时那种死记硬背的教学方法，

---

① 爱因斯坦. 自述. 见：爱因斯坦. 爱因斯坦文集：第1卷. 北京：商务印书馆，1976：1-42.

认为缺乏想象力，以致希腊文教师对他说：你将一事无成。幼年的爱因斯坦是如何发展起来的？关键是自学。

第三件事，"**在 12 岁时，我经历了另一种性质完全不同的惊奇：这是在一个学年开始时，当我得到了一本关于欧几里得平面几何的小书时所经历的。**""**这种明晰性和可靠性给我造成一种难以形容的印象**"。后来，他称这本小书为"几何学圣经"，从此科学成了他生命的重要部分。

看来，强烈的好奇心，刻苦的自学，对严格逻辑推理的陶醉，是使爱因斯坦成功的重要因素。

（三）教师和校长的智慧

教师的智慧，主要表现在善于以自己的德、识、才、学去影响和教育学生。这首先要求教师自己德才兼备，但这只是一个方面，更重要的是如何使学生也如此。

教学是教与学两方面相互作用、相互促进的过程。教师除自身应努力工作、以身作则外，如何启动和激发学生学习的激情，并使之持久不息，乃是教学中最关键的问题。只有当学生有强烈的求知欲望和奋发进取的精神时，教育才会收到最大的效果，正如鼓掌需要双手配合。前人对此有很多论述，我们已在上文简要回顾，不再重复。这里只补充托尔斯泰有关教育爱心的一句话："**如果教师把热爱事业和热爱学生结合起来，他就是一位完美的教师。**"

校长（书记）也是教师，他也应具备教师的智慧。但他的职责对他要求更多。校长的智慧主要表现在最大限度地团结全校师生员工为实现学校发展的宏伟目标而奋斗。这里，凝聚力是关键。一个人的能力有限，但群众的力量无穷。刘邦能取得天下，主要是有凝聚力，使天下英雄尽为之用。校长是一校之首，他应调动各方力量，尽为学校出力。第二次世界大战期间，有人问美国总统罗斯福是否很忙，罗斯福说："**我不过是一名交通警察，把每个人引导到适当的**

岗位上。"

办好学校主要是四件事，八个字：人才、钱财、规划、管理。前两件是硬件，后两件是软件。

规划指发展目标，学科设置，实施计划，组织机构以及其他。

管理指校规校风，各部门管理条例，按规划施行等。管理要容许宽容，管理适用于绝大多数场合。但在一些个别的、非常特殊的情况下，应适当放宽要求，允许特殊。我们现在的教学方式是为培养中等或中等偏上的人才而设计的，不适用于非常优秀的，或在某方面非常优秀的人才。不少大师级人物是宽容造就的，如钱锺书（大学入学考试中数学只得 15 分）、华罗庚、启功（这两人学历都很低），都是宽容造就的。当年北京大学校长蔡元培提出"兼容并包"，至今依然可以借鉴。

学校要广泛吸引和培养各类人才。现在有些学校花巨资吸引外界人才，效果如何，值得考虑。就是爱因斯坦到了美国，也未听说他带动了多少人，主要还是发挥他个人的才华，显示个人的魅力。其实人才到处都有，"用之则行，舍之则藏。"每个人都有所长，有所短，用长避短，就能调动许多人的积极性。当然，合理的人才流动是必要的，有益的。

钱财是办学的必要条件。学校通过创收来改善办学条件和师生员工的待遇，这是合乎情理的。创收应在国家允许的范围内，采取合法的手段，不能乱收费。学校可以办一些产业或事业，但不能因此而影响教学。改革开放以来，我国发展迅速，对教育的投资也逐年提高，这是大好事。但农村和边远地区的教育，特别是小学教育，还相当困难。有些小学连一份《人民日报》也订不起。希望各级政府和社会各方贤达，给予重视和帮助。

师生情高春江水①

——天道无穷，师道无限

每当我们回忆往事，便会情不自禁地想起青少年时期的老师。人世间的感情是多种多样的，但我认为最崇高、最纯洁和最持久的，莫过于师生情谊，它充满着爱抚、希望和感激。老师以自身的榜样激励我们，以丰富的才智武装我们，以高瞻远瞩的远见卓识指导我们，并且在困难的时刻，向我们伸出援助的手。师长如巍巍高山，令人景仰；如涓涓春水，令人神往；如兰桂之香，宁静淡泊，令人洁身自好。所以说，天道无穷，师道也是无穷的。天道主宰大自然，自然进化有序；师道教育全社会，社会发展有规。师道不张，尊师重教不行，必然会导致无知、黑暗、贫穷和落后。

历史上许多尊师的故事至今传为佳话。颜渊赞扬孔子的道义至高至大，他说："仰之弥高，钻之弥坚。瞻之在前，忽焉在后。夫子循循然善诱人，博我以文，约我以礼，欲罢不能。"这确是一段抒写真情的好文章。明朝左光斗被奸贼陷害，史可法到监狱去探望，深深地被老师的坚贞精神所感动，后来流涕告人说："吾师肺肝，皆铁石所铸造也。"此后他每事必以师为范，不敢稍怠，"恐愧吾师也"。鲁迅逝世前两天（1936年10月17日），重病中还在思念他的老师章太炎，那天写了《因太炎先生而想起的二三事》，2 000多字，成为他的绝笔。从此文星陨落，人间顿失光彩。高尔基只念过两年书，从一个极穷苦的流浪儿成长为世界级文豪，真是奇人奇事。他的成就是与4位老师（分别是厨师、律师、民意党人和作家）的帮助分

---

① 中国教育报，1987-09-05.

不开的。他很虚心，善于找到自己的老师。高尔基所以成为高尔基，绝不是偶然的。

其实，不仅名人从老师那里得到教益，我们自己不也是如此吗？在每个人成长的道路上，都站着几位高大的老师。难怪第一届教师节时，大学生亮出了"教师万岁"的巨幅标语。"教师万岁"是中国年青一代的心声！多么响亮而激动人心的口号，它表达了全国人民对教师的尊敬和感谢。

我既是教师又是学生，许多老师为我付出了辛勤。今我碌碌，愧对师长，不过老师们的形象和教导，是我永远也不能忘记的。

我的启蒙老师王少诚，在农村默默无闻地教了一辈子书。全校只他一位工作人员，管着我们30多个孩子。国家不发工资，学生每人每学期交几十斤谷子，作为报酬。他收入微薄，勉强糊口，却从无异议。王老师胖胖的身子，戴着深度的眼镜，很少说话；但说一句就算一句，我们都很怕他。那村子很小，越想躲开他，就越会碰到他。远远地听到他一声咳嗽，我们这群赤脚小鬼便四处逃窜，霎时间消失得无影无踪。然而，我们还是对他怀着敬意：一是他每天必捧着茶壶、烟袋来到学校，从不迟到早退，工作非常认真负责。不过他越认真，我们便越叫苦；二是他既懂古文，又知道许多新事物，什么"司蒂文生发明火车""驻英大使叫顾维钧"，我们全当作大学问来学。我上学第一年时，学校还是私塾，读的第一本书是《论语》。他把我叫到跟前，手执红笔，他念一句，我跟一句，并随手在句末画一小圆圈，表示教过了。每天得教大半页，而且与日俱增。第二天轮到我时，先把书交给他，转过身去，背诵昨天授的课文。背得好，再往下教；背不好，要打手心的。一年下来，我居然背完了全部《论语》，外加《大学》《中庸》和《古文观止》中的几篇文章。背是背了，至于书中说了些什么几乎全不知道。直到今天，我还不能解释为什么孩子们居然能背完内容全然不懂的古书，这也许是教育学或心理学中的一个谜。第二年，学校进行了大改革，私塾变成了"现代化"的小学，读的是"蚂蚁姑娘迷了路"一类的课文。我们的校舍是一所祠堂，只有一间房子可做教室。王老师把学生分成三个年级，全挤在一起上课。他先教一年级 20 min，再教二年级，如此轮流。王老师是多面手，他教语文、算术、美术、体育；还教我们剪纸、做游戏。此外，他还得应付上面派来的督学。我简直想象不出他是怎样招待这些尊贵的客人的。有一天，他忽然想起要考我一下，便出了一道题：蚂蚁爬树，白天爬上 2 尺，夜间掉下 1 尺，树高 20 尺，问哪一天可爬上树梢？我当即回答第 18 天半。王老师眯缝着眼，抚摸着我的头，亲切地笑了，笑得那么自然，那么纯真，这情景我还是第一次见到。4 年过去，我初小毕业了。王老师极力说服我的家长，希望我能继续念高小，可是我的家庭又是那么贫寒。如果没有王老师，我的最高学历是初小毕业。

两年以后，我考上了江西省立吉安中学，好容易凑齐了第一学期的学费，以后怎么办？我白天愁眉苦脸，夜间做着失学梦，好几次从梦中惊醒。真是天无绝人之路，我遇见了高克正老师，她是我们的班主任，教语文课。高老师身体弱，已经有了 6 个孩子，家境也很清寒。然而她非常坚强，从不向困难低头。她对学生要求严格，自己也不苟言笑，同学们既敬她又怕她。教室是用竹篱笆围成的临时棚子，一下雨就漏水，而且道路泥泞，不便行走。高老师不管刮风下雨，每晚必手提灯笼，走很远的路来查看自习。教室里没有电灯，每个学生自备一盏小油灯。我买不起油，只好坐在同学身旁，借光读书。高老师走过我的身边，总要停下来，检查我的作业。我多次碰上她那慈祥、宁静、似乎含有深意的眼光。第二学期开学了，我交不起学费，眼看要失学。我忧心忡忡，冥思苦想，终于想出了一个主意：给高老师写个报告，请求缓交学费。高老师毫不犹豫，很快同意了我的请求，并争取到学校的支持，就这样，我读完了初中。如果没有高老师，我的最高学历是初中一年级。

后来，我还遇到了许多好老师，其中有英语老师漆裕元和数学老师黄贤汶。漆老师思想进步，对当时的反动统治很不满意，经常在课堂上用英语向我们灌输进步思想，告诉我们读报时要读字里行间那些没有印出来的话，这些才是真实的。他离开学校后，我收到不知是谁寄来的几份进步的英文报纸，大概非他莫属吧！在漆老师的启发下，我开始懂得革命的道理。黄老师精通业务，他讲课很有条理，又富于启发性，大家都喜欢听。他还在晚饭后给学生讲课。有几次同学们突然在课堂上提出一些难题，他毫不退却，当场演算，求得正确答案。于是，最淘气的学生也不得不甘拜下风，我也由此提高了对数学的兴趣。

秋去春来，转眼间我也成为教师。说心里话，我热爱教育事业，在我的心目中，没有什么比教育后代、培养人才的职业更高尚了。没有什么比亲眼看到一批批新人成长、想到其中也有自己的一份辛劳（尽管它是多么微不足道），更有乐趣了。

"喜看新鹰出春林，百年树人亦英雄。"这是我给毕业班同学的题词，谨以此与同行们共勉，并献给未来的教师和教育工作者。

百年树人亦英雄①

——祝《班主任》创刊

我工作 30 多年了，有许多老师和朋友，他们的形象，不时浮现在我的脑海中。其中最使我怀念的是初中三年级的级任老师，或者叫班主任——高克正先生。

那是抗日战争烽火连天的艰难岁月，为了避免日寇的轰炸，学校迁到偏僻的山区，遂川县的枣林镇。生活的艰苦就不用说了，连教室也是用竹篱笆围成的，聊避风雨而已。我们是来自各地的十二三岁的孩子，顽皮好动，蹦蹦跳跳，不希望遇到严厉的老师。可是，不久我们便发现这个想法落空了。

教我们语文的，是一位中年女老师，已经是 6 个孩子的母亲。她身体瘦弱，戴着度数很深的眼镜。她的态度相当严肃，不苟言笑。对我们正当的游戏她是不干涉的，但如果有越轨的行为，她必定抓住不放。上起课来，她挑剔得厉害，连文言文中的虚字也从不放过，每篇课文必须背诵和默写，而且给分又很紧，所以我们都相当怕她。每天晚上她也不放过我们，必定来教室查看，那时没有电灯，她便提着灯笼，不管刮风下雨，总是必到。总之，管得我们实在好苦。

可是日子长了，有几件事改变了我对她的看法。我在班里，大概是最穷的了。没有钱买油点灯上自习，只好坐在同学的旁边，沾别人的光。高老师查夜时，总是来到我的身旁，默默地俯看我的作业。感觉得出她是在同情我，鼓励我，这使我感到温暖。有一次，我自己洗白色衣服没有肥皂，洗不干净，忽然灵机一动，想起妇女

---

① 班主任，1985，（1）：3-4.

洗衣时常用扁木槌拍打衣服，便拾起一块石头，仿照着打了几下，没想到立刻打出几个洞来。这对我是一大打击，因为我只有两件换洗的衣服。高老师知道了，立刻替我缝补，并且告诉我洗衣的方法。每逢期末，我心中充满了忧虑，为下学期学费发愁，不知能否继续升学。到了开学时，我只好忧心忡忡地去找高老师，请她允许我缓缴学费。高老师深知我的困难和学习成绩，立刻毫不犹豫地批准。就这样，在她多次的帮助下，我才有幸念完了初中。

高老师已经逝世多年了，我一直深深地感激她，时时怀念着她。她永远活在我和同学们的心中。

我讲了一个真实的故事，表达了一个平凡的学生对一位高尚的班主任的怀念。这是中华人民共和国成立前的事了。今天，优秀的班主任更多了，水平也更高了，我们同样尊敬他们。他们为祖国培育美丽的花朵而付出了辛勤的劳动。还有更多的班主任是教育战线上的无名英雄，应该为英雄唱赞歌；同时也应该总结经验，交流信息，从理论上和实践上探讨如何进一步提高班主任队伍的素质。《班主任》的创刊，一定会在这些方面起到很好的作用。"喜看新鹰出春林，百年树人亦英雄。"我趁这个机会，向广大的班主任同志们致敬，并预祝《班主任》杂志取得成功，在培养人才的伟大事业中做出贡献。

七、 文化润泽

文化随思录[①]

(一) 历史的启示

近年来文化建设已成为人们的热门话题，所以"热"，是由于长时期的"冷"。多年来的思想统治和禁锢，加上十年文化摧残，人们渴求着思想的清新和解放。随着改革开放的迅速发展，西方文化思潮大量涌入，诸如弗洛伊德、萨特、尼采、迪斯科、摇滚乐、武打和凶杀片等，都一时成为时髦，尽管其中一些在国外已成古董。于是产生一个问题：怎样对待现代的西方文化？热烈鼓掌主张全盘西化者有之，痛心疾首厉声斥责者有之，超然物外听其自流者亦有之。

在我国文化史上，至少有三件大事可供借鉴。一是先秦诸子百家的争鸣；二是佛学的传入，它与我国儒家、道家的交汇以及其后对我国哲学、文学、艺术的影响；三是从清朝开始，西方科学及民主思潮的输入，五四运动达到一个高峰，至今仍在发展中。历史证明，各种文化的接触，其结果大都是取长补短相互渗透，凝聚成新的、并存的更高的文化，而不是以一种文化取代或吞并另一种而告终。原因很简单：各种文化都充满人民的生活气息，具有民族或地

① 科技导报，1989，(3)：11-14.

方的特色；加之以历史长期严格的考验和筛选，保留下来的大都是精华部分，自有其存在的价值。因此，多种文化的并存与融合乃是必然的结果。

目前西方文化的引入，从大处看，是件好事，问题在于如何取其精华去其糟粕，使其精华与我国传统文化相结合。

（二）一百个第一

我们不可能列举哪些是精华哪些是糟粕，只能作一些粗浅的分析。目前流行的西方文化可大略分为四类：科学技术、民主自由意识、社会科学和哲学、文学艺术。

科学技术无国界，对之主要是吸收、消化和利用。应该考虑我国的需要及经济条件，有步骤地引进，否则必会大量耗费人力和财力，食而不化反受其害。有些课题，虽属尖端，但处于探索阶段，成败未卜而又耗资亿万者，可让别人先试，然后实行"拿来主义"。其实科技中的拿来，乃是普遍现象。一项重要的发明、发现，总是先在某处突破，然后传遍世界，绝少是几国同时突破的。《日本精神》一书中说："在日本人看来，不利用国外先进技术而花费精力和资金去搞发明纯粹是愚蠢之极。"这是事情的一面；另一面则应根据国家建设的需要与可能，搞好几项具有重大意义的项目，办出本国的水平和特色。

人生活在开放的环境中，无论自然或社会，都不可能给他以绝对的自由。我们的躯体不断被氧化，被衰老侵蚀，古代许多帝王梦想长生，都被传为笑柄，这说明大自然的无情。同样，我们生活在社会中，社会抚育了我，我们当然应该热爱祖国，热爱人民，遵纪守法，尊重地方的风俗习惯。这些既是个人道德的表现，也是社会对大家的约束。人们只能在这些约束下谈论民主自由。另一方面，政府应该保护人民，给人民以充分的言论自由；在重大决策上尊重人民的意见；特别是国家的最高领导人，应该在尽可能大的范围内民主选举产生，并严格实行任期制，决不允许私相授受或变相的私传，也不允许在一个小圈子内被指定。国家的政治生活中，没有比选择最高领导人更重大的事件了。1亿人民中的优秀者，比1 000人中的优秀者更优秀，这不是极明显的道理吗？国家最高领导人，应该品德高尚，有最高的智慧，有广博的科学文化知识；在当今文明时代，他们还应有最高或很高的学历，这一点也不容忽视。

西方的社会科学和哲学，无疑有许多珍宝，但也有不少问题。希罗多德的《历史》，我国司马迁的《史记》，交相辉映，永垂不朽；马基亚维利（Machiavelli，1469—1527）的《君主论》，说雄主必须兼有狮子的凶狠和狐狸的狡猾，可与我国韩非子的法、势、术学说相媲美。又如弗洛伊德的精神分析论，潜意识说是其精华，但过分强调性的作用，恐系臆断，至于什么"男婴恋母，女婴恋父"，则是谬论了。系统地介绍西方哲学各派的观点，罗素的《西方哲学史》是一部很好的著作。

我国有许多优美的文学作品如《红楼梦》《水浒传》《三国演义》等，但推理小说则很少。《福尔摩斯探案集》独树一帜，值得一读，从中可以学到一些观察和推理的方法。第二次世界大战以后，出现了许多战争小说和间谍小说，其中如《战争风云》等，堪称上乘，读之可添智慧。

不要妄自菲薄，轻视我国的文化与科学。《新华文摘》1987年第6期起，连载了罗伯特·坦普尔写的"中国的一百个世界第一"。火药、指南针、印刷术、造纸、瓷器等为我国首创，这是周知的常识，但未必都知道火柴、漆、米酒、太阳风、太阳黑子、营养缺乏症、西门子式炼钢法、血液循环等的发明或研究，我国也居于世界前列。我国历史科学的完备、博大与精深，恐怕无一他国所能望其项背；至于中国文学、哲学、艺术等的成就，更是有目共睹、交口称誉了。

(三) 高素质的人民

何谓"文化"? 众说纷纭, 莫衷一是, 不必在此评述。我们只想讨论一个问题: 文化的主要作用是什么? 是积累知识, 还是丰富生活? 我认为, 这些都是文化的功能, 但不是最主要的。文化的主要作用, 应是不断提高全民的素质, 包括全体人民的思想品德、科技知识与能力、文学艺术修养和身体健康等各方面的素质。一个民族的文化水平, 不只表现在极少数杰出人物的突出成就上, 而主要在于全民族的素质。办好几个研究所, 在几项课题上赶超世界先进水平, 或者培养几个优秀运动员、艺术家, 固然很不容易, 但还不是最难的; 最困难的、同时也是最重要的, 是大面积提高全民的素质。这是一片汪洋大海, 需要下几十年上百年的大功夫。先进的设备可以引进, 而民族的素质是不能引进的。

第二次世界大战以后, 人们对国家兴旺的理解有很大的变化。过去说一个国家强大, 主要指它的军事力量。能以武力称霸于世者为强国。由于科技发展, 这种概念过时了。核战无胜负, 现在国家兴旺的含义主要在于破愚贫而立智富。教育普及、科技先进、经济发达、人民文化水平高, 才是国家兴旺的基本标志。贫穷不是社会主义, 愚昧更不是社会主义。治愚与治贫, 是一连环, 愚必贫, 贫则造成大量文盲而导致平均的愚。要解此连环, 必须治愚与治贫同时并举, 而治愚则更根本些。1945 年日本投降时, 许多城市成为一片瓦砾, 吃饭成了大问题, 但日本人却说"要使日本复兴, 除教育以外, 别无他途。我们由于进行战争而使国家荒芜, 没有任何东西可以留给子孙后代, 但是至少希望他们受到卓越的教育。"(见吉田茂《激荡的百年史》) 仅仅过了两年, 到 1947 年, 日本便实行"六三制"(小学六年, 初中三年) 教育。长时间的坚持和努力, "使日本得到复兴的日本国民的素质"。作为文化国家, 日本终于获得新生, 成为经济大国。这也为解开上述连环提供了经验。

我国人口即将超过 10 亿。人口多并不可怕，可怕的是人口多而素质又低。反之，如果素质高，那么人口负担可成为人口资源。高质量的产品出自高质量的劳动者，高素质的人民才能建成高度文明的、富强的国家。10 亿人口的大国，靠劳动力输出、靠外援、靠人人经商或靠国际上偶然的机会（如朝鲜战争为日本提供了订货输出的机会），都不能从根本上解决问题。唯一的途径是发展教育，提高人民的科学文化素质，而这需要长期的坚持和努力。急于求成，草率从事必将造成严重后果。要知道像日本这样的岛国的振兴也花了近百年的时间（明治维新始于 1868 年），而持久是最容易被急功好名的领导所忽视的。尽管我国《宪法》第 19 条规定："国家发展社会主义的教育事业，提高全国人民的科学文化水平"，但一些领导人还是口是心非，我行我素。学校危房倒塌，压死学生，仍时有所闻，更谈不上校舍应该是当地最好的建筑了。如果在第 19 条中加上一句："国家每年对教育投资不少于国民生产总值的 4.5％，20 年不变"，也许会切实一些。据 1975 年到 1985 年 100 多个国家的统计取平均值，世界公共教育经费占国民生产总值的 4.67％，所以上述要求并不高。

（四）会做许多事却不会做最重要的事

发展教育和科技需要大量资金，一些人视此为畏途。其实做任何大事（如新建一家大厂），初期较多投资是不可少的，然后逐步减少，最后方可进入高效益、低消耗的良性循环。不想通这一点，便做不成任何大事。列夫·托尔斯泰说："有些人知道很多东西，却不知道最重要的东西。"同样，有些人会做很多事情，却不会做最重要的事情。而做成一两件大事往往需要多次大拼搏。任何国家的收入都是有限的，问题在于如何分配，而这又决定于政府决心要干成哪几件大事。为了达到目的，就必须压缩其他开支，降低其他项目的发展速度，以便把人、财、物集中到主要目标上来。穷于应付日常事务而无主要目标的领导是平庸的领导。任何伟人也只能做成一两件大事，华盛顿、林肯如此，斯大林、毛泽东也如此。我国的教育事业亟待振兴，如果有哪位领导人能对它做出突出贡献，仅此一项就将名垂青史，为后人所永远怀念。尼克松在《领袖们》中说："当一位领袖遇到了需要他最大限度地发挥才能去应付挑战时，我们方能全面地衡量这位领袖有多么伟大……没有挑战，他们就不能显示出英雄本色。"振兴教育，这是现阶段对我国的挑战，我们需要能显示本色的英雄。

英明的领导是重要的，但群众办学的积极性也非常重要。地方政府和人民群众中蕴藏着巨大的财力资源，问题在于要让他们尝到或见到教育和科技的经济效益。不久前河北阳原县出现了"半斤青椒籽，富了一个乡"的好事，说的是由于科学种植青椒而劳动致富。1986年4月11日《人民日报》载：对262个村庄调查，发现家庭收入与成员的最高文化程度成正比。1984年文盲户人均纯收入为285元，小学生户385元，初中户466元，高中户556元，大专户756元。大专户为文盲户的2.6倍。由此可见，形成"智促富，富促智"的良性循环，不仅是必要的，也是完全可能的。

要利用一切机会普及科学文化知识，例如在电影、电视放映前必须放几分钟的科技文化片，国家花了许多钱去拍几十集马拉松式的电视剧，是否可多拍一些教育片、科技片、文化片、爱国英雄片呢？

（五）人口的输入与输出

人口问题可以看成为一个大系统，出生是输入，死亡为输出，教育、管理等为内部加工。要提高人口质量，首先须抓好出生。计划生育，非常重要，但它只控制数量；优生优育，更加重要，它涉及质量。如果生来呆痴，再好的教育也无济于事。我国呆痴或有其他先天疾病的人相当多，这已成为非常严重的社会问题。大脑的聪明度，至少依赖于三个因素：先天的遗传，脑的营养，后天的教育、学习和实践。遗传如何影响智力，还不很清楚，有正面的例子，也有反面的例子。200年前，美国一位博学多才的神学家嘉纳塞·爱德华，其8代子孙中，13人当大学校长，100多位教授，60多位医生，20多名议员，120人大学毕业，18人当编辑，14人创建大学或专科学校，还有副总统和大使。同时纽约有一酒鬼赌徒马克斯·朱克，其8代子孙中，有300多名乞丐流浪者，7人被判死刑，63人因偷盗等被判刑，喝酒死亡或残废达400人。这说明遗传有相当大的影响。但另一方面，纽约儿童救护会在50多年中，收留28 000人，其父母多是乞丐流浪者，而这些孩子有87％成为出色或有用人才。伟大的科学家牛顿、法拉第、拉普拉斯等，其父母均泛泛一般。

优生学是一门非常重要的学问，决不要因它曾被种族主义者利用而摒弃，在群众中特别是新婚夫妇中普及优生优育知识是非常必要的。禁止近亲联姻、在最佳年龄段怀孕、怀孕前后不受X射线照射、不轻用药物、预防疾病、加强营养等，都有利于优生。大诗人陶渊明的儿子都不优秀，有人说这与陶渊明喜欢喝酒而酒后同房有关。

一个民族要有朝气，必须健康人多，青年人多。老龄社会不是理想的社会。健康长寿是好事，苟延残喘则是坏事，特别是身患不治之症，与其长年卧床，不如及时安乐而终。我们应该建立达观的寿命观，把寿命看得淡薄些，为婴儿腾出一些位置。人自茫茫宇宙中凝聚而来，又向茫茫宇宙中消散而去，只是物质存在形式的转变，聚散均得其所，又何足悲。一些人以为长寿很幸福，其实过分长寿则未必是幸福。设想我活到120岁，我的亲朋好友大都亡故，子女也已去世，三代以下的儿孙视我如路人，社会视我为负担；更何况我的思维、感官都已衰退，食则无味，听则无声，视则无形，举步摇晃，长夜无眠，人们尽情欢乐，我却浑身疼痛。庄子亡妻，鼓盆而歌，未免太无情义，但到了老年，听其自然，适当减少一些医疗，不是不可取的。生命的价值在于贡献，最长寿的，是那些对人类、对社会做出了卓越贡献的人。列宁、司马迁、诸葛亮和鲁迅，都仅活了 54 岁左右，然而先生之风，山高水长，他们都将与历史并存。诚如柏拉图所说："如果你曾在生者中间像晨星那样辉耀，那么在死者群里便会似晚星般闪烁。"

（六）《蒙难妇童吁天录》

近来一部分人确实富起来了。劳动致富，应该提倡。但不少人靠邪门歪道发财，为此全国人民为之付出了巨大代价，损失分摊在每个人身上，甚至祸延子孙。这些人兴风作浪，除助长通货膨胀、物价乱涨而外，更严重的是道德败坏，法纪沦亡，社会上一些丑恶现象，已达到中华人民共和国成立以来治安最低点（除"文化大革命"中打、砸、抢而外），而且在更加恶化中，实在令人发指。

下面是一则可靠的报道：

> 郑州市密县王发财用 2 000 元买来一名 18 岁的四川姑娘，强行令其与大儿子王老包同居。王老包已经 36 岁，外貌不扬。姑娘不从，王老包全家动手，先将该女捆绑起来毒打，然后剥光衣服检查，继而用针扎女孩十指，并将她捆在床上双脚朝天，把铁铲烧红反复烙其双脚底板。该女百般求饶，号哭之声撕人肺腑，但这些无法无天之徒仍无动于衷，几次将疼痛休克的姑娘用水泼醒，继续施以毒刑，直至将其双脚烙焦仍不松绑，并把她禁闭起来，让王老包肆意奸淫污辱。该女被摧残得失去常态后，他们又将她转移继续监禁。

总算万幸，河南省妇联和市、县人民政府采取了紧急措施，受害者才得到了解救。

此其小者也。更有拐卖幼童，断其肢体，驱使行乞以养活头人。

此其小者也。更有可惊者，乃有人说："人家花了钱买人。你要解救，就得用钱去赎。"而且此种言论，甚至出于某些领导人之口。天下黑心谬论，有过于此者乎？

总之，不少地区贩卖妇女儿童，其惨毒有超 200 年前美国买卖黑奴而过之。看来需要一部《新黑奴吁天录》亦即《蒙难妇童吁天录》；我们也期待林肯式英雄人物的出现。《宪法》第 38 条说："中华人民共和国公民的人格尊严不受侵犯，禁止用任何方法对公民进行侮辱、诽谤和诬告陷害。"政府的职责起码是要保护人民，特别是保护妇女和儿童；不保护人民的政府，也不值得人民去保护。我们深信，我国政府必将采取坚决措施，铲除拐卖童妇、贪污腐化、抢劫行凶等社会公害，重新提倡"为人民服务"，使我中华大地，重开文明之花。

（七）孔子与鲁迅

1936 年 10 月 19 日，文星陨落，鲁迅不幸逝世。许多人送了挽联，佳作甚多。其中尤以郭沫若一联，构思巧而寓意深，录之如下：

孔子之前， 无数孔子， 孔子之后， 一无孔子；

鲁迅之前， 一无鲁迅， 鲁迅之后， 无数鲁迅。

此联不仅高度评价了鲁迅的学术地位与贡献，与孔子相提并论，而且指出了文化史上的两种现象。同为文化巨人，而两者情形却完全相反，这是怎么回事呢？是怎样形成的呢？与政治有无关系？两者对比，各有何意义？哪一种对文化的繁荣更为有利？

因之，我们希望有一本好的中国文化史，系统地研究中国文化的发展及其传统等问题。可惜中华人民共和国成立以来，似乎还未出版这样的书。最近重印了柳诒徵先生的《中国文化史》，那是 1947 年写的重头书，内容丰富，引述原著很多，有很高的学术价值。当然，我们更期待新的专著的出现。

简洁明确，智慧之光①
——百家注庄

（一）思维特色形成背景

我国古代有两部奇书，对后人影响极其巨大而深远。一是以屈原的《离骚》为代表的《楚辞》，一是庄周的《庄子》。它们不仅思想卓越，而且文采也是超一流的。然而，从人生观来看，这两者却是处于相反的两极：《楚辞》是入世的，《庄子》是出世的。屈原忠君爱国，勇于求索，虽九死而未悔；庄周则齐视万物，以求逍遥，身居尘世而心向天外，神情萧散而超越。不入世则无益于社会，社会也得不到进步；不出世则矛盾缠结，有无穷苦恼。几十年来，朝观舞剑，夕临秋水，我的思想长期处于这两者的交织中。白天努力工作，积极进取；夜间则纵情文山书海，闲评古今奇文妙想。或偶有所得，则奋笔疾书，虽片言只语，亦有助于科研构思。

我出身于贫苦的农民家庭，从小就得参加田间劳动。每年血汗所得，必须肩扛手提，送到地主家中。我的幼小心灵，实在难以理解天下为何有这等不平事。我痛恨贪官污吏，厌恶投机盘剥，因而绝意宦途，远离商旅；唯一向往的，是人民教师，那是我在农村里所能见到的高尚的人。我的志向真是纯而又纯，而且终生不渝。

大约是八九岁时的一个黄昏，我从田间劳动回来，在放农具的阴湿角落里偶然找到一本袖珍式的小书，蜡光纸的，自然是破旧不堪了。顾不上洗脚穿鞋，赶紧拿到门外，趁着残照翻看，原来是《薛仁贵征东》，我一下便被吸引住了。那首开卷诗："日出遥遥一点

---

①　卢嘉锡，主编．院士思维：卷三．合肥：安徽教育出版社，2001：88-98.

红，飘飘四海影无踪；三岁孩童千两价，保主跨海去征东。"至今仍记得清清楚楚，确是怪事，因为我并未存心去记。这次大发现对我一生有决定性意义。从此我到处找书看，从《薛丁山征西》《罗通扫北》到《聊斋志异》、四大奇书，着迷到放牛时、车水时甚至田间小道上走路时，也是手不释卷，心无旁骛。这样，既识了字，添了智慧，而更重要的是养成了喜欢读书的习惯。所以我常想，那四大奇书，实是我中华民族永传不朽的、最普及、最伟大的全民教科书。说来惭愧，为什么再也写不出一本新的来呢？

在中华人民共和国成立前，要从穷乡僻壤读书到出国留学，其艰苦，足可写一部小说，不过这离题太远。简单地说，1948 年，我考上了武汉大学数学系。人的天赋，千差万别，但除极少数横绝一世如牛顿者外，大都在中等上下，各有所长，相差不会太大；而最终有成有败者，无他，关键在于是否长时间集中精力于一点，正如打仗时集中优势兵力一样。于是我把原先的一些爱好如英语、文学、弹琴、下棋等，统统淡化，脑海中只剩下数学这一片绿洲。但晚上十点以后，我还得回到文史哲的海洋中，休整游览。

大、中、小学的许多老师的言传身教，使我在做人、做事、做学问三方面都受到终生不忘的教诲，而在科学研究上，则以留学时受益最多。

1955 年至 1958 年，我在苏联莫斯科大学做研究生，专攻概率论，名义上的导师是柯尔莫哥洛夫，他是 20 世纪最伟大的数学家之一。他的特点是创新，新思想特别多。每逢他讲课，许多教授都去听，自然不是听已有的现成结论，而是听他的尚未形成的新思想，因为构思尚不成熟，所以忽然就讲不下去了。这时他会转过身来，恳求听众："救救我，救救我，谁一直在听？"但往往是谁也救不了他。当年莫斯科大学另一位传奇式人物是庞特里亚金院士，他是国际著名的拓扑学大家。不幸的是他自小双目失明。人们对他既尊敬又惊异，我也好奇地去听过他一次课。上课铃响，助手领着他走进阶梯教室。他思维清晰，语无重复，自然是没有讲稿的。他讲一句，助手便在黑板上写一句。讲着讲着，忽然他停了下来，对助手耳语了几句。助手连忙转过身，盯着黑板，找出写错的地方，纠正过来。我十分惊奇，他怎么能发现黑板上的错误呢？具体指导我的导师是杜布鲁申（Р. Л. Добрушин）教授。他非常聪明，是后起之秀。我们每周见面一次。有一回，我证明了一个结果，和他讨论，他说了一段很有意思的话：有时我们猜想结论甲在条件 A 之下可能成立，在证明之前，先尽量举些例子，支持的例子越多，猜想正确的可能性便越大。但如找到反例，那也不要轻易放弃，也许是条件 A 需要改变为条件 B，也许是结论甲需要改变为结论乙。于是我们期待在 B 之下证明乙。如果又找到一个反例，我们又作同样的修改，如此一步步逼近正确的结果。他的这番话有着广泛的意义，其实何止数学，许多问题的解决都是逐步逼近的。

（二）思维亮点

1. 真理是简洁明确的

我相信这句话是真理，同时也相信简明性是智慧的特征。冗长、兜圈子或故弄玄虚的论证我不欣赏，我喜欢直达问题的核心、不走弯路。读华罗庚先生著的《高等数学引论》，印象最深的是他的证明总是单刀直入。牛顿的万有引力定律、爱因斯坦的质能公式，都出奇的简单。世上最难创造的，莫过于制造一个人了，但大自然却把制造过程变得极为简单。有些"理论"十分复杂，这往往是创造者并未真正研究清楚而半途制造出来的夹生饭、半成品，或者是阶段性成果，或者是作者思想混乱的反映。某些社会现象更是如此，那些钩心斗角、打不完的仗，看来复杂万分，其实无非是几个侵略魔头在种种大原则的掩盖下的倚强凌弱，反正受害的是人民群众，并不要他自己去流血拼命。好在大自然不允许长期的瞎胡闹，100 年后统统扫地出球。大自然处理问题的方式真是简单到了极点，它的武器只有一样，那就是不声不响的"时间"。当然，在处理实际问题时，必须充分估计其复杂性；但最终的结论应该是简单明确的。人们的认识过程，一般是由简单到复杂，再由复杂到简单。切勿只停止在前一半上。本着这种思想，我在科研和教学中总是力求简单明确。一条定理，如果要写上一页，那么它很可能是不彻底的，不完善的，一定要把它简化再简化，决不半途而止。上面提到的《庄子》，古往今来，研究它的著作成千成万，收集起来足可装满几卡车。但我看来，《庄子》的核心无非十个字："齐物以逍遥，顺天以崇道"；通过齐视万物以达到精神逍遥的目的，其他多是蔓延。第一句中，我只发明了一个"以"字，其他四个字是庄子的原话。这也许太浅陋了吧！

2. 事物的发展过程，是多层次的偶然事件与必然事件互相交替和互相作用的过程

世界是偶然的还是必然的？由于专业的关系，我不得不考虑这个问题并逐渐形成了上述的观点。某些人强调必然，另一些人强调偶然。其实任一发展过程，它总是先有一个偶然的开端；然后必然地发展一段时间后（其长度是偶然的），它站在一分叉点上，面临多种状态的选择，随之飞跃到某一偶然状态；然后又必然地发展，再飞跃到第三个偶然状态……这样，偶然——必然——偶然……地进行下去，直到最后，在某一偶然的时刻、偶然的地点以偶然的方式结束全过程。大至天体演化、社会发展，小到人的一生，莫不如此。以人生为例，他的出生是偶然的；平静地度过童年后，他面临就业与升学的随机选择；安心一段时间后又再进行选择……直到偶然地结束他那偶然的生命。当然，在必然性占主导的进程中，也可能发生一些次要的偶然事件。有了这样的认识，就能较自觉地抓住机遇，以寻求最佳的发展过程。

3. 工作在学科发展主流的最前沿

科研中最重要的战略性决策是选题。应用研究的题目非常明确，几乎没有选择的余地。数学理论的研究则不然。许多方向都重要，每一方向中的许多问题都很有意义，这就需要高瞻远瞩，慎重选择。通常有两种选题方式。一是坚持工作在学科发展的最前沿，随着主流发展而前进，选择前人未研究过或很少研究过的新题，力求创新。二是执着地专攻某一著名问题，如哥德巴赫问题。两种方式各有得失。1995 年，怀尔斯（A. Wiles）由于证明了费马大定理而震惊数坛，这是数学界划时代的大成果。但从整体看，第一种方式仍是主要的，因为社会在进步，科技在进步，作为科技的一部分，数学也必须随着社会进步而进步。

我主要研究随机过程。现实中几乎一切发展过程都有随机性（或称偶然性），只是程度不同而已。随机过程就是现实中这种偶然过程的数学抽象。20 世纪 60 年代，我主要研究生灭过程的构造，这在当时是最前沿也是非常困难的理论课题。那时著名概率论专家 W. Feller 也从事这项研究。他用的是分析方法；我则采用首创的概率方法，找出了具有相同转移密度矩阵的全部生灭过程。分析方法比较简洁，但概率意义不明；概率方法失之繁长，但直观的概率意义非常清楚，因而各有特色。在构造论的基础上，我进而研究生灭过程泛函的分布。此外，对一般的马尔可夫过程，我研究了常返性与 0-1 律，证明了过程常返性等价于过程的一切过分函数（Excessive functions）为常数，而无穷远 0-1 律成立等价于一切有界调和函数为常数。大约 10 年后西方才出现类似结果。后来由于形势所迫，研究工作停止。直到 20 世纪 70 年代末春风吹暖大地，我们立即开始马尔可夫过程与位势论的研究，这也是当时国际研究的前沿。我求出了布朗运动末离球面的时间的分布，它出乎意外地简洁。当时美国概率论专家 R. G. Getoor 也得到了同样的结果，但方法不同。

20 世纪 80 年代，我研究多参数马尔可夫过程，1983 年给出了多参数 Ornstein-Uhlenbeck（简记为 O-U）过程的定义并研究其性质。一年以后，J. B. Walsh 通过相关函数也给出了基本上一致的定义。20 世纪 90 年代，除继续上项工作外，还积极从事超过程的研究，这也是国际上的新课题。我指导的几位博士已在这方面取得突出的成绩。

4. 直觉引导与严格证明

物理学家依靠实验发现一般原理。数学基本上没有实验，靠什么呢？靠直觉。直觉并非胡思乱想，而是有一定的依据：或者先分析一些例子和简单的特殊情况，或者进行模拟和计算，或者参照已有类似结果做出对比。总之，从特殊到一般，从具体到抽象，从小到大，从易到难，这样往往可以提出普遍的猜想，然后进行严格的证明，这时很可能需要采用上面所说的逐步逼近法。直觉引导与模拟、逻辑推理和周密计算相结合，是数学发现的一般方法。在研究生灭过程构造时，我先倒过来想。假设已给出任一过程，它的轨道复杂之处就是在到达无穷远附近；如果把这些段落砍掉，再把剩下的连接起来，所得到的便成为简单的生灭过程。进一步，砍掉的部分越短，就越近似于原来的过程。由此得到启发：先构造一列简单的过程，取极限后便过渡到一般的生灭过程。

有些直觉上看来正确的结论，要证明却异常困难。生灭过程有一特征数 S，直观上可理解它为沿过程轨道运动的粒子从无穷远回到状态 O 的平均时间。我想，S 满足什么条件时，自无穷远连续地流入有限状态几乎是不可能的。但我不知如何证明。思考它长达数月，最后却在梦中完成。佛家说是顿悟，其实顿悟乃长期思考后的突然爆发，不过这爆发的机制却是谁也说不清楚的，至少目前如此。

直观思考有时还可反过来帮助我们理解冗长推算所得的结果。人们早已证明：自原点出发的布朗运动首中球面的点，在球面上有均匀分布。当空间维数大于 2 时，它必定永离球面，趋向无穷远点，再不回来。这末离球面的点又是如何分布呢？经过推理我发现它在球面上仍然有均匀分布。换句话说，首中点与末离点都有相同的分布。这个结论初看起来使人难以相信，因为末离比首中要复杂得多。我想来想去，终于找到一个直观解释而使疑团顿消：自原点出发末离球面的点，可设想为自无穷远点出发，首中球面的点，而后者可设想有均匀分布，因而前者也应如此。

5. 长期积累与集中突击

我喜欢读书，也喜欢做笔记，随手记下自认为有意义的东西，包括自己的心得体会。这样日积月累，居然记了几十本。大致可分成三类。一是数学，或者是新发表的论文提要，或者是新书中的精华部分；二是文史哲及报刊文萃，包括诗词佳句、名人逸事、哲学观点、学者论学等；三是科学方法及科普新知识。闲时翻翻笔记，确有怡然自得、不亦乐乎的兴趣。"文化大革命"中，我利用这些笔记，加上自己的观点，厚积而薄发，集中突击数月，写成一本小册子《科学发现纵横谈》，居然影响甚大，读者远比读我的数学著作者多。这种积累与突击相结合的治学方法，许多人都用过。爱因斯坦创建相对论、巴尔扎克写小说、梁启超发表学术著作，都得力于这种方法。

（三）学科前瞻

1. 现代数学的新特点

数学内部各分支间的相互渗透、数学与其他数学（如控制论）的相互渗透、电子计算机的出现，正是当代数学的三个新的特点。由于相互渗透而导致许多新问题和古老难题的解决，其成绩往往出乎意外而使人惊异。例如，对素数的研究以往认为很少有实用价值，却不料它在密码学中受到重用。密码学认为，千位以上的整数的素因子分解，几十年内在计算上不可能实现。但荷兰数学家得到了一个当前最好的因子分解算法，这严重地冲击了上述想法和密码的安全性。又如泛函分析中的无穷维 von Neumann 代数解决了拓扑学中三维空间打结理论的一些难题。描写孤立波的 KdV 方程用于代数中，解决了 Riemann 提出的一个重要的问题。描写随机现象的 Malliavin 演算给出了著名的 Atiyah-Singer 指数定理的新证明，并推广了这一定理。更使人感叹的是物理中的杨振宁—米尔斯规范场与陈省身研究的纤维丛间的紧密联系，两者间的主要术语竟可一一对应。例如，规范形式对应于主纤维丛，规范势对应于主纤维丛上的联络，相因子对应于平行移动，电磁作用对应于 U（1）丛上的联络，等等。无怪乎杨振宁说："我非常惊奇地发现，规范场说是纤维丛的联络，而数学家们在提出纤维丛上的联络时，并未涉及物理世界。"

任何事物都有质和量。数学研究量，所以应用极广；但它不研究质，所以不可能深入；除非与某学科紧密结合，如天体力学、统计物理等。21 世纪科学发展主流之一无疑是生命科学，特别是遗传第一密码、第二密码的破译，成为亟待解决的重大问题。读懂大自然的遗传天书，数学应能起到很大的作用。遗传基本上是稳定的，但也有随机的突变。正是突变促进了生物的进化。概率论如能与生物学紧密结合，定能对突变取得定量性的新认识。

近 30 年来，概率论与其他学科相结合而诞生了许多新的学科，如随机力学、随机微分几何、量子概率、随机微分方程等方法。概念和成果间的相互渗透推进了彼此的发展，但这种发展多是横向性的，纵深的重大进展还不很突出。随机微分方程算是例外，也许是它的应用背景较为广阔吧！尽管如此，交叉性的研究仍是值得大力提倡的，特别是与计算机及新的计算方法相结合。

2. 数学发展的趋势

21 世纪数学的发展必然比 20 世纪后半叶更迅速，成绩更巨大。科学技术越积累，人类认识、利用和改造自然的能力越增强，科学技术发展便越快，形成一种良性循环。作为其中的一部分，数学也必然如此。总体上，高速发展是完全可以预言的；但至于哪些分支发展得更快些，更好些，则既依赖于该学科本身的活力，又依赖于科技大背景的波动和社会的需要，难以肯定回答。不过从目前的情况看，非线性数学是一个重要的发展方向。线性方程的特征是叠加原理成立：若 ϕ_1，ϕ_2 是方程的两个解，则 $a_1\phi_1 + a_2\phi_2$ 也是解，其中 a_1，a_2 是常数。例如薛定谔方程

$$i\,\frac{\partial\phi}{\partial t} = H\phi,$$

或拉普拉斯方程

$$\sum_{i=1}^{d} \frac{\partial^2\phi}{\partial x_i^2} = 0$$

都是线性的。线性数学比较成熟。但还有更多问题是非线性的，如牛顿引力论中的基本定律是平方反比关系，粮食产量对肥料未必成正比等。引人注目的冲击波、孤立子、混沌现象、n 体问题等都是非线性的。非线性问题，不仅涉及面广，而且难度也大，这反而更能引发人们研究的兴趣。

除去非线性数学外，离散数学（涉及数论、抽象代数、数理逻辑、组合论、图论、博弈论、规划论等），概率论与数理统计、计算数学以及数学对生物学、经济学、语言学、管理学、控制论、复杂性等的渗透和应用，都会有更大的发展。其他数学也同样会有迅速的进展；甚至会爆出新的、出人意料的大冷门；"晴空一鹤排云上，便引诗情到碧霄"，这也是非常可能的。

论 聪 明[①]

宋朝苏轼写了两句诗："人皆养子望聪明，我被聪明误一生。"苏轼大半辈子不得意，看来是在闹情绪了；不过这一句话却是真情。人人都希望自己聪明，希望全国人民聪明，更希望子孙后代聪明。

（一）何谓聪明

从狭义上说，聪明是指听力和视力敏锐，耳敏谓之聪，目锐谓之明。《管子》中说："耳目聪明，四肢坚固。"但我们心目中的聪明，自然不限于耳目。说某人聪明，是说他富于智慧，巧于才干，智慧偏重于对客观事物的认识并提出对策，才干则主要指解决实际问题的能力，当然，这两者是相辅相成的。

（二）聪明的特征

聪明的第一个特征是善于选择长远的奋斗目标，也就是崇高的远大理想。理想是指引方向的明灯，也是前进的动力源泉。理想越崇高意志便越坚强，潜力也发挥得越充分。一个人的生命有限，同样是几十年，有些人转瞬即逝，有些人却永垂不朽，这决定于他的生命的价值，决定于他对人民的贡献。因此，善于选择奋斗目标，正是最大的聪明所在。

聪明的第二个特征是：善于最大限度地利用客观和主观条件，选择最佳的方法，力图在最短时间内最完满地实现既定的目标。客观条件包括国内外形势、方针、政策和各项规定，包括人事、经济、物资，设备等。此外，还包括偶然的机会。善于利用机会，

---

① 方法，1990，（1）：21-23.

往往可以收到意想不到的特大效果。每个人都能碰到好机会，也可能碰到坏机会，问题在于如何就好而避坏。机会的特点是稍纵即逝，要迅速行事。遇到坏机会也决不要泄气；请记住：三次坏事以后必有好事。在困难中能看到美好的未来，是成功的重要心理因素。上述主观条件是指扬我所长、避我所短，以最大限度发挥我的潜力。拿破仑说："一个人的最大幸福就是他的潜在能力得到最大程度的发挥。"

避免一次性思维，凡事必须从正反两方面至少想三次。当想到一种解决问题的方法时，必须问问自己："还有更好的方法吗？"如此反复，直到找到最佳的方法为止。在重大问题上，我常常勉励自己：要想出一个"绝妙"的方法。"每临大事有静气，欲展宏图需奇谋。"这种"奇"，是出奇制胜，匪夷所思的奇。对自己提出最高的要求，即使不能尽善尽美，少说也总可得到中上的结果。《孙子兵法》中说，打仗要正奇结合，正者，正规也；奇者，奇妙也。他说："凡战者，以正合，以奇胜，故善出奇者，无穷如天地，不竭如江河。"只有正规作战和奇妙的打法相结合，才能变化莫测，经常取胜。

最大限度地调动一切主客观力量，目的是要在最短时间内获得最大效果。这里连用三个"最"字，既是聪明的客观表现，也是聪明的客观度量。衡量聪明程度的数字就叫聪明度。历史上第一个涉及聪明度的人也许是曹操。他与杨修路过一石碑，上面有一谜语，杨修猜出后，曹操走了30里路才得到同样的答案，于是曹操叹息说："吾才不及卿，乃觉30里。"他用30里来衡量两人聪明的差额。

聪明的第三个特征表现在实现目标的勤奋和毅力上。光勤奋还不够，还需要超人的毅力。毅力表现在：为了达到既定目标，不怕任何困难，百折不挠地坚持奋斗，不达目的，决不罢休。方向性与坚持性是毅力的基本特色。有些人辛勤一生，最后却碌碌无为，原因是他一遇困难，就改变方向，今日河东，明日河西，砌了许多土堆，却未造成一座房子。所以说：勤奋加毅力，方能有大成。

（三）怎样才会聪明起来

聪明不是一次完成，而是在学习和实践中逐步发展而成的。聪明并非天才所独有，一般人也可变得非常聪明。明确这点十分重要，它可以鼓舞我们的信念。清代阎若璩（1636—1704），幼年愚笨，而且口吃，但后来苦学多思，终于自学成才，著有《古文尚书疏证》，受到学术界推崇。

（四）聪明的条件

聪明至少依赖于四个因素：遗传、营养、学习和实践。

先天性遗传对人的聪明起着重要作用，否认这一点不仅不客观，而且极为有害。历史上确有许多神童如甘罗、王勃、夏完淳等。世上没有两件完全相同的东西，几十亿人中没有两个完全一样的人。智力上存在差异乃是普遍现象，因此，出现少数早慧和深慧的人是必然的。承认天才，是实事求是的唯物论的观点。认识到这一点，我们就要想方设法让更多的后人获得好的遗传因子，想方设法让他们聪明些。为此，要十分重视优生和优育，而从遗传观点看，优生更为首要。《羊城晚报》1988年11月5日载：甘肃省共有智障者27万，如平均每省以15万计，全国应有400万以上，这是一个惊人的数字，其中还不含一般智力低下及有先天性疾病者。预防这类病人继续出生，是优生学的一方面；积极地大面积地提高新生婴儿身智素质，是更重要的方面。这是关系到改善中华民族人口素质的重大问题，政府和人民都必须十分重视。陶渊明是大文学家，但他的5个儿子都很平庸，有人评议说这与他经常沉溺于醉乡，酒后同房有关。陶渊明不懂优生而有此严重后果。所以我建议，青年婚前应接受优生优育教育，几小时就行；结婚登记时必须持有优生教育的证明。

营养是大脑生长、发育的物质基础。从胎儿到 4 岁前是大脑生长的重要阶段，母亲和幼儿适当多吃一些鱼类、瘦肉、肝、蛋、蔬菜、水果等食品是必要的，这有益于脑的发育。

聪明的第三个条件是善于学习。向书本学、向古人学、向周围的群众学，向大自然学、向社会学，都是不可缺少的。许多巨人如曹操、康熙、拿破仑、毛泽东等都手不释卷。美国前总统杜鲁门说："历史使我知道，任何一个国家的领导人……必须懂得历史，不仅要懂得本国史，还要懂得所有大国的历史。"生活在当今世界，除上述几种学习外，还必须增加一种，即密切注意信息的传布。不了解各项新发展，不可能站在事业或学业的前沿。

第四个条件是勇于实践，并且不断地总结提高。知识可从书本中学得，才干则必须在实践中锻炼。读了 100 本关于游泳的书，不亲自下水还是不会。《庄子》中讲了宰牛的故事，文情并茂。庖丁开始宰牛时，但见庞然大物，不知从何下手，解牛 3 年后，眼中不再有完整的牛，见到的只是牛的要害，于是从容进刀，如土委地，提刀回顾，踌躇满志。他所以能达到这么高的境界，是不断实践、不断总结的结果。前事不忘，后事之师；实践总结，聪明之泉。

以上讲了何谓聪明，它的特征和条件。为了具体说明这些思想，我想再讲法拉第的故事。成千上万的故事都淡忘了，唯有它久而愈新。

法拉第，英国人，大物理学家，发现电磁感应定律和电解定律，是电磁场理论的奠基人，贡献可谓大矣。但他出身贫苦，父亲是铁匠。他 13 岁去书店当学徒，少年失学，可是，他怎样变成了大物理学家呢？

　　法拉第工作辛苦，收入微薄，但他酷爱学习，他说："我特别喜欢阅读我手中拿到的科学书籍，特别爱读马赛的《化学问答》和《大英百科全书》中关于电的部分。"

　　一日，英国皇家学会会长戴维来他工作的小镇讲学，法拉第弄到一张入场券，他提前入场，坐在前排，详细作了记录。回家后，认真整理消化，写成一篇完整的文章，并且端端正正抄写清楚，然后寄回给戴维，信中并附言说：我希望有一个工作的机会，您能伸出援助的手吗？文章条理分明，逻辑严整，加上文笔流畅，字迹端正。戴维看了非常惊喜，想不到小镇上会有这样的人才。于是马上推荐他到皇家学会去当实验员，成为戴维的助手。从此法拉第如鱼入海、如虎添翼，驰骋在科学研究的世界里，终于成为科学大师。

　　法拉第的最大聪明，不正表现在他善于选择奋斗目标，善于最大限度地利用一切机会和条件，在勤奋和坚持中做出了巨大的贡献吗？

幸福健康与中庸①

——养生之道，莫尚于中

"幸福的家庭都是相似的，不幸的家庭各有各的不幸。"这是托尔斯泰的著名小说《安娜·卡列尼娜》的开场白。不少人欣赏这句话，说它不但点明了全书的主题，起了登高一呼的作用，而且本身也有普遍的哲理意义。不过我不想作文艺评论，而是想分析一下：怎样的家庭才算幸福？幸福的基本条件是什么？我们平时忙于奔波，未必能安下心来研究这个问题，尽管它对每家每户都是非常重要的。真的，不明确怎样才是幸福家庭，治家就会迷失方向。

钱越多越幸福吗？比较充裕的经济是需要的，吃不饱、穿不暖、不能避风雨，当然谈不上幸福。但钱多未必等于幸福。希腊女船王克里斯蒂娜·奥纳西斯的财产以若干亿美元计，可算大富了，然而她的婚姻不如意，她不到 40 岁就死了。相传苏格拉底逛过市场后感慨地说：有多少东西是我所不需要的啊！他可算是知足的人。反之，如果欲海难填，必定劳形伤神、疲于奔命。所以说，有较稳定的正当的经济来源，能维持中等偏上的生活水平，就很不错了。至于损人利己、危害社会以牟取暴利，则是民贼也，有何幸福可言！

四代同堂、儿孙成行幸福吗？《红楼梦》中的贾府够热闹了，但谁也不会说贾府幸福，何况今天正提倡计划生育呢！

那么，到底怎样才算幸福？我想有五条最基本的，那就是：健

---

① 科学与生活，1990，(3)：40.

康平安；和睦互助；工作、学习和抚育顺利；中上的经济水平；适当舒适的居住条件。

人们比较重视后三条，前两条易被忽视，其实健康与和睦，犹如空气之于生命，有它时不感到它重要，一旦缺少 3 min，就会出大乱子。

既然把健康列于首位，下面便着重谈健康问题。什么是健康之道？众说纷纭。我认为：健康之道，中庸之道也。中庸是中和适度的意思。

在报纸杂志中，我们常常看到相互矛盾的报道，对同一件事，甲认为对健康非常有利，乙却说极为有害：甲说涮羊肉味美暖胃，乙说多食可使胃胀胃疼甚至胃出血。人们爱吃豆制品，但据说黄豆中的蛋白质有碍人体吸收铁元素，从而导致缺铁性贫血。啤酒营养丰富，有液体面包的美称，过量则会减弱心脏收缩力，增高血液中铅含量，甚至使智力下降。一些人视肥肉如虎，但也有报道说适量的动物脂肪对健康有益。生命在于运动，慢跑总有好处吧！不料美国心脏专家迈耶·弗里德曼医生却说，很多人慢跑是冒着生命危险的，跑步可使一些人冠心病更严重，等等。

那么怎么办呢？很简单，不论饮食、运动、工作、睡眠，都要中和适度，勿走极端，这是养生的重要原则。东方朔的《诫子诗》说："明者处世，莫尚于中。"您不必为甲、乙各执一词而耗神，一说多吃，一说不吃，您适量地吃吧！一说多跑，一说莫跑，您适度地跑吧！

多年来，这"中庸"两字，名声不太好。一是在以阶级斗争为纲的日子里，有些人怨它冲淡了斗争的热气，于是大为光火；二是不少人把中庸理解为庸俗、和稀泥，其实这是误解。中庸是指适应客观实际，恰到好处，是量体裁衣，是"有理、有利、有节"中的"有节"，是使事物至善至美。美学家宗白华说得好："中庸并非苟且的折中，而是一种不偏不倚的毅力，综合的意志，力求取法乎上，圆满地实现个性中的一切而得和谐。所以中庸是'善'的极峰，而非善与恶的中间物。"

　　我不想把中庸说得过分（这也是中庸），说它是万灵处方，无事不宜。但在健康养生的范围内，中庸之道确是非常重要的。

知足不辱，知止不殆

——幸福与聪明

人类的一切努力是为了寻求幸福，我同意这个观点。法国小说《红与黑》的作者司汤达也表达过类似的思想，他说："人类所以要生活在世界上，并非要当富翁，而是为了幸福。"的确，无论是一般群众，或者革命志士，辛辛苦苦，奋斗终生，为的不是幸福，又是什么呢？论理，聪明人由于聪明，应该较容易地得到更多的幸福，但事实上却未必总是如此，有的甚至聪明反被聪明误。这原因，说是聪明，其实未必真聪明，或者只是一点小聪明、小动作。有些人凡事总想贪点小便宜，把这点小便宜错当成幸福，不择手段地拼命去追求，到头来伤了别人也害了自己，成为《红楼梦》中王熙凤式的人物。因此，真正的聪明，必须对幸福这一概念有较正确的认识；聪明建立在幸福观的基础上。幸福观指导人的行动，是行动的方向盘。正确的幸福观产生方向正确的行动；反之亦然。

人是社会性的，每个人都生活在社会之中。他不仅要考虑自己的存在，更要常常想到别人的存在。我是社会的受益者，我是空手来到这个世界的；人们为我铺平了道路，修建了住宅，贮存了食品，积累了丰富的科学文化知识。只要我努力工作，我就可以享受这一切。因此，我深深感谢社会，感谢人民，没有大家的共同努力，我就会成为孤岛上的鲁滨孙，只能披着兽皮过日子。社会既然抚育了我，我自然应该双倍报效社会，人人为我，我为人人，共同为建设美好的社会而努力。

在建立幸福观时，"我为人人"这是首先要想到的基本原则。那些聪明反被聪明误者，其误就误在只求"人人为我"，而不想

"我为人人"。

从小到大，有三种幸福：个人与家庭的幸福；国家与民族的幸福；全人类的幸福。

百万富翁幸福吗？较充裕的经济条件是幸福所必需的，那种饥来驱我去，行乞度余生的日子，自然不能忍受。但富裕不等于幸福，因为富豪们常常为了管理、支配和贪得无厌的欲望而苦恼，正如美国人英格索所说："富人很少拥有财产，而是财产拥有他们。"长寿幸福吗？长寿而且健康并有足够的财产支持是可取的，但若长期患病，痛苦不堪而又牵连他人，有何幸福可言！荣誉幸福吗？为社会进步有所贡献从而得到人们的尊敬是幸福的，但荣誉只是幸福的一部分；至于身居要职别人不得不给的虚荣，则无非是昙花一现，逢场应景而已。

那么，到底什么是个人和家庭的幸福呢？需要四个条件。

一是精神上的富裕。希腊谚语说："精神之富，众富之首。"崇高的理想，为理想而奋斗的事业心，是心灵上的太阳，是生命的强大支柱。如能亲眼看到理想的完全实现或逐步实现，那他会感到非常的欣慰和幸福。一些品德高尚的大科学家、发明家、文化人、革命工作者，便是如此。另一些人虽无很崇高的理想，但总想为周围的群众做点好事，经常助人为乐，当他感到对别人有所帮助时，也会感到很幸福。对知识有浓厚的兴趣，每天都能学到一点新东西，经常生活在心灵的不断充实之中，像陶渊明那样，"每有会意，便欣然忘食"，这种人会感到很幸福。有几位良师益友，不论地位高低，但求患难与共，不时相聚，交流思想，讨论学问，纵谈今古，共同相忘于世俗利禄之外，他会感到很幸福。在工作之余，有几项高雅的爱好，或活跃于运动场上，或陶醉于音乐声中，精神升华于纯洁淡泊之乡，他会感到很幸福。

二是经济上的充实。上面已说过，中等偏上的经济条件是必不可少的。在我们社会主义国家里，靠的是劳动致富、守法致富，决不能损人利己、违法乱纪，在金钱的追求上要有知足感，适可而止。人对维持生命的物质需要是不高的，1 kg 粮食、1 kg 菜食便可度日，而最珍贵的空气和水，大自然已慷慨免费供应；此外，纵有金山银海，也只能满足支配欲、享受欲，并不能吞入躯体，带进坟墓。至于因贪财而身陷大狱，饮弹毙命，更是愚不可及了。

三是健康与和睦。每个家庭都可成为两万元户：身心健康值万元，和睦互助值万元。许多家庭忙于外务，恰恰在这两个最重要的内部问题上视而不见。不难想象，如果有人长期住医院，并要陪床；或者天天吵架斗气，怨若仇敌，这个家庭能幸福吗？人的体力负荷是有极限的，长期超限工作，可能中年早逝，切记切记！夫妻恩爱，是家庭幸福的基石，但天长日久，必定会有些分歧，这里就必须相互体谅，求同存异。不痴不聋，不能成翁，说的是老人不要过分敏感，不要苛求下代；而年轻人更应想到老人由于体力、脑力的衰退，在生活上要多迁就和照顾他们。

四是儿童的茁壮成长。儿童是家庭和社会的未来，谁不希望自己的孩子活泼聪明？然而却不是每个人都知道如何使孩子聪明，这需要有一点优生、优育、优教的知识。现在孩子的教育提前了，不仅有学校教育，还有学前教育；不仅有学前教育，还要讲究胎教；其实胎教也已晚了。既已怀孕，便没有再选择婴儿的可能：教育家纵有天大本领，也无法教好一个白痴。因此，在受孕时，如何使优良的精子与卵子相结合，实是一个极重要的问题。新婚夫妻宁可请三天假，也要好好学点优生学。

能做到这四条，基本上可算是有了个人和家庭的幸福。

如何获得幸福？有人问杨振宁先生，研究物理成功的要素是什么？杨振宁说要素可归纳为三个"P"：眼光（Perception，指看准方向）、坚持（Persistence）和力量（Power）。我想，获得幸福也需如此，但要补充一点，即抓住时机。每个人都会碰上好机会，就看能不能抓住。机会转瞬即逝，一般是永不再来的；只有那些事先有充分准备、果断而又富于想象的人，才能最大限度地利用它。机会好比飞机，谁搭上了谁就可一飞千里。

获得幸福不容易，保持幸福甚至更难，严于律己，同时不断地为人民、为社会做些有益的好事，是保持幸福的积极因素。贪得无厌是幸福的最大敌人，它会驱使人像牛马一样疲于奔命，像疯子一样丧失理智。老子说："知足不辱，知止不殆，可以长久。"亚里士多德也说："幸福在于自主自足之中。"均是悟道之言。

如果把家庭比作船舰，国家便是海洋，风平浪静，才能舰稳舟轻；倘若波涛汹涌，将有灭顶之灾。宋朝女词人李清照的家庭原先多么幸福，由于国难，后来便落到"寻寻觅觅，冷冷清清，凄凄惨惨戚戚"的悲凉地步。家庭幸福建立在国家和民族幸福的基础上，我们必须自强不息，振兴中华；决不能让日本军国主义再度侵华，也不能坐视社会上贪污腐化、盗贼横行，这样，每个家庭才能顺利发展。更何况国家强盛了，政府才有能力从事更多的公益事业，包括改善人民的居住、饮食、交通、保健等各项条件。因此，我们应该把国家和民族的幸福放在个人和家庭幸福之上。

然而国家又是整个人类社会的一部分。和平友好的国际环境，相互支援的国际合作，科学技术的国际交流，会使每个国家受益。正是有了牛顿、爱因斯坦、爱迪生等大师，才有今天的科学技术；正是有了曹雪芹、托尔斯泰、贝多芬等这样的巨人，才有今天的文化艺术；正是有了许许多多的反法西斯的战士，才有最近50年基本上安定的国际关系。这些优秀人物的贡献超越国界，是属于全世界的，他们所追求的幸福属于全人类，因而更崇高、更光荣。随着人口激增，地球面临着越来越多的困难，资源、能源日益贫乏，全球性的环境污染日益严重，我们正等待着更多的仁人志士献身于追求全人类幸福的事业。

我们尊重用正当方法获得个人和家庭幸福的人，尊敬为国家民族幸福而努力工作的人，敬仰为世界人民的幸福而做出巨大贡献的人。那些为人民不断地有所奉献，而且品德高尚、身体健康的人是最幸福的，同时也是最聪明的人。

大题何妨小做①

——大自然是喜欢简单的

《三国志·孙权传》中，附有赤壁之战前曹操给孙权下的战书。此信言简意深，堪称佳作。全文如下：

> 近者奉辞伐罪，旌麾南指，刘琮束手。今至水军八十万众，方与将军会猎于吴。

关系到百万人的生命，题目可谓大矣！然而曹操小做之。文章极短，只相当今天的一封电报，却写得冠冕堂皇，声势逼人。什么我是奉了皇帝的命令讨伐罪人呀！军旗南指，刘琮马上投降呀！言下之意，你也是该讨伐的罪人，何不早走刘琮的路。要不然呢？那……然而他却偏不说"砸烂你的狗头"，而是用了一句漂亮的外交辞令：我训练了 80 万水军，想和你打猎玩玩儿。"水军""80万""打猎"，够妙的了；至于地点，那可更妙，就在你的老家"东吴"。短短 30 字，至少说了八层意思，叫人不得不佩服他文笔高超。如果有谁还嫌长，那么不妨改改看。

岂止这封战书而已！遍查《曹操集》，他的书信全很短，《与王修书》算长的了，也不过 375 字！曹操目光远大而又脚踏实地。大凡这种人，必定讲究效率，以便赶在作古以前，做完几件要紧的事。所以我想曹操大概和朱元璋一样，是不爱听空、套、废三话的。

1376 年，茹太素给朱元璋打了一个报告，谈五件事，全文

---

① 北京晚报，1980-06-28.

17 000字。直到 16 500 字，才涉及这些事。惹得朱元璋火起，把他打了一顿，算是出了一口闷气，只是太野蛮些。我们今天不能这么办，因而"三话"老反不掉。

然而也不，电报中就反掉了，那原因，大概是"一字费千金"。所以写文章，特别是作大报告，能时时想到一字可费千金，就会大有好处。听众 1 000 人，多讲 5 min，相当于 10 个工作日。真是：不算不知道，一算吓一跳。

其实世界上许多大题目，如果抓住关键，就可小做，而且可以做得很精彩。天上乌云翻滚，电闪雷轰，多少人死于雷击，够吓人的。然而经过富兰克林的研究，用一根避雷针，便能确保平安。18 世纪以前，天花流行，英国医生琴纳等人发明牛痘接种法后，天花趋于绝迹。又如牛顿的万有引力公式，爱因斯坦的质能公式，门捷列夫的元素周期表，都是极大的题目，极简单的答案。于是不得不使人产生一个思想：大自然是喜欢简单的。有些论述所以冗长，计算所以复杂，往往是由于没有抓住本质的缘故。

由此可见，大题小做，大题精做，不仅深受群众欢迎，而且也是符合客观实际的。当然，这不是说，每件事情那么简单，特别是当问题尚处于探索阶段时。不过诸葛亮说得好："非淡泊无以明志，非宁静无以致远。"还是去浮华，重朴实为好。

《梦樵诗词文寄情集》序①

20世纪40年代，日寇的铁蹄践踏了大半个中国，全国人民生活在水深火热之中，尤其是沦陷区，更是饱受宰杀、摧残和屈辱。同胞们纷纷逃离敌占区，来到大后方，其中不乏优秀的知识分子。当时开办了若干所国立中学，聘请逃难的老师来校任教，国立十三中便是其一，校长是著名人士陈颖春先生。十三中坐落在江西省吉安县青原山，这里山清水秀，古木成林，是佛教圣地。民族英雄文天祥也曾在此读书，现在还有他亲笔题写的"青原山"大匾。游人至此，不禁肃然起敬。十三中学的教学质量很高，因为有许多优秀的老师，如黄贤汶（数学），漆裕元（英语），余心乐（国文），马巨贤（地理）等诸位先生，本书作者邓志瑗教授，也是其中年轻学富，深受学生尊敬的老师。

我于1945年秋考入十三中高中部，赶上最后一班"文光二级"。当时抗日战争已经胜利，次年十三中便复员改名天祥中学，一年后又改为江西省立泰和中学，校址迁到泰和县快阁，就是宋朝大诗人黄山谷诗"痴儿子却公家事，快阁东西倚晚晴"中的快阁。我三年之中上了三所中学，不知者以为我多变，其实只是一所中学。

邓志瑗先生是我们的级任老师，相当于现在的班主任。他学问既好，为人又谦和，所以同学们常到他的工作室（其实是一间极简陋的卧室）去玩。他古书读得很多，诵读起来，抑扬顿挫，

① 国立十三中校友志编纂组. 青原山人共忆录（第3集）. 2000：48-49.
邓志瑗，著. 梦樵诗词文寄情集. 南昌：江西人民出版社，2009.

全神贯注。记得给我们讲《说文解字·序》，那文章自然是难懂了，可还是引起了我的兴趣，同时也增添了对邓老师的敬佩。可惜我后来学了数学，不过对文史哲，仍至今乐此不疲，可见老师影响之深。中学年华实是人生最美好的岁月，似懂事又不大懂事，同学之间是一片天真纯洁，绝无势利玩弄。当时一些好朋友，如吕润林、谢南英、姜迪玉、万家珍、贺月亮、张家华等，早已各奔前程，无缘再见。现在想已白发满头，或已退休，但他（她）们在我心中，仍是生龙活虎，行动如风的美少年。我们参加了许多课外活动，举行过关于"中国向何处去"的演讲会，办过多种墙报，组织过学生团体"心心学社"等，这些在当时都是进步的，抒发了年轻人爱国爱民的赤子心情。当然，在当时社会大动乱中，也难免有个别人误入歧途。

青春易逝，50年悄然远去，邓老师年事已高，但他在我心中仍是当年背诵古文的青年学者。邓先生专心致意于治学，目无旁视，可谓谦谦君子，蔼蔼导师矣。可惜我中学毕业后无缘再能受教。今忽得知邓老师将出版《梦樵诗词文寄情集》，欣喜不已，诸多往事，涌上心头。从诗文可见，先生不仅为教学良师，学界先导，亦忠贞不贰之多情人也。为妻者有夫如此，虽芳年早逝，亦复何憾！集中文质炳焕，繁星灿烂，痴情永驻，感人至深。文情并茂，足为学人之范。

追忆往事，亦感慨，亦欣然，书此聊以表示对邓志瑷老师及中学师友的感激与怀念。祝邓老师彩笔常挥，更添福寿！

《白鹭洲内外》序①

谈到白鹭洲，很容易想起李白的诗句："三山半落青天外，二水中分白鹭洲"，李白说的是南京的白鹭洲。本书记的白鹭洲是江西省吉安市赣江中的一个小岛。洲上古木争高，花草竞艳，近处帆影重重，远处青山隐隐，真是世外桃源，人间仙境。然而，更令人神往的，是它极其深厚的悠久的文化底蕴。

吉安，古称庐陵，又名吉州。唐宋以来，文化发达，名士云集，其中"庐陵四友"：欧阳修、周必大（南宋时任左、右丞相）、文天祥、胡铨（工部侍郎），尤为后人所敬仰。南宋淳祐元年（1241），吉州太守江万里奏请建立白鹭洲书院；15年后（1256），吉州考中进士43名，文天祥中状元。为了表彰文风，宋理宗皇帝亲书"白鹭洲书院"，高悬门庭。从此白鹭洲书院名声大振，与白鹿洞、鹅湖齐名，并称为江西三大书院。其后千百年间，岁月如流，虽然桑田沧海，但白鹭洲书院却巍然独立，累坏累修。1903年，改名为吉安府中学堂；1982年正名为白鹭洲中学。

自古景以文传，文以景传；文景交辉，相得益彰。滕王阁有王勃的序，黄鹤楼有崔颢的诗，岳阳楼有范仲淹的记。追溯源头，白鹭洲中学几有千年历史，如有美文，记其盛事，当重增其采，惜乎久待而不得。今幸有杨缉光先生，曾任该校校长12年，有心人也。既熟悉白鹭洲的历史沿革，又对现代校中大事件，了然于心。诸如领导关怀，师生情谊，学苑佳话，生活趣事，无不细笔

---

① 杨缉光，杨洛，著. 白鹭洲内外：千年学府揭秘. 南昌：百花洲文艺出版社，2006.

深描，娓娓道来，使人如亲临其境。加之杨君文科出身，词调清新，笔走龙蛇，泻玉吐珠。全书记事、记景又记人，作者结合个人身世与经历，将所见、所闻、所感，尽收笔底，极富感情。君子小人，跃然纸上：

> 某日一王姓高官，来校视察，口必言正气，话必称政治，拜祭文天祥极其恭敬，俨然君子也，并发下宏愿，捐款300万重修书院。谁料此君一去，即杳如黄鹤，不久却传来被"双规"的消息。

杨君任教师多年，对授课深有体会。他反对为金钱贪小利而教书，说"教书是一种需要发自内心真情和激情的艺术，没有好的心情，哪来好的效果。"真悟道之言也。

俗务繁忙之余，读此书，可以清心，可以悦性，有益有趣，不知东方之既白。

《科学方法中的十大关系》序①

做任何事情，都要讲究方法。方法对路，可以事半而功倍；同时，好的方法，也是极富兴趣的。我国古代的优秀著作，都是既有思想，又重方法。《孙子》《墨子》自不待言，就连超然物外的《老子》《庄子》，也无不如此。回想《庄子》中"庖丁解牛"，说十几年来，宰牛数千头，而刀刃仍像新磨出来一样的锋利。其原因，是以无厚的刀刃，进入有空的骨节，这样才游刃有余。于是，"提刀而立，为之四顾，为之踌躇满志，善刀而藏之。"你看他多么潇洒，多么洋洋得意。真是一段绝妙的文字！

既然方法多种多样，就需要对它们进行比较、分析，研究其一般性和特殊性，从而产生一门以方法为研究对象的科学，这就是方法论。方法论比方法抽象，因为它不局限于某一特定的方法；但又比一般的哲学具体，因为它研究的对象比较确定，不做泛泛之论。所以方法论是介乎哲学与科学之间的一门极富兴趣的学问。

在这以前，曾有一些关于方法论的著作，如"数学方法论""历史学方法论"。最著名的文学方法论，有陆机的《文赋》、刘勰的《文心雕龙》，等等，但它们各自限于某一学科或某一方面。呈现于读者面前的这本《科学方法中的十大关系》则不然。它不只限于某一学科，甚至也不只限于自然科学，它既涉及自然科学，也概括社会科学、人文科学中研究方法的一般共性，即其中的十大关系：主体与客体、已知与未知、部分与整体、质与量、具体与抽象、简单与复杂、模型与原型、经验与理论、真理与错误、

---

① 孙小礼，主编. 科学方法中的十大关系. 上海：学林出版社，2004：1-3.

学习与创造。这些关系，存在于一切科技、一切行为、一切事业、一切创造之中，因而有极广泛的普遍性。这是本书的一大特点。

本书的另一特点是创新性。这不是一本简单的综合性著作，而是作者长期思考、长期探讨的研究成果的总汇，是富有创新性的学术论著。在本书中，既有作者本人的独立新见解，又广泛吸取、批判继承前人的优秀成果。书中引文极其丰富（古、今、中、外、名著、期刊甚至博士论文）。的确，要涉猎这许多文献，非长年累月潜心于其中者，实在难以想象。

一些学术著作，特别是某些西方哲学，一个共同的缺点是艰涩难懂，即使耐着性子，也常常令人莫名其妙，不知所云。其原因，是作者杜撰了一些连自己也未必说得清楚的名词或概念。在对这些概念的运作中，为了表达一些仍然难以说清的想法，或为了自圆其说，或为了故弄玄虚，又构筑了第二批概念，如此进行，以至第三、第四批等。所以要想了解他到底说了什么，就必须从第一批开始，跟着他作非常枯燥无味的磨灭灵性的长途旅行。当然也有例外。有些著作，不仅学术水平很高，而且行文流畅，表达清晰，处处为读者着想，使人读来趣味盎然，收获又多。我认为，这本专著具有这一特点。读者可自行品味。

作者孙小礼教授早年毕业于北京大学数学系，其后长期留校任教，并担任博士生导师。她多年从事科学方法论的研究，两次主持国家自然科学基金以及教育部博士点基金，都是关于科学方法论方面的项目。她著作甚丰，出版专著多部，发表论文多篇。2001 年，她又向国家社会科学基金申请项目"科学方法论的范畴研究"。本书就是在此项目运作过程中，她和同事们、学生们的研究成果。

本书观点新颖，内容充实，是一部文理兼通的高水平的学术力作。无论是资深专家或青年学者，都会从中各有所获，怀宝而归。

领导学第一章①
——读尼克松著《领导人》

有机会找到一本好书，而且能毫无顾忌地大嚼起来，自是业余一大乐事。遗憾的是，随着年龄的增长，那可嚼的书，似乎越来越少了。专业书太深，研究的问题又太窄，概念重叠，屋上架屋，让人难以问津。有些书比较好懂，却又往往流于浅薄。100页中，难得有两三个新思想耐人寻味。这光景，恰如郭沫若所说，他年轻时读《随园诗话》，简直是遍地黄金，俯拾不暇；待到老年再读，便觉得很少新意，甚至发现许多糟粕。于是他老人家写了一本《读随园诗话札记》，作为批判性的回敬。

我正为找不到好书而发愁，且喜友人借来一本名叫《领导人》（另一种译本名《领袖们》），是美国前总统尼克松写的。我不是那么容易迷信的，不管作者是谁，总得翻开来看看。当读完前5页，我得承认，我被吸引了。"随着伟大领导人物的脚步，我们能听到历史的隆隆雷声"，这第一句就写得很有声势。看来，想把它扔在一边是办不到的了。

书中记录了一些叱咤风云人物的言论、逸事和给作者的印象。这里有丘吉尔、戴高乐、周恩来、纳赛尔等。故事和议论交织，时见精彩。大抵名人下台之后，总想写点回忆录什么的，其用意不仅在于捞外快，也不只是为了纪念，主要的，恐怕还是想替自己洗刷辩解，让伟大更伟大。尼克松当然也不例外。不过这本书却不同于一般的回忆录，它不是以作者本人为中心，而是瞩目于众多的领袖

---

① 博览群书，1985，（9）：24-25.

人物，把他们毕生活动中最精彩的镜头拍摄下来。人生能得几镜头？自然是可观的了。更何况作者自己也是名震一时的政治家，眼光甚高，选材甚精，直接交往又甚密，从而可读的篇幅较多，也就不足为怪了。

有些人在称颂伟大人物时，总是说他如何公而忘私，如何日夜操劳，每天工作 16 h，或者生活上如何严于律己，诸如此类。其实这只是"好人"的标准，他说的不过是一位正人君子罢了。那么谁是伟大人物呢？尼克松说："我们一般读到的是那些纵横捭阖运用权力大展宏图以致大大改变了他们国家的历史和世界的进程的人。"尼克松是从事业立论的，按照这种观点，秦始皇是伟大人物，因为他对中国历史的影响太大了，尽管他未必天天上班。

那么怎样才能成为伟大的领袖呢？需要三个因素：伟大的人物、伟大的国家和重大的事件。这个人必须相当聪明、能干，而且有一些好的品德。但是如果他不幸出生在一个小国家里，像李光耀那样，那么他对世界的影响是有限的。再者，即使生在大国，但做不出几件大事，那也无法显示他的伟大。以萨达特为例。大凡乙的前任甲如果碌碌无为，那么乙比较容易"伟大"起来；但如甲很有作为，乙必须超过甲才能为人所称道，所以乙要伟大就很不容易。萨达特正处于乙的地位，他的前任纳赛尔在埃及很有威望。然而萨达特忍耐着、等待着。"纳赛尔精力十分充沛，施政上的事情不分巨细他都过问。为了批阅文件，经常在办公室里，一直留到凌晨……萨达特比较内向，好沉思……他起床比较晚，也不是从早到晚不停工作。他不爱管琐碎的事情……但是大的决定——完全由萨达特自己做出的决定——却令人咋舌，而且往往很高明。"这令人咋舌之一，便是 1972 年他断然驱逐 16 000 名苏联军事顾问；他异常大胆，开外交史上从未有之先例，简直叫人一下子难以相信。然而他成功了，于是他的形象一夜之间便高大起来。

卓越的领导人必须有激动人心的崇高目标，有达到目标的切实计划，有勇往直前毫不动摇的坚定意志。在一定时间内，头脑中只有一件压倒一切的大事。为了这件事，他不惜精力，不惜时间，全力以赴，必要时甚至进行几场大拼搏。不敢迎接挑战，就不能显出英雄本色。他的目光应紧紧盯在今天和明天，而把昨天置于脑后。过多地考虑自己的决定是否正确会消磨志气。领导人应该谦逊；然而，尼克松说，他没有见到一个重要的领袖是真正谦虚的，他们全是个性倔强的人。

能做成几件大事的领导人屈指可数。大事往往是以极大劳累和极大风险为代价的，他应有大无畏的献身精神，甚至准备在岗位上光荣牺牲。大多数领导人没有这种雄心壮志，也缺乏勇气，他们只肯付出很小的代价，坐在安乐椅上，满足于支撑门面，于是最终沦为平庸之辈。

科学家与政治家不同，前者可以在小小的实验室里施展才能，而政治家则必须激励群众，用崇高的思想武装他们，变自己的奋斗目标为群众共同的目标。他应是优秀的演员，不仅善于启发人们的理智，而且能够调动人们的感情。

为了实现崇高的目标，他必须善于容忍，其中包括蒙受无情的人身攻击，履行使人精疲力竭的日程安排。气量狭小是平庸的特征。在安逸的享受和崇高的事业中，只能选择其一。阿拉伯格言说："一个统治者如果是公正的，那么他自然会遭到一半臣民的反对。"走你自己正确的路，让乌鸦去叫吧！

以上是《领导人》中的部分论点及我的一些读后感。我不认为本书十全十美，有必要的话，我可以从中找出两打以上的论点以供批判。不过今天是 20 世纪，我们不能只满足于读《资治通鉴》。尼克松写的这本书，也许可当作新时代的微型"通鉴"来读。

时间统计法①

——读格拉宁著《奇特的一生》

格拉宁（1919—2017）的中篇小说《奇特的一生》，是用一种奇特的笔调写成的，因而具有几分奇特的风趣。看来，作者是被他所发现的人物——柳比歇夫所深深感动了。对主人公的生活方式，他始而惊讶，继而赞叹，进而奉劝人们都来过这种生活，希望"这本书的读者越多越好"。所以在作者的笔下，自然流露出一种惊叹加仰慕的感情，这对读者是有感染力的。此外，小说中夹杂着一些哲理性的议论，不时迸发出一种清新的气息，有一定的启发作用。因此，此书值得一读。

这里讲的是昆虫学家柳比歇夫献身于科学的故事，是从他的追悼会写起的。从会上的许多报告中，作者为柳比歇夫的科学成就所震惊：死者生前发表了 70 来部学术著作；写了 12 500 页打字纸的论文，而内容又是那么广泛，涉及昆虫学、科学史、农业遗传学、植物保护、进化论、哲学等许多方面。于是人们提出了一个问题：他一生做了那么多的事，是用什么方法达到的？

作者并没有全面去总结柳比歇夫的工作方法，这种写法费力而且不容易给人留下深刻的印象；他只抓住一个中心，即柳比歇夫的时间统计法，从这里突破，层层铺开，边叙边议，有虚有实。

关于时间的重要，谁又不知道呢？时间就是生命，时间比黄金更宝贵……连小学生都可以滔滔不绝地说出一大套。然而，也正因为如此，写这种题材，很难不沦为陈词滥调、发出什么思想之光来。

---

①　苏联文学资料，1979，（1）：1-2.

这本小说的作者却不然，他居然能把这个题目写活，通过这张时间统计表，使你似乎亲眼看到柳比歇夫正在做试验、正在看文献、正在写提纲、正在做报告……一项接着一项，紧张、高效率，但又毫不慌乱。一切都按既定的程序进行，他生活在程序之中，时间排得满满的，什么也打扰不了他。甚至战争爆发，儿子牺牲，工作还是照常进行。他是时间进行曲的领唱者，他把每一分钟放大 10 倍，丝毫也不浪费。正像商店经理每日清查账目一样，柳比歇夫每天都要核算自己的时间，一天一小结，每月一大结，年终一总结。56 年，年年如此。应该看到，这种清算不是每个人都能忍受得了的，不信请试试，且看有多少人不以惭愧而告终。

这就是柳比歇夫成功的秘密。他把自己的全部时间动员起来，集中在一个总的目标上：创立一套生物的自然分类法。为了这个目标，他表现了难以想象的勤奋、克制、热情和终生矢志不移。

不要把柳比歇夫看成一部没有感情的机器，他不是时间的吝啬鬼。他一方面珍惜每一秒；另一方面却拿出大量时间来给向他求教的人回信，答复各种各样的问题，并引以为乐。他不以科研中的贵族自居，对于其中的事务性工作，他也从不拒绝。

我并不认识柳比歇夫，也没有参加他的追悼会；我之所以替他说了一些好话，无非是想说明：当我们的时间整单元整单元地被抛弃或被掠夺时，应该想到这对我国的四个现代化是非常有害的，因而需要内疚，甚至需要愤怒。

然而柳比歇夫也是有缺点的，而且相当大。他的理想停留在为科学而科学、为学术而学术的水平上，缺乏共产主义的宏伟目标。他喜爱昆虫，却狂热到了偏袒的地步，说什么"害虫的害处被人们大大夸大了"。其次，他虽是自然科学工作者，却受到唯心主义的侵蚀，说他身上的因子总量中，有什么浪游因子、好心肠因子等，而这些都得自他的祖先父母。最后，小说写出了柳比歇夫百倍的勤劳，而关于智慧，几乎没有交代。虽说天才的成分中，99％是汗水，灵感只占1％；但这1％却是如此的必不可少，正如酒药之于酿酒的必不可少，缺乏这一点点，就休想喝上优质的好酒。

总之，知己知彼，才能百战不殆。在科教兴国的征途中，看看世界上一些国家的科学家们是怎样争分夺秒为发展科学技术，增强国家实力而顽强工作的，这对增强我们的斗志，以只争朝夕的精神攀登科学高峰，是不无裨益的。

异彩纷呈，华章迭起[①]
——论黎先耀编《大家知识随笔》

这书名便有点怪，"大家"指什么？原来，所谓大家，一是说不少作者是大家；二是说读者是大家，人人可读，对读者没有要求。正如法拉第演讲时对听众所假定的："他们一无所知。"然而，要把"从零开始"的读者引向深处，甚至引向科学前沿，却是谈何容易。这部书之所以可贵，正在于此。它涉及面非常之广。从米老鼠、椰树皮开读，走上"天路历程"，通过《没有不能造的桥》，体验《庐山之雾》，终于《我们在月球散步了》。在那里，有了《天文世界的再认识》，可以畅谈《美和理论物理学》《打开细胞的黑匣子》或品尝《中国名酒和大曲》。真是天文、地理、动物、植物、文学、艺术，无所不有，异彩纷呈，华章迭起。主编黎先耀是一位博学家，正是他才能独立汇集这许多有趣有益的美文。

书分中国卷和外国卷，共收随笔 200 余篇，中外作家约 100 人，洋洋洒洒，可谓大观。科学大师爱因斯坦、玻尔、华罗庚、钱学森、李四光，文学大家鲁迅、巴金等纷纷入围，连美国前总统里根也在其列。

科学家要懂一点文史哲艺，文学家也要懂一点科学。这是许多人的共识，也是本书的主题之一。编者认为："科学的果实，含有文艺的色香味，当能吸引更多的人来尝试；文艺的花朵，吸取了科学的营养，也会结出更加肥美的果实。"他又说，鲁迅写《狂人日记》，如果没有对精神病的医学知识，便不能写得如此传神；郭沫若的诗集《百花齐放》，得力于他具有丰富的植物知识，才能对一百种花卉，描绘出各自的特色。另一方面，我国古代科学家沈括的名著

---

① 科学时报，2000-11-24.

《梦溪笔谈》，郦道元的《水经注》，徐宏祖的《徐霞客游记》，由于同时也是优美隽永的散文而得以长远流传。

　　关于科学与美，已有好些人撰文论述。现在再让我们听听建筑学家梁思成在《千篇一律与千变万化》中的意见吧！他说："谁能不感到，从天安门一步步走进去，就如同置身于一幅大'手卷'里漫步；在时间持续的同时，空间也连续着'流动'。那些殿堂、楼门、廊庑虽然制作方法千篇一律，然而每走几步，前瞻后顾、左睇右盼，那整个景色、轮廓、光影，却都在不断地改变着；一个接着一个新的画面出现在周围，千变万化。空间与时间、重复与变化的辩证统一在北京故宫中达到最高的成就。"真正的建筑大师！只有他才能说出我们心有所感但又口不能言的那种崇高美感，可谓得我心矣。梁先生还谈到建筑与音乐美方面的共性，他举出舒伯特"鳟鱼"五重奏，"我们可以听到持续贯串全曲的、极其朴素明朗的'鳟鱼'主题和它的层出不穷的变奏。但是这些变奏又'万变不离其宗'——主题。水波涓涓的伴奏也不断地重复着，使你形象地看到几条鳟鱼在这片伴奏的'水'里悠然自得地游来游去嬉戏，从而使你'知鱼之乐'焉。"有人说：建筑是凝固的音乐。又有人说：音乐是流动的建筑。两说皆绝精妙。不妨再听听大音乐家柴可夫斯基的声音吧！他在《音乐与建筑》中说："伟大音乐家在（科隆）大教堂绝顶之美的感召下写成的几张谱纸，就能为后代人树立一座刻画人类深刻内心世界的、犹如大教堂本身一样的不朽丰碑。交响曲的这一乐章的短促而别致的主题仿佛是用音乐再现了哥特式的线条。"又说："音乐与建筑这两种艺术在重现美的物质手段上是如此对立，而在美学创作领域却如此一致和雷同。"

　　我不想再多引书中的精辟见解了，读者可在其中找到感兴趣的篇章。由于选文甚多，质量可能参差不齐；限于篇幅，长文短裁或偶失其精。然而书中一壁是丰富的自然知识；一壁是隽永的人生哲理，奇思异想，各呈其妙，观止矣！登此堂而入此室，当少庄生有涯逐无涯之叹。

书韩兆琦《史记笺证》后①

近日有幸得窥是书，最初印象是为其宏伟气概所震惊。此书卷帙浩繁，计9册，6 594页，550万字。《史记》本身仅约50万字。笺证竟为正文之十倍。《史记》载文130篇，本书对每篇文章，皆按下列程序笺证：正文；分段解说（该段大意）；分段注释（旁征博引，非常详尽，间出己见，极见功力）；集评（广收前人之评议）；谨按（本书作者对全篇之评论，发明新意，精彩纷呈）；图（含地图、文物图）。书末有五附录"司马迁年表""历代中外人氏论司马迁与《史记》""《史记》的特殊修辞与畸形句例"等。

作为初学，我对此书不敢妄议，粗有所感，觉此书至少有下列特色：

（一）博采百家：每段后之注释，条目很多，少则数十，多则百余。每条旁征博引，解说透彻；条文长短不一，有近千字者。

（二）研究创新：作者自身研究的新成果，新观点在书中占有重要地位，这对读者理解《史记》之精美，认识司马迁之人格，极有帮助。

（三）尊古更重今：注重近现代名家之评议，收罗极富，如孙中山、毛泽东、鲁迅、王国维、钱穆、钱锺书、范文澜、白寿彝、郭预衡等。

（四）搜罗新发现：近年来考古发掘、其他文物新发现、报纸杂志上有关文章中的精华等，尽搜罗于书中，相互印证，时有新意。从而使《史记》研究，处于动态之中。

---

① 科学时报，2005-08-25.

试以《伯夷列传》为例，由于史料不足，全文仅 614 字，而且实写的文字不足三分之一，其余全是虚写，包括司马公的感叹、赞美和愤恨。即如那首有名的歌："登彼西山兮，采其薇矣……"恐怕也是司马公的臆作。对这样短短的一篇文章（当然是杰作），本书注释竟有 6 000 余字，此外，集评引 11 家（史珥、村尾元融、韩愈等）。在"谨按"中作者指出：事迹本身，原不足信，但表达了司马迁对社会不公的愤怒，对天道的怀疑，对奔义、让国的赞美，不失为点睛之笔。

总之，《史记笺证》内容丰富，创新迭出，博大精美，深不可测，是一部水平很高的学术杰作，达到《史记》中外研究旅程中的新高峰，为迄今之压卷之作。此书装帧精美，典雅大方，置之书室，实为伟观，是高贵之美术品。

韩兆琦教授是中国古典文学专家，学识渊博，著作等身，已发表《中国传记文学史》《唐诗选注汇评》等专著多部；尤以几十年精力钻研《史记》，前此已出版《史记选注集说》《史记题评》等书。本书则为集大成者。谚云："十年磨一剑"，此剑当随韩先生于百年。参加本书笺注者尚有多位教授学者，集众人智慧于一书，其美愈妍。

此皇皇大著，对学术自是一大贡献；但于营利，则似无缘。独有江西人民出版社，巨眼识英雄，慨然出版此巨著，使作者遂其志，读者受其益，研究者得其导。不仅我辈当申感谢之情，即司马公九泉有知，亦必引为知己，欣慰无限也。

八、　数学普及

今日数学及其应用[①]

内容提要　本文的目的是双重和互补的：一是论述数学在国富民强中的重要意义；二是通过近年来数学在我国的许多应用来证实这种意义的真实性，从而希望提高人们对数学的认识。

数学与人类文明同样古老，有文明就必须有数学，缺乏数学不可能有科学的文明，数学与文明同生并存以至千古。然而一些人对数学的认识却并未达到应有的高度，他们的眼光受到局部的、短暂的急功近利的限制；只有从国富民强的广阔视野中来考察和研究数学，才能得到正确的符合实际的认识。在我国，邓小平同志提出"科学技术是第一生产力"的著名论断是十分正确的。美国科学院院士 J. G. Glimm 也曾幽默地说过：40 年前，中国有句名言："枪杆子里面出政权"；而从 20 世纪 90 年代起，在全球应是"科学技术里面出政权"。的确，近现代世界史证实："国家的繁荣昌盛，关键在于高新科技的发达和经济管理的高效率""高新科技的基础是应用科学，而应用科学的基础是数学"。这一历史性结论充分说明了数学对国家建设的重要作用。其次，由于计算机的出现，今日数学已不仅

---

①　中国科学院数学物理学部，王梓坤执笔. 数学通报，1994，（7）：封 2-12.

是一门科学，还是一种普适性的技术：从航天到家庭，从宇宙到原子，从大型工程到工商管理，无一不受惠于数学技术。因而今日的数学兼有科学与技术的两种品质，这是其他学科所少有的。数学对国家的贡献不仅在于国富，而且还在于民强。数学给予人们的不只是知识，更重要的是能力，这种能力包括直观思维、逻辑推理、精确计算和准确判断。因此，数学科学在提高民族的科学和文化素质中处于极为重要的地位。有关的进一步阐述请见本文的（一）；那里还谈到爱因斯坦的见解、数学与诺贝尔经济奖、数学的特点、发展趋势等。

1959 年 5 月，华罗庚教授在《人民日报》发表了《大哉数学之为用》，精彩地叙述数学在 "宇宙之大、粒子之微、火箭之速、化工之巧、地球之变、生物之谜、日用之繁" 等各方面的应用，很难讲得更全面了。本文的（二）补充了 20 世纪 60 年代以后的若干应用，从中可以看到，某些重大问题的解决，数学方法是唯一的，非此君莫属。也就是说，除数学外，用任何其他方法、仪器和手段，都会一筹莫展。作为重要的例子可举 "沙漠风暴"：1990 年伊拉克点燃了科威特数百口油井，浓烟遮天蔽日；美国在沙漠风暴前曾考虑点燃所有油井的后果而求教于太平洋—赛拉研究公司；该公司利用 Navier-Stokes 方程等作为计算模型，在进行一系列模拟计算后得出结论：大火的烟雾可能招致重大的污染，但不会失去控制，不会造成全球性气候变化……这样才促使美国下定决心。所以有人说第一次世界大战是化学战（火药），第二次是物理战（原子弹），海湾战争是数学战。本文的（二）中还有一些远非八股文章的有趣故事，可供一读。

本文的（三）是重点，其中叙述了近年来我国在数学应用中所取得的部分成绩，这些材料是由许多研究所、大学和生产部门书面提供的。应用的范围包括：优化、控制与统筹，设计与制造，质量控制，预测与管理，信息处理，大型工程，资源开发与环境保护，农业经济，机器证明，新计算方法，数学物理，几何设计，模糊推理，军事与国防，其他，共15项。我们希望，这些材料会使读者产生这样的印象：数学对我国现代化所起的作用是多方面的、深刻的、富有成效的，而且往往是其他方法所不能替代的。

本文的（四）对如何发展我国的数学科学提出一些建议。在南开大学举行的21世纪数学展望会上，数学大师陈省身教授及与会专家认为：数学是我国人民擅长的学科；我国完全有希望在21世纪前期成为数学大国、数学强国；数学应该率先赶超国际先进水平。近年来我国数学工作者所取得的许多成绩预示这一理想的现实性。尤其是最近三届国际奥林匹克数学竞赛，我国连获团体冠军，个人金牌获得数也名列前茅。每次消息传来，人心振奋，我国数学界现在有能人，后继有强手。如果能得到党政领导和全国人民更多的支持，上述奋斗目标是完全可以实现的。

（一）数学科学、高新科技与国家富强

1. 对数学的新认识之一 "国家的繁荣富强，关键在于高新的科技和高效率的经济管理。"这是当代有识之士的一个共同见解，也已为各发达国家的历史所证实。在我国，邓小平同志把科技对生产建设的重要性提到前所未有的高度。在美国，科学院院士 J. G. Glimm 也曾幽默地说过：40年前，中国有句话说 **"枪杆子里面出政权"**，而从20世纪90年代起，在全球应是 **"科学技术里面出政权"**。他的话反映了国外许多人士对科技重要性的新认识。从最近海湾战争可以看出，**高技术是保持国家竞争力的关键因素。"高新技术的基础是应用科学，而应用科学的基础是数学"**。这句话把数学对高新技术的作用，从而对国富民强的作用，清楚地表达出来。当代科技的一个突出特点是定量化。人们在许多现代化的设计和控制中，从一个大工程的战略计划、新产品的制作、成本的结算、施工、验

收，直到贮存、运输、销售和维修等都必须十分精确地规定大小、方位、时间、速度、成本等数字指标。精确定量思维是对当代科技人员共同的要求。所谓定量思维是指人们从实际中提炼数学问题，抽象化为数学模型，用数学计算求出此模型的解或近似解，然后回到现实中进行检验，必要时修改模型使之更切合实际，最后编制解题的软件包，以便得到更广泛的方便的应用。

2. 对数学的新认识之二　数学科学对经济发展和竞争十分重要。好的经济工作者绝不止是定性思维者，他不能只满足于粗线条的大致估计，而必须同时是一位定量思维者。数学科学不仅帮助人们在经营中获利，而且给予人们以能力，包括直观思维、逻辑推理、精确计算以及结论的明确无误。这些都是精明的经济工作者和科技人员所应具备的工作素质；大而言之，也是每个公民的科学文化素质。所以数学科学对提高一个民族的科学和文化素质起着非常重要的作用。

3. 对数学的新认识之三　**"高技术本质上是一种数学技术。"** 这种观点已为越来越多的人所接受。许多西方公司意识到：利用计算技术去解决复杂的方程和最优化问题，已改变了工业过程的组织和新产品的设计。数学大大地增强了他们在经济竞争中的力量，无怪乎美国科学院院士 J. G. Glimm 不仅称数学为非常重要的科学，而且说它是授予人以能力的技术。他说：**"数学对经济竞争力至为重要，数学是一种关键的普遍适用的，并授予人以能力的技术。"** 时至今日，数学已兼有科学与技术两种品质。

由于对数学重要性的重新认识，在欧洲建立了"欧洲工业数学联合会"，以加强数学与工业的联系，同时培养工业数学家去满足工业对数学的要求。在一篇有关的报告中，列举了欧洲工业中提出的20 个数学问题，其中包括：**齿轮设计、冷轧钢板的焊接、海堤安全高度的计算、密码问题、自动生产线的设计、化工厂中定常态的决**

定、连续铸造的控制、霜冻起伏的预测、发动机中汽轮机构件的排列、电化学绘图等。

4. 数学与 Nobel 经济奖　数学对经济学的发展起了很大的作用。今天，一位不懂数学的经济学家决不会成为杰出的经济学家。**1969 年至 1981 年间颁发的 13 个诺贝尔经济学奖中，有 7 个获奖工作是相当数学化的。**其中有 Kantorovich "由于对物资最优调拨理论的贡献"而获 1975 年奖，Klein "设计预测经济变动的计算机模式"（获 1980 奖），Tobin "投资决策的数学模型"（获 1981 奖），等等。在经济学中，用到的数学非常广泛，有的还很精深。其中包括线性规划、几何规划、非线性规划、不动点定理、变分法、控制理论、动态规划、凸集理论、概率论、数理统计、随机过程、有限结构（图论、格论）、矩阵论、微分方程、对策论、多值函数、集值测度以及 Arrow 的合理意图次序理论，等等，它们应用于经济学的许多部门，特别是数理经济学和计量经济学。

5. 爱因斯坦的见解　在数学与其他科学的关系方面，培根曾说数学是**"通向科学大门的钥匙"**；伽利略说："**自然界的伟大的书是用数学语言写成的。**"物理定律以及科学的许多最基本的原理，全是用数学公式表示的，引力的思想早已有之，但只有当牛顿用精确的数学公式表达时，才成为科学中最重要、最著名的万有引力定律。另一位物理大师爱因斯坦认为，**"理论物理学家越来越不得不服从于纯数学的形式的支配"**；他还认定理论物理的 "**创造性原则寓于数学之中**"。他自己的工作证实了这一思想，正是黎曼几何为广义相对论提供了数学框架。科学大师们的工作和思想，引导到如下的信念："我们生活在受精确的数学定律制约的宇宙之中"，正是这种制约使得世界成为可认识的。世界可知是唯物认识论中的最重要的原理。

6. 数学是什么？　恩格斯说：**数学是研究现实中数量关系和空间形式的科学。**虽然时间已过去一百多年，这一答案大体上还是恰当的，不过应该把"数量"和"空间"作广义的理解。数量不仅是实数，而且是向量、张量，甚至是有代数结构的抽象集合中的元；而空间也不只是三维空间，还有 n 维、无穷维以及具有某种结构的抽象空间。这样，恩格斯的答案已基本上包含了数学的主要内容，尽管还有一些重要的篇章如数理逻辑等包含不进去。

7. 数学的特点　数学的特点是：**内容的抽象性、应用的广泛性、推理的严谨性和结论的明确性**。数学虽不研究事物的质，但任一事物必有量和形，所以数学是无处不在、无时不用的。两种事物，如果有相同的量或形，便可用相同的数学方法，因而数学必然、也必须是抽象的。同一个拉普拉斯（Laplace）方程，既可用来表示热平衡态，溶质动态平衡，弹性膜的平衡位置，也可表示静态电磁场，真空中的引力势，等等。数学中严谨的推理和一丝不苟的计算，使得每一数学结论不可动摇。这种思想方法不仅培养了数学家，也有助于提高全体人民的科学文化素质，它是人类巨大的精神财富。爱因斯坦关于欧氏几何曾说：**"世界第一次目睹了一个逻辑体系的奇迹，这个逻辑体系如此精密地一步一步推进，以致它每一个命题都是绝对不容置疑的——我这里说的是欧几里得几何。推理的这种可赞叹的胜利，使人类的理智获得了为取得以后的成就所必需的信心。"**

8. 数学的成分　数学大体上可分为三大部分：**基础数学、应用数学和计算数学**。基础数学是数学中的核心，也是最纯粹、最抽象的部分。它大致由三个分支组成：**分析、代数和几何**。这三者又相互交叉和渗透，从而产生解析几何、解析数论、代数几何等学科。此外研究随机现象的概率论，研究形式推理的数理逻辑等，也属于基础数学。

应用数学研究现实中具体的数学问题，它既采用基础数学的成果，同时又反过来从实际中提炼问题。探讨新思想和新方法以丰富基础数学。数学应用的领域虽无边际，但大致也可分为三方面：**经济建设（工、农、商等）；科学与技术（特别是高科技）；军事与国防**，详述见后。运筹学、控制论与数理统计等学科中，大部分内容属于应用数学，而经济数学、生物数学等，则是比较标准的应用数学学科。

计算数学偏重于计算，早期它致力于求出各种方程（代数方程，（偏）微分方程、微积分方程等）的数值解。近 40 年来，计算数学有了极其迅速的发展，这主要是由于电子计算机的出现。计算机的高速计算使得许多过去无法求解的问题成为可解，从而大大扩展了数学的应用范围。例如，短期天气预报、高速运行器的控制，离开计算数学和计算机是不可能的。近期，由于计算模拟、计算辅助证明（如四色问题的证实）在人工智能中的应用以及计算力学、计算物理、计算化学、计算几何、计算概率等新学科的诞生，等等，使得计算数学雄风大振。今天，**人们已把计算作为与理论、实验鼎足而立的第三种科学方法而引入科学界。**

基础数学、应用数学与计算数学既有各自的特点又紧密相互联系。一个重大的数学问题，特别是从实际中提出的数学问题，都需要上述三种数学的内容和方法。建立数学模型，寻求解题方法，需要基础数学和应用数学，而使解题方法得以实现，则离不开计算数学。这三种数学互相补充、互相渗透，大大地促进了整个数学科学的发展。

9. 现代数学的新特点 数学内部各分支间的相互渗透、数学与其他科学（如控制论）的相互渗透、电子计算机的出现，正是当代数学的三个新特点。由于相互渗透而导致许多新问题和古老难题的解决，其成绩往往出乎意外而使人惊异。例如，对素数的研究以往认为很少有实用价值，却不料它在密码学中受到重用。密码学认为，千位以上的整数的素因子分解，几十年内在计算上不可能实现。但荷兰数学家得到了一个当前最好的因子分解算法，这严重地冲击了上述想法和密码的安全性。又如泛函分析中的无穷维 von Neumann 代数解决了拓扑学中三维空间打结理论的一些难题。描写孤立波的 KdV 方程用于代数中，解决了 Riemann 提出的一个重要的问题。描写随机现象的 Malliavin 演算给出了著名的 Atiyah-Singer 指数定理的新证明，并推广了这一定理。更使人感叹的是物理中的杨振宁—米尔斯规范场与陈省身研究的纤维丛间的紧密联系，两者间的主要术语竟可一一对应。例如，规范形式对应于主纤维丛、规范势对应于主纤维丛上的联络、相因子对应于平行移动、电磁作用对应于 U (1) 丛上的联络，等等。无怪乎杨振宁说：**"我非常惊奇地发现，规范场说是纤维丛的联络，而数学家们在提出纤维丛上的联络时，并未涉及物理世界。"**

　　学科间的相互渗透是当今各门科学技术高速发展的必然后果，也是重要原因；只有置身于众多高新科技急剧发展的大背景中，数学内、外部的相互渗透才是可能的，也是容易理解的。

　　10. 数学发展的趋势　今后数学的发展必然比最近数十年更迅速，成绩更巨大。科学技术越积累，人类认识、利用和改造自然的能力越增强，科学技术便越快发展，形成一种良性循环。作为其中的一部分，数学也必然如此。总体上，高速发展是完全可以预言的；但至于哪些分支发展得更快些、更好些，则既依赖于该学科本身的活力，又依赖于科技大背景的波动和社会的需要，难以肯定回答。不过从目前的情况看，**非线性数学是一个重要发展方向**。线性方程的特征是叠加原理成立：若 ϕ_1，ϕ_2 是方程的两个解，则 $a_1\phi_1 + a_2\phi_2$ 也是解，其中 a_1，a_2 是常数。例如薛定谔方程

$$i\frac{\partial\phi}{\partial t} = H\phi,$$

或拉普拉斯方程

$$\sum_{i=1}^{d} \frac{\partial^2 \phi}{\partial x_i^2} = 0$$

都是线性的。线性数学比较成熟。但还有许多问题是非线性的，如牛顿引力论中的基本定律是平方反比关系，粮食产量对肥料未必成正比等。引人注目的冲击波、孤立子、混沌现象、n 体问题等都是非线性的。非线性问题，不仅涉及面广，而且难度也大，这反而更能引发人们研究的兴趣。

除去非线性数学外，**离散数学（涉及数论、抽象代数、数理逻辑、组合论、图论、博弈论、规划论等）、概率论与数理统计、计算数学以及数学对生物学、经济学、语言学、管理学、控制论、复杂性等的渗透和应用，都会有更大的发展。**其他数学也同样会有迅速的发展；甚至会爆出新的、出人意料的大冷门；"晴空一鹤排云上，便引诗情到碧霄"，这也是非常可能的。

（二）大哉数学之为用

1959 年 5 月，华罗庚教授在《人民日报》上发表了《大哉数学之为用》，精彩地叙述了数学的各种应用：宇宙之大、粒子之微、火箭之速、化工之巧、地球之变、生物之谜、日用之繁等各个方面，无处不有数学的重要贡献。很难比这篇文章写得更全面了。下面只举些 20 世纪 60 年代以后数学的若干重大应用，以见一斑。**我们会看到，有些重要问题的解决，数学方法是唯一的，也就是说，除数学外，用任何其他方法、仪器和手段都会一筹莫展。**

1. 沙漠风暴与数学战 1990 年伊拉克点燃了科威特的数百口油井，浓烟遮天蔽日，美国及其盟军在沙漠风暴以前，曾严肃地考虑点燃所有油井的后果。据美国《超级计算评论》杂志披露，五角大楼要求太平洋—赛拉研究公司研究此问题。该公司利用 Navier-Stokes 方程和有热损失能量方程作为计算模型，在进行一系列模拟计算后得出结论：大火的烟雾可能招致一场重大的污染事件，它将波及波斯湾、伊朗南部、巴基斯坦和印度北部，但不会失去控制，不会造成全球性的气候变化，不会对地球的生态和经济系统造成不可挽回的损失。这样才促成美国下定决心。**所以人们说第一次世界大战是化学战（火药），第二次是物理战（原子弹），海湾战争是数学战。**

数学在军事方面的应用不可忽视。再举三个例子，海湾战争中，美国将大批人员和物资调运到位，只用了短短一个月时间。这是由于他们运用了运筹学和优化技术。另一例是：采用可靠性方法，美国研制 MZ 导弹的发射试验从原来的 36 次减少为 25 次，可靠性却从 72%提高到 93%。再者，我国造原子弹，试验为西方的十分之一，从原子弹到氢弹只用两年三个月，重要原因之一是有许多优秀数学家参加了工作。

2. 太阳系是稳定的吗？ 地球的前途如何？这是一个虽然遥远却非常有趣而重要的问题。将来太阳系是否保持现状？是否有某行星脱离太阳系？行星间是否会碰撞？数学证明，太阳系在相当长时间内是稳定的，至少 10 亿年内如此。科学家还用计算模拟以研究恒星消亡过程。太阳最后变成一颗白矮星；但一颗质量为 8~10 倍于太阳的恒星则会发生超新星爆炸：由于热源枯竭而收缩到一个小城市大小，密度达到原来的 100 万亿倍。这些物质产生巨大的刚性反弹而爆炸，恒星外壳被炸掉而剩下的残余成为中子星。天文学是数学的重要用武场所，1846 年勒威耶通过计算在笔尖上发现海王星，在科学史上传为佳话。在多体问题的研究中，由于初始条件不同，多体系统的运动或表现为规则的，或表现为混沌的。行星沿椭圆运动是规则运动的例子，而小行星在 Kirkwook 窗口的运动是混沌运动的例子：与木星的共振相互作用导致偏心率随机的变化，有时朝这一方向，有时朝另一方向；无规则变化的偏心率可能变得很大，这时小行星便可能陨落，例如落到火星上。

3. 石油勘探　这是数学取得重大经济效益的应用场所之一。石油深藏地下，人们通过人工地震记下反向回来的地震波，波形随着地层地质的不同而变化。用计算机处理所得的波形数据可以提供地下岩层、岩性以及有关石油、天然气等的知识。1991 年 5 月，美国壳牌石油公司应用计算技术于新奥尔良以南 39 km 的河流之下 930 km 处，探明了一个储量超过十亿桶的大油田。我国在这方面也做了许多工作（见（三）7.）。在数据处理中，维纳滤波起到重要作用。

4. DNA 与 CT　如果说第二次世界大战以前，数学主要用于天文、物理，那么，现在数学已深入化学、生物和经济、管理等社会科学中。例如，DNA 是分子生物学的重要研究对象，是遗传信息的携带者，它具有一种特别的立体结构——双螺旋结构，后者在细胞核中呈扭曲、绞拧、打结和圈套等形状，这正好是数学中的纽结理论研究的对象，北京大学姜伯驹教授对此深有研究。下面两项有关生物、医学和化学的高技术中，数学起着关键性作用。X 射线计算机层析摄影仪（简称 CT）的问世是 20 世纪医学中的奇迹，其原理是基于不同的物质有不同的 X 射线衰减系数。如果能够确定人体的衰减系数的分布，就能重建其断层或三维图像。但通过 X 射线透射时，只能测量到人体的直线上的 X 射线衰减系数的平均值（是一积分）。当直线变化时，此平均值（依赖于某参数）也随之变化。能否通过此平均值以求出整个衰减系统的分布呢？人们利用数学中的 Radon 变换解决了此问题，Radon 变换已成为 CT 理论的核心。首创 CT 理论的 A. M. Cormark（美）及第一台 CT 制造者 C. N. Hounsfield（英）因而荣获 1979 年诺贝尔医学和生理学奖。另一项高技术是 H. Hauptman 与 J. Karle 合作，发明了测定分子结构的新方法，利用它可以直接显示被 X 射线透射的分子的立体结构。人们应用此方法，并结合利用计算机，已测出包括维生素、激素等数万种分子结构，推动了有机化学、药物学和生物学等的发展；两位发明人分享

了 1985 年的诺贝尔化学奖。由此可见在此两项技术中数学的关键
作用。

5. 飞机制造 制造业中广泛地用到数学，今以飞机为例。设计
师必须考虑结构强度与稳定性，这是用有限元来分析的，而机翼的
振动情况则需解特征值问题；为了使飞机省油与提高速度必须找到
一种最佳机翼和整个机体的形状；如何为飞行员选择最优控制参数，
也是必须考虑的问题。飞机设计在极大程度上以计算为基础，人们
研究描绘机翼和整个机体附近气流的方程。工程设计和制造工艺主
要靠计算机辅助设计（CAD）和计算机辅助制造（CAM）两大工
具，而这两者又都以数学为理论基础。计算流体力学可以帮助人们
设计新的飞行器。数学模型已代替了许多的实验，如风洞实验，既
便宜、省时，又有适用性、安全性。以前利用风洞设计飞机某一部
件，若要改变某一部位，必须在机械车间建一模型；而今天设计一
数学模型，只要通过键盘键入新的参数即可。自动导航与自动着陆
系统是根据卡尔曼滤波的方法设计的，而后者主要又是数学。在涡
轮机、压气机、内燃机、发电机、数据存储磁盘、大规模集成电路、
汽车本身、船体等的设计中，也都用到了类似的先进数学设计方法。

6. Hardy 的故事 G. H. Hardy（1877—1947）是英国著名的数
学家，他推崇数学的"纯粹"和"美"，认为数学是一种永久性的艺
术品。他从不谈（甚至轻视）数学的应用，他写道："我从不干任何
有用的事情，我的任何一项发现都没有，或者说不可能给这个世界
的安逸带来最细微的变化……他们（指某些数学家）的工作，也和
我的同样无用。"但他万万没有想到，1908 年他发表的一篇短文却
在群体遗传学中得到重要应用。那篇文章可直观地解释如下：人的
某种遗传学病（如色盲），在一群体中是否会由于一代一代地遗传而
患者越来越多？20 世纪初有些生物学家认为确会如此，如果这样，
那么势必后代每个人都会成为患者。Hardy 利用简单的概率运算，

指出这种说法是错误的。**他证明了：患者的分布是平稳的，不随时间而改变。**差不多同时，德国的一位医师 Weinberg 也得到同样的结论。这一发现被称为 Hardy-Weinberg 定律。

7. 高超的数学工具——在宏观经济中的应用 宏观经济学研究经济综合指标的控制，例如研究失业、价格水平以及收支平衡的控制等。而微观经济学是在买方和卖方的水平，讨论消费与生产中的选择问题。1972 年以来，承担调整美国经济的政府机构联邦储备局，以最优控制方法，特别是线性二次方法为背景，提出了包括失业与通货膨胀平衡的政策建议。1973 年，《商业周刊》登了一篇文章，概述了最优控制在经济学中的潜在作用，文章说：**"你如何努力地及时地刹住过于繁荣的经济，而又不至于滑入灾难性衰退的危险之中？……美国的决策者们恰好面临这种情形，而从经济学家那里极少得到明确的建议……对这种两难的情况，可从最优控制理论得到方法上的帮助。"利用控制理论和梯度法，人们求解了韩国经济的最优计划模型**（参考 Econometrica，Vol. 33，May，1970，D. Kendrick 等的文章）。美国、加拿大、智利等也有类似的经济模型。

8. 提高产品质量——数学在微观经济学中之应用 数理统计学的应用极为广泛，它的优势是从有限次的观察或实验中提取重要的信息。数理统计中的篇章"实验设计""质量控制（QC）""多元分析"等对提高产品的质量往往能起到重要的作用。一家美国电视机制造公司被日本人买下，这家公司的废品率非常高。通过运用 QC 后，废品率下降到 2%。下面的例子说明美国电话电报公司如何使用 QC 以提高质量，问题是关于自动化装配线。这一装配线由几个机件组成，其生产率出奇的低，而人们又找不出原因。QC 方法首先是收集数据以确定失败模式，很快找出问题的症结是生产线上所用的塑料成分的尺度变化太大；这些塑料部件过分弯曲；金属元件间的焊接点过厚，使机件运行阻塞。经过一年的改进，生产率增加

121%，工作时间减少 61%，产品成功率从 90% 增到 98%。

一般地，某产品的质量依赖于若干个因素（原料、工艺时间等），每一因素又有若干种可能的选择，如何挑出最优的选择搭配以求获得最佳的产品，是统计实验设计（**SED**）的主要研究问题。SED 有一段发展史，20 世纪 20 年代，R. A. Fisher 在农业中运用 SED，取得前所未有的成功。20 世纪 20 年代中叶蒂皮特运用 SED 于棉纺工业，随后又用于化学和制药工业。20 世纪 50 年代，美国戴明把 SED 介绍到日本，对日本制造业产生很大影响，日本工程师田口用此法以减小产品性能异性从而提高产品质量。日本工业广泛运用统计质量控制，后又发展成全面质量管理，这项措施大大提高了日本产品的质量，在国际上最有竞争力，引起了巨大的反响。20 世纪 80 年代，许多美国工业公司通过田口把统计方法用到设计和制造中，产品质量不断地得以提高。

（三）近年来数学在我国的应用

1992 年 9 月，中国工业与应用数学学会召开了第二次大会，会上李大潜教授宣读了《努力发展中国的工业与应用数学》的报告，其中叙述了我国应用数学的新进展。本节便以这篇报告为基础，补充若干新材料。后者是由一些研究所和大学所提供的，自然是挂一漏万。如前所述，**数学应用可分成在经济建设（第 1～8 段）、在科学技术（第 9～13，15 段）、在军事与安全（第 14 段）三者中的应用**。

1. 优化、控制与统筹　人们希望在一定条件下，在多种策略中选取其一以获得最大利益；数学上，这要求目标函数（代表利益）达到极大。目标函数也可代表损失，于是要求它达到极小。这类问题往往化为求目标函数的条件极值，或者化为变分问题。优选法、线性规划、非线性规划、最优控制等，都致力于研究优化问题。如果有好几件工作要做，便发生如何合理安排，以使收效最大（时间最短、劳力或成本最省等），这是统筹（或运筹学）的研究对象。20世纪70年代，**华罗庚教授登高一呼，并且亲自动手，率领研究小组，深入到工厂、农村、矿山，大力推广优选法与统筹法**，足迹遍及23个省市，成果遍及许多行业，解决了许多问题。例如，纺织业中提高织机效率与染色质量，减少细纱断头率；电子行业中试制新的160 V电容器，使100万米废钼丝复活；农业中提高加工中的出米率、出油率、出酒率，等等。目前张里千、陈希孺教授等正在开展的现场统计，对国家经济建设也起了很好作用。

由于改善数学模型，运用最优控制理论和改进计算方法，生产过程和工艺参数的优化已在钢铁、冶金、电力、石油化工中取得很好效果。武汉钢铁公司、上海石油化工总厂、南京炼油厂、燕山石化公司通过上述优化技术，提高生产率最高可达20%，一套装置每年可增加几百万元的经济效益。攀枝花钢铁公司建立了提钒工艺流程系统优化的数学模型，进行全面调优后使钒的回收率达到国际水平，使我国从钒进口国一跃成为钒出口国。云南大学统计系运用多元回归分析研究钢的成分与性能关系，使昆明钢铁厂甲类镇静钢的合格率由原来的40%～81%提高到95%以上。华东师范大学数学系与上钢五厂合作，利用自适应技术，使力学蠕变炉温度调节由6 h～7 h减少为2 h～3 h，控制精度由±4 ℃提高到±2 ℃，并使罩式退火的保温时间缩短5%～20%，提高了炉温控制精度，保证了退火质量。上海科技大学数学系用最优化数学，制成"E形电源变压器计算机优化设计系统"，可缩短设计周期，节约生产成本。

现代大型工业是多线路的联合作业，成为一完整的系统，因而产生系统的控制问题，在化工联合企业、半导体集成电路、电力传输系统、电话网络、空间站等方面都有此问题。上海石化总厂采用网络优化，建立了用电子计算机编制共四级（总厂、分厂、车间、机台）设备的大修网络计划体系。清华大学关于电力系统过渡过程的研究，相当巧妙地运用微分几何，取得了很好的经济效益，在国际上领先，曾荣获国家自然科学奖二等奖。

曲阜师范大学自动化研究所应用数学方法，对汽车发动机调温器进行了研究，提高了调温器的质量，从而延长发动机的寿命，并节约耗油量。他们还采用随机线性模型及定积分近似算法，提高了碘镓灯生产晒版机的质量，产品进入了国际市场；此外，他们制成智能广义预测鲁棒控制器，可用于生产过程中温度、压力的控制；他们还将山东机床附件厂的车间、生产、财务、销售、人事、动力等八个点实行计算机联网，进行优化管理。

运筹学起源于第二次世界大战中军需供应管理，主要应用于工商经营部门和交通运输以对生产结构、管理关系、人事组合、运输线路等进行优化。应用数学所运用运筹学指导全国原油合理分配和石油产品合理调运，年增效益 2 亿元；另外，他们所发展的下料方法可节省原材料 10%～15%。上海石油化工总厂、镇海石化总厂等运用运筹方法，每年可增加利税数百万乃至千万元，华南理工大学和甘肃外贸局合作，建立新的存贮数学模型和管理决策原则，每年可节省存贮费用近百万元。

2. **设计与制造** 工程的设计与建造、产品的设计与制造是国民经济的重要支柱，也是数学大可用武之领域。随着电子计算机技术的飞速发展，数学在制造业中的应用进入了新阶段。波音 767 飞机的成功设计，与应用数学家 Garabedian 对跨音速流和激波进行的计算密切相关，由此设计出了防激波的飞机翼型。目前以 **CAD** 和 **CAM** 技术为标志的设计革命正波及整个制造业。CAD 是数学设计技术和计算机技术相结合的产物。我国在老一辈数学家苏步青教授的亲自开拓和大力倡导下，许多数学家在几何造型方面做了大量的工作，所取得的成果已成功地应用于飞机、汽车、船体、机械、模具、服装、首饰等的设计。南开大学吴大任、严志达教授等在船体放样及齿轮设计上也做了很好的工作。

复旦大学数学系与工程人员合作，对内燃机配气机构建立新的数学模型，发展了新的数学方法，使用此法可以省油、降低噪声和抑制排污，有很好的经济效益，曾获国家科技进步奖一等奖。上海应用数学咨询开发中心等开发研制服装 CAD 系统，为服装行业创汇提供了基础。

3. 质量控制　提高产品质量是国民经济中的一个关键问题。第二次世界大战中由于对军用产品的高质量要求，特别是对复杂武器系统性能的可靠性要求，产生了可靠性、抽样检查、质量控制等新的数学方法，这些方法在美国、日本等国家取得了巨大成功。从 20 世纪 60 年代中期开始，我国应用推广质量控制等统计方法到工业、农业等部门，收到良好的效果，以手表、电视机为代表的机电产品的质量得到明显提高。清华大学、天津大学等研究了裂纹的扩展过程，有助于改善产品。同时，我国还制定了一系列质量控制的国家标准，对产品的质量提出了明确的要求。

4. 预测与管理　自然科学的主要任务是预测、预见各种自然现象。在经济和管理中，预测也非常重要，数学是预测的重要武器，而预测则是管理（资金的投放、商品的产销、人员的组织等）的依据。我国数学工作者在天气、台风、地震、病虫害、鱼群、海浪等方面进行过大量的统计预测。中国科学院系统科学研究所对我国粮食产量的预测，获得很好的结果，连续 11 年的预测产量与实际产量平均误差只有 1%。上海经济信息中心对上海的经济增长进行预测，连续多年预测的误差都不超过 5%。云南大学统计系运用多元分析和稳健统计技术，通过计算机进行了地质数据处理和矿床统计预测。

为了配合机构改革，中国科学院应用数学所周子康等完成了"中国地方政府编制管理定量分析的研究"，建立了编制与相关因素分析模型等五组数学模型，构成了同级地方政府编制管理辅助决策分析体系，使编制管理科学化、现代化。

5. 信息处理 在无线电通信中运用数学由来已久，编译码、滤波、呼唤排队等是传统的问题。近年来，长途电话网络系统中出现的数学问题更为可观，例如，需要用数目巨大得惊人的线性方程组来描述系统的操作性能；一般的数值法对它们毫无用处，人们不得不用很大力气设计一些新算法。北京大学在信息处理方面，做了许多工作：他们研究的计算机指纹自动识别，效率远高于国际上通行的方法；研究成功新的一代图像数据压缩技术，压缩比指标达 150倍，而传统的 JPEG 国际标准算法只能达 30 倍；研究计算机视觉，创造了从单幅图像定量恢复三维形态的代数方法；应用模式识别和信息论，在时间序列和信号分析的研究中取得新的进展；应用代数编码，使计算机本身具有误差检测能力，以提高计算机的可靠性。

6. 大型工程 工程设计以周密的计算、精确的数据为基础，大型工程尤其如此。中国科学院计算中心早在 20 世纪 60 年代，运用冯康教授等创立的有限元法，设计了一批工程计算专用程序，在国家重点工程建设中发挥了作用。他们先后完成 23 个工程建筑的设计，解决重大工程技术问题 58 项，并对 18 座水坝工程进行过计算，其中包括葛洲坝工程、新丰江大坝、白山电站、长湖水电站等。与此同时还进行了技术转让，造就了一批专门人才，发表了许多有价值的论文。

中国科学院武汉数学物理研究所仔细研究古老而又青春长驻的都江堰渠道工程。根据历史典籍、数学模型与实例资料，揭示了此项工程的系统科学原理，阐明了它"千年不衰"的原因；并提出了发展开拓这一古老工程的具体建议；在此基础上他们扩大战果，提出了可行的、合理的《都江堰集中调度系统》数学模型与优化决策算法结构，其中包括水情预报模型、需水模型，等等。原则上他们的研究成果可适用于一切灌溉水系及"流系系统"（如交通运输流、金融财政流、商品供销流等）的调度与规划。

三峡水利工程是举世关注的超大型工程，其中一个严重的施工问题是大体积混凝土在凝结过程中化学反应产生的热，它使得坝体产生不均匀应力，甚至形成裂缝，危害大坝安全。以往的办法是花大量财力进行事后修补。现在我国已研制成可以动态模拟混凝土施工过程中温度、应力和徐变的计算机软件。人们可用计算方法来分析、比较各种施工方案以挑选最佳者，还可用它来对大坝建成后的运行进行监控和测算，以保障安全。

7. 资源开发与环境保护　在石油开发中我国数学界进行了长期的工作，参加的单位很多。20 世纪 70 年代中期北京大学闵嗣鹤教授等出版了关于石油勘探数学技术的专著，系统地介绍了有关的数学理论和方法。人们分析大量的人工地震的数据，以推断地质的构造，为寻找石油、天然气的储藏位置提供依据；运用数理统计、Fourier 分析、时间序列分析等数学方法，成功地开发了具有先进水平的地震数据处理系统。近年来还用波动方程解的偏移叠加、逆散射等方法处理地震数据。参加这方面工作的先后有中国科学院计算中心张关泉等课题组、山东大学、清华大学等。南开大学胡国定教授等别开生面地用纯分析方法推导出所谓反摺积预测公式，在南海石油勘探中效果显著。

在石油开发的重要手段——测井资料解释方面，复旦大学等建立了电阻率测井的偏微分方程边值问题的模型，研制了高效能的数值方法，并据此进行优化设计、制造了新的测井仪器。采用此仪器和解释方法可发现容易忽视的薄夹层油层，以减少资源浪费。此仪器已被国内十多个油田采用，节省了几百万美元的进口外汇。应用数学所开展不稳定试验方法评价油藏特征研究，采用解微分方程和优化相结合的办法，成功地估计油气储藏量以及油井到油藏边界的距离，对新疆塔里木盆地雅克拉地区中生界油气的富集取得了明显的地质效果。北京大学数学系用三维有限元方法，对大庆油田地层滑移建立数学模型并模拟，据此以预报和预防，这样可减少损失。

水资源的研究十分重要。清华大学等建立了各种地层结构的数学模型，利用有限元方法计算地下水资源，建立了一套地下水资源评价的理论和方法；用于河南商丘和南京仙鹤门等地取得了实际效益，并在农田灌溉及理论研究上得到许多成果。云南大学统计系利用三维趋势分析，通过电子计算机模拟显示，拟含云南某矿区铅锌矿带分布方向、矿体定向位置，预测出三个成矿地段；同时指出东南方向矿藏变薄，从而及时撤回对该地段的勘探，避免了浪费。他们探矿的两篇论文发表在美国《Mathematical Geology》杂志上，法国、瑞典曾来函购买计算程序。此外，他们还建立了水生细菌生态学的数学模型，找出了 EI. Tor 弧菌的最佳和最劣生长条件及生长规律，肯定了此种菌能越冬生长。

在环境保护与预防自然灾害方面，李国平教授发表过《数理地震学》专著。其他有关运用数学方法进行预报的书也不少见。

数学工作者对江、湖、河口的污染扩散、土壤洗盐等问题成功地进行了分析和模拟；对北京、天津、成都等城市的交通、管理自然条件和社会的容纳力作了深入的研究、预测和评价。例如，上海市关于地面沉降及地下储能的探讨，山东大学对西安市地下水污染模拟及预测，都是值得称道的工作。

8. 农业经济　中国科学院武汉数学物理研究所在分析了我国传统的生态农业思想与人类开发关系等问题之后，提出了一个生态农业经济发展及整治的理论框架与行动措施，以图高产、优质、高效来增加农民收入。他们建立了 18 个数学模型，其中包括：一般水环境整治与扩建、水电能源的投入产出与经济系统的优化、林业开发、土地资源开发等优化模型。

中国科学院系统科学研究所王毓云运用数学、生物、化学与经济学交叉的研究成果，建立了黄淮海平原农业资源配置的数学模型。按照模型计算，制定了黄淮海五省二市的资源配置规划。通过十年实施农业发生了巨变。此项研究获得了国家重大攻关奖及国际运筹学会荣誉奖。

曲阜师范大学运筹学研究所长期面向农业，他们先后与山东省23个县市的农业部门合作，取得了经济和社会效益。他们运用线性规划、对策论、参数规划等数学工具，为长清区种植业和畜牧业制定最优的结构布局方案；采用模糊聚类分析方法，建立了桓台县水产业最优结构的模型；为郯城县剩余劳力提出了合理转移方案；根据陵县的农业生态环境，建立了"盐、碱、荒地""低产田""中产田"开发治理的优化模型；为济南市的蔬菜产销结构，畜禽结构提出最优方案，都已为济南市有关部门所采用和执行。

9. 机器证明 计算机能进行高速计算，此为人所共知。计算机也能证明几何定理吗？这是关系到人类智能大大扩展和解放的大问题。1976 年吴文俊教授开始进行研究，并在很短的时间内取得了重大突破。他的基本思想如下：引进坐标，将几何定理用代数方程组的形式表达；提出一套完整可行的符号解法，将此代数方程组求解（被称为吴方法）。此两步中，一般第二步更为困难。周咸青利用和发展吴文俊方法，编制出计算机软件，证明了 500 多条有相当难度的几何定理，并在美国出版了几何定理机器证明的专著。吴方法不仅可证明已有的几何定理，而且可以自动发现新的定理；可以从 Kerler 定律推导牛顿定律；解决一些非线性规划问题；给出 Puma型机器人的逆运动方程的解。吴文俊教授还将其方法推广到微分几何定理的机器证明上。

10. 新计算方法 近年来国内研制出多种新的算法，具有很高的水平。中国科学院计算中心冯康研究组提出哈密尔顿系统的辛几何算法，获得了远优于现有其他方法的效果。研究成果在天体力学、等离子体流体力学、控制论等领域有现实应用或潜在应用，此工作获得中科院自然科学奖一等奖。

有限元分析的最主要的位移模式中通常使用二种元，即协调元与非协调元。后者具有更高的精确度，但收敛性较难保证。石钟慈研究了非协调元收敛性的各种性质，建立了收敛判别法；证明了许多种极有应用价值的非协调元的收敛性，等等。

早在 20 世纪 70 年代，华罗庚和王元教授开展了近代数论方法在近似分析中应用的研究，对多重积分的近似计算，卓有成效，被称为华—王方法，其理论基础是数论中的一致分布论。近年来，王元与方开泰合作，发展了此方法并应用于数理统计，推广了"增匀设计法"与通常"正交设计法"相比可减少试验次数，节省工作量与经费三分之二。此方法已在航天部有关单位使用。四川大学柯召教授等在不定方程的研究中，以及徐利治教授在近似计算中，也都有很好的工作。

中国科学院计算中心余德浩在自然边界元方法和自适应边界元方法研究中，得到了系统完整的成果，开辟了边界元研究的新方向，获得中科院自然科学奖一等奖。

北京大学数学系应隆安教授等独立于西方发展了无限元计算方法，20 年来主要用于两方面：应力强度因子的计算和流体计算。用此种计算法以计算方腔流，在角点处得到了无穷多个向角点收缩的涡旋，这是用其他方法所得不到的。

北京大学张恭庆教授对无穷维 Morse 理论与方程的多重解；中国科学院计算中心袁亚湘对非线性规划的理论和算法，都取得重要研究成果。

计算是我国古代数学家的特长，例如祖冲之计算圆周率的巧妙算法，达到当时数学的顶峰。中国科学院系统研究所林群教授创立了"最优剖分"方法，发扬了祖冲之的优良传统。他发现剖分的形状可以决定计算的成败，因而必须选择最优剖分。这一成果被国际同行高度评价，获中科院自然科学奖一等奖，并在我国及巴基斯坦的核电站中使用。

为了便于概率统计计算，计算中心制成"随机数据统计分析软件包"（简记为 SASD），在科研、教学、生产、管理等方面发挥重要作用，至今已有 200 多个单位购买和安装了 SASD。此外，中国科学院软件研究所陶仁骥等人在自动化方面的工作，也取得了重要进展。

11. 数学物理　数学与物理是联系最紧密的两门科学。本文所说的数学物理只是指数学在物理中的应用。这方面人才济济，许多优秀的数学家都做过与物理有关的研究工作。中国科学院武汉数学物理研究所主编的《数学物理学报》，为推动数学物理的研究起了很大作用。南开数学研究所在这方面的研究中成绩显著。复旦大学谷超豪教授研究规范场的数学理论，发表了《经典规范场理论》等专著，目前他正致力于非线性数学的研究。周毓麟教授关于深水波的传播方程以及非线性伪抛物型方程、丁夏畦教授关于等熵气流方程的初值问题以及廖山涛教授对动力系统的深刻研究，都来源于物理或与物理紧密相关。陆启铿教授等将旋量分析运用于引力波，在引力波场方程求解方面获得成功的结果。

孤立子是非线性波动方程的一种具有粒子性状的解，它是由数学家首先发现的；它的发现及相应的数学理论的发展是当今数学的一件大事，在基本粒子、流体力学中有广泛应用。复旦大学胡和生教授对孤立子与微分几何中若干问题进行研究，得到系统的成果。中国科学院计算中心屠规彰等研究了非线性波方程的不变群守恒律、贝克隆变换等，解决了一类重要的非线性演化方程守恒律个数的猜想。中国科学院计算中心孙继广对广义特征值的扰动理论找到了一条好的研究途径，得到了一系列扰动定理，并解决了 Moler 等人提出的几个问题。上述计算中心三项工作均获得中科院科技成果奖一等奖。

12. 几何设计　用计算机作为辅助工具制作影片，是一有趣的新课题，其中用到计算几何学与分形（Fractal）几何的知识和方法。北方工业大学 CAD 研究中心完成三项成果：

（1）1990 年亚运会期间，首次在我国把电脑三维动画搬上银幕，做成亚运会体育大舞台电影片的片头，继而又完成 14 个节目头；为中央电视台制作新闻联播片头；1991 年春节前，完成国内第一部电脑卡通寓言电视片《咪咪钓鱼》。

（2）1992 年完成国内第一部全电脑制作的科教片《相似》，被评为"它在中国电影技术发展史上有重要影响"的事件。

（3）利用计算机制作三维动画广告多个。

13. 模糊推理　人脑能从模糊的观察对象提炼出有用的甚至精确的信息，即使对象蒙上伪装也能识别，这是计算机所望尘莫及的。大脑的这种卓越的功能真令人惊叹不已。模糊数学研究的正是模糊的对象。请不要误以为这种数学本身是模糊的、不精确的。北京师范大学汪培庄教授等从事模糊数学的理论和应用的研究。基于他们自创的理论，成功研制国际上第二台模糊推理机。推理速度比日本的第一台（1987 年 7 月推出）提高 50%，而样机体积只有它的十分之一。随后又研制成功总线级推理机，达到了标准化和通用化。在家用电器方面，开发成功模糊空调器、模糊电冰箱等。在工业应用方面，制成"电气化铁路输电线几何参数图像识别系统""心肺功能数据处理系统"以及为首钢制造的"给水系统模糊控制器"等。

我国研究模糊数学而且成绩显著者还有四川大学刘应明、陕西师范大学王国俊等教授。

14. 军事与国防　上面已提到，我国所以能在很短时间内制成原子弹、氢弹和其他先进武器，发射火箭与卫星，是由于许多优秀科技工作者的共同努力，其中也凝聚着数学家的劳动和智慧，他们的贡献暂时默默无闻，然而必将永载史册。

运用数学对重要信息加密或破密，形成一门新的应用数学——密码学，即密码分析与讯息安全设计。北京大学段学复教授等对此进行了长期研究，他们的成果对于一类重要的特殊情况能提高计算时效 2 000 倍；此外，还开设了几届进修班。中国科学院系统科学研究所万哲先研究员等人相互独立同时完成对移位寄存器序列的理论，进行了潜心的研究，他们的成果丰富了线性及非线性移位寄存器序列的理论，在保密通信中有重要作用；再者，他们运用典型群方法，进行了认证码的构作，这也是保密通信的一个重要方面。以上段、万二位的工作都得到高度评价和奖励。中国科技大学曾肯成等对密码分析及讯息安全保护，也做了重要的工作。

在刑事案件中，常遇到被烧毁的纸灰，如能利用它以鉴别纸张类型，对侦破有时有重要意义。云南大学统计系利用聚类分析、判别分析等统计方法，作了这方面的研究，据此侦破案件多起而获奖。

曲阜师范大学自动化研究所运用系统辨识等方法制成重烧伤输流电脑测算仪，提高了对烧伤病人的医护水平。此仪器已为四所军医大学及其他单位所采用，并获中国人民解放军科技进步奖二等奖。

15. 其他 数学应用多种多样。北京大学黄敦教授与杨淳等研究冲击波及滑流的四种数值概型，得到很好的结果。计算物理学家用 Monte-Carlo 方法计算了子宫颈癌腔内放射治疗剂量的分布，既准确又简便，提高了治疗效果。国外提出了几种艾滋病的数学模型，如 HIV/AIDS 传播动态模型、危险行为模型等；对肿瘤也有数学模型，如 Mendelson 模型、Gompertz 模型等。关于卫生保健，云南大学对云南省学生体质进行了调查，形成了"体调数据库"，建立了"指标综合数学模型"等。

(四) 为数学强国而奋斗

三年前在南开大学举行的 21 世纪数学展望会上，陈省身教授及与会的数学家都认为，**数学是我国人民擅长的学科；我国完全有希望在 21 世纪前期成为数学大国、数学强国；他们还提出：数学应该率先赶超国际先进水平。**的确，我国古代数学有过辉煌的成就；近几百年由于封建社会政治腐败和帝国主义侵略，数学落后了。中华人民共和国成立后，我国数学有了很大的发展。在 1956 年科学发展规划的指导下，建立和发展了微分方程、概率统计、计算数学、泛函分析、多复变函数论、运筹学、控制论等分支学科。到 1965 年，我国数学的基础研究已具有相当规模，并且有自己的特色，在国际上有一定地位。我国的《数学学报》曾被美国全部译成英文出版。"文化大革命"中，数学研究受到严重破坏。改革开放以来，数学界恢复了活力，国内的学术风气非常活跃，陈景润、王元、潘承洞等在数论和杨乐、张广厚等在函数论的优秀成果饮誉国际，从而大大鼓舞了士气。研究队伍和方向也进行了重新组合和调整，一批新的数学研究所（如南开数学研究所）相继建立。国外来访的专家讲学频繁，同时我国也有不少专家到国外讲学或参加国际学术会议。大批的中、青年学者则以访问、进修或攻读学位的方式出国留学。学术上的内外交流沟通了信息，提高了水平。更令人欣喜的是，一批优秀的青年博士学成回国开始填补若干重要的空白领域如代数几何等；国内自己培养的博士也逐渐崭露头角，研究工作出色者大有人在。原先有较强实力的领域，如数理逻辑、数论、代数、函数论、拓扑学、微分几何、微分方程、泛函分析、概率统计、控制论、运筹学、计算数学等，以及起步较晚的一些学科，如代数数论、代数几何、非线性泛函分析、动力系统、整体微分几何、随机分析、机器证明和模糊数学等，都在近年内取得了达到或接近国际先进水平的成果。最近三届国际奥林匹克数学竞赛，我国连获团体冠军，个人金牌获得数也名列前茅，消息传来，全国振奋。我国数学，现在有能人，后继有强手，国内外华人无不欢欣鼓舞。

然而另一方面也必须看到，从整体上看，我国数学研究的水平与世界先进国家相比，还有相当差距。另一严重情况是，到2000年，高校数学师资将面临严重短缺。以高校理科而言，现有数学教师约24 000人，到2000年若有55％退休，即退休13 200人，那么，即使以全部研究生补缺，仍短少约2 000人，因此，必须吸引更多年轻人学习数学。

为了使数学更健康地发展，更好地为社会主义建设服务，特提出下列建议：

1. 在指导思想方面，提倡"全面发展，重点扶持、办出特色"。发展科学文化"百花齐放、百家争鸣"的方针是正确的。数学中子学科繁多，而且不断有新学科出现，每门新学科的发展前途难以预料。因此，应该给各学科以充分发展的机会，在发展中竞争。所谓重点，是指那些对科学发展或实际应用已逐步展示其重要作用的学科或项目，如非线性数学、计算数学、计算机数学、离散数学的某些方面、数学物理、数学的其他边缘学科、概率统计等。对重点学科，应给予较大扶持。任何一个国家都不可能在数学的各方面都领先。为了赶超国际先进水平，只能重点突破；在某几个学科或项目上率先突破，这就必须有我国自己的特色。特色是什么？这是一个值得深入研究的大问题。

2. 空气哺育万物而自身无赏；同样，数学教育众人而报酬极低；桃李无言，下自成蹊。另一方面，学习数学又难，成为拔尖人物更难。无怪乎现代青年人大都不愿学数学，即使有数学天才者也避而远之；奥林匹克竞赛优胜少年，又有几人立志数学？这实在令人感叹而忧伤。要区别对待各类人才。对有成就的数学家，要更好地发挥他们的作用，在社会地位、生活待遇上有一定优先，因为他们的今天是青少年的明天，对青少年起着示范和吸引作用；对达到国际第一流水平的学者应重金聘请；对博士，无论国外或国内培养者要同样待遇，今后逐步过渡到以国内培养为主。惜乎现在博士生源枯衰，报考者寥寥无几。要多吸引优秀青年学成后回国工作。国家自然科学基金会每年举办数学讲习班，请留学国外的博士回来短期讲学，效果很好，是一创举，若能提供单程国际机票，则会吸引更多学子回来。对 30 岁左右学业有成的学者，需提供条件，使其在工作、出访、职称、生活等方面均能得到相应的待遇，以便早日脱颖而出。中小学数学教学，既要有科学性，又要有趣味性，以提高青少年学数学的兴趣。对成绩优秀者，给以奖励，奥林匹克金牌获得者应予重奖，金额应接近体育金牌获得者。

3. 数学研究设备虽比较少，但计算机、图书资料、国内外交流、人才培养等都需要大量经费，"一支笔、一张纸"的研究方式已成历史。应大力开辟财源，除国家拨款外，国家自然科学基金对数学与物理的资助以 1∶3 为宜。社会名流、企业和财团的支持应是一重要财源，这方面开发得还很不够，应对他们进行宣传，给予技术帮助，使他们从中获益，从而体会到数学的好处。

4. 学科的强大生命力在于对社会进步的贡献，数学也不例外。**数学的贡献在于对整个科学技术（尤其是高新科技）水平的推进与提高，对科技人才的培养和滋润，对经济建设的繁荣，对全体人民的科学思维与文化素质的哺育，这四方面的作用是极为巨大的，也是其他学科所不能全面比拟的。**数学工作者应主动联系实际，了解与数学有关的各种问题。同时也希望社会各界人士多予关注、支持与帮助，多与数学界合作，主动提出各种问题，以使数学科学更深入地扎根于实际，为我国的社会主义建设多做贡献。

数学自学纵横谈①
——祖冲之的老师是谁

我所以想到这个问题，是由于对祖冲之的敬仰。大家知道，祖冲之（429—500）是我国历史上、也是世界历史上最杰出的数学家之一。他在数学、天文、历法和机械制造等方面都有重要贡献，其中突出的一项是把圆周率正确地算到小数点后第七位，即3.141 592 6……这一成果，在西方又过了1 000多年，才为荷兰人安托尼兹（1527—1607）等得到。

人们自然要问：祖冲之是怎样登上当时的科学高峰的？他的老师是谁？

这后一问题，确实把我难住了。在一些历史书上找不到他的老师的名字。我想，老师、至少启蒙老师，总该是有的，不过对祖冲之的成长没有起到重大作用。由此可见，祖冲之主要是靠自学而成功的，自学就是他的"老师"。

至于祖冲之的自学和科研方法，历史上倒是有些记载。他自己说："亲量圭尺，躬察仪漏，目尽毫牦，心穷筹笑"② "搜练古今，博采沈奥，唐篇夏典，莫不揆量，周正汉朔，咸加该验。罄策筹之思，究疏密之辨。"③ 这就是说：第一，广泛地收集、学习、批判和采纳前人有关的一切成果；第二，亲自深入实际，通过观察和试验，以获取第一手的新的数据和资料；第三，穷竭心思，对全部资料进行深入的研究和反复的计算，从而得到新成果。这一切从今天的眼

---

① 中国青年报，1981-11-05；11-12；11-26；12-10；12-31；1982-01-14；02-18.
② 《南齐书》卷52. 502—519 年.
③ 《宋书·卷13·律历下》. 南梁.

光看来，都很合乎辩证唯物主义的科学方法论，所以他的成功不是偶然的。

其实何止祖冲之，许多科学家如法拉第、爱迪生、华罗庚，许多艺术家、文学家如王冕、高尔基，都是靠自学成功的，这对坚持自学的人无疑是极大的鼓舞。《儒林外史》第一回详细讲了元朝的王冕勤奋学习，从贫苦的放牛娃成为名画家的故事，很值得一读。王冕写的两句诗："花落不随流水去，鹤归常带白云来"，反映了他的人品和旨趣。

（一）猫的睡觉姿势

为什么要学习数学？原因很简单，就是因为：数学问题几乎是无处不在的。打开收音机，"粮食增产5％""人口增长率下降到0.05％"。不懂分数，就不可能真正理解这两句话。晚间坐在圆桌旁边看书，桌面正中的上方挂着一盏灯，灯太高或太低都不合适，请问要挂多高才能使桌边最亮呢？如果懂一点光学和数学，就不难算出，灯应挂在离桌面中心为"0.707×桌面半径"的高处。螺丝帽大多是正六角形的，正四角形的很少用，为什么？因为制造前者比制造后者更能充分利用材料，而且前者更坚固耐用。这些道理，也只有通过计算才能说清楚。冬天，猫睡觉时总是把身体抱成一个球形，这期间也有数学，因为球形使身体的表面积最小，从而散发的热量也最少。在生产中，碰到的数学问题就更多：机械工人计算弹簧钢丝展开的长度，电工计算交流电的电流和电压，车工计算切削的宽度和厚度，农村兴修水利时设计水库和水渠，都需要用到三角、代数和几何。近年来在我国推广统筹法、优选法和其他的数学方法，对管理企业、组织生产、提高效率、增产节约都起了很好的作用。

数学除了在生产和生活中得到广泛应用外，还是其他自然科学和先进技术的基础。限于篇幅，我们谨向读者推荐华罗庚教授的文章《数学的用场与发展》、吴文俊教授的文章《数学概况及其发展》。

为什么数学问题会那么多呢？原来，任何事物都有质量和数量两方面，而物体还有形状。数学虽然不研究质量，却是专门研究数量和形状的科学，因此，数学问题与万物同在，只是深浅难易不同罢了。一定的数学知识和能力，对于理解事物的数量关系和空间形式，对于钻研科学技术和发展生产，确实是十分必需和非常重要的。

（二）理想和目标

做任何事情，都要有明确的目标。大至整个人生，小至自学数学，都应这样。许多人从小决心从事革命，结果成为革命家；另一些人献身科学，后来在科学研究中做出了巨大成绩。一般说来，一个人的奋斗目标越崇高，他就越坚强。勇气产生于斗争中，毅力产生于崇高的理想中。没有理想的人浪费时间，也浪费了自己。法国哲学家霍尔巴赫（1723—1789）批评他那时代的人说"人人都慨叹生命的短暂和光阴的迅速，而大多数人却不知道用时间和生命去做什么。"[①] 及早明确自己的奋斗目标，实在是一件十分重大的事情。

自学数学有各种各样的目的，大致有这样三种：在职青年大多是为了提高业务，促进生产；另一些人也许是为了高考；还有些人完全是出于兴趣和爱好，他们之中，有的是大专院校理科的学生，或者是数学老师、科学研究人员。目的既然不同，学习的内容和方式自然也就各异。

第二种情况最好办。每年高考，数学的范围是很清楚的，而且在高中都已基本上学过，所以只要再复习和加深就行了。目前出版了许多复习参考书（例如上海科学技术出版社出版的《数理化自学丛书》），可以从中挑选一些作为主要学习资料。准备考试时，首先要检查一下高考的内容自己是否都学全了。其次是要把主要精力放在基本理论（包括定义、概念、定理、公式、运算以及章节间的相互关系等）的理解、熟练和灵活运用上，要多做一些习题和笔记。经过努力仍然做不出的，可以查阅题解或请教别人，检查自己的思

---

① 霍尔巴赫，著. 管士滨，译. 自然的体系. 北京：商务印书馆，1999.

想方法有哪些不对头的地方。

其他两种情况比较复杂，需要较细地分析。

（三）有所不能而后有所能

自学要有计划，有和没有大不一样。好的计划可以提高效率，少走弯路。《红楼梦》第 48 回讲了一个故事，说的是香菱想学作诗，请林黛玉帮她订计划。黛玉说："我这里有《王摩诘全集》，你且把他的五言律 100 首细心揣摩透熟了，然后再读 120 首老杜的七言律，次之再李青莲的七言绝句读一二百首；肚子里先有了这三个人做了底子，然后再把陶渊明、应、刘、谢、阮、庚、鲍等人的一看，你又是这样一个极聪明伶俐的人，不用一年工夫，不愁不是诗翁了。"这计划订得好，明确指出了精读、粗读的资料，还规定了进度。内容少而精，细读部分不过 400 多首诗，完全可以在"工作"之余把它们攻下来。加上香菱"苦志学诗，精血诚聚"，果然没有多久，就做出了"新巧有意趣"的诗。

计划是把现实和目标联系起来的桥梁，它告诉我们如何从现实一步步走向既定的目标。订计划时要搞清两头，一是目标；二是自己的实际，包括目前的水平、能力、工作和学习的条件，等等。在可能的情况下，最好就近请几位有水平又了解自己情况的人作指导。

现在假设某车工同志想自学数学，他只上过小学或初中。那么，他一方面应该从长远着想，把自己的水平提高到初中或高中毕业的程度，学习材料可以采用中学的教科书或相当的参考书；另一方面，他还应该针对工作的需要，请教老师傅或技术干部，找一些车工用的数学书（例如《车工应用代数和三角》《工厂常用几何计算法》等）来学。这种既考虑长远提高，又照顾目前急需的学习方法，对其他工种和农村的同志，也是适用的。如果有机会参加业余学校，或者找一些志同道合的人组织起来，进步当然会更快些。

下面谈谈数学爱好者的自学计划问题。这些人大都有了一定的基础，比如说，已经学过大学里的基本数学课程。对他来说，迫切需要的是选定一个主攻方向。数学中分支很多，一个人起初只能就一个分支深入。精，只能从精于一开始；待取得成果后再扩大领域。这个道理，和搞革命要先建立根据地一样，是一个基本的战略思想。清朝诗人袁枚说："人必有所不能也，而后有所能。"有些人兴趣太广，又不克制，终因涉猎面太宽而不能精深。"十年一觉扬州梦"，猛回头已百岁身。这种教训，是应该充分汲取的。确定方向后，需要了解这一分支有哪几门主要课程，每一门中的名著（或公认的好书、好文章）是什么，然后拟定进度，订出计划，用极大、极大的毅力把它们攻下来。

（四）人生总得搏几回

读书有略读、阅读与攻读之分。工作之余，看看小说，翻翻画报，属于略读。一般的书籍、报纸和杂志，大都浅显易懂，又未必事关紧要，看一两遍就够，这是阅读。至于攻读，那就是另一回事了。"攻"，指攻坚，无坚则无所谓攻。要攻的，大多是有价值、高水平而又比较艰深的著作，其中包括一些公认的名著。"坚"，常常表现为难点、难题、不容易理解的道理，等等。攻坚之法，一在于钻研，二在于坚持。长期围困而且炮火猛烈，何愁攻城不下？何愁击石不开？

要深入一门学科，必须攻读几本这样的书，以便打好基础。这些书应该一本比一本水平高，扶摇直上而不是在同一水平上作平面徘徊，接力式地把读者引向深入或引向学科的前沿。每攻一本，都必须鼓足勇气，全力以赴，不分心旁骛，不见难而退。相传德国数学家高斯正在工作的时候，有人大声告诉他："快去吧！你夫人快要去世了。"高斯说："请她等一下，我马上就来。"可见他工作专心到何等程度。前乒乓球世界冠军容国团说："人生能有几回搏。"这话说得很好。但如果加上一句："人生总得搏几回"，那么也许会更好。攻读好书，要舍得花时间、花精力；读时虽很费劲，读懂了、记熟了却终身受益。

时间有限，攻读的内容自然不能太多，所以必须辅之以阅读和略读。攻读使人专深，阅读使人广博。专深与广博既有矛盾的一面，又有相互促进、彼此补充的一面。陶渊明说："好读书，不求甚解"，指的是阅读与略读。他又说："每有会意，便欣然忘食"，可见即使是略读也会常有所得的。可惜他对攻读，没有留下类似的警句名言。我想他也必定下过大功夫，要不，他的文章就不会写得那么好。

等到有了一定的基础，开展科学研究时，更重要的是另一种读书方法，即查阅。为了解决某个问题，需要有的放矢地寻找参考资料。这时第一要会找。文海浩渺，从何着手？如果平日不留心，不积累，又不虚心，便很难办。第二是找到后如何看懂。有时为了看懂这一篇，又要找另一篇。如此穷追下去，直到基本上弄清楚为止。

宋朝苏轼还讲过一种读书方法，他说："卑意欲少年为学者，每一书皆作数过尽之。书富如入海，百货皆有。人之精力不能兼收尽取，但得其所欲求者尔。故愿学者每次作一意求之。如欲求古今兴亡治乱、圣贤作用，但作此意求之，勿生余念。又别作一次，求事迹故实典章文物之类，亦如之。"① 意思是说，每次通读一本书时，只专心注意一个问题（例如专研究政治家在兴亡治乱中的作用），下次再改换一个（如研究事迹文物）。集中精力于一点上，"一意求之"，自然容易深入。

（五）如何攻读一本好书

学数学必须循序渐进，不能急于求成。万事开头难，攻读一本新书，前一两章是关键。每门学科有自己的研究对象，因而各有自己的内容、术语和符号。平面几何研究三角形、圆及其他图形的性质，而初等代数则主要研究代数运算。由于对象不同，从这一门转去学另一门，起初自然很不习惯。因此，必须安下心来，开好一个头，耐心地学好前一两章，初步掌握本门课的思想方法，这样才会

---

① 苏东坡. 又答王庠书. 见：苏东坡. 经进东坡文集事略：卷四十六.

有兴趣继续往下读。更何况作者各有各的思想方法和文笔风格，既然要读他的书，就只好摸熟他的脾气。总之，初读时要慢，尽量搞懂些再往下读。由于慢，有足够的时间思考和理解，后面的内容才会读得快些，所以说慢中有快。反之，一开头匆匆忙忙，后面就会读不下去。不怕慢，只怕站，一站往往会失去兴趣与信心。这可算是"快"与"慢"的辩证法。

然而数学不比小说，就是慢也会有许多地方一下子搞不懂，怎么办？可以停下来查看前后文，冷静地想一想、算一算；再不然，翻阅别的书上关于这一部分是怎么讲的；也可和别人讨论一下。如果尽了很大努力，还是不懂，那就暂时把问题挂起来，先承认它的结论，继续往下读了再说。反正它已给了我深刻印象，对我总是有益的。

我们在读书的时候，往往容易急于求成。控制自己的好办法是做笔记、做习题。做笔记可以加深理解，做习题有助于灵活运用书中的概念和定理。全书细读一遍以后，一定会留下不少问题，这是必然的，不必大惊小怪。要紧的是趁热打铁，赶快接着读第二遍。由于已读过全书，水平比初读时已大有提高，现在的我已非那时的我，所以读起来会快得多，上次留下的问题，有许多也会迎刃而解。当然，还可能会发现一些新问题。如此反复几遍，每读一遍，深入一层；有如剥笋，层层深入。去表及里，由厚而薄，最后看到的是核心和骨架，这便是全书的精华，其余不过是筋、肉、皮、毛而已。这时回视原来的那些问题，便会有"身高殊不觉，回顾乃无峰"的快感。

（六）既要有知识，更要有能力

学习任何东西，包括科学、技术、文学、艺术，等等，都要注意两个方面：一是知识；一是能力。知识并不等于能力，知识广泛的人未必善于解决问题。在某种意义上说，能力甚至比知识更重要。自学数学时，需要培养逻辑推理、运算、抽象和归纳等能力。

从平面几何中，人们可以学到逻辑推理。那里从一些简明的公理出发，证明一批定理；然后根据这些公理、定理，或加入一些新的公理，再证明一批定理；如此层层推理，终于得到许许多多意料不到的结论。这种方法不知武装了多少科学家。爱因斯坦说："世界第一次目睹了一个逻辑体系的奇迹，这个逻辑体系如此精密地一步一步推进，以致它的每一个命题都是绝对不容置疑的——我这里说的是欧几里得几何。推理的这种可赞叹的胜利，使人类的理智获得了为取得以后的成就所必需的信心。如果欧几里得未能激起你少年时代的热情，那么你就不是一个天生的科学思想家。"

算术、代数和三角，除了训练逻辑推理外，更着重于训练运算的能力。它告诉我们如何把复杂的式子化简，如何求出某些未知数，如何找出一些对象（例如"边"与"角"）间的关系，等等。

许多数学概念都是现实中具体事物的抽象。例如数学中的直线是日常生活中的直线的抽象，前者没有宽度，两端可以无限伸长，而我们所看到的直线都是有宽度（虽然很窄）并且长度总是有限的。抽象能力特别表现在如何把一个实际问题提炼为数学问题。我们在代数中解文字题时，首先必须根据题意列出方程，这就是一种抽象，其次才谈得上求解。而这第一步往往更困难、更重要。

归纳法通用于一切自然科学和社会科学中。人们所能观察到的客观世界总是有限的、部分的。根据局部的、有限次的观察，总结出具有普遍意义的假设。这种假设经过实践（或逻辑推理、计算等）检验，证明真实无误后便成为普遍规律。人们管这种发现新规律的方法叫归纳法。注意，它并不是高中代数课里所讲的那种数学归纳法。例如哥德巴赫（1690—1764，德国数学家）发现一些（但不是一切）偶数，其中每个都可分解为两个奇素数的和，例如 $8=3+5$，$10=3+7$……这使他想到："一切大于 2 的偶数都可分解为两个奇数的和。"但他不能证明，只能算作猜想或假设。由此可见，哥德巴赫猜想是由归纳法得出来的。有些人轻视归纳法在数学研究中的作用，这是不对的。法国科学家拉普拉斯说：甚至在数学里，发现真理的主要工具也是归纳与类比。

（七）在学习中创新

创新，应作广义的理解。建立新理论、发现新定理，固然是创新；解决实际中提出的新问题，有益于社会的发展，也是创新，甚至是更重要的创新。

在解决实际问题时，第一步需要弄清楚现实的情况和具体的目标，并根据一些物理、化学等知识，把问题化为数学问题；第二步，运用数学的理论，把这个数学问题解出来。在多数情况下，第一步更困难些，往往需要和专业人员合作，才能找出问题的主要因素和它们之间的相互关系，从而把问题数学化。

回顾前面说的那个照明问题：灯挂在半径为 r 的圆桌的正中间上方，它应挂多高，才能使桌边的亮度最大？（如图 1）要解决这个问题，首先应该求出亮度 J 和高度 h（h 是灯 A 到桌面中心 B 点的距离）的关系。根据物理知识：亮度 J 和 b（b 是 A 到桌边

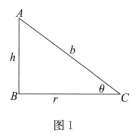

图 1

任一点 C 的距离）的平方成反比，与 $\sin\theta$（θ 是 AC 与 BC 的夹角）成正比，即 $J = \dfrac{k\sin\theta}{b^2}$，$k$ 是一个常数，依赖于灯光的强度，但

$$\sin\theta = \frac{h}{b}, \quad b = (h^2 + r^2)^{\frac{1}{2}},$$

代入上式，得

$$J = \frac{kh}{(h^2 + r^2)^{\frac{3}{2}}},$$

至此我们完成了第一步。剩下的问题是要选取 h 的值，使 J 达到最大。运用数学中求极值的方法，先算出 J 对 h 的微商 J'，再令后者为 0，得

$$J' = \frac{k(r^2 - 2h^2)}{(h^2 + r^2)^{\frac{5}{2}}} = 0。$$

于是求得

$$h=\frac{r}{\sqrt{2}}\approx 0.707\ r。$$

许多数学定理是通过归纳或类比而发现的。从特殊到一般、从具体到抽象、从局部到整体是最重要的归纳方法，上面已经举了哥德巴赫猜想的例子。类比也是一种方法，它把领域甲中的已知事实和领域乙中类似情况相对比，从而猜想出在领域乙中可能正确的新结论。

作为一个类比的例子，试求几个接连的正整数 $m+1$, $m+2$, $\cdots$, $m+n$ 的和。如果把第一项设想为 $m+1$ 个点，并把它们排成一行，再把第二项设想为 $m+2$ 个点，也把它们排成第二行，如此下去，那么这些点便构成一个梯形。大家知道，梯形的面积等于"上底加下底乘高除以 2，即 $\frac{(a+b)h}{2}$。"这使我们猜想到，点的总数应是

$$\frac{1}{2}[(m+1)+(m+n)]n=mn+\frac{1}{2}n(n+1)。$$

这里我们把首项 $m+1$ 比作梯形的上底 a，末项 $m+n$ 比作下底 b，项数 n 比作高 h，把点数比作面积。这个猜想的确是对的，用数学归纳法便可证实。这样，通过类比，求得

$$(m+1)+(m+2)+\cdots+(m+n)=mn+\frac{1}{2}n(n+1)。$$

除归纳与类比而外，还有许多别的方法可以帮助我们发现新结果。例如，几何学中广泛使用演绎法，而圆周率的近似值是靠计算求得的。

我想应该结束这篇文章了。最后，我希望青年同志们能读几篇科学家的传记，看看前辈是怎样勤奋学习的。德国数学家高斯出身于贫寒的家庭，父亲是个杂工，母亲是石匠的女儿，都没有多少文化。但由于努力自学，高斯终于成为大科学家。由此可见，学习条件差虽然是不利因素，但事在人为，只要我们立志图强，长期奋斗，一定能为我国的科学事业做出贡献。

学习数学的管见

——阅读与攻读

（一）成功的四个基本条件

学会游泳并不难，但要成为国家选手就很难。同样，学会一门专业和精通它并不完全是一回事。一般地说，要做出较大成绩，四个条件是不可少的：理想、勤奋、毅力和方法。理想，或者说志气，是我们力量的源泉，是行动的方向，是心灵上的太阳。为建设强大的祖国而学习，为发展科学技术造福人类而工作，是我们的理想。许多革命前辈和科学巨人，不知疲倦地奋斗，直到生命最后一刻，究其原因，主要是由于有崇高理想。没有远大的理想，一般是不会有重大建树的。古人说："哀莫大于心死"，最大的悲哀，莫过于没有理想了。为了实现理想，必须勤奋，即使天赋独厚，也不例外。大科学家如牛顿、居里夫人，大文豪如鲁迅、巴尔扎克，都是异常勤奋的人。牛顿的助手说："他（牛顿）很少在两三点钟以前睡觉，有时到五六点……特别是春天或落叶的时候，他常常六个星期，一直在实验室里。不分昼夜，灯火是不熄的，他通夜不眠地守过第一夜，我继续守第二夜，直到他完成他的化学实验。"然而勤奋并不等于毅力。有些人勤则勤矣，却缺乏毅力，他回避困难，一有阻力就转移方向，不敢坚持在一个重要专题上长期奋斗。他辛辛苦苦地筑了许多土堆，却没有建成一间像样的房子。除理想、勤奋、毅力而外，方法也是重要的。高明的方法可以收到事半功倍的效果，而且富有趣味和启发性。所以一些大科学家如笛卡儿、爱因斯坦、拉普拉斯等都很重视方法。具体到数学，由于数学离不开逻辑推理，在学习一种理论或一条定理时，首先要看准推理的终点，即要达到什么目的，需要证明什么结论。其次要掌握推理的起点，即各种有关的公理、定义、概念和条件。第三是要分析联系起点与终点的推理程序，包括证明的思路、方法和用到的计算、公式，等等。吃透了推理的程序，往往可以改进原来的证明使之适用于更一般的情况，或者改善原来的条件和结论。学习数学与研究数学的思想程序有些不同。学数学是由起点推终点，即学习前人如何由已给条件一步一步地推导出结论。研究数学则反其道而行之，常常是由终点推起点。我希望得到结论甲，为了甲必须先有乙，为了乙又必须先有丙……如果丙已足够简单明了，便于应用，就把它当作起点。由此可见，不论是学数学或研究数学，都必须循序渐进，每前进一步，都必须立脚稳固，这是数学方法中的一个显著特点。其他的科学也要循序渐进，不过数学尤其如此。前头没有弄懂，切勿冒进。有如登塔，只有一层一层地上升，才能达到光辉的顶点。

学习的三要项是理解、记忆和练习。知其然以及其所以然，这是理解；然后记住它，并通过练习以加深理解、增强记忆、应用理论和发展理论。所以这三项都是不可或缺的。对于数学，练习尤其重要。通过练习不仅可以增加知识，更重要的是，可以培养我们解决问题的能力。不下水不能学会游泳，不做足够多而且有一定难度的练习题，是不可能学好数学的。

（二）两种循环与争取主动

"我整天生活在紧张和被动之中，"一位大学生向我诉苦，"各门功课的习题像潮水一样涌来，又多又难。课堂上老师讲得很快，还要求抄笔记，但顾得上抄就顾不上听。作业完不成，越堆越多。这怎么办呢？"的确，这是一个带有普遍性的问题，从中学到大学是一个飞跃，中学课本写得简明、清楚，一个公式后面配着几个例题。学生仿着做，大部分作业就可完成。大学则不然，内容越来越抽象，方法也很灵活，老师的辅导随着年级的上升而减少，对独立工作能力的要求不断提高。

"听课—复习—练习"，又是"听课—复习—练习"，每门功课都是这样重复地进行着。如果听课效率不高，许多地方没有听懂，复习的时间必然增加，做练习的时间必然减少，于是作业完不成，但下一次练习又来了。就这样，他卷入了恶性循环。反之，如果听课效率高，课堂上基本解决了问题，复习就快，练习能按时甚至提前完成。于是他有余力可以预习，或者另看一些参考书。这样，他的自学能力越来越强，听课效率也越来越高，他进入了良性循环。常常有这种情况：两极分化非常厉害，两个人入学时水平差不多，但到大学毕业时却相差很远，一个甚至可以当另一个的老师。原因固然很多，进入不同的循环也许是其中重要原因之一。

怎样才能使循环成为良性的呢？关键在于预习。如果上课前对老师要讲的内容有了思想准备和大致了解，那么听起来就主动多了，只要把重点放在预习时看不懂的地方。由于听课高度集中、有的放矢，所以在课堂上基本上消灭难点，这样便节省了复习时间。更有甚者，我们可以领悟到为什么自己预习时看不懂，卡在哪里，思想方法上有什么毛病，从而提高自学的能力。

剩下的问题是：哪里有时间预习呢？主要靠假期。放假时间很多，一部分用来休息和锻炼身体；另一部分用来预习。预习下期要学的重点课程，哪怕是其中前几章。这样，我们就走在老师讲课的前头，变被动为主动了。

（三）如何攻读数学专著

没有进货的商店不能持久。类似地，缺乏获取新知识的能力，就不能前进。所以在各种独立工作能力之中，自学能力可算是最基本的了。

数学书刊，浩如烟海，一个人的精力有限，只能精读其中几本有代表性的高水平的著作；读懂了这几本，其他的就比较好办。如何选择精读书？首先要确定主攻方向，然后围绕主攻方向，争取老师或先行者的帮助。高水平的著作虽然难读，但读懂了却终身受益，所以花高代价也是值得的。一般地说，要打好基础，读几本这样的书实是必不可少。

如何攻读数学专著？先阅读序言、目录以及有关介绍，以便了解本书概况及作好必要的准备。读第一遍时要慢和细，一步一步地循序渐进，这样才能读得深和走得远。正如诸葛亮所说："非宁静无以致远。"如果贪多图快，又不消化，那么必半途而废，读不下去。预防冒进的好方法是做笔记，既动脑又动手，把一些重要的概念、定理及证明仔细地整理一遍，必要时作补充证明，写读书体会；还要做一定数量的习题。一章过后，做一小结。如此前进，直到全书读完，再从头开始读第二遍。这时，由于大部分细节已经弄懂，读起来会快得多。我们可以把重点放在解决遗留问题上，同时尽量搞清楚各概念之间、各定理之间、各章节之间的内在联系，学习各种证明方法和计算技巧，展望理论的进一步发展。所以，如果说第一遍是"局部地读"，那么第二遍便主要是"整体地读"了。第二遍过后，原来的问题解决了不少，但又可能会出现一些新问题。我们必须乘胜追击（切勿冷下来），再读第三遍。这时可以顺读，可以反读（从后面往前读），也可以就一些专题有目的地读。反读可以清理源流，专题读可以攻坚，甚至做出新发现，学习应以自力更生为主，争取外援，参考有关书刊。如此反复几遍，全书的体系也就经络分明，了然在目了。如果还有一些问题，那么也不必着急，可以留待以后慢慢解决。

"攻读"与"阅读"是不同的概念。攻者，攻坚也。无坚则无所谓攻。攻读需要勇气和毅力，绝非一般的阅读所能比拟。

（四）专题研究的三个阶段

有了一定的专业基础和解题能力，便可开始科研。万事开头难，从学习到科研是一飞跃，不可等闲视之。学习主要是继承前人成果；

科研则要解决新问题，或者做出新发现，科研贵在创新。

数学研究的第一步是提出问题。它们可以来自实际，也可以是理论发展中的新问题。数学中分支繁多，发展又极为迅速。今天，恐怕没有一个人敢说通晓全部数学，对于新手来说，起初只能在一个分支工作，待站稳后，再逐步扩大战果。即使在一个分支里，要了解它的前沿也非易事，需要争取外援。在科研第一线工作的老师可以给我们介绍情况、提出问题，把我们迅速地带上最前线。

问题明确以后，要尽可能收集有关文献，为此可充分利用《数学评论》（《Mathematical Reviews》）及类似期刊。对最重要的文章要精心攻读，搞得烂熟，以了解前人的成果、思想方法、解题技巧、理论观点，等等。

下一步进入攻坚阶段。我们开始进攻，先找出它的薄弱环节，集中全部精力和时间，攻此一点。不过我们可能碰上钉子，几个月也没有进展。这时得抬起头来看看，需不需要改变策略，从另一点着手？不必灰心，要知道，高斯说过：有一条定理的证明折磨了他两年，忽然在一刹那间像闪电般想出来了。高斯尚且如此，我为什么不能再想它一年呢？

下列的思想方法可以参考。

1. 我似乎在什么地方碰到过类似的问题，不妨借用那里的方法来试试（类比法）。

2. 这个问题太大了，太抽象了，我简直把握不住它。能不能把它分解成几个问题，或者分成几部分，由易而难地各个击破，然后再串起来（《老子》说：为难于其易，图大于其细）？

3. 尽可能举一些具体的例子，或考虑一些特殊的情况，从中找出一般的规律（从具体到抽象，从特殊到一般）。

4. 我的计算能力比较强，必须发挥这个优势。先加一些条件，把这个问题算到底，看会得到什么，是骡是马，先牵出一匹来看看。然后我超脱一些，站高一点，把这个结果直观地理解一下，看是否能改用别的更好的方法。也许我会豁然大悟，想出一般的解法（发挥优势）。

5. 直观和猜想，在科学发现中是不可少的。这个问题有什么物理（或几何，或概率）意义吗？我能不能直观地把结果猜出来？这种"发散式思维"，常常会给我们指引道路，但也可能是错误的导引。没有严格的确证以前，我不能轻易相信它。

6. 我不知这个结论是否正确，用归纳法试试，先看它当 $n=1$，2，$\cdots$，k 时情况如何，这至少可以提供一点信息。数论中一些定理不就是这样发现的吗？

7. 我就卡在这个该死的不等式上。我真傻，为什么不去查数学工具书（手册、公式集等）呢？

8. 某人的工作，某个讨论班，与我这个题多少有点关系，也许我会从他们那里得到启发。

9. 这个问题折磨了我好几个月，搞得我神魂颠倒、坐立不安。我现在要换一下脑筋，到公园去走走，或者找几本好小说看看。不是说，长时间紧张后的短暂松弛有利于灵感的出现吗？

10. 我已经有了一些进展，但必须采取客观态度，决不能自我姑息、轻易相信我的结论是正确的。要利用头脑最清醒的时间，再三考验它：它与已有的定理和谐吗？有无反例？由它会得出荒谬的结果吗？证明中的每一步是否都不可动摇？我能否找到另一证明？总之，我必须把错误消灭在摇篮里，要不，它很可能给以后的工作铸成大错。

问题基本上解决了，研究工作便进入第三阶段，即整理提高或付诸应用的阶段。一项较大的研究，需要很长的时间，前后的思路未必一致，弯路走了不少，草稿纸也积累了一大堆。现在需要用统一的思想，简明的叙述，正确的论证，数学的语言，写成一篇规规矩矩的论文。争取发表，以供同好。如果这项研究来自实际，就应让研究成果接受实践的考验，并为实践服务。

从一无所有之中创立了一个新宇宙
——读齐民友著《数学与文化》

书有两种写法。尽量收集有关资料，加以排比归类，从中总结出几个观点，增添些自己的见解，逐条写去，好歹总能成书。另一种写法是陈言务去，尽力把自己拔高，使"我"的观点、思想达到前所未有的高度，"身高殊不觉，四顾乃无峰"，居高临下，有述有议；同时点燃起胸中炽热的火，理智与感情俱见于笔端，从而使读者在书的感染下也激动起来。本书正是在四顾无峰的高度上写成的。

数学与文化，这个题目很少有人写过，系统的长篇的论著，本书也许是第一部，至少在国内是如此。

一开头作者齐民友教授便提出了一个前无古人的观点："没有现代的数学就不会有现代的文化，没有现代数学的文化是注定要衰落的""不掌握数学作为一种文化的民族也注定要衰落的。"数学对科学技术的作用非常巨大，这是人人皆知的事实。然而，作者认为，只看到数学对科技的作用是不够的，数学对人类文化的影响要深刻得多，长远得多，而这一方面恰恰并非大家都清楚。

那么，这种影响表现在哪里呢？就在于"数学代表了一种理性主义的探索精神"。与艺术不同，艺术着重感情的熏陶，拨动人的心弦，使人激发；数学鼓舞人们从事理性探索，使人深刻。两者都给人以美，两种不同的相互补充的美！理性探索什么呢？这就是"认识宇宙，也认识自己"，作者把这叫"永恒的主题"。本书自始至终都是围绕这一主题而展开的，它主要论述人类对宇宙的几何性质的探索以及对数学基础的探索。

全书共3章，外加一"绪言"。作者在绪言中把自己的思想叙述得非常清楚而简明。

第 1 章 "理性的觉醒"从古希腊几何学讲起，直到 1899 年希尔伯特《几何基础》问世。其中涉及欧几里得的《几何原本》、数学与第一次科学革命的关系。在这次革命中矗立的四位巨人哥白尼、开普勒、伽利略和牛顿的贡献；此外，还谈到莱布尼茨、笛卡儿、斯宾诺莎、培根和霍布斯等人。在他们的影响下，人类从宗教和迷信的束缚下解放出来，理性思维伸展到各个领域。不仅天文学、物理学、哲学深受数学的影响，连美国的《独立宣言》也借用了数学中公理化的方法。

第 2 章 "数学反思呼唤着暴风雨"理性思维不能容忍眼中的微尘，数学家对平行公理的长时期的反思，其结果是非欧几里得的发现。这是第一场暴风雨，其深远而巨大的后果在于导致相对论的诞生，在于改变人类对宇宙的认识。它也是一个重要的例证，证明"人类悟性的自由创造"有时会具有一万颗原子弹所无法比拟的强大威力。的确，如果人们只拘泥于"经验归纳"，怎么可能发现非欧几何及其后的相对论呢？遗憾的是，"悟性的自由创造"常常遭到一些幼稚无知的非议。历史证明："悟性的创造"与"经验的归纳"是科学创造的双翼，是不可或缺的。另一场暴风雨发生在数学基础的研究中，其高潮是哥德尔定理的出现。作者详细地论述了这场暴风雨的酝酿、产生及其后的发展；它的重要意义及对计算机科学的影响。为了帮助读者有确切的数学理解，书中叙述并证明了有关几何学的许多定理，这使得本书不至于成为泛泛的务虚之作。

第 3 章 "我从一无所有之中创造了一个新宇宙"作者把我们引回到上述那个永恒的主题，并叙述时至今日的新进展。在"认识宇宙"方面，从欧几里得、鲍耶父子、罗巴切夫斯基到高斯、黎曼最后是爱因斯坦，终于"从一无所有之中创立了一个新宇宙"——弯曲的宇宙。请注意"一无所有"而不是用了"万吨钢材"，于是我们不能不承认这是人类理性或悟性的伟大成就。在"认识自己"方面，作者评述了各种悖论、三大主义（逻辑主义、直觉主义、形式主义）、哥德尔定理，最后归结到计算机。作者认为：计算机不仅改变了我们的生活，而且会根本上改变人类对自己的看法。数学帮助人们制造了计算机，同时也使我们懂得了它的局限性。

以上是评论者对本书主要思想的理解，未必切合作者原意。本书特点是思想深刻，内容广博，在主要问题上充分展开，极力驰骋，旁征博引，取材丰富，涉及世界史、哲学史、数学史（东方史似少些）、现代物理甚至具体到计算机的程序。从"希腊衰落""三角形内角和小于 $180°$"（罗氏几何）的证明到李白的文句"夫天地者，万物之逆旅……"，洋洋大观，诸体皆备。作者对爱因斯坦非常尊崇，第 200 页上读到爱翁的一段逸事：1919 年对日全食的观测证实了广义相对论，一位学生问他，如果观测失败又怎么样？爱因斯坦回答说："那我就要为亲爱的上帝遗憾了，这个理论是正确的。"书中除名人逸事外，还有许多作者自己的隽言妙语，诸如在谈到通俗科普作品时说：应该做到"通而不俗"，而不是"俗而不通"。第 204 页讲到一些大数学家如康托、哥德尔都患有精神病。作者说："卓越的人时常是孤独的、悲哀的人，他们离群索居，难得人们理解……"先天精神病者甚至天才，也许是智力畸形者，正因为畸形使他们见到了常人所见不到的东西。然而，到底谁是先天精神病者，恐怕是一场新的庄周与蝴蝶之争吧！

论 随 机 性①

——偶然与必然

(一) 随机性与必然性的相互交替

在某些条件下，一定出现（或一定不出现）的事件，称为必然事件；或者说，这事件具有必然性。在某些条件下，可能出现，也可能不出现的事件，称为随机事件（也称为偶然事件）；或者说，这事件具有随机性（偶然性）。必然与偶然，都是相对于条件而言的。在 101.325 kPa 气压及 100 ℃ 温度时，"水必沸腾"是必然事件；"明年某河流将泛滥成灾"是随机事件。

事物的发展，是多层次的随机事件与必然事件相互交替和相互作用的过程。有些人说，发展过程中必然性（或决定性）是主导的，随机性是次要的；另一些人则反之。两者皆失之偏颇，不符合客观实际。

种子随机地扎根于某地（1层），默默地度过一段时间后，必然破土而出（2层），这时它只有一根主干。到了某一时刻，它分成几支，分支的时刻和支数都是随机的（3层）。每一支又平静地生长（4层），再分支（5层），如此继续。若干年后，它或遭意外，或者枯萎，这死亡的时刻和原因又是随机的。

婴儿呱呱坠地，他的出生充满了偶然性（1层）。他平静地度过童年（2层）。18 岁时，他站在人生道路的分支点上，在就业和升学间进行随机选择（3层）。过了这一关，他可以安心地工作和学习相当长时间（4层），然后又一次站在分支点上（5层）……直至某一

---

① 北京师范大学学报（自然科学版），1991，27（1）：119-127.

偶然的时刻，来到偶然的地点，出于偶然的原因，结束他那偶然的生命。

丘吉尔说："一个人活得愈长，他就愈认识到一切取决于机会。任何人，哪怕只要回顾一下 10 年前的经历，他就会看到某些本身毫不重要的细小事件，实际上都左右了他的全部命运和前程。"他所说的细小事件，大都集中在分支点上。"却顾所来径，苍苍横翠微。"只有回过头来，才能认识它们的巨大作用，于是大吃一惊而感慨万千。

天文学家还不能确切告诉我们地球是怎样诞生的。行星（甚至太阳）的形成有很大的偶然性。地球也必定经历了许多分支点。地质学家说地球至少发生过 6 次生物大规模灭绝，最著名的一次是 0.6 亿年前的恐龙灭绝。如果没有那次灾变，今天的地球也许还是恐龙世界。生物灭绝的原因有种种假说：超新星爆发、行星撞击、太阳耀斑爆发、海平面变化、温度变化，等等，无一不充满偶然性。多么危险的地球！地球如此，极而言之，整个宇宙也是偶然的。导致混沌初开的大爆炸，星系的形成与分布，生命的出现，行星上有多少种动物和植物，每一种中有多少个体，都含有许许多多偶然的因素。

每个国家的历史也有许多分支点，如果在分支点上换另一种选择，历史便当另写。倘若在鸿门宴上项羽杀了刘邦，便很可能没有汉朝，没有刘皇叔（刘备），没有大家津津乐道的诸葛亮。

说了这么多的偶然性，难道"人是要死的""明天太阳还会升起"也有偶然性吗？否！这是千真万确的必然事件。不过，生命之于身体，正如飞之于飞机，飞是飞机的功能，生命也是身体的功能。生命是暂存的，而构成身体的物质是永恒的；生命只是这些物质在两个分支点（出生与死亡）之间的一种运动形式，而在这两点之间，运动是相对平稳的、缓变的，必然性居主导地位，它必然地要走向下一分支点，即死亡。但这分支点何时来、如何到来以及以后这些物质如何继续运动，则是随机的。同样，太阳东起西落，也只是地球在两个分支点（从稳定运行到失稳）间的决定性运动，在失稳以后，还能说太阳明天升起吗？

关于太阳升起问题，拉普拉斯作过研究：假设太阳已接连升起 n 次，问它还会升起 1 次的概率是多少？他的答案是 $\dfrac{n+1}{n+2}$。当 n 很大时这几乎等于 1，所以我们对明天的安全可以放心。不过这答案只适用于地球处于上述两个分支点之间时；不然，若 $n \to +\infty$，则概率 $\to 1$，而这是荒谬的，因为太阳系决不会永久稳定下去，总有一天它会瓦解。

上述众多事实说明了事物发展的一般法则：发展过程是偶然与必然的相互交替和相互作用的过程。在发展道路上有许多分支点，在相邻两点之间，发展是相对稳定的、量变的、合乎逻辑的，必然性起着主导作用；但这里也可能有次要的分支点和次要的随机因素。分支点的到来是随机的，在分支点上，发展前途面临多种选择，必须选择其一而尽弃其余，这时运动是不稳定的、突变的，随机性起主导作用。一旦选定以后，发展又趋于稳定，直到下一分支点，如此继续，如图 1 所示。事物必须从 $A_0A_1B_1C_1$，…，$A_0A_1B_3C_7$ 共 7 条道路中选择 1 条，尽管这 1 条未必比其他 6 条都优越。由此可见，我们的宇宙史、国家史、家庭史、个人史，都只是许许多多可供选择中的一种，它们全都富含随机性；如果说得偏激点，它们全是随

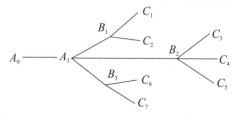

图 1

机的。

偶然性来自何方？来自事物内部的变化，来自外环境的碰撞。构成事物的各种物质、各种因素以及支配它们的各种力经常处于运动之中。如果各自的运动处于允许范围之内，那么事物整体的发展是稳定的、缓变的；一旦某些主要部分的运动超越甚至远离允许范围时，整个事物就会发生突变，而那些部分超越则是随机的。可以设想一个混乱社会最后如何随机转变的情形以增加我们的想象力。事物处于外环境中，它经常与其他事物发生关系，称之为碰撞。其作用小则可影响事物的量（如速度、大小），大则可影响事物的质（如方向、性质）。人类社会是一个极富于随机性的碰撞世界：亲属、朋友、师生、同事的结合是随机的，人与人、人与事、人与物的相互作用，形势的影响，都可视为碰撞。即使是站着不动的植物，也要受到自然、环境及动物的种种碰撞。不过有些碰撞（如上街遇到的许多行人）未起作用，为人们所忽视，而起作用的（如车祸），则可使人终生难忘。外部的碰撞可以促进内因的变化，内外是互为影响的，不能截然分开。

结构单纯、质量和体积巨大的物体有比较稳定的内环境，如果它又远离其他大物体，从而外部碰撞甚少，那么，相对于这种物体，偶然性便很小，分支点之间的距离便很长，这就是为什么天体运行基本上遵循必然法则的原因。如果我们的寿命长达百亿年，我们就会看到天体经过许多分支点而做随机运动，那时就不会说天体运动是必然的了。另一方面，极小的粒子在碰撞下极不稳定，微观世界所以基本上是偶然的世界，这是原因之一。

以上讨论了偶然与必然的交替，提出了分支点的概念，还谈了偶然性的来源。下面考虑偶然性与必然性的关系。

随机性大都出现在分支点附近，但这并不意味着两相邻分支点间没有随机性，一些次要的偶然事件、次要的分支点经常在这里出现；此外，我们在前面还谈到正是在这段时间内孕育着新的随机性。在许多场合，偶然受到必然的限制。必然性给它划定了一个范围，随机选择只能在此范围内进行。例如，婴儿的性别虽是偶然的，但只有2种可能。

随着条件的改变，必然事件与偶然事件可互相转化。向一巨大的目标射击，击中是必然的；现在设想目标不断缩小，起初击中还是必然的，但小到某一限度后，击中目标便成为偶然事件了。这揭示人们可以设想有一临界值或临界区存在。这是必然转化为偶然的例子。另一方面，在正常交通情况下，车祸是偶然的，但在禁止车辆通行的路段，车祸不可能发生，偶然化为必然。

庞加莱说："最大的机遇莫过于一个伟人的诞生。"其所以如此，一是由于某人的诞生是一系列随机事件的复合：父母、祖父母、外祖父母……的结合、异性的2个生殖细胞的相遇，而这2个细胞又必须含有某些产生天才的因素。另一是婴儿出生以后，各种偶然遭遇在整体上必须有利于他的成功，他所处的时代、他所接受的教育、他的各项活动、他所接触的人与事与物，都需为他提供好的机会。所以，某个特定的人要成为伟人，可能性是极小的。

虽然如此，各时代仍然伟人辈出。一个人成功的概率虽极小，但几十亿人中总有佼佼者，这就是所谓"必然寓于偶然之中"的一种含义。数学中称之为"小概率原理"。设某试验中出现事件 A 的概率为 ε，不管 $\varepsilon > 0$ 如何小，如果把这试验不断独立地重复下去，那么 A 迟早必然会出现1次，从而也必然会出现任意多次。这是因为，第1次试验中 A 不出现的概率为 $1-\varepsilon$，前 n 次 A 都不出现的概率为 $(1-\varepsilon)^n$，因之前 n 次试验中 A 至少出现1次的概率为 $1-(1-\varepsilon)^n$。当 $n \to +\infty$ 时这概率趋于1，这表示 A 迟早出现1次的概率为1。出现 A 以后，把下次试验当作第1次，重复上述推理，可见 A 必然再次出现，如此继续，可知 A 必然出现任意多次。应用此原理于伟人问题，一个人成为伟人的概率 ε 固然非常小，但千百万人中至少有一伟人就几乎是必然的了。

"必然寓于偶然之中"的另一含义是大数定律，它的特殊情形是频率的稳定性，即频率趋于概率。设某试验中事件 A 出现的概率为 $p>0$，将此试验独立地重复 n 次，其中 A 出现了 m 次，于是频率为 $\frac{m}{n}$。根据大数定律，当 $n\to+\infty$ 时，必然有 $\frac{m}{n}\to p$。因此，当 n 充分大时，得 $m\approx np$。

我们不能确切预知一个婴儿的性别，只知他是男性的概率为 $\frac{1}{2}$；但由上述定律，我们可以断言，100 万婴儿中，约有 $\frac{1}{2}$ 即 50 万个男婴，这几乎是必然的。

（二）随机试验

每个随机事件都联系于一随机试验；后者完整地刻画了一组随机事件。

固定条件组 $C=(c_1, c_2, \cdots, c_n)$，其中 c_i 代表第 i 个条件。如前所述，在 C 下，一定出现的事件 A 称为（相对于 C 的）必然事件。其模型为

$$\left.\begin{array}{c} c_1 \\ c_2 \\ \vdots \\ c_n \end{array}\right\} \Rightarrow A_\circ \tag{1}$$

随机试验（简称试验）E 的模型则为

$$\left.\begin{array}{c} c_1 \\ c_2 \\ \vdots \\ c_n \end{array}\right\} \Rightarrow \left\{\begin{array}{c} (A_1, P_1) \\ (A_2, P_2) \\ \vdots \\ (A_m, P_m) \end{array}\right. \tag{2}$$

它表示：在条件组 $C=(c_1, c_2, \cdots, c_n)$ 下，可能出现的结果是 $A_1, A_2, \cdots, A_m$ 中之一，一次试验中出现 A_i 的概率为 P_i，$1> P_i>0$，$P_1+P_2+\cdots+P_m=1$。有时也称 A_i 为状态。

由于 A_i 在一次试验中可能出现（概率为 P_i），也可能不出现（概率为 $1-P_i$），所以 A_i 是一随机事件（$i=1, 2, \cdots, m$）。我们假定 $m>1$ 以保证 E 的随机性。如果允许 $m=1$，这时（2）便化为（1），于是必然事件可看成为概率是 1 的随机事件。

例 1 无偏倚地（条件 c_1）扔一枚正常的（c_2）硬币，登记朝上的面。2 个可能的状态及概率分别为

$$(A_1, P_1)=\left(正, \frac{1}{2}\right); (A_2, P_2)=\left(反, \frac{1}{2}\right),$$

登记婴儿性别也同此试验，只需理解"正、反"为"女、男"。

例 2 军事家克劳塞维茨说："人类的任何活动都不像战争那样给偶然性这个不速之客留有这样广阔的活动天地，因为没有一种活动像战争这样从各方面和偶然性经常接触。"天气，一次射击的效果，一个士兵的暴露，司令官选择策略……都有偶然性，我们可以把甲、乙双方进行的战争看成一随机试验，条件 C 由双方目前的军事、经济等情况组成，可能的结果有 4：

A_1：甲胜　　A_2：乙胜　　A_3：和局　　A_4：两败俱伤

在战争初期，很难确定 A_i 的概率，它随事态发展而逐步明确。以后会看到，这是归一型的随机试验。

条件 C 决定各状态的概率 P_j，$j=1, 2, \cdots, m$，P_j 可看成 C 的泛函。如何从 C 求出 P_j 是一非常重要而一般又很困难的问题。多数情况 P_j 是 C 的非线性泛函，除了"各结果等可能"或"几何概率"等几种特殊情况外，并无求 P_j 的一般方法，需要具体问题具体解决。但对可重复试验，如果精确度的要求不太高，如前面谈过的可以用频率来近似地求出 p_j。由于频率是客观的存在，所以可重复

试验，事件的概率是客观的，不能由人主观地任意赋予。

我们说随机试验 E 是可重复的，是指在相同的条件 C 下，可将 E 不断地独立地进行下去。上述例 1 中试验是可重复的，人们可将此硬币不断扔掷。所谓重复可如下理解：或将 E 在 C 下独立进行 n 次；或取 n 个与 E 相同的试验 E_1，E_2，$\cdots$，E_n 在 C 下同时各进行 1 次；或取 $l(\leqslant n)$ 个与 E 相同的试验在 C 下各做若干次，使总次数为 n。

引进时间 t，便得到随机试验的动态模型

$$
\left.\begin{array}{c} c_1(t) \\ c_2(t) \\ \vdots \\ c_n(t) \end{array}\right\} \Rightarrow \left\{\begin{array}{c} (A_1,\ P_1(t)) \\ (A_2,\ P_2(t)) \\ \vdots \\ (A_m,\ P_m(t)) \end{array}\right. \tag{3}
$$

其中 $1 > p_i(t) \geqslant 0$，$P_1(t) + P_2(t) + \cdots + P_m(t) = 1$，又 $c_i(t)$，$p_i(t)$ 分别表示在时刻 t 的第 i 个条件及 A_i 的概率。在 t 时，也许减少了，也许新增了条件，所以 n 也依赖于 t，即 $n = n(t)$；同理，$m = m(t)$。不过为了记号简单，把 t 略去了。现在还允许 $p_i(t) = 0$，以便表示在 t 时 A_i 不可能出现，尽管在别的时刻 A_i 可能出现。

以 e 表示试验结束的时刻，$0 < e \leqslant +\infty$。全体随机试验可分成互不相交的 3 种类型。

1. 归一型 存在一个状态 A_k，使

$$
\lim_{t \to e} P_k(t) = 1, \tag{4}
$$

这表示：当试验接近尾声时，A_k 出现的概率越来越大，最后成为必然事件，于是偶然性逐渐转化为必然性。存在一临界时刻 a，使

$$
P_k(t) \geqslant 90\%,\ t \in [a, e),
$$

这表示自 a 而后，出现 A_k 的概率已不小于 0.9。称 $[a, e)$ 为转化区间，其长 $e - a$ 随问题而定。上述例 2 便是归一型的。例如，到 1944 年冬，第二次世界大战中，日本失败已成为定局。许多比赛也是归一型随机试验。

2. 分散型 存在极限

$$\lim_{t \to e} p_i(t) \equiv q_i \geqslant 0, \quad \text{一切 } i, \tag{5}$$

而且至少有 2 个状态 A_k, A_j, 使

$$q_k > 0, \quad q_j > 0, \tag{6}$$

这表示, 即使试验临近结束, 仍然不能断定哪一状态必然出现, 从而随机性贯彻始终。例 1 属于分散型, 因为

$$p_1(t) \equiv p_2(t) \equiv \frac{1}{2}。$$

又如: 在群体遗传学中, Hardy-Weinberg 定律表示: 对 3 种基因型 AA, Aa, aa, 第 t 子代取这些型的概率分别为

$$p_t(AA) = p^2, \quad p_t(Aa) = 2pq > 0, \quad p_t(aa) = q^2。$$

它们与 $t \in \mathbf{N}^*$ 无关, p, q 为正常数。故基因型试验是分散型的。

一般地, 若在时刻 $t \in \mathbf{N}^*$ 将同一试验重做 1 次, 假定这些试验彼此无关地独立进行, 则 $p_i(t) \equiv q_i$ 与 t 无关, $i = 1, 2, \cdots, m$。因试验是随机的, 至少有 2 个非 0 的 q_i, 于是这一列试验是分散型的。由此可见, 分散型试验非常多。

3. 振动型 至少有一状态 k, 使极限 $\lim_{t \to e} P_k(t)$ 不存在; 也就是说

$$\overline{\lim_{t \to e}} p_k(t) > \underline{\lim_{t \to e}} p_k(t), \tag{7}$$

作为一例, 考虑飞机飞行, A_1 表无事故, A_2 表有事故, $p_1(t)$ 是第 t 日飞行无事故的概率。由于天气影响飞行, 好日子事故少。以 s_i 表好日子, t_j 表坏日子, 有

$$\overline{\lim_{t \to b}} p_1(t) = \lim_{s_i \to b} p_1(s_i) > \lim_{t_j \to b} p_1(t_j) = \underline{\lim_{t \to b}} p_1(t),$$

因而飞行可看成振动型随机试验。

上述 3 种类型已穷尽一切随机试验, 每一试验必定也只能属于三者之一。下面将看到, 这种分类对讨论拉普拉斯的决定论很有帮助。

概率分布 $P(t) = (p_1(t), p_2(t), \cdots, p_m(t))$ 的熵定义为

$$I(P(t)) = -\sum_{i=1}^{m} p_i(t)\lg p_i(t),$$

它是此分布的偶然性大小（或称为混乱程度）的量度，也可把它看成定义在分布所成集合上的泛函。$I(P(t))$ 越大，$P(t)$ 的偶然性也越大。可以证明，当 $P(t)$ 为均匀分布 $\left(\dfrac{1}{m}, \dfrac{1}{m}, \cdots, \dfrac{1}{m}\right)$ 时，熵取极大值 $\lg m$。容易看出：

对归一型试验 $\lim\limits_{t \to e} I(P(t)) = 0$；

对分散型试验 $\lim\limits_{t \to e} I(P(t)) > 0$；

对振动型试验 $\lim\limits_{t \to e} I(P(t))$ 不存在。

故用熵的极限，也可区分这 3 类试验。

更广泛的随机事件，是一系列随机试验串联的结果，例如上述伟人的诞生；另一些则是由许多试验并联而产生，如碰撞或巧遇。最一般地，可以同时考虑串联与并联，于是得到复合随机试验的图式（如图 2）：图中每一 E 代表一随机试验。

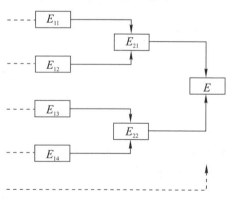

图 2

巧遇是一种复合试验，它使世界丰富多彩，令人惊奇不已。巧遇是小概率事件，它一般不会出现；而一旦出现，就可能创造奇迹。例如，美国有 15 人将参加晚 7 点 15 分的排练，他们都因不同原因而迟到；那晚排练室被人放了定时炸弹，7 点 25 分爆炸，这 15 人全因迟到而幸免于难，真是幸运之至。又如，地球上生命的出现也是一系列巧合的结果，它要求地球离太阳不远不近，质量不大不小，恰好都是现在那样，还要求有一个大得出奇的卫星（月亮），等等。由于这种巧合的概率太小，不少人认为人类在宇宙中是孤独的，不存在地球外的生命。人的一生有许多巧遇，其中部分是好机会，另一些则是倒霉事。聪明人善于抓住、利用甚至制造好机会，同时尽量避免坏机会。衡量"巧"的尺度是概率的"小"。统计学家利用小概率事件来做假设检验：在假设 H 下设计一个小概率（比如 1%）事件 A，在一次试验中，这事件一般不会出现；但如果它居然出现了，便使人不得不怀疑假设 H 的正确性，因之否定 H。在一些复合试验中，偶然性的后果可被层层放大。例如，某甲因遇上好友多喝了酒，上公共汽车后呕吐，司机因躲避呕吐使车失控而打横，这时后面紧跟上来的另一辆车紧急转向道旁而翻入河中，造成惨案。

（三）偶然性的客观性

偶然性是客观的吗？这是历史上长期争论的著名问题，爱因斯坦与玻尔的争论实质上也与此有关。一些人认为，世界是决定性的，偶然性只是出于人们的无知。如果我们能预知一切情况，以后的发展便全已知，关于这点 1814 年拉普拉斯说得很明确："智慧如果能在某一瞬间知道鼓动着自然的一切力量，知道大自然所有组成部分的相对位置，再者，如果它是如此浩瀚，足以分析这些材料，并能把上至庞大的天体、下至微小的原子的所有运动系数囊括于一个公式之中，那么，对于它来说，就没有什么东西是不可靠的了，无论是将来或过去，在它面前都会昭然若揭。"[①] 按照这种观点，宇宙的一切发展，早在混沌初开时就已决定。第二次世界大战、肯尼迪遇

---

① 拉普拉斯. 概率论的哲学试验. 1914 年巴黎法文版.

刺、某人手中所拿到的每副扑克牌的花色，都是百亿年前就已注定了的。谁也不会同意这些意见，然而这竟出自大科学家之手笔，不能不令人深思：难道他毫无道理吗？

有些本来是必然的问题，由于无知，被人们当作随机问题来处理。例如，地球外存在生命吗？答案必然是"是"或"否"。但现在，由于我们知识的贫乏，只能做出如下概率式的回答："存在地球外生命的概率超过 90％。"类似地，人们常说："《金瓶梅》的作者很可能是王世贞""很有希望从地下挖出王羲之写的《兰亭序》"，等等。对于这种人造的伪随机事件，拉普拉斯的观点是正确的。

对归一型试验，由于 $\lim\limits_{t \to e} P_k(t) = 1$，它逐渐转变为必然试验。因此，只要观察时刻落入转化区间，人们就能很准确地预言试验的结果。对这种试验，拉普拉斯的论点也有充分理由。

然而，对于分散型试验，情况就不同了。这里偶然性贯彻始终，直到试验结束，仍然至少有两个状态都可能出现。无论知识如何丰富，绝不能唯一地、决定性地预言试验的结果，预言只能是概率式的："出现 A_k 的概率为 p_k。"例如，无论怎么聪明，无论知识和经验如何丰富，谁也不能预知玩扑克时下次手中牌的花色。由此可见，至少对分散型试验，随机性是客观存在的。

再考虑振动型。不妨设只有两个状态 A_1 与 A_2（如果有 m 个，那么把 $A_3 \cdots A_m$ 合并到 A_2 中成一新状态，仍记后者为 A_2）。由振动型定义，存在 2 个不相交的数列 $s_i \to e$，$t_i \to e$，使当 $i \to +\infty$ 时有

$$p_1(s_i) \to a = \overline{\lim_{t \to e}} \, p_1(t), \quad p_1(t_i) \to b = \underline{\lim_{t \to e}} \, p_1(t),$$

其中 $1 \geqslant a > b \geqslant 0$。由于 $p_1(t) + p_2(t) = 1$，故

$$p_2(s_i) \to 1-a, \quad p_2(t_i) \to 1-b.$$

共有三种情形：

    1. $a=1$，$b=0$ 于是

$$p_1(s_i) \to 1, \quad p_2(t_i) \to 1,$$

从而沿 $\{s_i\}$，A_1 逐步变为必然状态，而沿 $\{t_i\}$，则 A_2 变为必然的。于是在此两时间序列 $\{s_i\}$，$\{t_i\}$ 上，此试验分别化为两不同的归一型试验，其一最终必然出现 A_1，另一最终必出现 A_2。

2. $a<1$ 这时

$$p_1(s_i) \to a>0, \quad p_2(s_i) \to 1-a>0,$$

于是沿 $\{s_i\}$，此试验是分散型的。

3. $b>0$ 这时

$$p_1(t_i) \to b>0, \quad p_2(t_i) \to 1-b>0,$$

于是沿 $\{t_i\}$，此试验也是分散型的。

复合试验，如果不是人的预谋，大多数是不能准确预测的。因为，只要其中包含一个分散型的子试验，整个试验的结果便不能确切地唯一的决定。

（四）非重复随机试验

科学需要重复。不能重复的一次性现象，科学中一般不予研究，因为缺乏客观的检验。然而实际中有许多问题，意义非常重大，人们津津有味地议论它们，却不幸是非重复的。例如，近期能再爆发世界大战吗？某人会患癌症吗？某地会发生大地震吗？我们能否计算这些事件的概率？

原则上说，概率由试验的条件决定；只要给出了随机试验，概率也就决定了。但在实际问题中，情况要复杂得多，一是试验的条件有时难以确切地叙述，例如，把爆发大战看成试验，条件应该是哪些呢？二是从条件推算出概率，也往往很不容易，演绎推理或计算，有时非常困难。

对于重复试验，如果精度要求不很高，总可以用频率逼近以求出概率的近似值。但对非重复试验，已无频率可言；那么，有无其他近似方法呢？

一种方法是适当修改条件。设试验 E 的条件组为 C，在 C 下 E 非重复；今适当修改 C 为 C'，而在 C' 下则是可重复的，于是化归重复试验，其代价是要牺牲一些精度。采用此法时，还要求试验结果对条件不要过于敏感，即要求试验有适度的稳定性，以免开始条件"差之毫厘"，而结果却"失之千里"，出现所谓"混沌现象"。

例如，试求"地球以外存在生命"的概率。本来，每颗星球的情况千差万别，但可采用下述近似方法。限于目前科学水平，只考虑银河系。银河系中恒星数约为 3×10^{11}，其中生物可居住的行星数约为 6.5×10^8。这些行星中，设每颗有生命的概率不小于 ε；于是每颗星无生命之概率不大于 $1-\varepsilon$；于是 6.5×10^8 颗行星都无生命之概率不大于 $(1-\varepsilon)^{6.5 \times 10^8}$；于是至少还有一颗行星上有生命的概率不小于 $1-(1-\varepsilon)^{6.5 \times 10^8}$。不管 ε 如何小，只要它大于 0，最后其概率充分接近于 1，因此，我们对地球外存在生命甚有信心。在这里，我们把观察一颗行星当作一次试验，并把它重复 6.5×10^8 次。

又如，要求出病人李某存活期的分布。通过检查，发现他的病情与其他一些人相似，而后者皆已作古，其存活期是有案可查的。根据记录可制出已作古者存活期的经验分布，于是人们便以此分布作为李某存活期分布，从而预测他还能活多少时间及对应的概率。其实李某未必与那些人情况全同，只是大体相似罢了。

保险公司也可采用其他方法，例如因素评分法。列出影响寿命的一些重要因素如心脏、血管、大脑的病化程度等；把每因素的指标分成若干等级；给每一等级评分（相当于"加权"）；最后根据李某所得总分按照某种算法以求出其存活期的分布。此法既有一定的科学道理，但也有主观性，因为评分多以及采用什么算法都有选择的随意性。对此人们不必大惊小怪，其实许多社会活动如选拔、比赛、评估等都离不开因素评分法，它常常能在很大程度上反映实际情况。

除上述两种方法外，还可采用模拟方法以计算非重复事件的概率。

统计预报简述

(一) 统计预报的意义

科学的任务之一是预测，并根据预测而做出预报。如果某事物的发展过程完全是决定性的，而且发展规律已被认识，那么人们便能根据此规律而做出准确的预报。遗憾的是几乎一切事物都具有偶然性，只是程度不同而已。"明天太阳会升起"，这当然确定无疑，但升起的时间却有偶然性，因为地球自转速度在作偶然的变化，不过变化非常微小，不易为人所察觉。人们常把偶然性很小的过程视为决定性的。但还有许多事件，它们的偶然性很大，而且非常影响人类的生活，诸如种种自然灾害，便是如此。这些偶然事件，正是统计预报的主要研究对象。

由于对这类事件的原因认识不清，要完全准确无误地报中它一般是困难的。我们只好退而研究报中的概率，希望这概率越大越好。这虽然不很令人满意，但须记住这是用廉价换来的，因为我们还不完全认识事情的原因。

统计预报已广泛应用到下列对象的预报中：气象、降水量、洪水、太阳黑子、地震、病虫害、鱼情、物价行情，等等。统计预报的主要依据是事物的重复性，人们对历史上有关此事物多次出现的资料，进行概率统计和其他的数学分析，从中最大限度地提取有关信息，以预报将来；这也许是为什么叫统计预报的原因。因此可见，没有重复性，或者资料短缺，便不能采用这种预报方法。

目前已有的统计预报可大致分为三类，第一类是"以甲报甲"，即以"过去的甲"预报"将来的甲"。例如以地震报地震，或以小震报大震。第二类是"以它报甲"。选取一些与甲有关的或伴生的事物称之为预报因子，利用它们（也可包括甲本身）来预报甲。例如根据"动物异常""地磁异常"等预报地震（华尔街则根据阿司匹林生产下降预言股票将上涨）。这里的关键在于选取适当的预报因子。第三类是"以理报甲"，有时我们虽未全面认识甲，但认识了它的一个侧面，或得到了一些经验公式；于是我们可以把这部分的认识与历史资料结合起来进行预报。试举一例，地震学中有一著名的古登堡——李希特公式，即

$$\ln N(M) = a - bM,$$

它表示某地区、在某时间段内，发生 M 级左右的地震的次数 $N(M)$ 与震级 M 的关系，a, b 是依赖于地区与时间段的两个常数。b 有物理意义。如固定地区，$b = b([a, b])$ 只依赖于时间段 $[a, b]$ 在正常情况下，如果 $b - a = c - b$，那么 $b([a, b])$ 与 $b([b, c])$ 相差不大，如果一旦发现对某等长的区间 $[e, f]$，$b([e, f])$ 显著异常，那么，f 以后很可能发生较大地震；这样便预报了发震时间。类似地，如固定时间段，$b = b(A)$ 是地区 A 的函数，观察此函数如何随 A 而变化，也可获得一些关于发震地点的信息。

虽然数学中有现成的预测方法（见（三）），但它们都建立在某些假设的基础上，而这些假设在具体场合往往不能满足。因此有必要根据具体情况研制新的预报方法，如何事前估计方法的有效性呢？除了"均方误差最小"的准则外，更常用的是"内符准则"，把已有的资料按时间顺序分成"过去"与"现在"两部分，将此方法运用于"过去"来预报"现在"，如果"预报的现在"和"真正的现在"符合得很好，我们自然比较相信下一次的预报很可能成功，因而认为这种方法可取，如符合不好，应适当改进以使内符效果提高。一种方法起初效果甚好，但过一段时间后可能降低，对此不必惊异，因为它是根据过去的资料而制定的，随着时间的推移，应该适当修改方法使之不断完善。

（二）统计预报概况

美国气象学会在 1970 年的新条款中，把概率统计预报单独列出来，与其他一些新学科并列。1968 年至 1972 年，在美国开过三次国际性统计预报会议，出版了专著。美国至少有两个统计预报的专门研究与服务机构，其一设在气象局的技术发展研究室，另一设在旅行者研究中心的研究室，都以概率统计方法为主。

苏联的莫斯科、列宁格勒（现圣彼得堡）和新西伯利亚等地的气象部门中，有一定数量的人专门做概率统计预报工作。有三个全国性的组织研究统计预报，它们分别设在苏联水文气象科学研究中心、地球物理观象总台和苏联科学院大气物理所。1969 年开过全国性的统计预报会议。

日本曾多次举办统计预报训练班，对台风、雨、雪都做了统计预报试验研究。日本的刊物《地震》等经常发表有关地震统计预报的文章。

新西兰的 Dvere-Jones 在用点过程来研究地震的模型方面，做了一系列的工作，但距离实际预报还相当远。

国内的统计预报必有一定的发展，中央气象局、大气物理所、地震局以及一些大学做过台风路径、降水、水文、冰雹、气象、地震、病虫害等的预报，举办过全国性学术会议，出版过论文集和专著。

（三）数学方法

1. 平稳过程、正态过程、时间序列的预测

设 $\{x_n\}$ 为平稳序列，试选择 x_1，x_2，$\cdots$，x_n 的线性组合以最佳地预测 x_{n+1}；即要求常数 a_1，a_2，$\cdots$，a_n 以使

$$E\left| x_{n+1} - \sum_{i=1}^{n} a_i x_i \right|^2$$

达到极小，这问题（甚至当 n（$=t$）连续变化时）已早由 Kolmogorov 及维纳所解决。如 x_t 为 n 维平稳过程，或 t 为 n 维参数即随机场时，也有相应的工作。

维纳滤波（预测）后来发展为 Kalman 滤波（预测），这时运动方程由随机微分方程来描述，过程假定为正态的。

时间序列 $\{x_n\}$ 是一种特殊的随机过程。作为一例，设 $\{x_n\}$ 满足

$$a_0 x_n + a_1 x_{n-1} + \cdots + a_p x_{n-p} = y_n \ (a_0 \neq 0), \tag{1}$$

其中 $\{y_n\}$ 为正交随机变量，期望 $Ey_n = 0$，$Ey_n^2 = \sigma_2$，因而 x_n 除差一随机干扰 y_n 外可表为其前 p 个变量的线性组合。可以证明（1）有唯一平稳序列解 $\{x_n\}$ 的充要条件是

$$a_0 + a_1 \mathrm{e}^{-\lambda \mathrm{i}} + \cdots + a_p \mathrm{e}^{-p\lambda \mathrm{i}} = 0$$

没有根；这时 x_{n+1} 的最佳线性预测是

$$\widetilde{x}_{n+1} = \frac{a_1}{a_0} x_n + \frac{a_2}{a_0} x_{n-1} + \cdots + \frac{a_p}{a_0} x_{n-p+1}\,。$$

再看一个地球物理中的例子。考虑地极（北极）的移动（钱德勒摆动）。以 $x_t = (\xi_t, \eta_t)$ 表 t 时地极的两坐标，简写为 (ξ, η)，则地极移动由随机微分方程

$$\mathrm{d}\xi = -\lambda \xi \mathrm{d}t - \omega \eta \mathrm{d}t + b\mathrm{d}\varphi,$$
$$\mathrm{d}\eta = \omega \xi \mathrm{d}t - \lambda \eta \mathrm{d}t + b\mathrm{d}\psi$$

来描述，这里 φ，ψ 是时间 t 的随机函数，称为激发函数，$b > 0$ 为常数，ω 为摆动的角速度，λ 是阻尼系数。今设 φ_t，ψ_t 为两相互独立的布朗运动，满足条件

$$E\mathrm{d}\varphi = E\mathrm{d}\psi = 0, \ E(\mathrm{d}\varphi)^2 = E(\mathrm{d}\psi)^2 = \mathrm{d}t\,。$$

可以证明：若开始条件 C 为二维常值向量，则方程之解 $X_t = (\xi_t, \eta_t)$ 是二维齐次马尔可夫过程与正态过程，$X_{t+\tau}$ 关于 $\{X_u, u \leqslant t\}$ 的最佳（均方误差最小）预测为

$$\tilde{\xi}_{t+\tau} = e^{-\lambda\tau}(\xi_t \cos \omega\tau - \eta_t \sin \omega\tau),$$

$$\tilde{\eta}_{t+\tau} = e^{-\lambda\tau}(\xi_t \sin \omega\tau - \eta_t \cos \omega\tau),$$

最小均方误差为 $\sigma^2(\tau) = \dfrac{b^2}{\lambda}(1 - e^{-2\lambda\tau})$。

2. 周期分析

许多自然现象有周期，这使预测大为简化。丹麦海的渔获量有周期为 10.33 年，洛符腾的鳕鱼为 11 年，这非常接近于太阳黑子的 11 年周期，从而引起人们很大的兴趣。统计 1900 年以来北京附近（北纬 39°~41°，东经 114°~120°）5 级以上地震，发震时间顺次为

1911 年~1923 年~1934 年~1945 年~1957 年~1967 年

其间有大约为 11 年的周期，故下次应是 1978 年，结果提早两年而发生唐山大地震。有些现象存在若干个周期，数理统计中有一套找出这些周期的方法。

3. 极值预报

适用于预测特大灾害（大震、洪水等）。设 $\{x_n\}$ 为一列独立的随机变量，定义

$$\xi_n = \max(x_1, x_2, \cdots, x_n),$$

在一定条件下可以证明

$$\lim_{n \to +\infty} P(\xi_n \leqslant x) = \exp(-\alpha e^{-\beta x}),$$

α,β 为两常数，这事实可用于预测。

设某地区 T 年内所发最大地震的震级为 ξ，在一些假设下可证明 ξ 有精确分布为

$$P(\xi \leqslant x) = \exp(-cTe^{-\beta x}),$$

其中 c,β 为常数，由此可回答如下的预测问题：多少年内，该地区将以 99% 的概率发生 8 级以上大震？这只要从

$$\exp(-cTe^{-8\beta}) = \frac{1}{100}$$

中解出 $$T = \frac{2\ln 10}{Ce^{-8\beta}}。$$

4. 马尔可夫链方法

为了预测下次发震地点，我们试制了一种随机转移的预报方法，其中假定发震地点所成序列构成二重马氏链。地震预报包括时间、地点和震级三要素，要全报中确非易事。1973 年至 1975 年间，用此法及其他方法共发报 21 次，正确或基本正确 15 次，而 1976 年的唐山大地震漏报；同年的四川松潘大地震则三要素完全报中。

除上述四种方法外，还有回归分析、点过程、统计判决等预报方法，不多述。总起来看，统计预报将伴随偶然性的存在而长存，开展这方面的研究是很有意义的。

布朗运动的数学原理[①]

（一）一维布朗运动

1827年，当英国生物学家布朗（R. Brown）观察到微小的粒子在液体（或气体）中不停地做不规则运动时，他未必意识到这一发现会在科学界产生这么大的影响。的确，时间已经过去多年，而关于这种运动的数学研究论文仍层出不穷，这是什么原因呢？

从发现到理论的建立经历了漫长的时间，其中有许多卓超人物的工作。1905年，爱因斯坦认为运动是由于微粒受到液体中大量分子的碰撞（每秒 10^{20} 次）而引起的。微粒在 t 时的位置 x_t 是随机的，假设 $x_0=0$，以 $p(t,x)$ 表 x_t 的一个坐标分量的分布密度，在一定条件下，他得到

$$p(t,\ x)\ =\ (2\pi Dt)^{-\frac{1}{2}}\,e^{-\frac{x^2}{2Dt}},\tag{1}$$

其中 $D=\dfrac{RT}{Nf}$ 是一常数，R 是理想气体常数，T 为绝对温度，N 为阿伏伽德罗常数，而 f 为微粒在介质中的黏滞系数。爱因斯坦还反过来提出了测定分子大小的新方法，并希望有人能从事这一理论的实验证明。三年以后，法国佩林（J. B. Perrin）及其学生开始进行一系列实验，证明了理论的正确性，并认为可以从密度分布准确地算出原子的大小，以实验数据证明了原子是确实存在的。佩林获得了1926年诺贝尔奖。

下一步的重大进展是维纳于1923年建立的微粒运动的数学模型，数学界称此模型为布朗运动。

---

① 百科知识，1992，(9)：40-42.

通俗地说，随着机遇而变化的变数称为随机变数。例如，某商店每天的顾客数、营业金额数、某地的年降雨量、某婴儿的寿命等都是随机变数。如果对每个非负数 t，有一随机变数 x_t 与之对应，就称这些随机变数的全体 $\{x_t, t \geqslant 0\}$ 为随机过程。t 可解释为时间，有时也把 x_t 写成 $x(t)$，称随机过程 $\{x_t, t \geqslant 0\}$ 为布朗运动（Brownian motion），如果它满足下列条件：

(i) 增量独立：即对任意 $0 \leqslant t_0 < t_1 < \cdots < t_n$，$x(t_0)$，$x(t_k) - x(t_{k-1})$，$k = 1, 2, \cdots, n$，相互独立；

(ii) 对任意 $t > s \geqslant 0$，增量 $x(t) - x(s)$ 呈正态分布，平均值为 0，方差为 $D|t-s|$，$D > 0$ 为常数；

(iii) 轨道 $x(t)$ 是 $t \geqslant 0$ 的连续函数；

(iv) $x(0) = a$，a 为实数。

我们称它为自点 a 出发的（一维）布朗运动，以下无特别声明时，总设 $a = 0$。

这就是维纳提出的数学模型，数学中以及本文所说的布朗运动，都是指此模型而言，而不是布朗最初观察到的微粒运动。

在后来的研究中，贡献最大的要数法国数学家列维（P. Levy）。这位先生有着惊人的直觉，他能深入地发现布朗运动的许多奇妙性质而把严格的证明留给后人。

现在回到上面提出的问题。一门科学能够长期兴盛不衰，取决于两个重要因素：一是它对现实世界确有应用；二是它本身有丰富的理论内涵，并能影响周围学科的发展。布朗运动已广泛地应用到统计物理、生物、经济、通信及管理等许多方面。人们可以定性地讨论一般随机过程的性质，但很难取得定量的结果。布朗运动则不然，它的转移概率有明确而简单的数学表达式，利用此表达式及性质 (i) ～ (iv) 可以定量地算出许多结果。而且事情还不止于此。由于布朗运动既是马尔可夫过程，又是鞅和正态过程、独立增量过程，人们自然想到，关于布朗运动的结果对这些过程是否也正确呢？这样，布朗运动便成为研究一般过程的先导，成为方法和猜想的灵感源泉。

由定义可见，布朗运动是正态过程，而且平均值和相关函数分别是

$$Ex_t = 0, \qquad Ex_s x_t = D \ (s \wedge t), \tag{2}$$

$s \wedge t$ 表示 s 与 t 中的最小者。反之，如果正态过程满足（2）而且轨道连续，那么它必是布朗运动。由此可推出布朗运动的一个重要性质，即尺度不变性：把横坐标伸缩 c^2 倍，纵坐标伸缩 c 倍（$c \neq 0$，$c \in \mathbf{R}$），令 $x_c(t) = \dfrac{1}{c} x(c^2 t)$，容易看出过程 $\{x_c(t), t \geqslant 0\}$，也满足（2），可见它也是布朗运动。类似地证明，$\{-x(t), t \geqslant 0\}$ 及 $\left\{ x\left(\dfrac{1}{t}\right), t \geqslant 0) \right\}$ 都是布朗运动，补定义

$$x\left(\frac{1}{0}\right) = 0。$$

布朗运动的另一个惊人的性质是：它的轨道虽然连续，却处处不可微分；也就是说，处处没有切线。历史上，人们曾设想连续函数必定可以微分。第一位造出连续而处处不可微分的函数的人是大数学家魏尔施特拉斯，他举的例子曾震动了 19 世纪的数学界。却不料轻而易举地发现布朗运动的轨道都是这种函数。

再一个很好的性质是反射原理。设布朗运动沿轨道 Ⅰ 于时刻 S 到达 b 点后继续沿 Ⅱ 前进；将 Ⅱ 相对于直线 $y=b$ 做一反射而得 Ⅲ，那么（Ⅰ）＋（Ⅲ）也构造布朗运动的轨道。说得更准确些，定义新的过程 z_t 如下：

$$z_t = \begin{cases} x_t, & t \leqslant s; \\ 2b - x_t, & t > s, \end{cases}$$

那么随机过程 $\{z_t, t \geqslant 0\}$ 也是布朗运动。这就是著名的反射原理，利用它可以算出与布朗运动有关的许多概率分布；例如，可以求得

极大值 $M_n = \max\{x_t, 0 \leqslant t \leqslant u\}$ 的分布，$u > 0$ 是一常数。

（二）高维布朗运动

现在考虑 d 个相互独立的一维布朗运动 $\{x_t^i, t \geqslant 0\}$，它们组成 d 维布朗运动 $\{x_t = (x_t^1, x_t^2, \cdots, x_t^d), t \geqslant 0\}$。后者的性质依赖于空间维数 d。

$d = 1$ 时，它是点常返的：自任一点 a 出发，它到达任一点 b 无穷次的概率为 1。

$d = 2$ 时，它是邻域常返的：自任一点 a 出发，它到达任一点 b 的任一邻域（例如，以 b 为中心的任一球）无穷多次的概率为 1。

$d \geqslant 3$ 时，它是暂留的：自任一点 a 出发，当 $t \to +\infty$ 时，$|x(t)| \to +\infty$ 的概率为 1；因此，它只能暂时停留在任何一个有界区域之中，最后必定永远离开此区域而趋于无穷远处。

可是，它趋于无穷远的速度是否与 d 有关呢？是否空间维数 d 越大，就越快地离开有界区域（例如球域）呢？我们来讨论这个问题。

d 维空间 $\mathbf{R}^d$ 中，以原点 O 中心，以 $r > 0$ 为半径的球面记为 S_r。布朗运动首次到达 S_r 的时刻 h_r 定义为 $h_r = \inf(t > 0, x_t \in S_r)$，并称 h_r 为 S_t 的首中时，其次称 $x(h_r)$ 为 S_r 的首中点，它是布朗运动首中 S_r 时所处的位置，后者是 S_r 上的一随机点。首中时与首中点的概念在现代概率中非常重要。早在 1962 年，人们求出了 h_r 的分布，但它的数学表达式很复杂，不过 h_r 的平均值却很简单，$E_0 h_r = \dfrac{r^2}{d}$；E_a 表示相对于 P_a 的平均值，而 P_a 表示自点 a 出发的布朗运动的概率。这样便解决了首中时的分布问题。至于首中点 $x(h_r)$，前人证明：如布朗运动自 O 点出发，那么 $x(h_r)$ 在球面 S_r 上均匀分布：若集合 $A \subset S_r$，则 $x(h_r) \in A$ 的概率等于 $\dfrac{|A|}{|S_r|}$，$|A|$ 表示 A 的面积，$|S_r|$ 为 S_r 的面积。

如果 $d \geqslant 3$，上面谈到，由于暂留性，自某一时刻起，布朗运动再不回到球面，因此谈得上 S_r 的末离时 L_r 的概念，它的定义是：$l_r = \sup(t>0, x_t \in S_r)$。此外，还可考虑 S_r 的末离点 $x(l_r)$。笔者于 1979 年求出了末离时 l_r 与末离点 $x(l_r)$ 的分布。

末离时看来比首中时难于处理，既然首中时的分布已很复杂，乍一想来，末离时的分布应更复杂。但经过仔细计算，却出乎意料地发现事情并非如此。笔者发现：自 O 出发，l_r 的分布密度很简单，它是

$$f(s) = \frac{r^{d-2} s^{-\frac{d}{2}} e^{-\frac{r}{2s}}}{2^{\frac{d}{2}-1}} G\left(\frac{d}{2}-1\right), \quad (s>0)$$

其中 G 表 Gamma 函数。以前这分布似从未出现过。差不多与笔者同时，美国概率论专家 R. K. Getoor 也独立地得到同一结果。有趣的是，如果 $r=1$，那么 $f(s)$ 正是 $\frac{1}{Y}$ 的分布密度，而 Y 有自由度为 $d-2$ 的 x^2 分布，后者在统计中是众所周知的。这一巧合至今没有适当的解释。

利用 $f(s)$ 可以求出 l_r 的各阶矩。设 $x_0 = 0$，则

$d=3$ 或 4 时，各阶矩皆无穷；

$d=5$ 或 6 时，1 阶矩有穷，但 1 阶以上的矩皆无穷；

$d=7$ 或 8 时，2 阶矩有穷，但 2 阶以上的矩皆无穷；

等。一般地，当且仅当 $m < \frac{d}{2} - 1$ 时，m 阶矩有穷，其值为

$$\frac{r^{2m}}{(d-4)(d-6)\cdots(d-2m-2)}, \quad (d>4)。$$ 有穷矩的阶越高，末离球面 S_r 的时间 l_r 便越小，这意味着布朗运动越快地趋向无穷远点。由上面的分析知：空间维数 d 越大，有穷矩的阶便越高，这样便证实了上面所说的关于速度的猜想。

再来讨论一个有趣的问题：布朗运动在最后离开球面 S_r 以前，它走了多远呢？也就是说，它与原点的最大距离 $M_r = \max(|x_t|: 0 \leq t \leq l_r)$ 有何分布？结果是出人意外地简单：设 $|x| \leq r$，则

$$P_x(M_r \leqslant a) = 1 - \left(\frac{r}{a}\right)^{d-2}, \quad (a > r)$$

由此可求出 M_r 的各阶矩：

$$E_x(M_r^m) = \begin{cases} +\infty, & m \geqslant d-2; \\ \dfrac{(d-2)\ r^m}{d-m-2}, & m < d-2. \end{cases}$$

由此知 $d=3$ 时，M_r 的各阶矩皆无穷，特别地，M_r 的平均值为无穷，即平均最大距离是无穷大。$d=4$ 时，1 阶矩有穷，但 1 阶以上各阶矩皆无穷。$d=5$ 时，2 阶矩有穷，但 2 阶以上皆无穷，等等，这给人们描绘了一幅关于布朗运动扩散的景象。

现在来看 S_r 的末离点 $x(l_r)$。如果自圆心 O 出发，那么它有 S_r 上的均匀分布；这就是说，首中点 $x(h_r)$ 与末离点 $x(l_r)$ 有相同的分布。笔者刚证明这一结论时感到很奇怪，为什么它们的分布会相同呢？但仔细思考后，便觉得这很自然而合理。球面 S_r 把空间分成球内和球外两部分，从内球球心 O 出发，S_r 的末离点，可想象为自外球球心 $+\infty$ 出发，S_r 的首中点；既然首中点均匀分布，末离点也自应如此。当然，这只是直观解释，不能算是证明。严格的数学证明，可参考笔者论文《布朗运动的末遇分布与极大游程》，载《中国科学》，1980 年第 10 期，那里还找到了自任一点出发的 $x(l_r)$ 的分布。

（三）多参数布朗运动

上述 x_t 中，t 是一维的，可解释为"时间"。但许多实际中还要考虑"地点"等。这样一维的 t 已不够用，而要考虑 n 维的 $t = (t_1, t_2, \cdots, t_n)$，每个分量 $t_i \geqslant 0$；全体这样的 t 的集合记为 $\mathbf{R}_+^n$。其次，对固定的 t，假定 x_t 是 d 维的随机向量；于是我们得到 n 参数 d 维随机过程 $Z = \{x_t,\ t \in \mathbf{R}_+^n\}$，称此过程为 (n, d) 布朗运动，如它是正态，平均值为 0，相关矩阵为 $Ex_s^{\mathsf{T}}x_t = D\prod_{i=1}^{n}(s_i \wedge t_i)\mathbf{I}$，其中 $D > 0$ 为常数，$\mathbf{I}$ 为 $d \times d$ 单位矩阵。由此可见，(n, d) 布朗运动是由 d 个相互独立的 $(n, 1)$ 布朗运动所组成。

人们研究的一个重要问题是 Z 的值域有多大；也就是说，当 t 跑遍 $\mathbf{R}^n_+$ 后，x_t 的全体值所成的集有多大。记这个值域为 $I(Z)$，从数学上看，$I(Z)=\{x_t: t\in\mathbf{R}^n_+\}$，要衡量一个集合的大小，通常用（拓扑）维数。例如，直线段的维数是 1，正方形的维数是 2 等，维数越大，集合也越大。拓扑维数的缺点之一是它必须为整数，而有些集合如康托三分集，无论用哪个整数作它的拓扑维数都不合适，于是人们想到用分数作维数。没有这种缺点而且更精确的是豪斯多夫（F. Hausdorff）维数；集合 A 的豪斯多夫维数记为 $\dim A$。人们证明了，对 (n, d) 布朗运动，以概率 1 有

$$\dim I(Z)=d\wedge 2n。$$

有趣的是，若 $n=1$，则 $d\geqslant 2$ 维布朗运动的值域的 dim 都是 2，而与空间的维数 d 无关。这是事先难以想到的。

人们感兴趣的还有 Z 的图集 $G(Z)$，它的定义是 $G(Z)=\{(t, x_t): t\in\mathbf{R}^n_+\}$，注意，$G(Z)$ 是 $\mathbf{R}^n_+\times\mathbf{R}^d$ 的子集，而 $I(Z)$ 是 $\mathbf{R}^d$ 的子集，两者是不同的。可以证明

$$\dim G(Z)=2n\wedge\left(n+\frac{d}{2}\right)$$

的概率是 1。

比维数更能精确衡量集合大小的是测度。我们习惯于勒贝格（H. Lebesgue）测度；$d=1$ 时它是长度，$d=2$ 时它是面积，等等，区间 $[0, 1]$ 和 $[0, 2]$ 的维数同为 1，但前者的长度只是后者长度的一半。不过对一些集合勒贝格测度又太粗了，于是人们找到了一种更精细的测度，叫作豪斯多夫测度，它不仅在概率论而且在分形论中，都起着重要的作用。有兴趣的读者可参看 K. Folconer 的书《Fractal Geometry》，1990。

从 (n, d) 布朗运动再往前走，就会遇到 n 参数无穷维 $(n, +\infty)$ 布朗运动，于是我们来到了研究的最前沿。关于这方面的研究还刚开始，成果很少，正有待于人们去开拓呢。

生命信息遗传中的若干数学问题[①]

（一）背景与基本知识

生命的基本单位是**细胞**，它由细胞膜、细胞质和细胞核三者组成，遗传信息储存在细胞核中。人的细胞核中含有 23 对**染色体**，染色体含 **DNA**（脱氧核糖核酸）和**蛋白质**。后者经螺旋、扭曲、折叠等压缩一万倍而成染色体。

DNA 是一种大分子，由两股长链以螺旋式构成，这种螺旋结构是在 1953 年由沃森（J. Watson）和克里克（F. Crick）提出，并获 1962 年的诺贝尔奖，是 20 世纪最大科学发现之一。

DNA 分子上的一个个有生物功能的片段是**基因**。基因是由若干按一定顺序排列的核苷酸组成。**核苷酸**由磷酸基团、脱氧核糖及碱基构成，有四种不同的**碱基**，即腺嘌呤、鸟嘌呤、胞嘧啶及胸腺嘧啶，分别用 A，G，C，T 表示。核苷酸按其所含碱基的不同也分为四种。在 DNA 的双股上，A，T 成对出现，G，C 也成对出现，称每对为一个碱基对。

遗传密码在 DNA 的链上，密码由四种不同的核苷酸按一定顺序排列而成，即可看成由四个字母 A，T，G，C 排列而成。据估计，人类的 DNA 约含有 30 亿个密码，排列组成至少 10 万条基因。选由 A，G，C，T 中每 3 个字母重复排列成一密码子，共有 $4^3 = 64$ 个密码子。每一密码子对应于蛋白质中的一种氨基酸；但因只有 20 种氨基酸，故对应只能是多对一的，例如 AGA，AGG 都对应于精氨酸，此种对应关系已完全确定，称为遗传密码字典。使人们惊叹

---

① 本文与张新生合作. 科学通报，2000，45（2）：113-119.

不已的是，自然界所有的生命形式都共用这本密码。在确定了三联体码的 DNA 上线性串接的结合方式后，发现了为蛋白质编码的基因结构。这些基因在 DNA 上所处的位置，称为 DNA 的编码区，约占整个基因组的 3%～5%，其余部分习惯上统称为"废物（Junk）"DNA。在对编码区上 DNA 的结构所进行的 40 多年的研究中，已造就了几十名诺贝尔奖获得者。然而，"Junk" DNA 中包含的信息也许更多。总之，细胞⊃细胞核⊃染色体⊃蛋白质（含氨基酸）、DNA（由核苷酸组成）⊃基因（上有密码子，即由 A，G，C，T 组成的三联体码）。

1987 年开始，美国启动人类基因组研究计划，任务有二，第一是"读出"人基因组全部核苷酸的顺序；第二是"读懂"：即找出全部基因在染色体上的位置，了解它们的功能。用数学的语言来说，人类基因组计划的最直接的结果是得到一个由 4 个字母（A，T，G，C）可重复排列而组成的长度为 3×10^9 的一维链。解读后，人们不仅只获得静态的结构信息，而且还能得到动态的四维（时空）调控信息。目前国际上找到了全长基因约 2 万条，平均每天能找到 9 条。最近报道，复旦大学发明一种新技术，每日能找到 15 条。科学家们把此计划与 20 世纪 40 年代的曼哈顿计划（研究原子弹、氢弹）、20 世纪 60 年代的阿波罗计划（宇航、登月）相比。

（二）目前基因组研究中的若干数学方法

1. 概率统计方法

概率统计是较早进入生命科学研究领域的学科之一，早在 20 世纪四五十年代，Fisher 和 Wright 就用它研究过数量遗传学（见[10]）。下面给出几个例子说明它在当今人类基因研究中的应用。

（1）结肠癌与大偏差

医学上发现，结肠癌是一种遗传因素占主导地位的疾病，在某些家族中发病率很高，并有继承性。1991 年 Kinzler 等人报告（见

［3］)，结肠癌与位于第 5 条染色体长臂上的，称作 APC 的遗传基因的变异有关。但后来进一步的研究表明，同样都是 APC 基因变异的人，而受感染的程度却大不相同。1 年后，Dove 及其同事在老鼠中找到了类似的种群，称为 Min，极易患结肠瘤，同时他们还发现另一种群 AKR，具有抵抗结肠瘤的能力（见［14］)。为进一步弄清其中的缘由，Lander 等（见［12］）将其进行逆代杂交实验，并分析实验所得数据，检验结肠瘤是否与某遗传基因有关。对每一染色体上的一固定位置 x，可引入统计量 $Z(x)$。如果在此条染色体上没有变异基因，那么在任一位置 x，$Z(x)$ 服从均值为 0 的正态分布，但由于假设检验要在整条染色体进行，发现是否在某一特殊区域内 $Z(x)$ 过大。因而需要知道 $Z(x)$ 沿整条染色体（或其上某一区域）的最大值的分布。Lander 证明了：在他所讨论的问题中，$Z(x)$ 是参数 $\alpha = 2$ 的 Ornstein-Uhlenbeck 过程。再利用 Feingold 等人（见［2］）的结果可知：对充分大的 t 有

$$P\{\max_{0 \leqslant x \leqslant G} Z(x) \geqslant t\} \approx 2Gt^2(1 - \Phi(t)),$$

其中 $\Phi(t)$ 是标准正态分布函数，G 是染色体的长度。利用上述结果 Lander 等发现在老鼠的第 4 条染色体上有一特殊区域上基因的变异与其患结肠瘤有关，假设检验的置信度为：0.002。

(2) DNA 序列分析与随机徘徊

DNA 序列是由 A，G，C，T 4 个字母组成的序列。1992 年 Voss，Li-Kakeko 对此做了频谱分析。同年，Peng 等（见［6］）的工作揭示了 DNA 序列中存在长程相关而引起人们的兴趣。发现这种相关性的方法是将 DNA 序列表为一维随机徘徊：从第一个碱基（即第一个字母）算起，若是嘌呤碱基（即 A 或 G）则向负走一步，若是嘧啶碱基（即 C 或 T）则向正走一步。记 n 步后的净位移为 f_n，$n = 1, 2, \cdots, L$，L 为序列长度。在长度为 l 的窗口里计算位移的均方差，然后对全序列求和，得到 Peng 函数 $F(l)$。他们发现，对

某种序列（所谓有内含子的序列）有 $F(l) \propto l^{\alpha}$，$\alpha \approx 0.6 \sim 0.7$，于是认为这种序列中碱基存在长程相关。长程相关是 DNA 序列分析中的一研究热点，它可以出现在相隔几千个碱基的位置上。国内的罗辽复及张春霆分别把 DNA 序列表为二、三维随机徘徊，并取得了一定的成果（见 [6]）。

(3) 物理图（Physical map）与随机区间覆盖问题

作图（Mapping）是人类基因组研究计划中一项主要的任务，通过作图可确定基因及其他功能区在 DNA 序列上的位置。关键的图是物理图和遗传图（Genetic map），可以通过比较遗传和物理图，将克隆重叠群定位到染色体的某一区带。在作物理图的过程中遇到如下的随机区间覆盖问题：设 M 是一给定的区间，其长度为 G；I 为随机区间之集，其元素的区间长度的分布已知；P 是随机点的集合，其点随机地分布在区间 M 上。称一区间为 Anchored，如果它至少包含 P 或一个元素，称 I 中的两区间 I_1 和 I_2 为连接的，如果它们的交集中包含 P 中一点，将所有相互连接的区间以它们所包含 P 中的最小点为左端点，以它们所包含 P 中的最大的点为右端点，组成一个新区间，称为一个 Contig。问题是：应选取多少个 I 中的元素及 P 中的元素，才能使所有的 Contigs 几乎覆盖了区间 M，譬如，覆盖 M 的比率平均起来达 99%。此问题已由 Arratia 等得到了较为圆满的解决（见 [1]）。

2. 拓扑学方法

DNA 上碱基的排列次序称为 DNA 的一级结构。双链 DNA 的双螺旋立体结构称为 DNA 的二级结构。双螺旋的中轴线（由每个碱基对的中点所连成的线）也绞拧成螺旋状，称为超螺旋，它可以打结，是 DNA 的三级结构。人类细胞中的 46 条染色体的 DNA 分子链连起来可达 1.8 m，卷曲在细胞核中，就如同 200 km 长的钓鱼线挤在一个篮球里。研究 DNA 的二级结构和三级结构，双螺旋及轴线的立体形状、行为以及其生物功能，是非常重要的问题。拓扑学与几何学，特别是纽结理论，是分析此问题的有力武器。实际上，约在1969年美国拓扑学家 Fuller，就是应研究 DNA 的分子生物学家的要求而研究闭带形，并得到了与 White 公式实质上相同的结果。附带谈及，蛋白质也有三级结构甚至四级结构。DNA 中的碱基序列决定蛋白质的一级结构，氨基酸序列。在合成后，蛋白质自发折叠成一精确的三级结构，然后才能执行催化、调控、化学输运、流动和结构支持等功能。人们把"DNA 序列决定氨基酸序列"称为生命的第一密码，而把"蛋白质氨基酸序列决定其自然结构"称为第二密码。破译第二密码的意义十分重大，其中必将用到几何学与拓扑学（参看 [7] [8]）。

3. 数理语言学与密码学方法

语言文字是人类表达、传递信息的工具，同样，DNA 序列也是用以表达和传递人类遗传的信息。DNA 这本由30亿个文字（A，G，C，T）写成的无标点、无断句的"天书"是否也应与某种"语言"相对应，如果能掌握它的"语言"就可以读懂它了。美国科学家 Zipf 和 Shannon 用两个标准的语言学实验分析 DNA。Zipf 实验的结果发现"Junk"DNA 与人类其他语言具有一样的特征，即单词出现频率的对数与单词排序的对数呈线性关系。Shannon 的实验的结果也表明"Juck"DNA 有很大的冗余度，这也和其他人类语言一致，而 DNA 的编码区则不显示上述任何的语言特征。国内的陈润生等最早提出用密码学的方法分析 DNA 序列，并取得一些成果（见 [11]）。语言的数理研究始自乔姆斯基（Chomsky），从形式语言的角度来探讨遗传信息的传递也许是很有意义的。

（三）基因突变

基因一般是稳定的，但在机体内外因素的影响下，某些基因会发生变异或损伤，基因的突变有时可导致遗传疾病，但也可产生新的种群，从而产生进化。突变与选择是进化的动力。常见的突变是碱基置换（如 A，G 互变，C，T 互换等）和基因缺失，或是各种插入、重复、倒位等。迄今，讨论外源诱导突变的工作较多，如化学诱变、辐射、紫外线照射等。是否也有如量子跃迁类似的内禀随机性，莫诺认为，DNA 中的一个突变，以及突变造成的某种蛋白质的过量生产、消失或功能改变属于本质上的偶然性，内在的基因突变，成为密码系统的固有噪声。突变在群体中发生是随机的。莫诺还认为蛋白质的氨基酸次序也是随机的，他说：如某种蛋白质含有 200 个氨基酸残基，即使知道了 199 个的确切次序，也对剩下的 1 个不能预测（[9]，P71）。突变发生在密码子的第一、第二或第三位，概率是不同的，第三位较易突变。从 DNA 到蛋白质，中间要经过 RNA，因而有不确定性，构成克里克摆动，各基因的突变频率不一，例如 P53 基因是突变最频繁的抑癌基因，它的突变可引起癌症；P73 基因与此类似，它位于 1 号染色体短臂上。Tau 基因则与痴呆症有关。关于肿瘤目前认为它源于某些基因改变，引起细胞突变而异常增殖。人体每个细胞中含有约 1 000 个原癌基因，潜伏在每一染色体中，和另外 10 万个基因混在一起，这类基因是保守的，但在宇宙线、食物等不良作用下，可激活癌基因，而使正常细胞癌变。单个基因的改变不足以形成肿瘤，肿瘤的发生是多种基因按一定顺序改变的结果。不同肿瘤的点突变方式不同，如肺癌多为 G 变为 T，结肠癌多为 G 变为 A。关于对基因突变的数字研究，概率统计分析有一些（见 [10]），但真正有作用的数学模型尚未见到。突变是稀少的，高等生物突变率在 $10^{-8} \sim 10^{-5}$。统计物理中研究大概率事件，而生命科学中则多为小概率事件，生命之出现本身就是小概率事件。

除基因突变外，染色体也可以发生畸变。畸变类型主要有两种，一是染色体数目畸变，这时多出或丢失几条染色体；另一种是染色体结构畸变，染色体发生断裂。断裂后的断片未与断端相接而丢失；或断片接同源染色体的相应部分而重复；或断片倒转后接到断端上而使顺序颠倒，等等，其结果可能引起先天智障、白血病等。

（四）结束语

不久前，著名的分子生物学家 Gilbert，诺贝尔奖获得者在《自然》上撰文指出，当前分子生物学已进入实验与理论并行发展的阶段。以人类基因组研究为例，整个基因组测序完成后的数据可以构成一本 100 万页的书，其上只有 4 个字母的反复出现，既未发现语法，又没标点。如何处理、存储和分析这些数据？这必然是数学家和物理学家面对的一个难题。需要应用现有的数学方法甚至需要发展新的数学方法与理论，来应付这一挑战。另一方面，基因组相关数据库及 Internet 技术的高度发达，使世界各国的科学家都能及时得到待分析的资料与数据，因而从事理论研究的基本条件对所有学者都是相近的，我们应抓住这一大好时机。

参考文献

[1] Arratia R, Lander E S, Tavar S, Waterman M S. Genomic mapping by anchoring random clones: A mathematical analysis. Genomics, 1991, 11: 806-827.

[2] Feingold E, Browa P O, Siegmund D. Gaussian models for genetic linkage analysis using complete high resolution maps of identity by descent. Amer. J. Human Genetics, 1993, 53: 234-251.

[3] Kinzler K W, et al. Identification of FAP locus genes from chromosome 5q21. Science, 1991, 253: 661-665.

[4] 罗辽复. 物理学家看生命. 长沙：湖南教育出版社，1994.

[5] 邹承鲁. 第二遗传密码. 长沙：湖南科学技术出版社，

1997.

[6] 郝柏林，等. 理论物理学与生命科学. 上海：上海科学技术出版社，1997.

[7] 姜伯驹. 绳圈的数学. 长沙：湖南教育出版社，1991.

[8] 李继彬，陈兰荪. 生命与数学. 成都：四川教育出版社，1986.

[9] 莫诺. 偶然性与必然性. 上海：上海人民出版社，1977.

[10] 根井正利. 王家玉，译. 分子群体遗传学与进化论. 北京：农业出版社，1975.

[11] 甘子钊，等. 生命科学中的物理学. 北京：北京大学出版社，1996.

[12] Su L K, et al. A germline mutation of the murine homolog of the APC gene causes multiple intestinal neoplasia. Science, 1992, 256: 668-670.

[13] Lander E S. Mapping heredity. Notices of AMS, 1995, 42: 747-753.

[14] Lander E S. Mapping heredity (Part Ⅱ). Notices of AMS, 1995, 42: 854-858.

九、 编外余音

诗坛拾零[①]
——一枝气可压千林

（一）姑苏明月

在工作繁忙之余，听听音乐，看看电视，固然可以驱疲劳、增智趣；但我觉得，每当心情闲适，无所牵挂，冬夜拥衾而坐，读诗词名篇，观赏徘徊于文坛笔林，与古今作家同游息、共欢叹，也常有心神飞越、不知东方之既白之乐。此乐也，对学理工、讲实际的人，尤有开拓心胸、启发想象之妙用。文理有所不同，写文学作品，必须热情激赏，而研究科学则需要冷静客观。正如鲁迅所说：一热一冷。传说某诗翁苦苦吟哦，得佳句"一轮明月照姑苏"，甚为得意，举以示人。一科学家评曰："明月流光天下，岂止独照姑苏"，因而于句末批加"等地"两字。诗人闻之，文思大败，气结难言者达三天之久。

（二）回文体诗

所谓回文体诗，按《诗人玉屑》卷二，指顺读、倒读皆成文之诗。例如《东坡题金山寺》：

---

① 八小时以外，1980，（2）：40-41.

潮随暗浪雪山倾，

远浦渔舟钓月明。

桥对寺门松径小，

巷当泉眼石波清。

迢迢远树江天晓，

蔼蔼红霞晚日晴。

遥望四山云接水，

碧峰千点数鸥轻。

这种诗，不用说，写起来是够费劲的了。但它的效果，却不很理想。首先注意，回文体大都是写景诗；其次，说也奇怪，不论你读这种诗多少次，过后总记不清它到底说了些什么。除了"倒读"这一点使人惊奇之外，总难留下深刻的印象。那原因，仔细想来，大概是这样：既然正反读都要成章，它就很难表达明确的意义，甚至连肯定的结论也装不进去。于是只好写些"山高月小""小月高山"之类的描写风景的平淡话了。用现代科学的话说，它所含的信息量很少，不能告诉人们多少新东西。这种体裁十分苛刻地限制了内容，无怪乎难以广泛流传了。回文体诗不多见，唐朝女子薛仙姬作回文四时诗，清逸秀丽，并录于此，以供欣赏。

花朵几枝柔傍砌，

柳丝千缕细摇风。

霞明坐岭西斜日，

月上孤村一树松。　（吟春）

凉回翠钿冰人冷，

齿沁清风夏井寒。

香篆袅风青缕缕，

纸窗明月白团团。　（吟夏）

芦雪覆汀秋水白，

柳风凋树晚山苍。

孤灯客梦惊空馆，

独雁征书寄远乡。 （吟秋）

天冻雨寒朝闭户，

雪飞风冷夜关城，

殷红炭火围炉暖，

浅碧茶瓯注茗清。 （吟冬）

此诗亦见于《今古奇观》卷三十四。

（三）武则天与李清照

历史上，大凡一个人做了皇帝，或者当了大官，就必定会把自己的历史粉饰一番，尽量拿出那些冠冕堂皇的东西来，以证明他的伟大，所以，我们今天能读到的武则天的作品，也大都是"唐虞继踵，汤禹乘时。天下光宅，海内雍熙"之类的颂词。然而她到底是个普通的人，她也应当有感情，有生活。下面是她写的一首情诗，这才是天然去雕饰的真心写照。

如意娘

看朱成碧思纷纷，

憔悴支离为忆君。

不信比来长下泪，

开箱验取石榴裙。

另一方面，宋朝李清照的词则直抒胸臆，倾诉感情，于宛转深沉中见轻巧尖新，读之使人感叹至深。然而，她也有雄伟豪放的一面。"天接云涛连晓雾，星河欲转千帆舞"。气魄已是够大的了。至于她的诗《夏日绝句》：

生当作人杰，

> 死亦为鬼雄。
>
> 至今思项羽，
>
> 不肯过江东。

更反映了她对奋发图强、宁死不屈的英雄气概的向往，同时也讽刺了当时以皇帝为首的当权派不敢抗敌的逃跑主义行为。世人以婉约派词宗归清照，岂能概括无余？

（四）逢人说项斯

据《唐才子传》，江东人项斯，性情疏旷，放浪形骸于云山琴酒之间，诗句清妙奇绝，为时所重。杨敬之曾赠给他一首诗：

> 几度见君诗总好，
>
> 及观标格过于诗。
>
> 平生不解藏人善，
>
> 到处逢人说项斯。

杨敬之不隐藏朋友的长处，见人就推荐项斯，一扫文人相轻的恶习，有伯乐之风，甚为难得。我们今天正需要这种风尚。相反，尖酸刻薄，挑剔求全，对开发和培养人才是很不利的。宋朝大诗人陆游有感于此，写了一首海棠诗：

> 蜀地名花擅古今，
>
> 一枝气可压千林。
>
> 讥评更到无香处，
>
> 当恨人言太刻深。

可见，陆游对那些讥评"海棠无香、水牛无蛋"的意见，是很不满的。

西瓜先生赋①

——虽有万瓜，也可丢光

盛暑蒸人，奇闷难禁。虽有高朋，恨无雅座。忽报西瓜先生光临，顿觉凉气袭人，口内生津。于是群情欢腾，满席风生。友人乃离座而致辞道："古人云：登高能赋，临流吟诗。所以王粲有登楼之作，羲之有兰亭之序。千载而下，芬芳犹存。今我辈困于奇热，幸逢西瓜解围，其乐何如！敢不追慕前贤，特献俚词如下：

'瓜而曰西，来自西方，科属葫芦，性解清凉。品种繁多，洋子、冰糖。富含维素，利肾利脏。瓜皮烧灰，敷治口疮。浑身是宝，请君来尝。'"

西瓜先生听了，起初很是高兴，但接着便严肃起来，终于感慨地说："您只知其一，不知其二；只说了西瓜之可爱，却不谈西瓜之常丢。俗话说：捡了芝麻，丢了西瓜。捡芝麻是好事，不应该当作讽词。丢西瓜应受谴责，却常常无人过问。百日捡芝麻，不抵一日丢西瓜；万人积薪，难补一人失火。不填巨漏，四个现代化怎能实现？近来报载渤海钻井船沉，便是丢瓜一例。前些年帮祸横流，丢瓜更是又大又多。忽而一号命令，把许多单位迁来迁去，弄得物资丢失，人心涣散；忽而在无资源的地方，硬建企业，耗费大量资金，结果欲上不能，欲下不甘。或者钢筋水泥，尽埋地下；或者百亿财物，滚滚外流；或者巨额赔款，该收不收。决策之失，何其多也！

---

① 北京晚报，1980-08-08.

专横独断，破坏民主；违反客观规律，强调外行领导，此瓜之所以丢也。经营瓜事的，不解瓜之种植，不识瓜之品质，不明增产之途，不懂供求之道，虽有万瓜，也可丢光。上边一句话，底下百台戏；寄语管瓜人，休作外行迷!"

佘太君三战食堂①

（3 min 微型小说）

　　话说太君大获全胜，班师回朝，心中乐不可支，自不待言。只是长期劳累，一旦放松，便觉肚中饥饿。可怜杨家一门忠烈，死的死，伤的伤，无人照顾，只好自己拄着拐杖，拿了饭盒，朝食堂蹒跚走去。不早不晚，刚好12点。只见大门一开，人便像潮水般涌进。太君虽然身经百战。见了这种场面，也不免大吃一惊，心想：我乃百岁之人，经这一挤，非趴到地上不可。罢罢罢！明天晚一点来。好在人老吃得少，两个烧饼便可对付一日。

　　第二天，太君12点3刻从家里出发，满以为高潮已过，准可买上。果然，与昨天大不相同，食堂里冷冷清清，人烟稀少。太君满心欢喜，两手哆嗦，从口袋里摸出一把饭票。却不料抬头一看，只见售菜窗口，免战牌高挂，只一窗口还有几个馒头、7分钱的熬白菜。太君自忖：我乃百岁之人，胃病已有30年，不久前刚刚动手术，砍去半个胃。罢罢罢！明天再来。好在人老容易饱，两个烧饼足以对付。

　　第三天，太君下了决心：我东征西讨，见了多少世面！天门阵尚且可破，这饭竟买不到？于是太君扔下手杖，紧了腰带，11点3刻，便全身紧紧地贴在食堂大门上。果然，这次成了第一名冲锋手，居然买到一份热腾腾的排骨。太君满心欢喜，正想转过身来，班师回家，不料竟动弹不得，要冲出重围，比冲出天门阵还难。见到周围都是青年人，太君心中又急又愧，急的是动不了劲，愧的是满头

　　① 南开大学（校报），1979-12-27.

霜雪，竟然落到与年轻人（大都是学生，或学生的学生）争食的下场。正为难间，那份美味排骨，全被撞到地下，还溅了旁人一身；自己也觉得腰酸背疼，气喘病大发，只好狼狈而逃。

罢罢罢！好在年老人……不过，这次不吃烧饼了，这次得上八贤王办公室上访去。

附记　我吃食堂 48 年，也许可进吉尼斯世界纪录。食堂于我，受益良多，大恩人也，刻不敢忘，然偶有可议者，立此以谋一笑。

堆在下层的落叶[①]
——黎明前夜的呐喊

深秋，枯黄的败叶，卷起峭寒的冷风，掠过李明教授木屋的顶端，飘落在石多于水的溪流里。它们抱着东上的志向，却怎奈水弱污多，把它们一片片地堆叠起来，远远望去，就像一条蜿蜒的猩红厚毯，平静地横卧着。就这样平静地横卧着！等待那么一天，山洪暴涨，溪水横流，扫开一切污浊，把它们送上理想的海洋里，尽情逍遥、散荡。

整夜，李明教授沉溺在高烧的热度里。他的心脏，就像一颗铁钉，随着迅速的跳动，在昏沉的脑袋里，重重地敲打着。望望身边的太太和孩子，正陶醉在甜美的梦境里，睡得多么安详。可怜整天的劳动，积累下来的过度疲倦，只能在这时恢复。这一刹那的幸福，难道也要剥夺她的吗？所以他不敢惊醒她，只好让自己忍受，把牙齿咬紧些！

几十年来，生活和职责，站在相反的立场，分压在他的双肩上；毁灭了他的青春，掠夺了他的时间。但是，历史转页的大笔，是需要极多的血汗和苦闷来挥动的；横在这个时代的面前，正是一道深阔的沟渠。人类想横跨过去，无数的引导者，便得成为后来的踏脚石。是的，他便是这块大石的一角。他了解这个，便不愤慨，也不怒吼；只觉得责任的重大，完全忘记了自己遭遇的坎坷。虽然时代对他太残酷了！同情对他太缺乏了！

不过，有时候，在他的心灵上，从另外的一方面，偶然又浮起

---

① 新世纪杂志（长沙），1948.

几个问号，为什么历史要重写？为什么时代要更换？是过去一切太陈旧？还是统治者受着野心的驱使，疯狂地硬将平静安稳的时代，让战争的鸿沟，斩然分为两半？想到这些面临的现实问题，凭他李教授有多大的镇静，多深的玄理，也不能不叫自己激动，不能不叫自己愤恨。

就在这种玄理和现实的矛盾中，他终于倒下来！

起初几天，他觉得头晕；一蹲下去，立起来，眼前就是一片黑。医生说：这是严重的贫血症，需要营养，需要休息。但是为了神圣的职责，他不肯休养，还是按着时间，就像一部亟待修理的播种机器，一秒不移地替社会播下优秀的种子。至于这些种子的力量怎样？他不管。有了耕耘，总有收获；等到那么一天，它们毕竟会发芽、结果。就这样地，他违背了医生的嘱咐；抛弃了太太的忠告。一直等到患上心脏病，再也站不住了，他才倒下来，呻吟、叹息。百多元的薄薪，经不起物价的狂涨，早已变成红薯、绿豆。钱？哪儿来的钱供他买药，给他上医院！只好困倒穷庐，用他唯一的玄理，来安慰自己。但是，假如玄理能守制思想，也许人类还在爬动。所以，当他那老僧坐定的功夫，一旦败退，脑海里便交驶着闪耀的电光：看到人性的卑贱，道德的没落，社会的欺诈，他想死；想到未来时代，自己的责任，妻儿的生活，他想活。他想死，但是不能不活；他想活，但是不能不死。这便是时代，这便是后来人的踏脚石，这便是今日社会里安排好的人的模型。

时钟刚刚敲五下，李太太结束了她的美梦，仿佛已得到了足够的安慰。一天的奔劳，这是开始的时候了。她微微一转身，李教授赶快封锁自己正在奔腾的思想，紧闭眼皮，装出熟睡的样子。她在他脸上横扫一眼，轻捷地披衣下床，房门微响，她已提着篮子，侧身地溜出去了。

李教授偷看着她的背影，思想又跟着她跳出牢门：20年了！那是一个和暖的春天，他俩带着纯洁的爱情和丰富的幻想，度过甜美的蜜月。接着便是接二连三的孩子诞生，生活的担子，把他们的幻想喊醒了。几十年来，她挨尽了折磨，受尽了冷淡。他们穷，请不起雇工和乳娘，一切家务，全由她一手包办。时间夺走了青春，奔劳带来了皱纹，她太可怜了！尤其一个月来，物价的暴涨，教授的病倒，都叫她坐立不安，心急如焚。但是，这些只紧紧地埋在她心的尽头，从不敢把它们摆在他的面前，更不会向别人轻易吐露一句，因为她知道：这不是一人独有的生活。而是 20 世纪给贤妻良母们安排好的一条共同命运。单靠诉苦和乞怜，谁也不能摆脱他的劫难。

玲儿一翻身，小手摸不到妈妈的头，吃了一惊，便从被褥里爬出来。

"天还早哩！唉！再睡一会儿吧！妈买菜去了，就回来的！"

玲儿很听话，这使李教授得到一点安慰。真的，每当他想到孩子们，飘乱的心情，似乎有些着落。大的在北平念大学，费用无须自筹划，只是整月来，还未寄回一个字，未免叫他不安，这孩子的心，可也太野了！不是吗？留在身边，没有什么感觉；一旦出门，就叫人提心吊胆。这也许就是"天性"吧？次儿在南京念高中，明年便毕业了；接紧来的大学门槛，又叫李教授心中忐忑。成千上万的青年，关在校门外边，让社会的恶习，向他们遗传。国家把他们父母的钱，花费在内战上。统治者蔽于一时的私欲，忘记了自己是祖父的孙子；忘记了青年是自己的后代……他不能再朝下想，因为头已变得更晕沉；明明是黎明时候，眼前却觉得更黑暗。整夜来，他的脑海，就像从未闭幕的戏场。失神的眼，对它已不感兴趣；好像受了极大的压力，尽量向下凹！凹！他交握着枯瘦的手，长叹一声："就这样死去吗？就这样死去吗？"

一周，若无其事地平静逝去了！太阳依旧东起西落；败叶依旧飘零堆叠；快乐的人，依旧歌舞"升平"；统治者依旧养马磨刀。可是，我们的李教授？我们的李教授！却已长埋在时代面前的鸿沟里；永做了后来人的踏脚石。等到一日鸿沟填满，谁也不记得在鸿沟深处，横躺着我们的李教授。历史是血和泪的结晶体，缺少一滴血，固然无害于它的完整；但是，一部历史能完全没有血吗？我们的李教授，便成了这样一滴血！这是一滴无关紧要，而不能不要的血！这是一滴将被后人忘记，而不可完全忘记的血！

李太太没有哭。实在也用不着哭。不是吗？哭是弱者的标记；哭是卑劣的忍受。她不是弱者，她不能忍受，她心里烧着复仇的火，她要向杀害他们的人复仇！她要向拿他们做祭品的人复仇！……她忘记了生活；她忘记了社会，她只成天地教着玲儿，读这样一封信。

亲爱的爸妈：

在读这封信以前，请你们仰视这苍茫的宇宙！小时候，在星月交辉的静夜，爸爸不是常指着淡明的北极星，问我："那颗星隔我们多远？""10万里"！我抿着小嘴："10万里!"还有比10万里更远的距离吗？后来，渐渐地我了解了光年，爸爸才告诉我，有隔我们10亿光年的星哩！真的，爸妈！宇宙太大了！我们人，小得像尘埃一样的人，算得什么？生和死，又有什么要紧？是的！爸妈，生和死又有什么要紧？现在，我就要告诉你们一个不要紧的消息。哥哥死了。哥哥给人家打死了！爸妈，请千万不要难过，请你们镇静一点！听我报告这回事的经过。

你们当然知道，"七五"事件的血，湿透了全国报纸，流遍了全国土地。但是，你们却没有料到，洪流里有哥哥的血啊！爸妈，这消息太意外吧？太奇怪吧？不！一点也不！

平日，哥的思想太进步了！对现实的卑污，太嫉视了。爸不是常说"这孩子太刚直"吗？是的，这个时代，这个枪杆时代！谁思想进步，便该死！谁疾恶如仇，便该死！谁刚毅正直，便该死！哥该死的理由太多，为什么不装聋作哑？为什么不趋炎附势？为什么不卑鄙龌龊？既然又没有活的理由，自然该明正典刑，自然该被人打死。……爸妈！你们的延续生命，你们一手培植的幼苗，给人家毁灭了！

就在7月5日的上午，哥哥走在沉重行列的前头，赤热如火的太阳，急掷在他的头上；脸上流满汗珠，脚上浮起水泡，他喘息，他嘶哑，他扬着眉，挥着手，为青年同学请命！为教育前途请命！枪口指着他，他不怕；利禄引诱他，他不受。就这样！就这样？魔鬼疯狂了！失去了人性！枪声起时，他中了三枪，胸部、腿上和腰上，他倒下来，他长眠了！万人为他痛哭；史书为他揭页！爸妈，你们是光荣的，你们有这样义勇的孩子，不要悲伤！骄傲是你们的！

早两周，我就得到这个消息。到现在，我要上北平去找哥哥；我要踏上他的道路！我要复仇！我要找杀死哥哥的人拼命！所以，不能再隐瞒了，好吧！别了！爸妈！你们拥有这无上的光荣，是应永远快乐而骄傲的！……玲妹长高些吗？

珍儿叩上

8月16日

小溪里的落叶，堆得更高了，他们等待着那么一天，山洪暴涨，溪水横流，将他们带上理想的海洋里，逍遥、散荡！但是，堆在下层的落叶，在山洪未发时，却早已腐糜！败烂！

（后记：此文作于1948年，作者在武汉大学数学系上一年级。于此可见中华人民共和国成立前人民思想之苦闷。最初发表于长沙《新世纪》杂志。）

白鹭洲求学记①

——缅怀顾祖荫校长、高克正老师

1942 年秋，我考入江西省立吉安中学。那时，为了躲避日寇狂轰滥炸，学校由吉安迁到遂川县枣林镇；一年后，又搬到吉水县平湖村；1944 年，迁回白鹭洲。次年，我初中毕业。那时的吉安中学就是今天白鹭洲中学的前身。

我的家境十分贫寒，小学五年级时父亲逝世，他临终时再三嘱咐我要"埋头苦干"。此后，我每天都面临失学的危险。小学毕业时，家乡父老认为我读书努力，有发展前途，便再三劝说家长，让我升学。母亲克服了巨大困难，借了两担谷子，作为路费，我便跟着年长的同学，步行到吉安考中学。那时招生的，还有赣省中学、扶园中学等。我年小，不知天高地厚，报了最难考的吉安中学，原因是省立中学收费低。我很幸运，居然考上初中一年级。那时交通不便，又无旅费，只好自己背着行李，步行几百里，爬山越岭，奋斗四五天，来到群山深处的枣林镇。这是一个安宁、祥和、古朴的小镇。每三天赶集一次，农民们出售土特产，很是热闹，平日便很少行人了。学校周围有一条小河，浮船连成的小桥，随波上下，很好玩的。我离家后第一个中秋之夜，便在这浮桥上度过。学校要求讲卫生，我买来一包牙粉，第一次尝到牙粉刷牙的爽劲，才知道天下原来还有这么好的东西。天气炎热，换下的衣服如何洗？我忽然想起妇女常用扁木槌捣衣，我也学着拾起一块扁石头，只几下便打出几个大洞。高老师知道了，立刻替我缝补，并且告诉我洗衣的方法。我又想到，有一块包行李的白布，何不拿来做衬衫。没钱请裁

① 又名《吉安中学求学记》. 情系白鹭洲——校友诗文选. 2003：306-309.

缝，就自己动手吧。我把这块布对折成长方形，两边缝好，留出袖口，再在第三边上剪一个半圆洞口，便成了世上最凉快的运动衣。

校长顾祖荫先生，身材高挑，亲自教我班英语。开始两三节课，我摸不着头脑，实在急了，便用中文注音，记得"what's your name"，注的是"袜子油惹母"，居然有效；应付一阵，才走上正轨。顾校长还教我们地理。他是地理专家，各国地形、风土人情，全都烂熟于心，随手画来，便是相当准确的地图。每星期一第一、第二节课，是例行的"总理纪念周"，全校师生出席。首先背诵孙中山遗嘱，然后校长讲话。顾校长做事十分认真，讲得很实际，大都是学校新进展，可惜我现在一点也记不起来了。我们班的班主任高克正老师，教我们国文（语文）。高老师很严肃，难见笑容，但对学生十分爱护。那时学校因陋就简；教室是临时搭的，用泥巴糊成竹片墙；道路泥泞，雨夜尤其难行。高老师每晚必提着灯笼，到教室检查自习，默默地走到每个同学身旁，看他做作业。那时还有童子军训练，高老师领着我们这些十二三岁的顽皮孩子，步行几十里，走到丛林深处去野营。那天我口渴难禁，看见一个茶壶，急不可待地猛喝了一口，不料其味难咽，原来装的是生发油。

没有电灯，每个人自备小竹筒，里面装着油，上面放一小碟。碟中一两根灯芯，点燃后灯光如豆，各人就靠这一点光自习。我无钱买油，只好坐在别人旁边沾光。但我还是受欢迎，因为我在学习上多少可以帮助别人，这些事高老师都看在眼里。学校要求宿舍整洁，叫大家把自己的洗脸毛巾折好，挂在绳上，牙刷口缸，放在毛巾下面，整整齐齐，排成一行。但这对我却成了难题，我的毛巾是母亲织布的布头，即开织时前面二三尺，非常粗糙，线头很多，相形之下，实在太不雅观。我不愿挂出去丢人，被同学误认为是抹桌布，自己吃了亏也不便说。这些，也许高老师也知道。开饭了，大家像一群饿狼，八个人抢着围成一桌，桌上只有一大盆白菜或萝卜，自然不够吃，饭倒是够的。食堂门口有许多乡民，提着几碟小菜，卖给学生作为私菜，有钱的同学靠此补充营养，穷学生只好望梅止渴了。

穷，并不可怕，可怕的是无雄心壮志，不努力奋斗。穷没有打倒我，反而成了我自豪的资本。我的头昂得高高的，我这样想：有钱学得好，没什么了不起，因为你条件好外援多；穷而学得好，才算有能耐；我决不求人，是别人来求我。这自然是极幼稚的想法，须知我那时还是十三四岁的孩子。我所以唠唠叨叨说了这许多，是因为现在还有许多穷困学生；让我们互相鼓励、力求上进吧！

初中一年级上学期，我家想尽办法借债，让我缴足了学费，这样才能进入校门。第二学期以后，实在无法交学费了，我天天为怕失学而苦恼。想来想去，终于让我想出一个绝妙的方法来。要申请免交学费是不可能的，不妨请求缓交吧！于是我给高老师写了报告，没想到高老师二话未说，马上同意，这也许是她平日对我已有所了解吧！高老师真是我的恩师，没有她的帮助，我的最高学历只是初中一年级。当时物价飞涨，开学时一学期的学费，到期末只够吃两顿饭，所以学校也就不催。后来每学期，我都如此办理，居然读完了初中。不过毕业文凭还是扣在学校，后来幸亏王寄萍同学帮我取了出来。同年（1945）我考上了国立十三中念高中。我虽然穷困，却每次都能上最好的学校，真是万幸。

1943年学校迁到平湖村。这时发生了一件大事。政府号召学生参军抗日，名称是青年军。顾校长、高老师是伉俪，他们的儿子顾端在本校上高中，才17岁。顾校长毫不犹豫，立即动员顾端报名参军。在当时这是抗日爱国行动，人人敬佩。我年纪虽小，也更加认识到两位老师人格的高尚。至于后来青年军被国民党反动派所利用，那是另一回事了。不过顾端很快认清了反动派的本来面目，1948年，他到苏北解放区参加革命，为人民做了许多好事。

日历翻到1944年秋，学校迁回白鹭洲。这里完全是一番新气象，我仿佛进了天堂。从此有了电灯，再也不必自备油灯了；有了图书室，可以自由自在地找到心爱的书；膳食大大改善，不必为一片白菜而争吵。画栋雕梁，河光美景，抚育着我们年少的心。赣江日夜奔流，催人奋发上进；像这样诗情画意般的学习环境，在全国也是少有的。

我在白鹭洲只学习了一年，条件太好了，同学们都心满意足，安心学习，一切都显得平静安详，似乎不会有什么意外。不料在我毕业离校以后，大约是1946年，却爆发了一件轰动性的大事。那时，由于蒋介石的残酷统治，学校发生了学潮。一些学生被捕，同学们激于义愤，围攻警察局，局长下令开枪。顾祖荫校长挺身而出，高呼不准开枪。流血被制止了，学生也得到释放，但顾校长自己却头部受伤。是他和其他老师的正义行为，保护了学生；人们永远怀念我们的好校长。

白鹭洲中学有着悠久而辉煌的历史，这里名人辈出，弦歌不歇，我作为一名老校友而深感自豪。让我们以百年校庆为新的起点，团结一致，奋发图强，弘扬文天祥的浩然正气，为祖国为人民做出更大的贡献，在珠穆朗玛峰上再筑高峰。

附　顾祖荫、高克正简传

顾祖荫（1891—1969），江西永新县顾家巷人，毕业于河南大学。抗日军兴，任省立南昌二中教务主任。1940～1946年夏，任江西省立吉安中学校长。清廉勤奋，广聘人才。既传授知识，又注意培养爱国主义精神。1946年，任国立中正大学副教授，中华人民共和国成立后任南昌大学副教授，省政协委员。

高克正（1899—1972），祖籍浙江杭州。幼丧父，家贫不能入学，全靠自学成才。1925年与顾祖荫结婚，曾执教于南昌市正蒙小学、葆灵女子中学、南昌女子中学、省立吉安中学。极富同情心，特别关注贫困学生。胡克（江西师范大学教授）、廖绵浚博士（国际著名水土保持专家）、万籁（原上海天文台副台长）、王梓坤（中国科学院院士）等均身受她的帮助而得以完成学业。

青原山求学记①

1945 年秋，我有幸被国立十三中录取，来到青原山念高一。这次报考的过程，可以写成一篇小说，可惜我没有这种才华，只好实话实说。

我出身于十分贫苦的农民家庭，11 岁时父亲逝世，母亲是无文化的农家妇女；我兄长比我大 16 岁，这一家就靠兄嫂务农维持，而田地是租的。我初中是在江西省立吉安中学念的。除初一上学期外，没有一个学期能缴足学费。幸亏级任老师高克正先生替我说话，学校才同意缓交。当时正值抗日时期，物价飞涨，学期初缓交的学费，到期末已不够吃两顿饭了，所以学校也就不催。就这样混过了初中。

毕业后暑假在家劳动，十分辛苦。母亲兄长都对我说：你看，家里穷成这个样子，上高中是绝对不可能了。我自己也觉得家长已尽了心，不能再给家里添困难了，所以也就死了继续上学的念头。于是，每天从早到黑去田里帮工，功课已丢到九霄云外。这样一天天下去，忽然一个晚上，奇迹出现了。我收工回来，脚还未洗，遇到同村的王寄萍兄，他问我愿不愿去考高中。我说当然愿意，只是我身无分文，没有去吉安的旅费。他说我帮你。我又说，我的初中毕业文凭因欠学费还扣在吉安中学，没钱去取。他又说我帮你。这真是喜从天降，但怎么对家长说呢？他们是不同意我再上学啊。我只好说了一个谎，说是去报考银行，那时邮局和银行是铁饭碗。母兄当然同意。于是免去劳动，让我温课；我便跑进山上树林里，大约复习了一星期，便跟着王寄萍去吉安考十三中。

---

① 青原山人共忆录：第 4 集. 2001：120-123.

来到青原山，真是进了天堂，但见同考者不少是富家子弟，还有家长陪同，我未免感到自身寒酸。记得英文是在一间大房子（也许是礼堂）里考的。老师个头不高，戴眼镜，挺文弱，典型的书生。他用英语讲话，觉得很悦耳。两天考完后，回到家里，又是整天在田里拼搏。太阳像一团火，从头上直泼下来；赤脚踩在开裂的地上，感到火烫，上下夹攻，自身也成了一团火。亿万农民何时才能翻身啊！

一天晚上，刚从地里回来。把小桌搬到门口吃晚饭，点上一根灯草的小油灯，光小如豆，脚还没有洗呢。忽然有人拿了一张红纸跑来，边放爆竹，边大声喊："恭喜！恭喜！考上了。"一家听了，都非常高兴；只是我心中打鼓，我考的不是银行吗！幸好，我还得到了公费，加以家乡父老多方劝说，家里终于卖掉一条小牛，让我上了高中。直到今天，我还因这条小牛为我丧命而忐忑不安。

以上讲了我上高中的经过。那么上大学呢？这自然又是一个更有趣的故事。不过只能留待以后讲。

一所学校的教学质量主要靠教师。十三中老师如余心乐、马巨贤等先生，学术水平的确都很高。这与校长陈颖春先生多方引进人才密切相关。可惜我入学很晚，赶上十三中倒数第二届，无缘听到陈校长的教诲。在众多师长中，对我影响最大的有三位。

漆裕元先生挑着粪担，穿过山前小街，这使我们大吃一惊；后来又听说他与陈校长有姻亲关系，更使人惊讶。漆老师教英语，通堂没有一句中文。除课文外，他还常常讲点时事。教我们不要轻信国民党的报纸。说看报要看字里行间无文字的消息，意思是要听弦外之音。他介绍我们看《密勒士评论报》，这在当时算是比较进步的。可惜漆老师不久就离开了。时间虽短（大约一年），但他同情劳动人民的先进思想却大大感染了我。记得他走后有人给我寄过《密勒士评论报》，不是漆老师还能是谁呢？

传说黄贤汶老师是江西数学界四大金刚之一。我们班很幸运，高中的数学都是他教的。他上课不看书，不带讲稿，一直讲下来。演算推理却极严整，不会出错；黑板字写得漂亮，语言又风趣，无形中把学生的注意力全集中起来，不觉下课铃响。有一次有人临时问他一道代数题，他立刻不假思索地在黑板上演算，最后结果与书末的答案一致。这使学生们心服口服。黄先生教学认真负责，吃过晚饭黄昏前后还给我们补过课，把黑板搬到教室外面上。

级任老师是邓志瑗先生，他教国文，讲《说文解字序》，自然是够难的了。邓老师的古书读得多，能背的也多。他平易近人，谦和得像是我们的大师兄。同学们常到他的工作室（兼卧室）去玩，他就会情不自禁地背诗词或古文，这自然会引起我们的兴趣。1998年，邓老师出版了《梦樵诗词文寄情集》，从中可以看到邓先生文学修养之深，诗词创作之精以及感情之忠贞专一。

感谢老师们的谆谆教导，为我们以后的事业打下了很好的基础。在老师们的指导下，我们班（文光二班，1945 年入高中部）开展了许多课外活动，同学们各自表现了自己的才华。我们出了好几期墙报，其中有不少生动活泼的小品文；组织了"心心学社"交流学习心得，传播革命思想；宿舍里常常飘扬着动人的琴声。善于操琴的有沈吉弘、贺月亮同学。同班功课好的有万家珍、黄明珂、谢南英、吕润林、罗嵩森等。后来我去长沙考大学，是吕润林出的旅费，真是雪中送炭的好朋友。

金色的日子虽然一去不返，却永远留在深深的追思和怀念之中。

现在回过头来看我求学青原山的过程，如果没有王寄萍的帮助，如果没有十三中的录取，我的最高学历是初中毕业，我走的会是另一条完全不同的道路。人们在成长过程中，勤奋拼搏是基本的；但机遇和人际关系也非常重要。在分岔路口，机遇甚至会起决定的作用。而要能抓住有利的机遇，又必须平时努力，做好准备。理想、勤奋加机遇，实是成才三要素，这是我的一点粗浅的体会。

珞珈山求学记①

青春是美好的，幸福的青春更加美好，对幸福青春的回忆也是美好的。

1948 年，我从穷乡僻壤来到武汉大学数学系。那时学生人数很少，整个珞珈山看似宁静安详，实际上气氛却非常活跃紧张，因为当时正值黑夜即将过去曙光就在前头的关键岁月，革命与反革命、进步与顽固的斗争正在激烈地进行着。

来校后不久，一些进步的高年级同学便主动接近我们，和我们散步谈心，交换对形势的看法。随后又带来一些小册子，如《新民主主义论》《目前形势与我们的任务》《李有才板话》《小二黑结婚》等。这些书在当时都是禁书，只能暗中流传；但大家都非常喜欢看，读后还写了体会。到了周末，高年级同学又邀我们去参加晚会，教唱"团结就是力量""山那边好地方""跌倒算什么，我们骨头硬"等革命歌曲。有时同学们还去听时事报告，那自然是民间组织的。会上先请一两位进步教授开讲，过后自由发言。讨论的气氛很是热烈，其中难免有几个反动分子来捣乱，但他们总是被驳得理穷词尽，落荒而逃。记得中华人民共和国成立前夕，举办了一次关于"联防应变"问题的讨论会，共同商讨如何组织起来，防止反对派逃跑时破坏校园、迫害进步人士的问题。会后同学们立即行动，分成小组，通宵站岗放哨，保证了全校的安全。当然，这些活动都是在地下党的领导下进行的。

中华人民共和国成立后，一系列的革命运动开始了。最初是上

---

① 又名《自是人间第一流》. 武汉大学校友通讯，1983.

街宣传拒用银圆。国民党统治时物价飞涨，老百姓认为伪钞"金圆券"无非是一张废纸。只有银圆还比较可靠。解放军进城后，自然不再需要银圆，于是开展了拒用银圆运动。从此物价稳定，人民生活有了保障。随后进行了反贪污、反投机倒把、反偷税漏税等运动。不久，大家又组织起来，两次下乡，宣传制定爱国公约和进行土地改革；回校后，和老师一起搞教学改革和思想改造。轰轰烈烈的抗美援朝也是在这期间开始的，同学们高唱着"雄赳赳，气昂昂，跨过鸭绿江……"的战歌，踊跃报名参加中国人民志愿军。少数人光荣地被批准了，在革命行列中走在我们的前头。这许多运动，对今天的青年来说，也许难以想象，但在当时却都是必不可少的。

　　一方面是高涨的革命热情；另一方面是踏实的业务学习。我怀着强烈的好奇心，想看一看大学里是怎样上数学课的。记得第一堂课是张远达老师讲高等代数。只见他身穿长衫，挽起白里袖口，不带讲稿和课本，只用一支粉笔，便滔滔不绝、非常熟练地边讲边写，一黑板、一黑板地没完没了。顷刻间，只见一连串的 $\sum$（行列式展开中的求和符号）滚滚而来，不由得心中暗暗吃惊。后来全靠张先生的细心讲授，终于把这门课学了下来，而且还似乎有了兴趣。可惜毕业后我改学了概率论，没有把代数继续钻下去。张先生讲课严密细致，情绪热烈，听众不知不觉地跟着他进入了"角色"，共同陶醉在代数学的逻辑美之中。事隔多年，而今张先生年事已高，听说讲课时仍然不减当年的雄风。他还不辞辛苦，深入宿舍答疑和当面批改作业，这种认真负责的态度给我们留下了深刻的印象。其实岂止张先生，教我们课的其他各位老师也无不如此，只是各有特点而已。时至今日，这些老师大都进入高龄，却仍担任一、二年级基础课的讲授，坚持战斗在教学的最前线，这是其他大学所少有的。由此可见母校对基础课的重视。

　　离开母校已经31年了，自己的见闻也慢慢多起来。国内有许多著名的高等学府，虽然各有所长，但我在心中比来比去，觉得千好万好，还是母校最好。武汉大学的革命传统和奋发精神，在人才培养和科学研究上的巨大贡献，雄厚的师资力量，她的图书、仪器、设备，她那独具一格的雄伟建筑以及极其美丽的自然景色，在全国都是第一流的。有机会在武汉大学上学确实是人生一大幸福。我们为有这样的母校而自豪，同时也因碌碌无为而自愧。

　　在母校70周年校庆节日里，追怀往事，是乐趣，是激励，也是鞭策。让青春更美好，祝母校更繁荣，珞珈山的种子必将越来越广泛、越来越茁壮地在祖国各地开花结果、健康成长。

莫斯科大学求学记

1955年，承南开大学推荐，我考取留苏研究生，9月，来到苏联最好的大学——莫斯科大学数学力学系，攻读概率论。

莫斯科大学创建于1755年，是俄罗斯历史最悠久的大学。它的创建者是俄罗斯科学事业的鼻祖、杰出的百科全书式的学者罗蒙诺索夫。因此它现在的全称是国立莫斯科罗蒙诺索夫大学。数百年来，它一直是俄罗斯的科学思想中心，它为俄罗斯民族自立于世界民族之林做出了历史性的贡献。同时，它也是世界文化中心之一。莫斯科大学学术水平非常高，数学力学系就云集了十几名科学院院士和许多名教授，包括柯尔莫哥洛夫、I. M. Gelfang、索波列夫(S. L. Sobolev)、庞特里亚金等，学生也是中学的优秀生，包括金牌奖章获得者。研究生已经有相当好的专业基础，大都发表过论文。

我在武汉大学数学系念书时（1948～1952），正值中华人民共和国成立前后，政治运动很多，土改、镇压反革命、三反五反、抗美援朝，一个接一个，业务学习很少，到四年级还在补微积分基础。出国前，数学界前辈说，我国数学最弱的是：计算数学、偏微分方程和概率论。他们劝我去学概率。但我在大学时期，从未听过概率论这个名词，更未见过讲概率论的书。直到出国前四五个月，在王府井新华书店看见丁寿田先生译的《概率论教程》，是苏联概率论专家格涅坚科写的。我如获至宝，赶紧买来在北京俄文专修学校读俄文之余，偷偷地自学这本书。

来到莫斯科大学，我的导师是数学大师柯尔莫哥洛夫和杜布鲁申教授。他们首先给我明确专业方向，其次是订学习计划。导师问我："学过概率论吗？"我说学过了。"学的是什么书？"我说是格涅坚科著的《概率论》。他说那好。于是替我订学习计划。第一阶段是最低（Minimum）考试，一共七门课。除俄语、政治理论课外，专业课有泛函分析、偏微分方程、概率论与数理统计、测度论、随机过程论。书由导师指定，全靠自学，考试时间自定，某一门自认为准备好了，提出考试要求，系里便请二三位教授口试。由于我们的学习时间只三年，主要是做论文，所以考试时间尽可能提前，只有拼命努力。一个星期只有星期六晚上看电影，星期日上午打球、运动，其余全用来学习。学习的方式是参加讨论班，或旁听一二门课。但最基本方式是在图书馆自学做习题。每天从早到深夜都在那里，中午也不休息，只稍稍打十分钟瞌睡。

　　在各门考试中，最困难的是随机过程论。当时，建筑在测度论上的高水平的书，全世界只有才出版不久的杜布写的《随机过程论》（1953），非常难读，连苏联专家也说是天书。但导师指定要我读这部书，果然名不虚传，寸步难进。有时根本分不清哪是定理，哪是证明，弄不清怎样才算证明了，写得像是散文。字里行间随处都可能埋藏一个定理，不知何处可找到，找到了，也许那个证明里又需要另一个证明。这样，我一天能读一页就很不错了。全书有六百页，我还有时间做论文吗？但我别无选择，只能硬着头皮，坚持下去，边读边做笔记，边做问题。读得非常慢。一天下来，常留下几个不能解决的问题，也许第二天会突然想到答案。就用这种办法读过第一章，不忙于往下赶，回转来再从头细读第一章。读书时，可顺读，可反读，也可就一些专题读。顺读以致远，反读以溯源，专题读可深入以攻坚，三种读法，不可或缺。如此细读几遍，我惊奇地发现，读书的速度居然越来越快。这道理其实很简单，因为这时的我已远非开头时的我，我的水平已大大提高了。杜布这部书，让我吃了许多苦头，但却终身受益，永不能忘，同时也提高了攻坚的信心。

总之，在这一阶段，打好了专业基础，提高了工作能力，为第二段做论文作了较充分的准备。

论文题目是导师出的，即"生灭过程构造论"。当时"随机过程的构造"是国际上前沿问题，重要而又困难。每一生灭过程都有一密度矩阵。但可能有无穷多个不同的生灭过程具有同一密度矩阵。如何求出全体这样的过程？从概率上说，当质点到达无穷远处后如何返回？如何刻画所有的返回方式？这问题有一等价的分析形式：如何求出某微分方程组（含无穷多个方程）的所有的解？

当时研究生灭过程构造论的还有概率大师 W. Feller，但他用的是分析方法。我必须另找途径而用概率方法。受函数构造论的启发，先构造一列较简单的过程，然后过渡到极限以求出全部过程，这就是极限过渡方法。这一想法得到导师的鼓励。Feller 的方法简洁，但概率意义不清楚；概率方法叙述较长，但概率图像非常清晰。

前三个月里，我简直无从着手，太不具体了，也不知道怎样才算是解决了问题。但走上轨道后，便得心应手，进展迅速。有些难点是在梦中解决的。最后两个月的速度，连导师也感到惊奇。这大概是应了庄子的话："用志不分，乃凝于神"吧！

除了自己的努力外，周围的学术环境，讨论班上的相互启发，非常有助于研究工作。导师杜布鲁申每周见我一次，约 1 h。他对我的帮助很大。首先是他把我迅速地引上研究前沿，给了一个很有意义、相当困难、通过十分努力而又可完成的题目。其次是相互交流，指点方向，从中得到启发。他有时还讲一些研究方法。记得他曾说过：我们想到某个假设 A，但不知它是否正确，于是我尽力举反例。如果一个也举不出，那么 A 很可能是真的。如果举出一个反例，那么就应该修改 A 成为 B，使 B 能容纳此反例；然后我又举 B 的反例，如此继续。最后便很可能得到一个正确的命题。

1958 年 6 月，我终于通过了论文答辩，得到苏联的副博士学位。

苏联在大学里不培养博士，只培养副博士。一般取得副博士学位后，要发表一系列高水平的论文，取得社会公认后，再去某大学申请博士学位。因此，中国留学生，一般只能得到苏联的副博士学位。

莫斯科大学学术风气浓厚，大师云集，仅数学力学系就有苏联科学院院士十余位，他们大多是国际著名的专家，走廊上贴满了学术活动的通知。教授们讲课各有特色。我慕名去听了几位先生的演讲。一位是柯尔莫哥洛夫，他是现代概率论的奠基者，也是我名义上的导师。他每次讲课，许多教授都去听，因为他讲的并不是已有的东西，而是他正在构思的新思想，由于不成熟，讲着讲着，有时讲不下去了，便对听众说，快救救我。但谁也救不了他。另一位是庞特里亚金，他是拓扑学专家，后来转向研究控制论，取得很好的成果。不幸的是他从小双目失明，但写出来的书却是十分严谨、蜚声国际的名著。上课时，助手领他进教室，没有讲稿。他讲一句，助手就在黑板上写一句。讲着讲着，他忽然停了下来，对助手耳语了几句，助手转过身来，改正了黑板上的错字。这使听众大为惊奇，他是怎么发现了错误的呢？

学习期间，国家为我们提供了最好的条件，准备了一切必用品，包括大衣、西服、皮鞋，甚至鞋油、牙刷。给我们每人每月700卢布，很充裕，回国时还剩下几千，都上交了，没有买什么东西。莫斯科大学是极好的学习环境，但我还是想早些回国工作，连组织去伏尔加河旅游都放弃了。最后，1958年夏如期回国，碰上大跃进，接着是三年灾荒。

高水平，严要求，我想这是著名学府的共性。在这样的环境里，使人感到数学就像一只火箭，每时每刻都在高速前进，要赶上步伐，必须非常、非常努力。虽然吃了不少苦头，但为以后的发展，打下了坚实的基础。

1946 年至 1947 年日记 21 篇[①]

　　1945 年 9 月至 1948 年 7 月，我有幸在国立十三中（后改名为天祥中学、泰和中学）读高中，写有日记。对当时国内形势、学校情况、师长教学、同学友谊以及个人困苦稍有所记。追忆青春，人生至乐。今选其中 21 篇，时在 1946 年至 1947 年冬春。文笔幼稚，学长一笑。

　　民国三十五（1946）年秋末时于江西省天祥中学高二上。

　　1946 年 10 月 3 日　　　农历九月初九　　　　星期四　　阴

　　　日记之不做也数月矣。盖为病魔缠绕，遂致心灰意懒，每执笔而兴叹。此病之详情也，将记于《履尘纪要》篇中。兹不复述。光阴如流，本学期又开学矣。校中因复员故，已改国立十三中之名为江西省立天祥中学。当前新旧交替，开学特迟。九月十八日晨，顿作赴校之想，遂匆匆离家矣。抵校时，校门尘封，寂然无声，盖同学来者尚寥寥若晨星。在家时不悉校情，唯携国币三万一千元，途次费用，运行李及买书后，余二万六千元，而应缴费用为三万零八百元，不得已借同乡彭逸馨君五千元，以救燃眉，而身无半文矣。

　　　在校十余日，空闲无聊，加以囊空如洗，顿觉日长如年。生活枯燥，乃起作日记之想。奈因纸簿无着落，郁郁不已。迄今日，乃不得已，将原拟抄英文之簿本，写记日事。

　　　本月一日，始上课，每日亦只一二节而已，盖老师尚未

[①]　又名《青原山求学日记》. 载《青原山人共忆录》第 7 集，2006：55-63；第 8 集，2007：41-45.

至也。今为重九登高之日，本欲登山远眺，以阔心怀，谁知气候严变，如是之速耶？昨日酷日如火，炎热非常，卧时气喘，饭时汗流。晚餐既过，金乌西坠，乃见片云腾起，风声乍响，萧萧秋意，乃得窥于树梢柳头矣。昨夜方半，起而溺，乃觉屋上沙沙，雨大淋矣。窃念久旱草木皆枯，大雨正其所宜，遂亦良喜。及今晨觉，方虑地湿，又无雨鞋，眺户外乃知雨停，地亦干矣。秋风阵阵，顿生寒意。"一雨便成秋"，其斯之谓屿？

国文课，邓志瑗老师谈小学，言小学即汉学，亦考据学也。

下午得浏览陈鹤琴君所著之《我的半生》。内写其在小时读书之困苦，努力之成绩，在美游学时之状况，及返国后之作为，令人肃然起敬。可见天无绝人之路，环境不能支配人，唯视其能"埋头苦干"否。

写《履尘纪要》之求学节，尚未完卷。

1946 年 10 月 4 日　　　　农历九月十日　　　　星期五　　　晴

饭后偕贺月亮君往右侧山峦起伏处读英文，余读 "The siege of Berlin" 有日矣。盖本文太长，生字近二百，今已读至五分之四处，明后日即可完矣。

风大起。读英文时见对山茅草起伏作浪形，呈金黄色，颇风致。画所不能也。

午间小睡片刻，旋即上课铃响。第一、第二节皆国文，抄许慎所作之《说文解字叙》，内记文字之演变。其中生字甚多，平日骄傲之气，至此折矣。吾人所知，真如恒河沙数，未晓其一焉。

黄昏时至膳厅洗脸，见一穿长衫者匆匆而来。余拟似罗君嵩森。果然不出所料。稍询梓里现状。曰无他，谷价涨至百斤九千五百元而已。

房中住者有钟长庚、毛汉民、陈世恺、罗嵩森及余五人。忽罗君出钞票，言"令堂大人嘱带来"。余大喜问若干，曰"二千"。余脸赤作语曰："区区者何济于事。"噫嘻，此时也，余之心，可谓难过矣，盖作此语者，在座诸君，皆富家子，闻此数，无不失笑，故言此以敷衍之。然母大人之用心，可谓苦矣。世上除慈母而外，更有谁爱我乎?

1946 年 10 月 7 日　　农历九月十三日　　　星期一　　晴

校中管理无人，秩序混乱，乃有通宵赌博者。

吕君润林以疾赴吉安治疗，陈君南杰幸取录。

功课松弛，未至校老师所授之课固未上，即已抵校者亦然，今日唯上公民一节而已。

上公民课时，李老师言近日布匹大涨价，其故既非运输不利，又非物货缺乏，乃由于外汇之自二千一百元提高至三千五百元故也（即美元一元所兑中国之法币数）。盖近来美之经济侵略，已日益甚，其所来之货，廉而且佳。国内工厂因而倒闭者，不胜其数。国家有鉴于此，欲尽力维持之，然又不能用武力提高关税、绝交等策禁止之，乃提高外汇，外货价格乃无形增加，因而国内工业稍赖以维持。

数学更换黄贤汶老师教。

录《孙子兵法》，及阅《落霞孤鹜》。

近来同学多谓余用功，然余亦不自觉也。以后身体方面，亦须注意。

1946 年 10 月 9 日　　农历九月十五日　　　星期三　　晴

昨日借得沈从文所作之自传一册，记其一生经历。阅后觉得自然环境所给予之知识较书上所给予者更广泛，以为对书本固然要努力， 然与社会亦须多加以观察。

漆裕元先生在讲英文说： "There is no shortcut to study English save diligent practice. In China there is a proverb which is 'Practice Makes Perfect', it is always true. Whenever you come to classroom, you must hear with your ears, write with your hand, read with your mouth, see with your eyes, and think with your brain." 更广泛地说： "It is very confusing in the modern society, our school is also. Under this atmosphere, you must have a self-education, otherwise you will be idle away your golden time, and you will be sorrowful when you will be old."

地理刘之秀先生真够滑稽。 他说： "上课时你们三分瞌睡， 我便七分丧气， 加起来便是一个 full mark。" 又说： "在欧洲为反贸易风， 在我国为季候风， 若问是什么缘故， 那就是地形的关系。 大概风的成因， 由于空气流通， 气候热时， 海洋吸热较慢， 而大陆沙漠则反是， 因而多东南风。 冷时， 便反是西北风， 于是就成为季候风。 广而言之， 便影响了中国房屋的坐北朝南之现象。 所以古时说 '南面称王'、 '北面称臣'， 就是这原因。 又古时君主坐朝皆是向南的， 背是向北的， 所以北字的造成， 就是象形君主的背。 又打败仗称 '败北'， 并不是败者向北跑， 而是战胜者在败者后追， 所见得的是敌人的背面， 又因 '北' 字是象形背面的， 所以便说败北了。"

游楚先生上物理课说： "大概一月份你们的公费便要截止了， 到那时要你们缴膳费， 你们一定不肯。 那么， 便只有提前放假。 若果如此， 且算算， 你们在校的日子， 便只有一个多月了。 若自己不用功， 看是谁吃亏。" 听完这话后， 我自问还稍可对得起良心， 但是还希望努力加勉呢！

1946 年 10 月 10 日　　农历九月十六日　　星期四　　晴

　　双十节忽又届临，校中放假一天。上午举行纪念会，并同时举行开学典礼。双庆之下，举校腾欢。中午、下午两餐加菜，以资纪念。晚饭后，我班与高三比赛篮球，不幸竟输两分。

　　关于美军撤退问题，报纸累加议论。爱国者则以为外人武装在国内非吉事，一旦有事，足以影响世界和平。即由今日观之，亦有威胁之意。而一般官僚，拜倒外人麾下，终日以献媚为事，不顾国族利害，竟反对美军退出，岂非咄咄怪事。此辈心中，不知有良心否。外人之累以济我者，必有所求。美军虽尚未明目张胆实弹以待，然彼辈心中，视中国不异婴童，且商场、市面，充满美货，其初步之经济侵略，已实现矣。

　　吾素对书籍，异常爱护，且喜购阅，每过书店门口，不论身上有钱否，必趋一睹。若有钱则不管须作何用，必挪以购所爱。本期所欲购者，物、化各一部，学生杂志数册及参考书几本而已。然若无资，又不敢回家取款，以免母亲忧虑故也。同学间一掷千金，常事也，以余较之，何以相距之甚。贫富之分，何若是悬殊也。

　　图书馆失窃，约遗失百余万元；悬 30 万元巨赏，以图告密。

1946 年 10 月 12 日　　农历九月十八日　　星期六　　晴

　　近年来天祸中国，到处人民涂炭。且年岁失常，非久旱即久雨。今年春淫雨为祟，至今则久旱不雨。中国其将亡也，人类其将覆也？

　　诸报皆载美军在华肇祸，杀人奸掠，无所不为。战时既受敌凌，战后又遭民欺，彼坐食民膏者，但知东游西荡，奔走权贵之门。言及于此，不觉怒气填胸。

上午有三法国人至校参观，同学尾随者甚众。

日来恒觉不安。大抵皆为环境之故，欲购诸书，无法实现。

借得《燕子山僧集》一册，著者苏曼殊，奇人也。父广东产，母为日人。幼即丧父，飘零于外，因感身世孤单，毅然落发为僧。天资颖悟，通数国文字，且造诣极深，读其《断鸿零雁记》，无不拍案者。其中言辞工丽，写景、写情，宛若身临；言其斩断情网为僧事，莫不奇其志也。余生有怪习，见权者嫉之若仇；唯对若是人物，则肃然起敬也。

1946 年 10 月 16 日　农历九月二十二日　星期三　晴

英文读 Too dear。

清晨起，即见校门口贴有一大张毛边纸所写之通告。仔细看过，知艺光剧团言其团员罗某有犯团规，即行开除云云。

盖本校有一大缺点，学生常组织团体，互相摩擦。昔在吉安中学读书时，鲜有此事，即有亦秘密行动，未有若是之明目张胆者。此种现象，大为不佳，一校之内，即复如是，一国之中，难怪党派之纷争也。

地理教师讲东北九省问题，颇精彩。

作代数练习，甚有难者。

下午四时后，俄闻群众纷扰，声音嘈杂，奔跑之声，不绝于耳。及后知艺光剧团与心心学社（皆学生组织）发生冲突，俄见班上一新生，负伤狼狈出，额上血下如汗，为砚台所击也。教育如是，亦复何言。

此事之因，恐与罗某有关。天下美女多成祸水，诚然也。

晚餐后，事尚纷争。恐将又导一流血案。

1946 年 10 月 22 日　农历九月二十八日　星期二　晴

晴又许久矣。农家又当忙秋收。

吕润林及其同乡四人，以酬劳意，请余及邓书森君晚餐。言及升学问题，颇能令余内心扬波也。下学期学费，实难筹措。家中虽无分文，亦必来学。天无绝人之路，总有一线光明。明年下期，或往吕君润林家，投考师范大学。苟能取录，则因其校设有公费，即升大学或不取，则再读完高中。后年或考师范学院，或考中央政大。盖两校皆公费。总之，须努力学业，充实自己，则前途正光明也。岂财魔所能阻哉。拟本期专力国学，下期再力英数。

国文邓君志瑗，小学、诗词甚佳。今晚持《饮冰室文集》往而问难，颇能答复。所评余作文，言惜古文少读耳。今当努力。

今录完《中国学术史》，尽十纸。

1946 年 11 月 6 日   农历十月十三日   星期三   晴

善后救济工作总队第三工作分队发来校中干汤粉及豆粉，每人得到三分之五磅①，其味虽不甚鲜，然养料亦不差。但食时却不甚方便，须常走山前，以开水泡之。

晚餐后温君显达言，人间最疼者，莫若学未成而亲已老。噫，诚哉，斯言实获我心。思及家之不睦，贫之日甚，为之心酸不已。人间种种不幸，皆临我身，可不哀哉！

想及慈母日老，欲备补药归，又恐区区不济于事，以血汗之余，不为学业而为奸商增肥，心实不甘。若以之买书，又不忍于心。噫嘻，人间岂更难过于此哉？

1946 年 11 月 9 日   农历十月十六日   星期六   晴

昨晚镇德替寄萍挑被褥来，并带来余夹裤一条。近因带

---

① 1 磅＝0.453 6 kg.

子缺乏，需要正急。而夹裤之上，竟附来数尺。此诚令余感动也。世间爱子者莫若母，其诚也可泣鬼神感木石，其浩也，若春水，平波无垠。然世上亦有不孝者，实不解其操何心也。余不幸，父早逝母年老，过一日，则少一日孝，日夜无不为此痛心者。但愿大人有百年高龄，则抑或可释予怀矣。

读书极辛苦，亦极舒服。事不作，则无可为，作之，则日夜以继，无片刻闲，亦不足也。近日来，或感时不我留，向上之火，无时不炽于心。虽片刻亦不令空逝。此诚可喜之事。忆幼读梁任公，有云："人或以为一日二十四小时而过久。余则以为四十八小时而不足。" 可见古之大贤大哲，无不努力加餐，一刻不虚度。余此种举动，正入门径也。望努力加勉，前途方兴未艾也。

1946 年 11 月 15 日 农历十月二十二日　　　星期五　　阴

地理刘之秀君，真够滑稽。彼言一笑话曰："四川有某乡长，政声夙著，余感之而往谒焉。曰：'子操何术，用何制度乃得博子声誉焉？' 曰：'嘻，余片字不识，何得言制度。' 又询之曰：'然则子竟以何法以驭汝民。' 曰：'无他，嗅而已。' 余怀疑曰：'请毕其词。' 彼云：'命令下来，余嗅之。若有洋油气，则所发者多矣。其既普遍，则可弃之，若无洋油气，则专致余也，乃暴百姓以奉上。此吾术也。'" 言虽挖苦，然中国今日，岂不如是哉？

下午至邓君志瑗处问国文。邓君学甚富，言余苟能不倦，必有所成。余亦当为之奋勉矣。

（补注：当时用油墨复印文件，故有洋油味。）

1946 年 11 月 26 日　　　农历十一月初三　　　星期二　　晴

校中普选自治会常务理事，拉票之声，不绝于耳。尤可笑者，本班昨出竞选人像，并志小传，贴于布告栏上。然候选者，皆老同学（即在本校初中毕业者）。彼等平时对新同学甚不善视。因而本日中午，新同学（余在外）召开一会，以落选之。而老同学竟请余做中间人。临时抱佛足，何益之有。于此窥之，可见选时舞弊之情。耿耿学子，不发奋努力，而学习社会恶弊，深为国家悲也。

连日赴图书馆，收获颇多。开卷有益，诚不欺也。

1946 年 12 月 2 日　　农历十一月初九　　　星期一　　晴

近二日来，寒冷异常，寝室中常以破木板、继以床板烧火取暖。

今日校长报告校务，彼新从南昌来，故听众甚踊跃。言已支到原国立十三中①上学期存款三千万元，故本期经费不大成问题云云。又言不许再烧火。

前日借得《中国文学史论——宋文学》一本，略读后奉还。夜读《红楼梦》宝玉出家，令人黯然神伤。人生富贵，有如浮云。以此观之，心又平静。昨下午去图书馆读《地球概论》，理论甚深，于数学、力学，涉猎犹多，颇有收获。今日在导师处借来《三国志》一本，晚间读之。

1946 年 12 月 13 日　农历十一月二十日　　　星期五　　雨

昨夜与黄明珂、万家珍、温显达、邓书森诸君自习。

今日第四节课考数学。因时太短，题又麻烦，第一题抄错题文，耗去数分钟，一时心慌，数题皆忘作法。后勉力为之，草草完卷，然卷面一塌糊涂。可见余镇静功夫正浅薄也。

---

①　国立十三中于 1946 年夏复校，改名为天祥中学，仍在青原山. 1947 年夏，迁往泰和县快阁，改名为泰和中学.

学生自治会主持国语、英语竞赛。英语有三题为：

Our responsibilities to the nation;

The need of discipline to a school;

How to improve your health.

余拟参加，取第一题。

1946年12月18日 农历十一月二十五日 　　　星期三　阴

《前方日报》社招考练习生，余亦曾见此消息，惜未留心。姜迪玉同学乃应考而取之，星期二已前往报到。迪玉矮小结实，家境清寒，学习努力，品行端庄，有美称，余甚敬之。

本班女同学善骂，今已转变为亲善。今晚在导师室内谈笑甚欢。

本学期放寒假定于本月底，本周末停课。光阴易逝，学校误人，本期究竟学到什么？

1946年12月30日 　农历十二月初八 　　　星期一　　晴

昨日放假，步行回家，抵固江时已万家灯火，离枫墅村还有十华里。归心似箭，乃不计任何困难，单身乘夜急行。途经长桥山岭，月色惨淡，草木苍然，旷野无人。唯见短树枯草，潜若兽伏，风起浪涌，滚滚如欲扑食。又见路旁野墓狰狞，有如鬼哭，不禁大骇狂奔。待至家中，见老母正与治才兄闲谈，始为一快。

家计益落，母老且苦，为述往事，泪如挂珠。世间伤心事，无过此者。下学期欲继学，则母更苦；欲就业，则误前程，继就两难，有如此乎？

1947年1月28日 　　农历一月初七 　　　星期二　　晴

日月催人老，阴历年关又成过去。余自客岁25日桥东归来，途受风寒，卧病一周，盗汗咳嗽，疟疾间作，消瘦不少。昨日得万家珍、张家华来信，即日复之，并致函吕润林、邓书森二君。

得校中通知，成绩较为退步，未免冤枉。然分数虚荣，不必斤斤计较。

下学期学费八万余，余家何能筹此巨款。今拟不缴膳费，打游击度日，但其他尚需三万余。家中无分文，全靠自己筹谋，斯亦难矣。意欲向世美堂借谷两担，未成；乃托思恭兄向二哥借二万，虽蒙允诺，但未见款。噫，求学之难如此，他日勉之。

清晨好梦正甜，忽闻兄呼火起，大惊，神定后知系邻居后宅遭焚。我等即抬水登楼，一时锐声呼号，惨不忍闻，余亦心慌。火烧逾时始熄，万幸祸未及己，邻家则惨矣。

假期中国文稍温习，解析几何欲作 1 2 练习，英文法稍看，理化史地则未摸。噫，近月功夫，所作何少。虽有不得已者，实亦惰性使然也。闲阅《蕙芳日记》，中所记者，大抵为情耳。然辞藻华丽，亦有可效法者。近日曾作二文，一为《春色恼人眠不得》，一为《炉边闲忆》。

1947 年 3 月 5 日　　农历二月十三日　　星期三　　雨

日记久不作。今特将半月来，事关重大者，爰笔于次。

1. 为筹学费，大费心神。本期家无分文，乃向二哥借洋万元；又借立本堂谷二担，售得五万元。于是卜 2 月 2 2 日，偕同寄萍、嵩森赴校。沿途平安，唯在固江所雇车夫，力小任重，至朱候亭，不得已换人。抵吉安时夕阳将坠，寓于大陆旅舍。夜三人去复兴电影院观 "如此繁华"。余久违电影十有一年，今乃得偿夙愿。（忆我六岁时在衡阳，邻舍有一影院。余年幼，又无钱，不得其门而入，乃于门口观察，见其他小孩，牵其母之衣角，即可入内。于是余亦任执一妇人之衣，直入无阻矣。记此一笑）影片中富豪穷奢极欲，对比贫民饥寒交迫，令我发指。他日如有作为，必抑富济贫，铲尽人间不平而后已，在吉一夜，耗金几二万。

2．次日（23日）午后抵校。见诸旧友，欣庆重逢。承告知校方手段毒辣，所需各费，必须一次缴清。余闻之如雷轰顶，盖手中只有四万，尚需六万，何以筹集。终夜郁郁，难以成眠。24日家珍来，亦患同病。乃索性将四万元，借他令先缴，于是余无分文矣。且幸家珍带有私菜，乃大度游击生涯，身虽无苦，心苦正炽也。

3．同学言7日即截止注册，闻之心惊胆战。但难既临头，岂能坐待灭顶。天不绝人，幸遇君子。向戴鑫香君借二万，戴鹗老师借四万，润林兄三万，家珍还款一万，共十万恰交学费。于是我欠人九万，人欠我二万五千，差额如何偿还，令我心焦。上月26日，致函欧阳伯康先生，请贷款二万，但望能如愿耳。余对寄萍言：贫困子弟，滔滔皆是，然若余之自筹学费，为数恐不多也。

来校迄今，十有二日，学无寸进，心窃惧之。今上午整理卧室，午后乃握笔为此记。

1947年3月6日　　　农历二月十四日　　　星期四　　　阴

上课迄今周余，然真上课者，仅国文而已。请问校长："何不上课？"曰："老师未到，我其奈何。"此可云理由乎？可叹。

人心败坏，世风日下，《前方日报》载富妇被杀，姨夫奸甥女，吉安市拐卖小孩等。尤有甚者，为抵制外货，上海工人集会，忽有匪徒百余，冲劫会场，工人死难者甚多，一胡姓者在其中，有人为联挽之，词（言虐）而凄：

美货正待推销， 欲抵制， 即妨碍邦交， 死罪死罪，

良心胡不出卖， 拟反抗， 却牺牲性命， 活该活该。

1947年3月27日　农历闰二月初五　星期四　雨

晨起闻淅沥声， 以为风吹树叶， 继乃知为雨下寒窗。 昨夜星月皎洁， 万里无云； 不意今忽如此， 诚所谓春无三日晴也。

下午上英文课， 忽见沈吉弘同学自门外招手， 作焦急状。 余出， 乃知余福瑞君以篮球选手事， 被人指陈， 乞余请陈老师停课一小时。 全体同学去初中部。 时人声喧嚷， 后已解决。 但校中有此现象， 亦自不佳也。

人过中年， 方悔年华不再。 但青少年时多以杂务自误， 尤以 "情" 字为最。 戒之勉之。

1947年4月19日　农历闰二月二十八日　星期六　晴

近一周因自治会选举事， 满校风雨， 拉票之声， 不绝于耳， 同学三五成群， 喁喁私语， 此情此景， 诚难入目。 结果贺月亮君当选为常理， 吴英祥君副之。

校中萎靡异常， 经济亦临最大危机。 放假日期， 或又将提前。

吉安简师至此参观。

借阅 《地球概论》 一书， 中述地球内部、 运行轨道、 与其他天体关系等甚详。 读之令人胸襟一扩。 乃觉吾人之渺小， 甚于沧海一粟。 小人争权夺利， 日夜纷纷者， 正识见过小耳。

追记　时至1947年6月， 天祥中学已极难维持， 遂并入泰和中学。 暑假中， 与谢南英、 吕润林、 万家珍等诸好友书信来往， 多承指教， 永铭于心。 高中毕业后， 承吕润林君资助路费去长沙考入武汉大学， 从此脱贫而投身进步行列。 能有今日， 实源于亲朋好友、 国家人民之恩惠也。 （2006年8月21日）

豪情尚在话当年[①]

（一）艰难的历程

青春是美好的，幸福的青春更加美好，对幸福青春的回忆也是美好的。

我出身于江西省吉安县的一个贫农家庭，生活极其困苦，种的是地主的田地，吃的是白薯稀粥。可是，我怎样上的大学呢？

我童年丧父，母亲是农村妇女，全家生活，主要靠寡母和兄嫂种地维持。我年纪虽小，也得劳动。常常天刚亮就光着脚下水田助耕，直到吃过晚饭，才能洗脚穿上鞋子。有一天，我偶然找到一本小说，名叫《薛仁贵征东》。这本书大大地吸引了我，它的开场诗，至今我还记得：

> 日出遥遥一点红，　飘飘四海影无踪。
> 三岁孩童千两价，　保主跨海去征东。

第一句指山东地方，第二、三句指"雪，人贵"，即薛仁贵。从此我非常喜欢读书，不论干什么活，身上总带着一本书。书本给了我无穷的欢乐，向我展示了新的世界，帮助我在黑暗中看到光明。于是我立志读书，争取将来成为有益于人民的学者，并且协助更多的农村孩子上学。此志至今不移。我上的高小，离家10里路，每天来回得走20里，而且是丘陵地带，时有豺狼出没。我那时才11岁，手里拿着棍子，准备随时和野兽拼命。我深知求学不易，便拼命学

---

① 天津人民出版社编. 我的大学生活. 天津：天津人民出版社，1985：33-41.

习，成绩相当不错，数学得过几次 120 分，语文在全县会考中，据老师说，是第一。村子里的父老劝我母亲让我继续升学，1942 年，我考取了吉安中学。可是，哪里来的学费呢？我们的班主任高克正老师对学生要求严格，工作非常认真负责。她很喜欢我，又了解我的困难。每学期开学时她都批准我缓缴学费。当时正是抗日战争时期，物价飞涨，临到放假，这笔学费已贬值到微不足道了。我就这样念完了初中，看来是绝不可能再升学了。幸亏王寄萍同学资助我去考高中，我又考上了国立十三中学的公费生，好不容易高中毕了业。

人生的道路上有许多暗礁，但也有一些机会。好机遇只偏爱有准备而又善于利用它的人。

1948 年，我面临考大学的大问题。可是，我身无分文，旅费从何而来呢？真是天无绝人之路，同班同学吕润林慷慨地答应供给我去长沙的旅费。当然，到长沙后，不能再向人家要。我毫不犹豫地跟着他走，反正总比眼睁睁地看着失学强。不料在去长沙的路上，发生了一件意外的事，它给我的恐惧，真是永世难忘。

一天黄昏时候，我们两人匆忙步行到茶陵县郊区，丘陵地段，四顾无人，只偶尔有几只乌鸦飞过。我感到腹泻，便请他先走。谁知不到一刻钟，他已无影无踪。我心慌意乱，只得拼命前赶。一路无人，直到天黑，才隐约发现前面孤零零的有一户人家。没奈何只好壮着胆前去借宿。灯光如豆，昏暗中走出一个男人，他虽答应我的要求，却说他家不能住，只能住在旁边的破庙里。我摸进荒庙，里面黑洞洞的，空无一人；只有一条长凳，勉强可以休息。我刚坐下来，闪念间忽然想起《水浒传》里母夜叉开黑店卖人肉的故事，不由得毛骨悚然，心惊胆战。急忙中我移动长凳，堵住大门；顺手捡起一块石头，准备厮打。我紧守在门后，静听声响，一整夜不敢合眼。这样直到天色蒙蒙发亮，才意识到这一家是好人。正想登门拜别，却苦于分文无有，用什么道谢呢？我在口袋里摸来摸去，只找到一条小手帕，留作礼物吧。我匆忙上路，大约走了两小时，来到河旁。奇迹出现了，只见吕润林正向我招手呢！人到绝处又逢生，要是没有这次重逢，我的一生也许又当别论。

这年暑假，我报考了五所高等院校，且幸全都录取。在长沙招生的高校中，最好的是武汉大学。我上了武汉大学数学系，而且获得了两个奖学金名额之一。这样，学费问题也随之解决了。

我絮絮不休地讲了这些故事，抚今追昔，不禁感叹中华人民共和国成立前农家子弟上学之难，有多少人才埋没在社会底层。今天，许多青年上了大学，这机会实在来之不易，应该好好珍惜它，切莫等闲放过。

（二）胜利的曙光

武汉大学位于武昌珞珈山上，建筑雄伟，风景秀丽。那时学生很少，我们班上不过 10 人左右。整个学校看似宁静安详，实际上气氛却非常活跃紧张。当时正值黑夜即将过去、曙光就在前头的关键岁月，革命与反革命、进步与顽固的斗争在激烈地进行着。

入校不久，在进步的高年级同学的帮助下，我阅读了许多革命的小册子：《新民主主义论》《目前形势与我们的任务》《李有才板话》《小二黑结婚》《通俗资本论》等，参加了许多进步的文艺晚会，学唱《团结就是力量》《山那边好地方》；宣传形势大好。中华人民共和国成立前夜，为了防止反动派破坏，同学们自动组织起来"联防应变"，守夜卫校。当然，这些都是在地下党领导下进行的。

我本来对旧社会反动派就痛恨万分，在这样的革命大家庭中，自然很快提高了觉悟。除了积极参加上述活动外，还写了《堆在下层的落叶》《奢侈品论》等文章。前者是短篇小说，刊登于长沙《新世纪》(1948) 杂志；后者是关于经济学的论文，发表在武汉《大刚报》(1949) 上。写这些文章的目的是揭露反动派的罪行和资产阶级的剥削实质。

中华人民共和国成立后,我积极地参加了一系列革命运动:拒用银圆、镇压反革命、三反(反贪污、反投机倒把、反偷税漏税)、两次宣传制定爱国公约和进行土地改革、抗美援朝、动员参军、思想改造等,这些运动在中华人民共和国成立初期稳定形势都是必不可少的。

革命的实践不仅改造了世界,也改造了个人。我的家境贫寒,但学习却是一帆风顺,这使我养成了孤芳自赏、骄傲自大的性格。通过上述活动,接触的人多了,我亲眼看到不少同学,社会工作既多,业务学习又好;对人豪爽,热情大方;文娱体育,高踞上游。我的傲气,不由得减了一半。但更大的一次转变,是由于中华人民共和国刚成立不久,我听了一次关于经济形势的报告,其中讲了许多关于经济学的知识,分析了武汉市的生产形势,提出了对策,最后归纳为"有困难、有办法、有希望"三句话。既面对现实,又鼓舞信心,使我闻所未闻,大开眼界;得知人上有人,天外有天。从此束身自检,再也不敢傲气凌人了。

与此同时,也改变了我对社会科学的看法。以前总以为数、理、化才是真学问、真本领。什么法律呀,经济呀,全是人为的东西,有损清高,从来是不屑一顾的。听了一些报告后,感到这种想法不对了,它无非是文人相轻的一种表现。社会问题,需要社会科学去研究、去解决,正如自然界的问题,需要自然科学去讨论一样。于是我借来河上肇编写的《通俗资本论》等书,津津有味地读了起来。

(三)殷切的寄语

一、二年级的功课较多,除数学外,还有国文(即"中国文学")、第二外语、物理与实验等。高年级时只剩下数学专业课了,比较单纯,这很有助于独立工作能力的培养。那时的课本,大多是英文的,如古沙的《数学分析教程》、达夫的《物理》等。除课本和讲义外，我喜欢看参考书，例如霍布斯的《函数论》，虽是大部头书，看不懂多少，却开了眼界，使我认识到这门课居然还有那么宽阔的天地，留待我们去观赏、去钻研。

业务学习的三个主要环节是：预习—听课—练习。这三个环节里，我首先抓预习。上课之前，通过预习，我已把老师要讲的内容了解了一大半，剩下的是那些看不太懂的难点。讲课对已看懂的部分，只起到复习的作用，并不费劲，我们可以把主要精力，集中在难点上。听完课后，难点也消灭得差不多了，这样便大大减少了复习时间，并且由于加深了理解，做习题的速度也加快了，于是可以挤出更多的时间去看参考书和预习。此外，我还利用寒暑假，把下学期要念的主要课程预习到三分之一左右。这样，我在学习中便处于主动地位而进入良性循环。反之，如不预习，听课效率低，做题速度慢；从而功课越堆越多，更没有时间预习，听课效率更低……最后势必卷入恶性循环。这两种循环，前者使人加速前进，后者使人每况愈下。由此不难理解，为什么会有两极分化；为什么同班同学，到毕业时水平相差非常悬殊。

预习还有一个好处是可以培养自学能力。上完课后，不妨回想一下：这些难点为什么我原先看不懂？卡在哪里？老师又是怎样走过来的？这样总结几次，可以发现自己思想方法上的毛病，有利于日后的改进。自学是一种最基本的独立工作能力，缺乏它，就不能独立获取新知识。一家商店没有货源，是迟早要倒闭的。有些人毕业后，业务长期停滞不前，自学能力不够，是重要原因之一。为了自学，必须熟练地掌握一两门专业外语，否则便无法学习国外的先进科技知识。

大学四年里，我逐步培养了一点自学能力，这使我终身受益。除这点小经验外，教训也不少。由于政治活动很多，教学时间相对减少，开不了许多课。那时数学专业课程主要有三条线：分析、代数、几何。系里只强调分析，而对代数与几何则很不重视，所以我们的专业基础打得很不全面。另一缺点是：高年级时没有开展科学研究，无论是理论性的或应用性的，都未进行，这使我们的工作能力大受限制。现在回想起来，有三句话对每个大学生都是重要的，这就是：打下比较宽广而扎实的业务基础；逐步培养独立工作能力；适当开展一些科学研究活动。这就算是我的殷切寄语吧！

在紧张的业务学习之余，抽空读一点古典诗词，看几本优美小说，或者定时参加一些文娱体育活动，会使人神情飞越、心灵美化，有助于增长才智，健全体质。

1952年7月，我忽然得到通知：我被分配到北京大学去当研究生。说实话，一点思想准备也没有；我们那时的思想非常单纯，谁也没有考虑过前途问题，一切都交给组织，哪里需要哪里去。两天后，我们总共约20人，动身去北京报到。祖国的大好河山，沿途的秀丽景色，激动着我们的心弦，大家不约而同地高唱起："我们的祖国，多么辽阔宽广，挺立在亚洲的东方……"火车风驰电掣，向前飞奔。在豪迈的歌声中进入北京。下车后，我们立即去教育部报到，接待我们的是一位戴眼镜的中年妇女。她说："欢迎你们！不过分配方案有变动。现在许多学校要人，你们不当研究生了，到学校去工作吧！"同学们没有二话，全都愉快地接受了新任务，或去黑龙江，或去农业学校，我被分到南开大学数学系。第二天，我乘上去天津的火车，从此开始了新的征途。在这个岗位上，我一直工作到1984年调到北京师范大学。

任职期间二三事①

人生七分实力，三分机遇。实力指品德、知识和能力，这些是基础，是立身之本。三分虽少，却绝不可无。年龄越大，越会感到机遇的重要；回顾以往，便会感叹正是机遇决定了自己发展道路上的主要转折。没有刘备三顾草庐，就没有诸葛亮出山；不是徐庶推荐，也没有草庐三顾。实力与机遇是相辅相成的：一般情况，实力强大者机遇较多；反之，好机遇有助于实力的发展。

1952年，我从武汉大学数学系毕业。机遇让我去南开大学教书，一教就是32年。到了1984年又调我来北京师范大学工作，而且万万想不到的是：我收到国务院第04712号任命书，有总理签字（1984-05-29），要我来当校长，从此揭开了我下半生的序幕。一介书生，既未做过，也从未想过去做什么领导，何况面对的是全国著名、历史悠久的高等学府。我朝受命而夕饮冰，既深感荣幸，也认识到责任重大。我既无内助，又无外援，情况一无所知，眼前一片茫然。当时"文化大革命"余悸还远未消除，人们常说，大学校长没有好下场，兰州的江隆基，南开的臧伯平，便是先例。何况由于"四人帮"挑动群众斗群众，派系成见，还盘踞在人们的心中，这将成为工作的巨大障碍。想来想去，问题的确不少。但最后还是下定决心，有什么可怕的，无非是丢掉乌纱帽，坐牢，杀头。只要自己"竭尽全力，秉公办事"，必能得到群众的理解和支持。我正是带着这八个字踏上崇山峻岭的。后来，我几乎每天都是四个单元上班：

---

① 又名：知我者，其在办公桌上乎？见：刘锡庆，主编：我与北师大. 北京：北京师范大学出版社，2002：466-471.

早晨，上午，下午，晚上，无分平日和假日。知我者，其在办公桌上乎？

当时北京师范大学的党委书记陈静波是一位参加过回民支队的老同志，新从地质部调来的。我们素未谋面，但我有一点预感：作为老革命，不会有个人野心，而且也是从外调入，没有人事恩怨，他一定会从大局出发，像对待兄弟一样来协助我。这种想法使我有了一点安全感，同时也增加了几分信心。因为党政团结合作，是办好学校的重中之重。我是作为"校长负责制"的校长上任的。这在全国是首创。其他学校都是"党委领导下的校长负责制"。他对此毫无异词，而且非常拥护。我们合作得很好，正庆幸得人，却不料好景不长，他来校（1983-10-22）才两年多，任职未满一届，便莫名其妙地被免职（1985-12）。对一位老同志如此粗暴无理，匆匆调来，匆匆免去，真叫人想不通，恐怕是"无名有妙"吧！但他却处之泰然；不久又要他离休，他也同样照办，悄然引退。回家后他抱病笔耕，1991年出版了《学校管理新论》。岁月无情，记得他的人恐怕不多了，书此作为怕忘却的纪念。

我一到学校，便听见一项大新闻。说是前些时国家决定重点投资办好6所大学，后来扩大到10所，其中有北京师范大学，每所一亿。许多学校都拿到了钱，但我校则分文无有，为什么呢？据说教育部没有钱，要国家计划委员会拨款，而国家计划委员会又要教育部出。如此推来推去，吃亏的是学校。于是我们便加紧催款，见到领导就催，明知催也白催，但还是要催，不管他高兴不高兴。这样七催八催，催得多了，人非草木，也就有了印象。于是便有两位高级领导，见到霍英东先生，请他关心师范大学。霍先生很尊重领导意见，慷慨解囊，资助500万美元，这才有了英东教育楼。至于那笔重点经费，后来每年付给一些，算是分期付款。可见为筹资建校，万万不可客气。差不多是同时，邵逸夫先生资助港币1 000万，连同国家配套，建成新的图书馆，接着，化学楼落成。这三座楼对教学和科研起了很大作用。

办好教育是全民的事，领导重视固然重要，全国人民上下齐心更为重要。为什么不能像三八妇女节，五一劳动节那样，也有一个教师节呢？1984年12月，校长办公室邀请我校著名教授陶大镛、钟敬文、启功、朱智贤、赵擎寰、黄济等诸位先生，举行座谈会和记者招待会，倡议每年9月为尊师重教月，9月中的一天为全国教师节，并发出"尊师重教"的呼吁。12月10日和12月16日的《北京晚报》和《北京日报》分别刊登了这项倡议。1985年第6届全国人大常委会决定：每年9月10日为教师节。接着全国各地举行隆重的庆祝大会；当时的国家主席李先念发出《致全国教师的信》，勉励有加；以后许多省市地区和学校，纷纷决定要为教育办好几件实事。在北京师范大学，1985年第一个万人庆祝会是在大操场举行的，当年的国务院总理及全国人大常委会副委员长周谷城来校出席，会上教育系同学举出"教师万岁"的大幅标语，在全国引起广泛响应；15年后，它又重现于《光明日报》（2000-09-06）。以后在教师节前后莅临我校的国家领导人有邓颖超（1986）、王震、胡乔木（1987）、万里、李铁映（1988）、李鹏（1989）、江泽民（1992）等。

日历翻到1985年8月，国家教委通知要我校授予马耳他共和国总统阿加塔·巴巴拉以北京师范大学名誉教育学博士学位。给一位国家元首授学位，不仅在我校是第一次，在全国也罕见。必须认真对待，在礼节、保卫等各方面做好充分准备。我把讲稿看了多遍，主要部分已熟记于心。26日上午，总统在钱正英（中国人民政治协商会议全国委员会副主席）陪同下来校。侍从是马耳他人，身材高大，执剑紧跟。休息时英语翻译有一句话不妥，钱正英当即纠正，面有不悦之色。仪式在500座（现敬文讲堂）举行，顺利完成后立即离校。这件事对总统是荣誉，对我校也有光荣，能授予元首学位的有几校？可惜后来未受到学校重视，大型展览时连图片也难看到。这使人联想起我校历史中有多少宝藏未被充分挖掘，名人如李大钊、鲁迅、陈垣、刘和珍，还有毛泽东的两位老师黎锦熙、符定一很少宣传，这怎么能激起学生爱校之情？说到这里，我想起一个人来，他就是沈小峰教授。

我和沈教授相识不久，却很快熟悉了。一天，他对我说："校长，北京师范大学真可怜，开大会连礼堂也没有，建个礼堂吧！"我笑着说："很好，你等着，一个月后请你去礼堂参观。"他抿了抿嘴，不以为然地瞪了我一眼。但不到一个月他果然看到一座拥有两千个座位的礼堂，真是神仙速度。原来，早在两个月前，我和党委副书记胡恒立商量，学校该建个礼堂，但没有钱，怎么办？想来想去，居然想出一个绝妙的方法。北饭厅除开三顿饭外都空着，为什么不改建成礼堂呢？说干就干，他非常积极，立即找到林建同志和基建处，把饭厅地面翻修成坡面，前低后高；同时又订购了一批座椅；建了讲台；修了门窗；装了灯管和放映机。一座简易实用的礼堂便这样速成了，这就是科学文化厅。做完这件事，胡恒立又来整治校园。他看上了图书馆前的花园。在校办和基建处有关同志合作下，在园内建了两座小亭。亭外有长廊；亭内有碑石。一亭一碑：五四纪念碑，上书："浩然正气"；"一二·九"纪念碑，上书："时代先声"，都刻有详细碑文（碑是后来立的）。这样，既美化了校园，又宣传了校史。建筑费用大都是筹集的。建纪念亭，虽是校长办公室决定（1984-03），但胡恒立同志是重要促成者。他是胡适的堂侄，为学校做了好事，应该怀念他。不幸的是他后来死于车祸。难怪太史公怀疑"天道无亲，常与善人"的说法了。我们真希望多出几位干实事的好同志。

光阴荏苒，暴风雨送来了 1989 年，这是中华人民共和国成立以来最不平凡的一年，也是我任职期满后的第一年。我深感能力有限，难以在这种形势下继续工作。5 月 11 日，新校长上任。我在交接会上发表了告别辞。现在全文转载于此，作为向后人的五年（1984-05—1989-05）工作汇报吧。

告别辞

各位同志：

我很高兴来参加今天的会，因为它意味着学校工作新的开始。在告别之际，请允许我说几句话。

时间匆匆，5 年过去了，记得 1984 年 5 月，我来到北京师范大学工作，也是在这里开会。那天的会上，我看到的是一张张陌生的脸，而今天我们已相当熟悉了，我感到每位同志都是亲切的。那时我对北京师范大学情况一无所知，正是由于全校师生员工的帮助和支持，才使我较顺利地完成了任务。我要深深地感谢各位同志的帮助。感谢党委、校工会、教代会的配合。北京师范大学是历史悠久的著名大学，我以能成为北京师范大学的工作人员而感到自豪，这 5 年是我个人历史上最有意义的时期，它将永远给我以美好的回忆。但由于个人水平所限，有许多工作没有做好，也要请各位原谅，这是我想说的第一点。

其次，在这 5 年里，有两件事给我印象极深。其中之一是这 5 年的工作中心，本届领导提出了学校的奋斗目标，即努力把我校建设成为全国第一流的，国际上有影响的、高水平、多贡献的重点师范大学。由于全校同志的共同努力，我校围绕此中心取得了较大的进展，在提高教学质量方面，学生的人数有较大增加，校内 8 000 人，校外（夜大学生，函授生）近 8 000 人；质量有提高（如外语水平）；学生层次种类也已齐全，它包括专科生、本科生、硕士生、博士生、博士后、进修生、进修干部、外国留学生与高级进修教师、夜大学生、函授生等。函授则是由零发展到5 000余人。此外，还建立了研究生院、管理学院、师资培训中心、中加语言培训中心以及一些研究所等。普教工作也有较大的发展。科研方面，据近两年国内的统计，我校在著名杂志上发表的论文数在全国综合大学和师范大学的位置约处于第6名（北京大学、复旦大学、南京大学、中国科学技术大学、南开大学在前），由于我校教师人数较少，这几乎已达到最高名次。在扩大国际影响，对外交流方面，我校已与国外50所大学有协议交流，分布在13个国家（美国、加拿大、意大利、德国、苏联、澳大利亚等），留学生数在北京占第四位（前三位为北京大学、北京外语学院、北京语言学院）。在基建方面，五年内共完成基建91 580 m²（包括化学楼、水模拟、专家楼、留学生楼、研究生宿舍、留学生宿舍、教工宿舍、学生食堂、浴室等），还有51 430 m²正在兴建（新图书馆、教工宿舍、英东教育楼等），两项共占我校全部基建三分之一以上。这五年工作不足之处：管理不够科学严格，教师住宅（特别是青年教师住宅）还不能满足要求。以上简单回顾了我校的进展。这是我校全体师生员工在国家教委、市委领导下共同努力的结果。另一件给我印象很深的事是：1985年9月，国家设立教师节，并发出"尊师重教"的号召。从此，教师地位开始有所提高，国家领导人每年都在教师节期间来我校视察并与师生员工一起欢度节日，从而扩大了学校的影响，我校重点投资经费也逐步开始拨发。有幸的是，1984年12月，我校一些教授和工作人员举行座谈会，最早建议全国设立教师节，并首次提出"尊师重教"的呼吁。以上是我想说的第二点。

第三点， 我预祝也深信学校在以新校长方福康同志为首的领导班子的领导下， 一定会迅速地取得更大的进展。 在5年的合作中， 我感到方福康同志学术上有水平， 工作中有经验， 而且思维敏捷， 精力充沛。 我深信， 在团结合作的新班子的领导下， 我校在为国家培养人才等各方面， 一定会做出更大的贡献。

在卸任之际， 我有一种如释重负的感觉， 就像长距离的接力赛跑， 跑完了其中的一段。 人生有聚必有散， 有上必有下， 有始必有终， 这是正常的情况。 然而， 人非草木， 孰能无情， 当临别之际， 又有不胜杨柳依依的留恋之情。 我再一次深深感谢各位， 特别是工作中接触频繁的同志们， 如党委、 各副校长、 三长（教务、 总务、 秘书）及校长办公室各位同志， 郭小军同志等， 没有这些同志的热心帮助， 我一天也不能工作下去， 我会永远怀念各位。 平日我如有不周之处， 请多多原谅。 往日堪怀想， 来日更增光， 北京师范大学已有光荣的87年历史， 它还要100年、 500年、 1 000年地健康地发展下去。 我们要像保护眼睛一样， 保护学校的声誉。 让我们满怀信心， 共同努力， 迎接更加兴旺发达的北京师范大学的明天。 （1989年5月11日上午于主楼八层会议室。）

附 录

附录 A

《科学发现纵横谈》版本①

李仲来

［序号］文章题目. 杂志名称, 年, （期）: 起页-止页.

［序号］书名, 版次（未再版的不标明）. 丛书名（有此项的标明）.
出版地: 出版社, 出版年份.

［序号］文章题目. 报纸名称, 年-月-日.

［1］科学发现纵横谈. 南开大学学报（哲学社会科学版）, 1977,
（4）: 70-85；（5）: 74-88；（6）: 51-73.

［2］科学发现纵横谈: 献给青年同志们, 第1版. 上海: 上海人民出
版社. 1978.

［3］科学发现纵横谈, 第2版. 青年之友丛书. 上海: 上海人民出版
社. 1982. 百种爱国主义教育图书（中共中央宣传部、国家教
育委员会、文化部、新闻出版署、共青团中央联合推荐）. 1995
（重印）.

［4］科学发现纵横谈新编, 第1版. 北京: 北京师范大学出版社,
1993.

---

① 《科学发现纵横谈》被收录某些未正式出版的教材, 本附录未收录. 例如,
2010年被收录到内蒙古赤峰田家炳中学校本教材.

［5］科学发现纵横谈. 科技日报，1996-04-04～1996-05-21（全文连载）.

［6］科学发现纵横谈. 百种爱国主义教育图书（中共中央宣传部、国家教育委员会、文化部、新闻出版署、共青团中央联合推荐）. 上海：中华书局，1997.

［7］拥抱科学：科学发现纵横谈. 海螺·绿叶文库. 上海：上海人民出版社. 1998.

［8］科学发现纵横谈. 中国科普佳作精选. 长沙：湖南教育出版社，1999.

［9］莺啼梦晓：科研方法与成才，第1版. 科苑撷英. 上海：上海教育出版社，2002.

［10］莺啼梦晓：科研方法与成才，第2版. 科苑撷英. 上海：上海教育出版社，2008.

［11］科学发现纵横谈：王梓坤院士献给青少年的礼物. 中国科普名家名作，名家精品集萃. 北京：中国少年儿童出版社，2005；北京：中国少年儿童新闻出版总社，2020.

［12］科学发现纵横谈，第2版. 北京：北京师范大学出版社，2006.

［13］科学发现纵横谈，第3版. 北京：北京师范大学出版社，2009.

［14］科学发现纵横谈，第4版. 北京：北京师范大学出版社，2016.

［15］科学发现纵横谈. 中国文库·第4辑（新中国60周年特辑）. 北京：中国出版集团公司，北京师范大学出版社，2009.

［16］科学发现纵横谈. 少儿科普名人名著书系（第1辑）典藏版. 武汉：湖北少年儿童出版社，2009.

［17］科学发现纵横谈：王梓坤教育随笔（"十一五"国家重点图书规划项目）. 科学素养大家谈丛书. 大连：大连理工大学出版社，2010.

［18］科学发现纵横谈. 中国科普大奖图书典藏书系（第3辑）. 武汉：湖北科学技术出版社，2013.

［19］科学发现纵横谈. 文史知识文库典藏本. 上海：中华书局，2013.

［20］王梓坤文集第 1 卷：科学发现纵横谈. 北京：北京师范大学出版社，2018.

［21］科学发现纵横谈. 上海：上海教育出版社，2020.

［22］科学发现纵横谈. 武汉：长江少年儿童出版社，2020.

［23］科学发现纵横谈. 中小学生阅读书系. 初中. 长沙：湖南教育出版社，2021.

《科学发现纵横谈》获奖名录

李仲来

[1] 科学发现纵横谈. 上海市出版系统优秀读物奖，1979.

[2] 科学发现纵横谈. 全国新长征优秀科普作品奖二等奖，1981.

[3] 科学发现纵横谈. 首届全国中学生"我所喜欢的十本书"，1981.

[4] 王梓坤. 新中国成立以来成绩突出的科普作家，1990.

[5] 科学发现纵横谈. "希望工程"向一万所农村学校赠书，1995～1996.

[6] 科学发现纵横谈. 中共中央宣传部、国家教育委员会、文化部、新闻出版署、共青团中央联合推荐百种爱国主义教育图书，1995～1996.

[7] 莺啼梦晓：科研方法与成才. 上海市优秀科普作品奖科普图书荣誉奖，2004.

[8] 科学发现纵横谈. 中国文库·第4辑（新中国60周年特辑），2009.

[9] 科学发现纵横谈. 国家"十一五"重点图书规划项目，2010.

《科学发现纵横谈》中的文章被教科书、
参考书、杂志等收录的目录

李仲来

说明 "贾谊、天王星、开普勒及其他""林黛玉的学习方法"，被张之强收录到：自学考试用书《大学语文》，题目是《科学发现纵横谈》二则，本附录在以上两篇文章名中均列出，但不写出具体文章名：《科学发现纵横谈》二则，引用不再分别细分每篇的起止页码，只给出统一的页数. 其他类似，例如，谈学二则.

王梓坤写的文章，除正标题外，有些还有副标题.

（1）有的书（杂志）用该文章时使用正标题，有的书（杂志）用时使用副标题，还有的书（杂志）全文照登. 本附录不加区分是上述哪种情形.

（2）有的书（杂志）用该散文时标题完全改变. 例如，"欧拉和公共浴池——根扎在哪里？"引用时改成又名："科学技术源于需要". 本附录用又名标明，在此之后的一个或数个引文是又名中的某一个，不再单独列出.

有些不是全篇收录王梓坤写的文章，本附录没有全部标明. 改编的文章也尽可能归类收录.

《科学发现纵横谈》的文章，被《莺啼梦晓：科研方法与成才之路》录用未统计.

《科学发现纵横谈》下篇的文章，第一次发表也列出出处.

题目按《科学发现纵横谈》目录先后排列. 未被教科书、参考书、杂志等用的文章未列入目录.

［序号］文章题目. 杂志名称, 年, (期)：起页-止页.

［序号］书名, 版次（未再版的不标明）. 丛书名（有此项的标明）.
出版地：出版社, 出版年份.

［序号］文章题目. 报纸名称, 年-月-日.

贾谊、天王星、开普勒及其他——谈德、识、才、学兼备

[1] 张之强, 编：大学语文. 北京市高等教育自学考试用书. 北京：北京师范大学出版社, 1985：280-288.

[2] 朱家珏, 主编：新编大学语文讲析. 北京：对外贸易教育出版社, 1989：187-188.

[3] 诸天寅, 主编：大学语文. 北京：光明日报出版社, 1992：437-448.

[4] 韩少华, 主编：中外妙论鉴赏文库. 北京：中国物资出版社, 1995：731-733.

[5] 张之强, 主编：大学语文. 北京：北京师范大学出版社, 1995：291-297.

[6] 詹福瑞, 主编：大学语文. 保定：河北大学出版社, 2000：405-408.

[7] 林文和, 主编：文学鉴赏导读. 北京：人民文学出版社, 2004：171-175.

[8] 现代教育出版社《语文读本》编写组：全日制普通高级中学语文读本（第5册）. 北京：现代教育出版社, 2006：27-28.

[9] 钟露鑫, 主编：大学语文. 南京：南京师范大学出版社, 2006：164-165.

[10] 徐建新, 杨现钦, 主编：大学语文. 北京：中国农业出版社, 2007：157-159.

[11] 钟露鑫, 王宏民, 主编：大学实用语文（人文素质拓展版）.

北京：科学出版社，2009：186-187.

[12] 李瑞山，主编：大学语文. 北京：中国人民大学出版社，2011：45-48.

欧拉和公共浴池——根扎在哪里？

（又名：科学技术源于需要）

[1] 黎先耀，主编：现代人的智慧. 北京：科学普及出版社，1999：214-216.

《本草纲目》的写作——搜罗百氏，访采四方

[1] 四川大学马列主义教研室哲学教研组，编：哲学教学的自然科学资料选编. 四川大学，1980：308-309.（非正式出版）

[2] 四川大学马列主义教研室哲学教研组，编：哲学中的自然科学. 四川大学，1982：362-363（前3段）.（非正式出版）

（又名：李时珍与《本草纲目》）

[3] 黎先耀，主编：大家知识随笔（中国卷）. 北京：中国文学出版社，2000：22-23.

功夫在诗外——从陆游的经验谈起

[1] 人民日报，1978-05-08.

冷对千夫意如何，展翅高飞壮志多——热爱人民，热爱真理

[1] 中国人民大学附属中学《中学语文阅读文选》编选组：语文阅读文选，初中. 合肥：安徽人民出版社，1982：277-279.

[2] 天津市教育教学研究室，编：中学生阅读文选（上册）. 195-197.（非正式出版）

真理的海洋——谈勤奋

[1] 吉林省松江县教师进修学校：中学生阅读文选1. 1980：98-99.（非正式出版）

[2] 邓九平，主编：中国文化名人谈人生（上册），第1版. 北京：

大众文艺出版社，2000：735-736.

[3] 邓九平，主编：中国文化名人谈人生（上册），第2版. 北京：大众文艺出版社，2004：735-736.

[4] 邓九平，主编：中国文化名人谈人生（下册），第1版. 北京：大众文艺出版社，2000：735-736；

[5] 邓九平，主编：中国文化名人谈人生（中册），第2版. 北京：大众文艺出版社，2004：735-736.

[6] 叶永烈，主编：中国学生必读文库：科学卷（中）. 北京：语文出版社，2000：30-31.

[7] 徐传德，主编：向着太阳歌唱：青少年美德天地. 北京：商务印书馆，2003：284-286.

[8] 邓九平，主编：谈人生1. 北京：大众文艺出版社，2009：698-699.

天狼伴星——一谈才：实验与思维

[1] 王尚文，吴福辉，王晓明，主编：新语文读本（高中卷2）. 南宁：广西教育出版社，2001：158-165.

[2] 李桂荣，主编：语文（五年级上）. 北京：中国农业出版社，2002：112-115.

[3] 钱理群，王尚文，吴福辉，等主编：新语文读本（高中卷2）. 南宁：广西教育出版社，2006：158-166.

[4] 青岛市普通教育教研室，编：新课堂语文课外阅读（高一下学期）. 济南：山东教育出版社，2006：402-407.

[5] 孔立新，主编：语文教学参考书（基础版，第1册）. 合肥：安徽教育出版社，2007：71-76.

心有灵犀一点通——二谈才：洞察力等

[1] 王尚文，吴福辉，王晓明，主编：新语文读本（高中卷2）. 南

宁：广西教育出版社，2001：158-165.

［2］李桂荣，主编：语文（五年级上）. 北京：中国农业出版社，
2002：112-115.

［3］钱理群，王尚文，吴福辉，等主编：新语文读本（高中卷2）.
南宁：广西教育出版社，2006：158-166.

［4］青岛市普通教育教研室，编：新课堂语文课外阅读（高一下学
期）. 济南：山东教育出版社，2006：402-407.

［5］孔立新，主编：语文教学参考书（基础版，第1册）. 合肥：安
徽教育出版社，2007：71-76.

挑灯闲看《牡丹亭》——三谈才：善于猜想

［1］王尚文，吴福辉，王晓明，主编：新语文读本（高中卷2）. 南
宁：广西教育出版社，2001：158-165.

［2］李桂荣，主编：语文（五年级上）. 北京：中国农业出版社，
2002：112-115.

［3］钱理群，王尚文，吴福辉，等主编：新语文读本（高中卷2）.
南宁：广西教育出版社，2006：158-166.

［4］青岛市普通教育教研室，编：新课堂语文课外阅读（高一下学
期）. 济南：山东教育出版社，2006：402-407.

［5］孔立新，主编：语文教学参考书：基础版（第1册）. 合肥：安
徽教育出版社，2007：71-76.

康有为与梁启超——四谈才：方法的选择

［1］王尚文，吴福辉，王晓明，主编：新语文读本（高中卷2）. 南
宁：广西教育出版社，2001：158-165.

［2］李桂荣，主编：语文（五年级上）. 北京：中国农业出版社，
2002：112-115.

［3］钱理群，王尚文，吴福辉，等主编：新语文读本（高中卷2）.

南宁：广西教育出版社，2006：158-166.

[4] 青岛市普通教育教研室，编：新课堂语文课外阅读（高一下学期）．济南：山东教育出版社，2006：402-407.

[5] 孔立新，主编：语文教学参考书：基础版（第1册）．合肥：安徽教育出版社，2007：71-76.

林黛玉的学习方法———谈学：从精于一开始

[1] 人民日报，1978-01-23.

[2] 张之强，编：大学语文．北京市高等教育自学考试用书．北京：北京师范大学出版社，1985：280-288.

[3] 朱家珏，主编：新编大学语文讲析．北京：对外贸易教育出版社，1989：187-188.

[4] 诸天寅，主编：大学语文．北京：光明日报出版社，1992：437-448.

[5] 张之强，主编：大学语文．北京：北京师范大学出版社，1995：291-297.

[6] 韩少华，主编：中外妙论鉴赏文库．北京：中国物资出版社，1995：731-733.

[7] 徐中玉，主编：大学语文．广州：广东高等教育出版社，1999：101-105.

[8] 青年科学向导，1999，（2）：9.

[9] 叶永烈，主编：中国学生必读文库：科学卷（中）．北京：语文出版社，2000：32-34.

[10] 饶中华，主编：中国科普佳作百年选———聆听科学．上海：上海科技教育出版社，2001：45-47.

[11] 吴孝成，主编：大学语文．南京：南京大学出版社，2002：444-446.

[12] 李幼奇，主编：大学语文．长沙：湖南教育出版社，2002：

417-420.

[13] 吴康，主编；蒋益，陈玲，解读：新概念语文（中学读本 4）.
长沙：湖南少年儿童出版社，2003：130-143.

[14] 新读写，2004，(7)：53-54.

[15] 严凌君，主编：心灵的日出：青春心智生活读本. 北京：商务
印书馆，2003：243-244.

[16] 林文和，主编：文学鉴赏导读. 北京：人民文学出版社，
2004：171-175.

[17] 于漪，主编：走进经典（初中文化读本 3）. 上海：上海教育
出版社，2004：165-167.

[18] 《配人教版统编高中语文教材高中语文读本》编写组，编：配
人教版统编高中语文教材高中语文读本（高中三年级下）. 北
京：教育科学出版社，2006：154-155.

[19] 王维燕，主编：新编中国语文. 北京：北京航空航天大学出版
社，2008：249-251.

[20] 李瑞山，主编：大学语文. 北京：中国人民大学出版社，
2011：45-48.

[21] 严凌君，主编：心灵的日出：青春心智生活读本. 深圳：海天
出版社，2012：236-237.

[22] 广东第二课堂（中学生阅读），2012，(C2)：34-36.

[23] 科学与人文齐辉，人教版语文八年级上册第四单元拓展阅读，
广东第二课堂（中学版），2012，(7)：34-36.

（又名：读书"先慢后快"；读书先慢后快；略读、阅读、攻读——先
缓后急法；谈读书；先缓后急法；先慢后快；先慢后快读书法；
先慢后快法）

[24] 张之，编：名人读书百法. 南京：江苏科学技术出版社，
1986：29-30.

[25] 刘堂江，编：读书百法. 北京：中国少年儿童出版社，1991：160-161.

[26] 周剑，喻连生，主编：中学语文作者轶闻趣事. 重庆：重庆出版社，1992：230.

[27] 蒋长好，李广宇，主编：名人谈读书. 北京：经济日报出版社，1997：116-117.

[28] 张景义，编：名人读书方法 100 例. 太原：山西教育出版社，1999：166-167.

[29] 雷风行，著：中国名家读书法. 北京：中国铁道出版社，2000：356-361.

[30] 丁楠，白宇，编：成功的学习方法与科学用脑. 北京：新华出版社，2001：431.

[31] 周琴，撰稿，读书手册. 呼和浩特：远方出版社，2001：66.

[32] 李佐贤，吕振海，编著：读书学习的金钥匙. 北京：中国统计出版社，2003：143.

[33] 翟文明，主编：读书手册. 北京：中央民族大学出版社，2005：64.

[34] 钟雪风，主编：名人读书法. 呼和浩特：远方出版社，2006：102-103.

[35] 严凌君，主编导读. 青春读书课（第2卷）. 心灵的日出：青春心智生活读本（下）. 深圳：海天出版社，2018：236-237.

一个公式——二谈学：精读与博览

[1] 复旦大学新闻系文选与写作教研组编. 写作参考（非正式出版）. 1979：103-104.

[2] 张寿康，主编：文章选读. 济南：山东教育出版社，1985：449-452.

[3] 人民教育出版社语文二室，编：高级中学语文第4册课外阅读.

北京：人民教育出版社，1989：19-22.

[4] 雷风行，著：中国名家读书法. 北京：中国铁道出版社，2000：356-361.

[5] 叶永烈，主编：中国学生必读文库：科学卷（中）. 北京：语文出版社，2000：35-36.

[6] 杨耀文，纵华跃，选编：我的书斋生活：文化名家谈读书录. 北京：京华出版社，2005：167-168.

[7] 黎先耀，主编：读书美谈. 重庆：重庆出版社，2005：172-173.

[8] 王宗仁，主编：好读书. 北京：中国华侨出版社，2008：229-231.

[9] 黎先耀，主编：读书美谈（下）. 中外名家书话经典. 重庆：重庆出版社，2010：5-6.

[10]《中华活页文选》编辑部. 中华活页文选（高二、高三年级版）. 北京：中华书局，2018，(12)：6-8.

蓬生麻中，不扶而直——三谈学：灵活运用

[1] 北京市海淀区教师进修学校主编. 高中语文 第4册. 北京：机械工业出版社，1988：215-216.

[2] 青岛市普通教育教研室，编：新课堂语文课外阅读（高一上学期）. 济南：山东教育出版社，2006：29-37.

[3] 广东省中等职业学校教材编写委员会组，编：语文（第3册）. 广州：岭南美术出版社，2005：188-190.

[4] 叶永烈，主编：中国学生必读文库：科学卷（中）. 北京：语文出版社，2000：37-38.

[5] 新高考（高二数学），2013，(1).

涓涓不息，将成江河——四谈学：资料积累

[1] 北京市海淀区教师进修学校主编. 高中语文（第4册）. 北京：机械工业出版社，1988：217-218.

[2] 陈天敏，等编. 初中语文读写指导（第5册）. 1988：120-121.

[3] 人民教育出版社语文一室，编. 九年义务教育三、四年制初级中学语文 自读课本 第4册 黄河之水天上来. 北京：人民教育出版社，1994：327-329.

[4] 青岛市普通教育教研室，编：新课堂语文课外阅读（高一上学期）. 济南：山东教育出版社，2006：29-37.

[5] 叶永烈，主编：中国学生必读文库：科学卷（中）. 北京：语文出版社，2000：39-40.

剑跃西风意不平——五谈学：推陈出新

[1] 北京市海淀区教师进修学校，主编：高中语文（第6册）. 北京：机械工业出版社，1988：179-185.

[2] 叶永烈，主编：中国学生必读文库：科学卷（中）. 北京：语文出版社，2000：41-42.

[3] 钱理群，王尚文，吴福辉，等主编：新语文读本（高中卷3）. 南宁：广西教育出版社，2003：170-184.

[4] 陈桂良，主编：21世纪大学语文. 杭州：浙江大学出版社，2003：21-30.

[5] 青岛市普通教育研究室，编，王旭昌，主编：新课堂语文课外阅读（高一上）. 济南：山东教育出版社，2005：29-37.

[6] 董小玉，主编：实用语文. 上海：华东师范大学出版社，2006：29-38.

[7] 董小玉，主编：大学语文. 重庆：西南师范大学出版社，2008：120-134.

[8] 河南省基础教育教学教研室，编：语文阅读（三年级上）. 开封：河南大学出版社，2003：22-24.

[9]《人民日报》理论版，编：放言录《人民日报》理论版短文选. 成都：四川人民出版社，1985：31-33.

钱塘江潮与伍子胥——六谈学：关于学术批判

[1] 北京市海淀区教师进修学校，主编：高中语文（第 6 册）. 北京：机械工业出版社，1988：179-185.

[2] 钱理群，王尚文，吴福辉，等主编：新语文读本（高中卷 3）. 南宁：广西教育出版社，2003：170-184.

[3] 陈桂良，主编：21 世纪大学语文. 杭州：浙江大学出版社，2003：21-30.

[4] 青岛市普通教育研究室，编，王旭昌，主编：新课堂语文课外阅读（高一上）. 济南：山东教育出版社，2005：29-37.

[5] 董小玉，主编：实用语文. 上海：华东师范大学出版社，2006：29-38.

[6] 董小玉，主编：大学语文. 重庆：西南师范大学出版社，2008：120-134.

谈学（[1] ～ [4] 为用"谈学"内容时的题目）

[1] 卢嘉锡，主编：另一种人生：当代中国科学家随感（下）. 上海：东方出版中心，1998：213-224.

[2] 王尚文，吴福辉，王晓明，主编：新语文读本（高中卷 3）. 南宁：广西教育出版社，2001，170-183.

[3] 北京市海淀区教师进修学校，主编：高中语文（第 4 册）. 北京：机械工业出版社，1988：215-218.

[4] 吴康，主编：触动中学生心灵的散文精品. 长沙：湖南少年儿童出版社，2003：130-143.

大自然的无穷性——认识为什么是逐步逼近的

[1] 青年文摘，1985，(12)：17-18.

赵县石桥，等等——科研开始于观察

[1] 叶永烈，主编：中国学生必读文库：科学卷（中）. 北京：语文

出版社，2000：56-58.

走到了真理的面前，却错过了它——谈对实验结果的理解
（又名：实验与理解）

[1] 黎先耀，主编：神奇的发现. 北京：科学普及出版社，1999：356-358.

[2] 中学生阅读文选（高中版），2003，（7）：63-64.

思接千载，视通万里——谈想象
（又名：关于《想象的作用》；想象的作用）

[1] 光明日报，1978-05-10.

[2] 华东师范大学中文系，华东师范大学第二附中中学课文语文试用教材编写组，编：初中试用课本（语文第5册）. 上海：华东师范大学出版社，1981：147-150.

[3] 人民教育出版社语文一室，编：初级中学课本（语文第5册）. 北京：人民教育出版社，1987：69-72.

[4] 蓝锦忠，等编著：新编初中语文教材详解（第5册）. 南宁：广西师范大学出版社，1989：104-108.

[5] 王琦，主编：中考优化新话题双效升级练：阅读＋写作. 西安：陕西师范大学出版社，2004：1-2.

[6] 林从龙，等编：作家谈初中语文课文三编. 成都：四川教育出版社，1992：270-271.

海王星的发现——谈演绎法

[1]"五·四"学制教材总编委会，编：语文（第6册）. 北京：北京师范大学出版社，1995：13-16.

物体下落、素数与哥德巴赫问题——再谈演绎法

[1] 沙国祥，主编. 数学阅读精粹（第5册）. 江苏：凤凰教育出版社，2016：65-66.

华山游记与镭的发现——坚持、再坚持

[1] 文选编选组，编. 中学阅读文选（下）（非正式出版）. 1980：144-146.

[2] 吉林省教育学院，编. 中学生阅读文选高中. 长春：吉林人民出版社，1981：226-228.

[3] 黎先耀，主编：中国现代科学小品选. 南京：江苏科学技术出版社，1983：491-493.

[4] 柳士镇，洪宗礼，主编：新课标语文读本：评注绘图本（6. 创新篇）. 南京：江苏教育出版社，2004：64-69.

[5] 山东省中学语文教学研究会，编：高中语文阅读文选（一年级上学期）. 济南：山东教育出版社，1982：71-74.

（又名：坚持坚持再坚持；坚持再坚持）

[6] 学科教育，1990，(2)：31-32.

[7] 吉林省教育学院，编：中学生阅读文选（高中）. 长春：吉林人民出版社，1981：226-228.

[8] 中央教育科学研究所教改实验小组，编：初中实验课本（语文第4册）（试用本）. 北京：教育科学出版社，1982：163-165.

[9] 湖南师范学院附中语文教研组，编：中学语文课外读本（初中三年级）. 长沙：湖南人民出版社，1982：86-88.

[10] 冯起德，陈刚，编：千字议论文选. 上海：上海教育出版社，1983：48-50.

[11] 体育运动学校《语文》教材编写组，编：语文（第1册），第3版. 北京：人民体育出版社，1987：102-105.

[12] 鞠庆友，殷梦舟，主编：怎样写好议论文：全国首届中学生泰山杯作文大奖赛获奖作品选评. 北京：知识出版社，1988：71-73.

[13] 杜伯园，闵贵云，编：初中语文（第4册）. 北京：机械工业

出版社，1988：198-203.

[14] 覃文蔚，王荣久，编著：议论文阅读指导与练习. 北京：宇航
出版社，1989：148-153.

[15] 李曼华，编著：议论文写作成败浅析. 沈阳：辽宁大学出版
社，1990：59-62.

[16] 赵炎，主编：中学语文比较阅读（初中册）. 北京：中国广播
电视出版社，1990：95-98.

[17] 李寰英，主编：语文（第 2 册）. 1991（非正式出版）.（情理
知能连环导引，初中适用）

[18] 胡大奎，张秉文，主编：语文（第 1 册）. 北京：高等教育出
版社，1994：108-110.

[19] 湖南省职业教育与成人教育教材编审委员会，编审：语文（第
4 册）. 长沙：湖南人民出版社，1999：9-11.

[20] 周庆云，主编：语文教学指导书（下）. 长沙：湖南人民出版
社，1999：227-229.

苯与金圣叹的观点——谈启发与灵感

[1] 裴海安，主编："好学生"高效读写大系：中学生综合阅读（高
一分册）. 太原：北岳文艺出版社，2001：242-244.

放射性、青霉素及其他——谈偶然发现

[1] 黎先耀，主编：中国现代科学小品选. 南京：江苏科学技术出
版社，1983：494-497.

[2] 黎先耀，主编：神奇的发现. 北京：科学普及出版社，1999：
356-358.

[3] 庄文中，张翼健，主编：高中现代文课外阅读（科技类）. 长
春：吉林人民出版社，2000：236-239.

略谈独立思考——贵在一个"新"字

[1] 南开大学学报（哲学社会科学版），1979，（4）：28-32.

［2］中国青年，1979，（9）：22-23.

［3］乔默，江溶，编：治学方法谈. 北京：中国青年出版社，1983：20-29.

［4］安徽广播电视大学省直分校编. 怎样写论文（非正式出版）. 安徽广播电视大学省直分校，1983：66-74.

［5］北京市海淀区教师进修学校，主编：高中语文（第1册）. 北京：机械工业出版社，1988：144-153.

［6］老品，柯扬，选编：学海无涯苦作舟：名人谈治学. 北京：同心出版社，1997：298-313.

［7］卢嘉锡，主编：另一种人生：当代中国科学家随感（下）. 上海：东方出版中心，1998：120-127.

［8］邓九平，主编：中国名家随笔. 北京：经济日报出版社，2004：375-382.

（又名：漫谈独立思考；漫话独立思考；谈谈独立思考；治学与独立思考）

［9］北京师范大学图书馆，编：学者论学. 北京：北京师范大学出版社，1981：138-142.

［10］山东省中学语文教学研究会，编：高中语文阅读文选（二年级上学期）. 济南：山东教育出版社，1982：88-94.

［11］青年文摘，1986，（6）：52-54.

［12］胡惠林，主编：振兴中华读书手册. 福州：福建人民出版社，1991：970-973.

［13］袁晖，桑世忠，编：学人论治学. 北京：开明出版社，1991：37-43.

［14］殷爱苏，主编：苏州大学学生必读书导读手册. 苏州：苏州大学出版社，1997：258-262.

［15］黎先耀，主编：现代人的智慧. 北京：科学普及出版社，

1999：93-98.

[16] 丁帆，杨九俊，主编：普通高中课程标准实验教科书（语文，必修1）. 南京：江苏教育出版社，2004：50-60

[17] 李人凡，郭扶庚，主编：龙班智慧阅读（高中卷1）. 郑州：大象出版社，2005：327-333.

[18] 武汉市教育科学研究院，编著：语文读本（第5册）. 武昌：湖北教育出版社2006：57-61.

神童的故事——千载名扬与泯然众人

[1] 科学与生活，1983，（3）：4-5.

[2] 章道义，主编：中国科普名家名作（下）. 济南：山东教育出版社，2002：704-707.

[3] 李汉，本册主编：现代诗文诵读（高中一年级上册）. 江苏：凤凰出版传媒集团，江苏教育出版社，2008：137-142.

陶渊明的悲剧——嗜酒之深，醉酒之频

[1] 科学与生活，1990，（1）：42-43.

风雨纵横好题诗——寄语学理工的青年

[1] 青年文摘，1982，（5）：52-53.

[2] 中国青年，1983，（4）：34-35.

[3] 科技文萃，2003，（2）.

[4] 李继高，编著：名人读书艺术：名人谈读书论学习. 西安：三秦出版社，2003：126-129.

[5] 中国青年研究，2003，（4）：20-21.

[6] 中国青年科技，2003，（6）：34-35.

[7] 童庆炳，编：语文（必修4）. 北京：人民出版社，2005：89-93.

评文论史便神飞——学理者如是说

[1] 文史知识，1992，（5）：3-8.

［2］尤廉，任凤生，编：20世纪学者散文百家. 福州：福建教育出版社，1993：464-470.

［3］张岱年，邓九平，主编：赤竹心曲，第1版. 北京：北京师范大学出版社，1997：195-204.

［4］钟敬文，张岱年，邓九平，主编：竹窗记趣. 北京：中国广播电视出版社，1997：489-495.

［5］黎先耀，主编：现代人的智慧. 北京：科学普及出版社，1999：313-317.

［6］黎先耀，主编：大家知识随笔：中国卷. 北京：中国文学出版社，2000：5-8.

［7］于漪，主编：高中文化读本（四）. 上海：上海教育出版社，2001：287-292.

［8］曾宪庄，主编. 曾宪庄，赵振国，仇宣琴，李丹，编. 新编大学语文. 大连：辽宁师范大学出版社，2001：373-378.

［9］何宝民，主编：世界华人学者散文大系（6）. 郑州：大象出版社，2003：57-64.

［10］黎先耀，袁鹰，主编：百年人文随笔：中国卷. 长春：吉林人民出版社，2003：901-903.

［11］白春礼，郭传杰，主编：院士谈做人 求知 问学. 北京：学苑出版社，2004：270-276.

［12］黎先耀，主编：百年人文随笔：中国卷11. 长春：吉林人民出版社，2005：21-23.

［13］张岱年，邓九平，主编：赤竹心曲，第2版. 北京：北京师范大学出版社，2005：163-170.

［14］李汉，本册主编：现代诗文诵读（高中二年级上册）. 南京：凤凰出版传媒集团，江苏教育出版社，2008：93-98.

［15］林丹环，主编：为乐趣而读书. 北京：蓝天出版社，2011：

36-41.

（又名：在"山顶"会合的科学与人文）

[16] 庄文中，张翼健，主编：高中现代文课外阅读（科技类）. 长春：吉林人民出版社，2000：34-38.

[17] 张定远，程汉杰，主编：高中科技文阅读锦囊. 北京：中国致公出版社，2002：221-223.

[18] 上海教育出版社选编组，编：清澈的理性——科学人文读本. 上海：上海教育出版社，2004：24-29.

[19] 本书选编组：清澈的理性——科学人文读本. 上海：上海教育出版社，2005：24-29.

[20] 上海市中小学（幼儿园）课程改革委员会：语文综合学习（九年级试验本）. 上海：上海辞书出版社，2006：76-80.

[21] 熊文华，主编：大学英语（阅读进阶篇2）. 北京：北京理工大学出版社，2009：107-112.

读书面面观——雷声隆隆，光照大地

[1] 东南电大学报，1990，(1)：83-88.

[2] 中国科学院院士工作局，编：科学的道路（上卷）. 上海：上海教育出版社，2005：35-38.

[3] 刘培杰，主编：精神的圣徒 别样的人生. 哈尔滨：哈尔滨工业大学出版社，2008：84-87.

[4] 杨敬东，主编：三湘院士科学人生自述集. 长沙：湖南科学技术出版社，2009：30-37.

（又名：读书的乐趣；读书方法；读书乐在其中；谈读书；我和书籍结缘；以读书为乐；与书结缘；澡雪精神读好书）

[5] 汪少林，杭丹，编著：书的知识手册. 南昌：百花洲文艺出版社，1990：141.

[6] 中国图书评论，1995，(1)：42-45.

[7] 语文学习, 1996, (5): 8-11.

[8] 曹积三, 闫桂笙, 主编: 当代百家话读书. 广州: 广东教育出版社, 沈阳: 辽宁人民出版社, 1997: 364-374.

[9] 科学课, 1997, (5): 2.

[10] 徐佩印, 施桂英, 编著: 名人闲情雅趣. 南昌: 江西人民出版社, 1997: 237-238.

[11] 光明日报, 1999-08-05.

[12] 张锦贻, 主编: 中国儿童智慧世界 (上册). 呼和浩特: 远方出版社, 1999: 333-339.

[13] 叶永烈, 主编: 中国学生必读文库: 科学卷 (中). 北京: 语文出版社, 2000: 24-29.

[14] 中国科学院学部联合办公室, 编: 中国科学院院士自述 (青少年版). 上海: 上海教育出版社, 上海世纪集团, 2000: 201-207.

[15] 数理天地 (初中版), 2002, (2): 1-2.

[16] 素质教育 (人大报刊复印资料), 2002, (6).

[17] 孙殿文, 卢盛魁, 主编: 院士成才启示录 (下册). 广州: 广东科技出版社, 2003: 9-13.

[18] 中学数学教与学, 2003, (9): 卷首语. 读书三题 (选自读书乐在其中, 有删节).

[19] 日新, 著: 听大师讲学习方法. 天津社会科学院出版社, 2004: 3-7.

[20] 小作家选刊 (小学), 2004, (5): 4-5.

[21] 方洲, 主编: 小故事大道理 好习惯造就孩子的未来 (小学版). 北京: 华语教学出版社, 2009: 19 (小段内容).

[22] 初中生世界, 2013, (C2): 26-28.

[23] 方正怡, 方鸿辉, 编. 院士怎样读书与做学问 (下). 上海:

上海科学技术文献出版社，2017：139-145.

[24] 广东教学（初中语文），2017，(17).

名人成才的启示——漫谈治学之道

（又名：理想是心灵上的太阳；略谈成才之道；略谈治学之道；漫话
治学之道；漫谈成才之道；名家成才之路，浅谈成才之道，谈
大学生成才（[1] ～ [14] 为用"谈才"时的题目（含内容的
改写））

[1] 师大周报，1984-12-06，12-13，12-20，12-27，1985-01-03.

[2] 江汉大学学报（社会科学版），1984，(3)：72-75.

[3] 《中国青年报》"自学之友"编辑部，编：和青年朋友谈自学.
北京：档案出版社，1985：15-22.

[4] 机械工业高教研究，1985，(1，总第3期)：8-16.

[5] 聪明泉，1985，(1)：6.

[6] 曹睿锋，编：当代大学生形象设计：天津大学校园大讨论纪实.
上海：上海人民出版社，1986：140-141.

[7] 学会，1997，(4)：8-10.

[8] 书与人，1997，(5)：104-124.

[9] 韩存志，主编：新世纪的嘱托（院士寄语青年）. 上海：上海教
育出版社，1999：68-76.

[10] 中学生数理化（初一版），2003，(4)：院士寄语.

[11] 中学生数理化（高三版），2003，(1)：院士寄语.

[12] 韩山师范学院学报，2004，25 (1)：1-5.

[13] 中国青年研究，2005，(4)：75-7.

[14] 西安交通大学学报（社会科学版），2005，15 (4)：18-20.

[15] 小学教学研究（新小读者），2008，(4)：1-3.

[16] 涓流——中华人民共和国成立以来北京师范大学文艺作品百篇
精选. 北京：光明日报出版社，2010：47-52.

[17] 新课程教学（电子版），2016，（8）：1.

[18] 方正怡，方鸿辉，编. 院士怎样读书与做学问（上）. 上海：上海科学技术文献出版社，2017：142-149.

学海微茫，勤奋可渡——读名人传记有感

[1] 天津日报，1983-01-18.

自然科学研究的一般方法——人与自然的智力角逐

（又名：科学技术科学研究的方法；科学研究的方法；试论科学研究的方法；试谈科学研究的方法；谈谈自然科学的方法论；试谈自然科学研究的一般方法）

[1] 红旗，1979，（2）：157-164.

[2] 科学园地报，1978-12-05.

[3] 曲阜师范大学学报（自然科学版），1978，（3）：11-12.

[4] 自贡医药，1980，（1）：71.

[5] 北京师范大学学报（自然科学版），1985，（1）：83-96.

[6] 锦州工学院学报，1985，（3）：103-107.

[7] 辽宁工业大学学报（社会科学版），1985，（3）.

[8] 中国高教研究，1986，（3）：8-18.

[9] 北京师范大学学报（自然科学版），1987，（A1）：11.

[10] 赣南师范学院学报（哲学社会科学版），1988，（1）：19-33.

[11] 科技管理与成就（人大复印报刊资料），1988，（6）：25-39.

[12] 国家教育委员会高等教育司，编：升华与超越：大学生文化素质教育讲座集锦（2）. 北京：高等教育出版社，1998：30-54.

[13] 姜璐，杨正芳，主编：著名专家学者北师大演讲集. 北京：人民出版社，2002：65-80.

[14] 曹红旗，主编：追寻我们共同的精神家园（上卷）. 济南：济南出版社，2007：290-301.

试谈爱因斯坦的科研方法——精神的浩瀚，想象的活跃，心灵的勤奋

[1] 光明日报，1978-12-07，12-08.

方法论随笔——以正合，以奇胜

[1] 枣庄师专学报，1990，7（4）：1-3.

很好的与绝妙的

[1] 散文，1980，（2）：12-13.

[2] 师大周报，1992-10-09.

猜谜和科研——广泛的知识，丰富的想象

[1] 散文，1980，（2）：12-13.

[2] 湖南科学技术出版社，编：科学导游. 长沙：湖南科学技术出版社，1981（2）：249-251.

[3] 华东师范大学中文系，华东师范大学第二附中中学课文语文试用教材编写组，编：初中试用课本（语文·第5册）. 上海：华东师范大学出版社，1981：142-146.

[4] 卉放，等编. 科普新知. 天津：百花文艺出版社，2010：39-41.

业余研究是一乐——峥嵘高论，浩荡奇言

[1] 刘双平，主编：珞珈学子在京城. 武昌：武汉大学出版社，2000：48-49.

谈软硬兼设

（又名：趣谈"软硬兼设"）

[1] 科学与生活，1985，（1）：54.

[2] 青年文摘，1985，（4）：47-48.

教育精神与人才培养

[1] 吴昌顺：今日做校长. 北京：北京出版社，2004：511-521.

[2] 中国基础教育，2004，（5）：3-6.

（又名：大学精神；论大学精神）

[3] 北京师范大学学报（社会科学版），2003，（2）：29-32.

[4] 北京市社会科学界联合会，北京师范大学，编：小康社会：创新与发展. 北京：北京师范大学出版社，2003：32-36.

[5] 新东方，2003，（C1）：118-120.

[6] 阅读与作文，2004，（6）：34-35.

教育之火——谈"才"与"财"

[1] 汪永铨，编：面向 21 世纪我的教育观：高等教育卷. 广东：广东教育出版社，2000：283-290.

[2] 教育艺术，2001，（4）：40-41.

[3] 人民日报海外版（大学周刊，第 18 期），2001-01-09.

教育的智慧——悠闲出智慧

[1] 青年教师，2008，（11）.

师生情高春江水——天道无穷，师道无限

（又名：师恩难忘）

[1] 中国教育报，1987-09-05.

[2] 蒋南翔，钱学森，费孝通，等著：大学校长忆老师散文选. 长沙：湖南文艺出版社，1995：355-359.

[3] 邓九平，主编：中华文化名人谈恩师（下册）. 北京：大众文艺出版社，2000：780-783.

[4] 邓九平，主编：中华文化名人谈恩师（上册）. 第 2 版，北京：大众文艺出版社，2004：780-783.

[5] 邓九平，主编：中国文化名人谈恩师（中册）. 第 2 版，北京：大众文艺出版社，2004：780-783.

[6] 河北省教育科学研究所，编著. 义务教育课程标准实验教科书语文 八年级（下）. 保定：河北大学出版社，2005：19-24.

百年树人亦英雄——祝《班主任》创刊

[1] 班主任，1985，(1)：3-4.

[2] 蒋南翔，钱学森，费孝通，等著：大学校长忆老师散文选. 长沙：湖南文艺出版社，1995：360-361.

文化随思录

[1] 科技导报，1989，(3)：11-14.

简洁明确，智慧之光——百家注庄

[1] 卢嘉锡，主编：院士思维（选读本）. 合肥：安徽教育出版社，2000：97-107.

[2] 卢嘉锡，主编：院士思维（卷3）. 合肥：安徽教育出版社，2001：88-98.

[3] 海军院校教育，2004，(5)：14-16.

论聪明

[1] 方法，1990，(1)：21-23.

[2] 黎先耀，主编：现代人的智慧. 北京：科学普及出版社，1999：126-129.

[3] 王德胜，主编：聪明89：于光远等名家说聪明论方法. 沈阳：沈阳出版社，2004：41-45.

幸福健康与中庸——养生之道，莫尚于中

[1] 科学与生活，1990，(3)：40.

知足不辱，知止不殆——幸福与聪明

[1] 李汉，主编：现代诗文诵读（高中三年级上册）. 南京：江苏教育出版社，2008：181-185.

大题何妨小做——大自然是喜欢简单的

[1] 北京晚报，1980-06-28.

[2]《北京晚报》编辑部，编：百家言. 西安：陕西人民出版社，1984：143-144.

[3] 杜伯园，闵贵云，编：初中语文（第 4 册）. 北京：机械工业出版社，1988：234-236.

[4] 沈殷红，主编：名家、学生广角比较作文（初中分册）. 北京：中国旅游出版社，1992：201-203.

[5] 孙燕，等主编：全国中学生作文比赛冠军作文宝鉴（初一年级）. 北京：北京师范大学出版社，1994：256-257.

[6] 叶青，胡颖峰，编：20 世纪江西杂文选评（下集）. 南昌：江西教育出版社，2004：185-197.

《梦樵诗词文寄情集》序

[1] 国立十三中校友志编纂组：青原山人共忆录（第 3 集）. 2000：48-49.（非正式出版）

[2] 邓志瑷，著：梦樵诗词文寄情集. 南昌：江西人民出版社，2009.

《白鹭洲内外》序

[1] 杨缉光，杨洛，著：白鹭洲内外：千年学府揭秘. 南昌：百花洲文艺出版社，2006.

《科学方法中的十大关系》序

[1] 孙小礼，主编：科学方法中的十大关系. 上海：学林出版社，2004：1-3.

领导学第一章——读尼克松著《领导人》

[1] 博览群书，1985，（9）：24-25.

时间统计法——读格拉宁著《奇特的一生》

[1] 苏联文学资料（内部刊物），15，1979（1）：1-2.

[2] 当代，1979，（2）：229.

异彩纷呈，华章迭起——论黎先耀编《大家知识随笔》
（又名：大家的知识读本——读《大家知识随笔》书后）

[1] 科学时报，2000-11-24.

书韩兆琦《史记笺证》后

[1] 科学时报，2005-08-25.

今日数学及其应用

[1] 数学通报，1994，33（7）：封2，1-12.

[2] 新华文摘，1994，（1）：170-176.

[3] 严士健，主编：面向21世纪的中国数学教育. 南京：江苏教育出版社，1994：1-34.

[4] 中国科学院院刊，1994，（1）：13-17.

[5] 自然辩证法研究，1994，10（1）：3-18.

[6] 中小学教师培训，1995，（4）：60.

[7] 周光召，朱光亚，主编：共同走向科学：百名院士科技系列报告集. 北京：新华出版社，1997：64-90.

[8] 知识就是力量，1998，（6）：46-47，1998，（7）：46-48.

[9] 叶永烈，主编：中国学生必读文库：科学卷（中）. 北京：语文出版社，2000：77-79.

数学自学纵横谈——祖冲之的老师是谁

[1] 中国青年报，1981-11-05，11-12，11-26，12-10，12-31；1982-01-14，02-18.

[2]《中国青年报》"自学之友"编辑部，编：和青年朋友谈自学. 北京：档案出版社，1985：219-230.

[3] 科技文萃，2002，（5）：182-184.

学习数学的管见——阅读与攻读

[1] 华罗庚，等著；颜秉海，选：数学家谈怎样学数学. 哈尔滨：

黑龙江教育出版社，1986：94-103.

论随机性——偶然与必然

[1] 北京师范大学学报（自然科学版），1991，27（1）：119-127.

[2] 数学通报，2004，（3）：封 2-2；2004，（4）：封 2-2.

布朗运动的数学原理

[1] 百科知识，1992，（9）：40-42.

生命信息遗传中的若干数学问题

[1] 科学通报，2000，45（2）：113-119.

诗坛拾零——一枝气可压千林

[1] 八小时以外，1980，（2）：40-41.

西瓜先生赋——虽有万瓜，也可丢光

[1] 北京晚报，1980-08-08.

佘太君三战食堂（3 min 微型小说）

[1] 南开大学（校报），1979-12-27.

堆在下层的落叶——黎明前夜的呐喊

新世纪杂志（长沙），1948.

白鹭洲求学记——缅怀顾祖荫校长、高克正老师

（又名：吉安中学求学记）

[1] 白鹭洲中学百年校庆系列丛书编纂委员会：情系白鹭洲——校
    友诗文选. 2003：306-309.（非正式出版）

[2] 张涤生，等，共和国院士回忆录（2）. 上海：东方出版中心，
    2012：26-29.

青原山求学记

[1] 青原山人共忆录编委会：青原山人共忆录（第 4 集）. 2001：
    120-123.（非正式出版）

［2］裘法祖，等，共和国院士回忆录（1）. 上海：东方出版中心，
2012：102-105.

珞珈山求学记
（又名：自是人间第一流）
［1］武汉大学校友通讯，1983.

1946 年至 1947 年日记 21 篇
（又名：青原山求学日记）
［1］青原山人共忆录编委会：青原山人共忆录（第 7 集）. 2006：
55-63.（非正式出版）
［2］青原山人共忆录编委会：青原山人共忆录（第 8 集）. 2007：
41-45.（非正式出版）

豪情尚在话当年
［1］天津人民出版社，编：我的大学生活. 天津：天津人民出版社，
1985：33-41.
［2］张涤生，等，共和国院士回忆录（2）. 上海：东方出版中心，
2012：239-244.

任职期间二三事
（又名：知我者，其在办公桌上乎?）
［1］刘锡庆，主编：我与北师大. 北京：北京师范大学出版社，
2002：466-471.

附录 B

读《科学发现纵横谈》[①][②]

濯 缨

上海人民出版社今年 5 月出版数学家王梓坤著的《科学发现纵横谈》，是一本文学与科学相结合的新书。

英国人 C. P. 史诺在《两种文化》一文中指出：近代教育制度由于偏重制造专业化人才，以致造成了人文学科与科学（史诺所谓之两种文化）的严重分裂，学术界中出现了大量的专家而缺乏通才学者。人文学科与科学之间有一道难以逾越的鸿沟，阻碍着两者的相互了解和沟通。

在这种情况下，读到一本既有文学修饰，又有科学事实为据的《科学发现纵横谈》，欣喜之情自是难以形容的。

王梓坤本身是一位数学家。在我们的观念中，数学家必定是一个整天埋首于数字、方程式世界里、对其他学科漠不关心的专业工作者。可是当我们阅读这本书时，却发现面对我们的是一位侃侃而谈的通才学者。他并不是那些"三句不离本行"的专家，而是"纵览古今，横观中外"（苏步青语）的博学之士。

---

① 《科学发现纵横谈》发表后，评论与鼓励很多，今选录三篇，以供参照。
② 香港大公报，1978-08-16，读书与出版栏目.

《科学发现纵横谈》全书分两章，共 40 多个小节，大都是环绕着中外古今的科学发现而写的，材料可能略为零星无系统，但不失其浓厚的趣味性，真可谓寓严肃于趣味之中。作者读书之博，可从其引用资料窥见。王氏不只对科学有深入的了解，他的文学修养之高，在其文字运用之巧上表现出来。

例一，作者谈到"想象"时所用的比喻之妙："在分析观察资料时，从实际出发的创造性的想象起着重要的作用。客观现实是空气，想象力是翅膀，只有两方面紧密结合，才能飞得高，飞得快，飞得远"。例二，谈到概念，作者说："如果把想象比作研究对象的写生画，那么概念便是这幅画的画龙点睛部分；眼神流盼，全画皆活，画中人物，也就呼之欲出了。"何等形象化的比喻！这绝不是文学水平低的人能够写出来的。

作者在书中不少地方都喜欢引用一些古诗词来说明问题，例如在谈到灵感对于解决问题的帮助时，王氏引用了苏轼的两句诗："作诗火急追亡逋，情景一失永难摹"。苏轼所指的虽然是创作诗歌时所遇到的情形，但这何尝不可套用在科学的发现上呢？也许有人认为，在一部谈科学的书籍上出现那么多诗句总是不大相称的，不过事实上却没有丝毫影响整部书的内容，还替它平添上了独特的风格。

读者除了可从本书知悉很多科学发现的故事外，更可获得不少治学和研究事物的方法。由于作者是一位训练有素的科学工作者，他的忠告是值得我们借鉴的。对学习方法，作者以为："一定要重视努力学好专业的基础理论、知识和技能，打下坚实的基础，又要注意深入到实际中去，边干边学，在实践中锻炼和提高。"

在科学研究中，作者认为："不仅要学会严格，而且要善于'不严格'。"过于严格只能循规蹈矩地前进，而善于"不严格"却往往会取得出奇制胜的成功，这些都是很宝贵的意见。它们都散见于各小节中。

本书唯一的缺点，就是"有些内容由于涉及自然科学的一些专门知识"（序，第1页）外行人看起来不易懂。这就稍微失却了作为普及读物的意义了。不过，这始终是小疵，掩盖不了它的优点。

一和无穷大①

——访王梓坤教授

刘　锋

在知识的海洋里，如何从一走向无穷大？

带着这个问题，前不久我访问了回故乡讲学的数学家、科普作家王梓坤教授。他的成才道路和治学精神，令人敬佩，催人奋进！

（一）业精于一与一通多能

我第一次读到王先生的著作《科学发现纵横谈》，就像磁石般被吸引住了。其中的篇篇文章，观点新颖，见解深邃，文字精粹，拨动了无数青少年求知的心弦。在价值的天平上，这本远非鸿篇巨制的小册子，1981 年获得了全国"新长征优秀科普作品奖"的荣誉；1981 年又跻身于首届全国中学生"我所喜欢的十本书"之中；此书先后四次获奖，成了浩瀚书海中璀璨夺目的珍品。

一位在数学迷宫中探幽钩玄的学者，如何能写出纵览古今、横观中外的关于科学发现的文章？我直向王先生请教。他却不假思索地说："学海茫茫，所获甚微。惟能自信者，仅仅是精于一开始。"

问之何以博其学，答以精于一？我百思不得其解。王先生见我混沌未开，便同我扯起戏场里的闲话来：

演戏和看戏，不是一码事，看客杂看万千，眼高手低地妄加评论，不过是一种廉价的兴趣，无人计较；但一名演员，不十年磨一戏地苦下功夫，练就精于一的戏路和绝招，是难得到观众称赞的。

经他这一点拨，我才茅塞顿开。古往今来，一些熟读万卷书，

———————

① 聪明泉，1984，（2）：14-16.

终不能有所建树者，直言之，无异于啃书的蛀虫、他人思想的奴隶。

王梓坤是中华人民共和国成立以来，开拓数学概率论的学者之一。早在20世纪60年代初，新学科的活跃兴起与学术界少数人的守旧性，构成了尖锐的矛盾。30刚出头的王梓坤，正在南开大学醉心于"精于一"的事业，他一反保守的偏向和孤陋寡闻的弊端，注重阅读有关科学发现的史料，比较、分析、研究古今中外成大家者的德、识、才、学之素质，冒着风险，给高年级和研究生举办学习方法报告会。此行此举，在南开校园吹拂了一股新人耳目的春风。追溯起来，这些妙趣横生的报告，就是现在播向全国的《科学发现纵横谈》（以下简称《纵横谈》）的基因和胚胎。

然而，王梓坤决意将这些内容写成《纵横谈》，却有很大的偶然性和戏剧性。"文化大革命"一开始，他被推进了南开大学数学系"三家村"，这些报告成了他的罪状之一，给他的是既不让教书，又不准搞科研的"靠边生活"。苦闷之余，王梓坤又捡起了那些被粗暴地批判过的报告思路……也怪，越是视为不准出生的孩子，越是在腹中骚动得慌。十年内乱，十年怀胎，灾星一除，呱呱坠地。1977年，《纵横谈》开始在《南开大学学报》连载。紧接着，上海人民出版社抢先出版，苏步青教授欣然命笔作序。该书初版和再版三次，印数达39万册。王先生博学的佳作，牵动着无数渴求知识的赤子之心；反转来，又推动着他精于一主旋的升华。他在概率论、随机过程论的研究中，撰写了许多篇富有创见的学术论文，发表在《中国科学》等刊物上。其中的《马尔可夫过程的唯一性、构造和性质》荣获国家自然科学奖。

关于精与博的统一，一和无穷大的和谐，在《纵横谈》中，有这么一段话——

从精于一开始，经过博而达到多学科的精；集多学科的精， 达到某一大方面或几大方面的更高水平的精。

（二）希望的种子与偏远的村庄

王梓坤的故乡，在井冈山下远离吉安县城 60 余里的枫墅村。中华人民共和国成立前，这里是个贫苦的地方。他 11 岁丧父，全家靠寡母和兄嫂租种地主田土度日。跟村上私塾先生念完初小的梓坤，哪有钱到 10 里之外的固江镇高小寄读？然而，乡亲们的资助和鼓励，强烈的求知欲望，使他壮起了胆，发起了蛮劲：早十里，晚十里，翻山越岭，风雨无阻。两年走读，两年艰辛，功夫不负有心人：在几次考试中，他算术独得 120 分。后来考进了省立吉安中学。当时在枫墅村，这可是破天荒的第一个中学生！他至今仍念念不忘家乡人民的培育之恩。

日寇投降那年，王梓坤以优异成绩初中毕业，却因欠缴学费而难于领取文凭。毕业典礼前夕的五更夜，他悄然无声地离开学校，无限惆怅地投进了农民的怀抱。

从此，他早起荷锄下地，日落牵牛而归。生活虽然平静，内心却翻腾不息。他深情地抚摸着牛角上的书札，怎能割断应考的诱惑；想到含辛茹苦的寡母兄长，又怎忍心家中增添学费的牵累？于是萌生报考邮局、银行职员的志愿。然而，混饭碗和求学问的激烈竞争，逼着他做出了新的决策——报考国立十三中学公费生！出类拔萃的成绩，终究又敲开了求学的大门。

国立十三中，设在文天祥读过书的青原山。高中三年寒窗，是王梓坤聪明才智激增和思想觉悟启蒙的关键时期。英语教师向学生传播"朱毛暴动"是民族希望的种子，苏区是好地方……王梓坤开始思考劳苦大众为什么穷的道理，逐步从把求学作为出人头地的阶梯转到阶级和民族抗争的大道上来，理想和信仰、事业和前途融合在一起，使他的学业和觉悟都逐渐长进和成熟。

1948年，王梓坤面临着毕业即失业的厄运。在一些进步同学的资助下，他来到长沙，一举考上了武汉大学数学系的奖学金生，当时奖学金的名额只有两个。在武汉大学，他一边认真读书，一边参加进步的社会活动，向着科学、向着社会主义的伟大事业挺进……

（三）个人突进和群体并进

希望的种子，一旦落到沃土上，就会猛吸时代的阳光，欢饮知识的乳汁，成为根深叶茂的智慧之树。

1952年，大学毕业的王梓坤被分配到北京大学当研究生。他来到教育部转关系，接待他的同志讲起高等学校很缺教学人员。他被分到南开大学数学系。

如今，王教授对30年前的这段往事还记忆犹新。他说："当时的确很单纯，那位同志谈起学校缺教员，我确实没想到个人是不是亏了。"

王梓坤在南开大学工作两年后，学校推荐他考取了留苏研究生——研究概率论。

在莫斯科大学三年的进修期限，要走完苏联研究生早在大学三年级就已开始的五年专业钻研的路程，谈何容易！这个从小在井冈山下走惯了崎岖小路的中国研究生，整整三年，抓住早晚和中午时间，补基础，啃难点；每个礼拜天，泡进图书馆；假期中放弃了沿伏尔加河旅游的机会，躲到清静的角落去思索、捕捉……他的女友谭得伶同在莫斯科大学攻读俄罗斯文学，但他们没有浪费时光，而是在异国求学的跋涉中互相帮助，互相鼓励。他的发轫之作《生灭过程的分类》，在学术论文答辩会上一致通过，同时获得了苏联研究生毕业才能得到的副博士学位。此后，他为了全方位地开拓概率论领域，1958年回到了南大。

"千里好山云乍敛，一楼明月雨初晴。"30岁的王梓坤，成了两名研究生的导师。事业，发挥了他的才智；事业，认识了他的价值。从此，他跨进了学术研究、教学的黄金时代。他与胡国定等同志通力合作，使南开大学成了全国概率论教学和研究的重要基地。那些年，他一边给高年级开课、带研究生，一边著书立说、外出讲学。他撰著的《概率论基础及其应用》《随机过程论》《生灭过程与马尔可夫链》《布朗运动与位势》等，被全国许多高校和研究所用作教科书或参考书。他培养的许多学生，已成为全国概率论研究群体中的中坚力量。

（四）目标的专一与境遇的迥异

"芳草有情皆碍马，好云无处不遮楼。"对于强烈追求真理的科学工作者，处处有芳草，天天有好云。顺境如此，处于逆境也如此。

"文化大革命"期间，曾掀起一股否定科学的狂风恶浪。正当王梓坤被列入下乡劳动改造对象的时候，海军部队来人联系，谈到一项重要科研项目正缺乏概率论的协作，并表示希望王梓坤参加工作。在这特殊的境遇中，失而复得的科研机会，使他赤心更诚，才智更旺，他与同志们研究出的数学模式，为部队做出了贡献。

"四人帮"闹"地震"，祖国大地也真出现了地震的频繁期。王教授所领导的"地震统计预报"科研小组，与国家地震局的专家们合作，利用概率理论对国内大地震爆发统计规律进行研究，建立了预报地震的新方法。利用这些方法，他们成功地预报了1976年的四川松潘大地震，大大减轻了灾区的损失。由此，他既是中国数学会理事，又被推为中国地震学会理事。曾三次被评为天津市劳动模范。

我对他顺境出成果，逆境做贡献的不懈努力，深表敬意。他却说："我是同时代最幸运的知识分子，像我这样顺利本应做出更多的贡献，可是建树甚微，我的心是一直忐忑不安。"

"糟粕所传非粹美，丹青难写是精神。"笔者自愧拾零漏万，权且借王先生家乡先哲之名句："醉翁之意不在酒，在乎山水之间也"以期抛砖引玉，等待着写出主人公精粹的文章。

王梓坤和《科学发现纵横谈》①

任　克

《科学发现纵横谈》（以下简称《纵横谈》）是获得这次"全国新长征优秀科普作品奖"的一部作品，作者是南开大学数学系教授王梓坤。它以清新独特的风格，简洁流畅的笔调，扎实丰富的内容吸引了广大读者。热望探索科学奥秘的青年人，更是竞相争购。一些海外侨胞也纷纷向国内索书。一时间，《纵横谈》畅销国内，短期内多次重印，发行量达39万册之多，被称为"科普书林一奇花"。

（一）功深还需方法巧

王梓坤教授为什么要写《纵横谈》？这枝奇葩又是怎样"十月怀胎，一朝分娩"的？在一次学术讨论会上，我向王教授提出了这些广大读者所希望了解的问题。

他操着江西口音的普通话说："我是研究概率论的。数学这东西比较抽象，一般读者不容易弄懂。能不能做些使大家都能接受的工作呢？我想到，文学创作有写作理论，我们搞自然科学研究的也有基本规律。做政治工作要注意工作方法，我们搞科研的在科研方法上有哪些共同的东西呢？总结一下有好处。有些青年人在未下苦功夫之前，就先找方法，想图省事找捷径，天底下哪有这样的便宜事？搞科学研究首先要靠坚强的毅力，付出辛勤、艰苦的劳动。但方法对头也的确可以收到事半功倍之效。功深还需方法巧。"王教授引用了研究天体起源的著名科学家拉普拉斯的话："认识一位天才的研究方法，对于科学的进步……并不比发现本身更少用处，科学研究的

---

① 新华文摘，1981，（8）：250-251.

方法经常是极富兴趣的部分。"说着，王教授递给我一份他写的材料，这里面列举了一连串中外科学家重视科学方法的事例。据此，他认为研究科学方法对于科技工作者有三点意义：

1. 能自觉地掌握正确的思想和工作方法，帮助提高科学素养，包括科学的见解、才能和知识。

2. 通过对科学方法和科学史的研究，正确认识科学发展的主流、趋势、前沿和远景，以便合理安排工作。

3. 帮助科研人员通过自己的实践，自觉地学习和掌握马克思主义的辩证唯物论，使他们不仅成为本行的专家，而且成为无产阶级的思想家。

"但是，对具体的科学方法的研究还不足以回答一个问题，"王教授接着谈了自己的看法。"比如，有同样条件的两个人，研究同一个课题，结果甲很快地抓住了本质，取得了成功，而乙却长时间停留在表面上，平面徘徊，一无所获。这是什么缘故呢？为什么是牛顿，而不是别人，在万有引力问题上做出了巨大的贡献呢？这是因为各人的科学素养不同，各方面的修养、理论上储备的深浅不同。"王教授认为，研究具体方法是从纵的方面来看；研究一个科学工作者应该具备什么样的品质，是从横的方面着手。过去对科学方法的研究，从纵的方面谈得多，横的方面注意得不够，因而有些人就吃了亏，虚度了年华。王梓坤教授在横的方面下了一番功夫，提出"无产阶级需要的，是共产主义的德，辩证唯物主义的识，为人民服务的才，联系实际的学。"

（二）写方法的书本身的方法

《纵横谈》是一本讲科学方法的科普读物。然而，在写这本书的时候，从收集资料，章节安排到采取什么样的体裁，又有一番方法上的讲究。王教授向我谈了这本书的简要写作经过。

王教授是做基础科学研究的，尤其在概率论的基础理论和应用研究方面造诣较深。他写了有关概率论的专著达 100 多万字。由于概率论问题本身也是一种科学方法，因此，王教授在科学研究中格外注意科学方法的问题。早在 20 世纪 60 年代初，当时才 30 岁的王梓坤就已经向数学系的青年教师讲解科学方法。那次，他讲了学习、教学和科研都要有"衣带渐宽终不悔，为伊消得人憔悴"的顽强意志和坚韧毅力等问题。青年教师反映他的报告很解渴。这对王梓坤是个很大的鼓舞。从此他有意识地收集资料，研究科学方法的问题。那次报告的一些思想，也就成了《纵横谈》的某些胚芽。

谈到收集资料，王梓坤教授总结了几种方式：

1. 鲁迅式的从文献中收集。为了研究中国小说史，鲁迅从上千卷文献中寻找他所需的资料，"废寝辍食，锐意穷搜"。

2. 蒲松龄式的向群众索取。蒲松龄"喜人谈鬼，闻则命笔"，写成《聊斋志异》。

3. 达尔文式的直接向大自然索取第一手资料。他远游海外，研究生物遗骸、观察生物习性，前后达 27 年，终于写出了轰动世界的《物种起源》。

4. 李贺式的随得随记，逐日积累。李贺每天背着书包出去，看到想到些什么，就写下来放在包里，天黑归来，加工整理，即成佳篇。

初看起来，这像是对前人经验的概括，实际上也是王教授本人实践的总结。在《纵横谈》的写作过程中，这几种方式几乎都运用了。王梓坤深知"厚积而薄发"。只有深深地扎根于客观实际，掌握的材料丰富、充足，才能结出丰硕的果实。他博览群书，大量阅读古今中外的科学、文学、历史书籍，研究科学技术发展史，研究名家的治学经验。什么爱因斯坦的科学研究之路，华罗庚的自学之路，郑板桥的治学经验，梅兰芳的艺术途径，群众治马病的技术等。剪贴报纸、书写笔记，凡是认为有用的材料、能找到的资料都积攒起来。只要翻一下《纵横谈》就可以看到，这本书从我国的四大发明，到外国的万有引力、相对论、电磁场、量子论、生物进化论、元素周期表、原子能等卓越发现，从古代到现代、从自然科学到社会科学、从宏观世界到微观世界，旁征博引，说古道今，海阔天空，纵横驰骋。读者为作者的知识之广博而赞叹、敬佩，为在作者的引导下畅游知识的海洋而觉得舒适、快慰。这种效果当然绝不是靠几篇现成的材料拼拼凑凑所能得到的。多年来，王梓坤养成了一个习惯：几乎每天都要工作十四五小时，即便是星期天或节假日也不例外。早年他在苏联留学期间，很少外出旅行或参加舞会，最大的文娱活动是每周一次电影。回国后，他更加潜心于科学研究，甚至一两年也不看一次电影。王教授说："我不能不作这样的牺牲。"古人有言："合抱之木，生于毫末。九层之台，起于累土。千里之行，始于足下。"《纵横谈》正是王梓坤教授多年来坚韧不拔、辛勤耕耘的结晶。

　　"言而无文，行之不远。"王梓坤看到许多科学名著，为了广泛流传，容易为群众所接受，都注意作品的文学性和通俗化。他很推崇郦道元的《水经注》，"文思清丽，情景交融，读来使人飘然意远。"王梓坤本人的文学底子很厚。但为了更好地表达科学方法，他仍阅读了大量的文学作品。郭老的《〈随园诗话〉札记》、邓拓的《燕山夜话》，对他有很大的启发，使他找到了一条表达的途径。他决定采用千字随笔的表现形式，篇幅短小，内容精悍，容易为读者所阅读、接受。附带说一句，为了借鉴《燕山夜话》的写作方法，"文化大革命"中他防备抄家，偷偷地把这本书藏在一个谁也不知道的地方。

　　真正动笔写《纵横谈》还是在"文化大革命"期间。那时，王梓坤靠边站了。教不成书，也搞不了科研，开始还叫劳动，后来派性斗争愈演愈烈，两派都顾不上他。"没有什么事可做，甚觉无聊，便决心把收集的资料整理出来。当时没想到发表，主要是为了自己看。"王梓坤教授这样对我说。"写完了连忙藏起来，生怕被人发现。后来读到司马迁的事迹，他一生那样的遭遇，尚且在勤奋写作，以鼓励后人，自己还有什么可疑虑的呢？"由此，王教授继续收集资料，准备修改。直到"文化大革命"结束以后，王梓坤才把底稿拿出来向一位历史系副教授的邻居征求意见。谁知对方看了，非常感兴趣，大加赞赏。《南开大学学报》准备发表，他改了一遍，到印成小册子，又改了一遍。真可谓"千淘万漉虽辛苦，吹尽狂沙始到金。"十年愚勤，三易其稿，印成小册子，得到好评，也算是功夫没有白费。

我问王教授，今后在科学方法的研究方面有什么打算。他回答说："我的教学与科研任务都很忙，但还是要采取细水长流的办法，积累一些材料，作为业余研究，继续写些科学方法的文章。"我们期待着早日见到王教授的新作。